"十四五"时期国家重点出版物出版专项规划项目

京津冀水资源安全保障丛书

京津冀地区农业耗水与综合节水研究

沈彦俊　齐永青 等　著

科学出版社

北　京

内 容 简 介

农业是京津冀地区水资源消耗的主要部门，同时也是保障区域粮食安全的基础，如何构建兼顾节水、稳产的农业生产和水资源高效利用与管理新模式，是实现京津冀地区水资源可持续利用的关键。本书系统研究了京津冀地区农业水文、水资源特征及其时空演变规律，依托长期定位试验查明了主要农田系统的耗水过程、水平衡特征和节水潜力，构建了粮食作物、果蔬和景观绿地的耗水调控、精准灌溉、非常规水利用的综合节水技术体系，评估了京津冀地区适水农业发展的中长期产粮能力和水资源效应，提出了区域农业耗水管理的理论框架与综合节水对策建议。

本书可供农业水资源管理、农业水文、作物耗水与节水机理等领域的科研人员、专业技术人员与管理人员参考。

审图号：GS 京(2024)0470 号

图书在版编目(CIP)数据

京津冀地区农业耗水与综合节水研究 / 沈彦俊等著. —北京：科学出版社，2024. 3

（京津冀水资源安全保障丛书）

"十四五"时期国家重点出版物出版专项规划项目

ISBN 978-7-03-077737-9

Ⅰ. ①京… Ⅱ. ①沈… Ⅲ. ①农田灌溉-节约用水-研究-华北地区 Ⅳ. ①S275

中国国家版本馆 CIP 数据核字（2024）第 020660 号

责任编辑：王 倩 / 责任校对：樊雅琼
责任印制：徐晓晨 / 封面设计：无极书装

科学出版社 出版
北京东黄城根北街 16 号
邮政编码：100717
http://www.sciencep.com
北京中科印刷有限公司印刷
科学出版社发行 各地新华书店经销
*
2024 年 3 月第 一 版 开本：787×1092 1/16
2024 年 3 月第一次印刷 印张：22 1/2
字数：540 000

定价：298.00 元

（如有印装质量问题，我社负责调换）

“京津冀水资源安全保障丛书”编委会

总　　序

京津冀地区是我国政治、经济、文化、科技中心和重大国家发展战略区，是我国北方地区经济最具活力、开放程度最高、创新能力最强、吸纳人口最多的城市群。同时，京津冀也是我国最缺水的地区，年均降水量为 538 mm，是全国平均水平的 83%；人均水资源量为 258 m^3，仅为全国平均水平的 1/9；南水北调中线工程通水前，水资源开发利用率超过 100%，地下水累积超采 1300 亿 m^3，河湖长时期、大面积断流。可以看出，京津冀地区是我国乃至全世界人类活动对水循环扰动强度最大、水资源承载压力最大、水资源安全保障难度最大的地区。因此，京津冀水资源安全解决方案具有全国甚至全球示范意义。

为应对京津冀地区水循环显著变异、人水关系严重失衡等问题，提升水资源安全保障技术短板，2016 年，以中国水利水电科学研究院赵勇为首席科学家的“十三五”重点研发计划项目“京津冀水资源安全保障技术研发集成与示范应用”（2016YFC0401400）（以下简称京津冀项目）正式启动。项目紧扣京津冀协同发展新形势和重大治水实践，瞄准“强人类活动影响区水循环演变机理与健康水循环模式”，以及“强烈竞争条件下水资源多目标协同调控理论”两大科学问题，集中攻关 4 项关键技术，即水资源显著衰减与水循环全过程解析技术、需水管理与耗水控制技术、多水源安全高效利用技术、复杂水资源系统精细化协同调控技术。预期通过项目技术成果的广泛应用及示范带动，支撑京津冀地区水资源利用效率提升 20%，地下水超采治理率超过 80%，再生水等非常规水源利用量提升到 20 亿 m^3 以上，推动建立健康的自然–社会水循环系统，缓解水资源短缺压力，提升京津冀地区水资源安全保障能力。

在实施过程中，项目广泛组织京津冀水资源安全保障考察与调研，先后开展 20 余次项目和课题考察，走遍京津冀地区 200 个县（市、区）。积极推动学术交流，先后召开了 4 期“京津冀水资源安全保障论坛”、3 期中国水利学会京津冀分论坛和中国水论坛京津冀分论坛，并围绕平原区水循环模拟、水资源高效利用、地下水超采治理、非常规水利用等多个议题组织学术研讨会，推动了京津冀水资源安全保障科学研究。项目还注重基础试验与工程示范相结合，围绕用水最强烈的北京市和地下水超采最严重的海河南系两大集中示范区，系统开展水循环全过程监测、水资源高效利用以及雨洪水、微咸水、地下水保护与安全利用等示范。

经过近 5 年的研究攻关，项目取得了多项突破性进展。在水资源衰减机理与应对方面，系统揭示了京津冀自然–社会水循环演变规律，解析了水资源衰减定量归因，预测了未来水资源变化趋势，提出了京津冀健康水循环修复目标和实现路径；在需水管理理论与方法方面，阐明了京津冀经济社会用水驱动机制和耗水机理，提出了京津冀用水适应性增长规律与层次化调控理论方法；在多水源高效利用技术方面，针对本地地表水、地下水、非常规水、外调水分别提出优化利用技术体系，形成了京津冀水网系统优化布局方案；在水资源配置方面，提出了水–粮–能–生协同配置理论方法，研发了京津冀水资源多目标协同调控模型，形成了京津冀水资源安全保障系统方案；在管理制度与平台建设方面，综合应用云计算、互联网+、大数据、综合集成等技术，研发了京津冀水资源协调管理制度与平台。项目还积极推动理论技术成果紧密服务于京津冀重大治水实践，制定国家、地方、行业和团体标准，支撑编制了《京津冀工业节水行动计划》等一系列政策文件，研究提出的京津冀协同发展水安全保障、实施国家污水资源化、南水北调工程运行管理和后续规划等成果建议多次获得国家领导人批示，被国家决策采纳，直接推动了国家重大政策实施和工程规划管理优化完善，为保障京津冀地区水资源安全做出了突出贡献。

作为首批重点研发计划获批项目，京津冀项目探索出了一套能够集成、示范、实施推广的水资源安全保障技术体系及管理模式，并形成了一支致力于京津冀水循环、水资源、水生态、水管理方面的研究队伍。该丛书是在项目研究成果的基础上，进一步集成、凝练、提升形成的，是一整套涵盖机理规律、技术方法、示范应用的学术著作。相信该丛书的出版，将推动水资源及其相关学科的发展进步，有助于探索经济社会与资源生态环境和谐统一发展路径，支撑生态文明建设实践与可持续发展战略。

王浩

2021 年 1 月

前　言

京津冀地区是我国水资源矛盾最为突出的地区之一。京津冀地区构成的首都经济圈，是我国政治文化中心，也是我国北方经济的核心区。京津冀地区位于半干旱半湿润季风气候区，属资源型缺水地区，在中国三大城市群中，京津冀地区的人水关系矛盾最为突出。京津冀地区承载着全国8%的人口和10%的GDP，但人均水资源量仅为全国平均水平的1/9。长期高强度水资源开发利用，造成京津冀地区河道长期断流、湖泊湿地显著萎缩、大面积地下水漏斗等一系列问题，“有河皆干”“全球最大的地下水漏斗”是其形象表征，水资源已成为京津冀协同发展的“最短板”。

京津冀平原地区农耕历史悠久、生产力水平较高，河北省作为我国的13个粮食主产省之一，不仅承担了保障京津冀地区粮食和果蔬供给的生产任务，还有一定数量的农产品输出到京津冀之外地区。农业生产是京津冀地区水资源消耗的主要部门，长期依靠地下水灌溉获得高产，在平原区有近100万眼灌溉机井。2001～2018年，随着节水品种、灌溉技术的升级，京津冀地区农业用水量稳定下降，农业用水量占总水量的比例从70.1%减少为54.1%，但年度农业用水量仍高达130亿m^3左右，导致地下水超采达35亿m^3。

因此，农业水资源的高效、可持续利用方式的持续创新，区域农业生产和水资源管理体系的不断优化，成为京津冀地区农业发展和水安全保障体系建设的重要课题。经过多年的农业节水实践，京津冀地区节水水平已经位于全国前列，积累了很多成功经验，建成了相对完善的节水灌溉和节水生产体系，已经具备了由传统的节约灌溉用水到减少蒸散耗水转变的基础。2014年以来，地下水超采综合治理政策的实施对京津冀地区农业综合节水能力和水资源消耗总量控制目标提出了更高的要求。如何在资源型缺水地区构建同时兼顾节水、稳产的农业生产和水资源高效利用与政策管理新模式，成为亟待解决的问题。

本书汇集了作者团队过去10年中的多个科研项目研究成果，系统阐述了京津冀地区农业水资源演变过程及其可持续利用的综合节水研究实践，全书共分为9章。第1章由齐永青、沈彦俊撰写，介绍京津冀地区农业水文与水资源特点，以及京津冀地区农业生产历史和现状，并对农业水资源利用的问题进行梳理。第2章由郭英、张玉翠、沈彦俊撰写，主要内容包括海河流域近50年区域气候、水文要素、植被覆盖、土地利用和农业生产、人类用水活动等的变化，以及人类活动对区域耗水、水循环过程及水资源演变的影响。第3章由张玉翠、裴宏伟、沈彦俊撰写，介绍基于长期原位试验观测的京津冀平原区主要农业生态系统的耗水过程与水平衡特征。第4章由罗建美、沈彦俊、史源撰写，主要内容是京津冀地区不同作物配置模式和熟制的中长期产粮能力和水资源效应的模型模拟研究，对不同适水农业发展情景的水粮效应进行评估。第 5 章由张喜英、陈素英和邵立威撰写，介绍京津冀冬小麦、夏玉米一年两熟农田水分循环过程、节水理论体系，以及实现农田减蒸降耗的主要技术措施、综合调控途径和减蒸降耗潜力等内容。第 6 章由白美健、吴现兵撰写，主要内容包括水肥一体化对典型果蔬生长、产量、水氮利用等的影响，典型蔬菜和果树的最优水肥施用制度以及水肥一体化技术的资源节约效应分析。第 7 章由杨胜利、范海燕、李斌斌、李小涵、张辰希撰写，介绍园林绿地典型草坪草及景观乔木植被耗水规律研究结果，以及园林绿地节水灌溉技术，并以北京市为例分析园林绿地的节水潜力。第 8 章由焦艳平、王铁强、刘春来、齐永青、王罕博、张栓堂撰写，介绍京津冀地区非常规水资源开发利用现状，雨洪水、微咸水等非常规水的农业利用潜力及主要利用技术。第 9 章由沈彦俊、齐永青、闵雷雷、李红军撰写，介绍农业耗水管理的基本原理以及京津冀地区农业水权与水价综合改革实践等内容。全书由沈彦俊统稿。

本书的出版得到了国家重点研发计划项目“京津冀水资源安全保障技术研发集成与示范应用”（2016YFC0401400）、国家自然科学基金重点项目“华北平原农田关键带水氮传输过程及其控制机制”（41930865）、河北省自然科学基金创新研究群体项目“农业水文与地下水可持续利用”（D2021503001）、河北省创新能力提升计划项目“河北平原典型区地下水位与硝酸盐浓度变化机理及农业种植调控”（225A4201D）的资助。

农业综合节水体系是一项复杂的系统工程。在本书撰写过程中，作者力求全书的系统性和科学性，但由于作者水平有限，对该领域最新进展的了解还不是十分全面，对有些问题的分析与认识也有待进一步深化，一些依赖于长期监测的科学数据还需要不断积累，疏忽和不足之处也在所难免，恳请读者批评指正。

作　者

2023 年 10 月 15 日

目　　录

第1章 京津冀地区农业水文与水资源概况

京津冀地区构成的首都经济圈，是我国政治文化中心，也是我国北方经济的核心区。京津冀地区位于半干旱半湿润季风气候区，属资源型缺水地区，在中国三大城市群中，京津冀地区的人水关系矛盾最突出。京津冀水资源总量不到全国的1%，却承载着全国8%的人口和10%的GDP，人均水资源量仅为全国平均水平的1/9，水资源短缺及地下水超采问题已成为京津冀协同发展的“最短板”。京津冀平原地区农耕历史悠久、生产力水平较高，农业生产长期依靠灌溉获得高产，是水资源消耗的主要部门。本章重点介绍京津冀地区的自然地理、农业气候、水文条件与水资源状况，农业发展的历史与现状，农业用水及区域地下水超采与治理政策等内容。

1.1 自然地理与农业水文

1.1.1 京津冀地区自然地理概况

京津冀地区位于我国环渤海地区的腹地、华北平原北部，北接内蒙古高原，南连黄淮平原，西倚太行山脉，东临渤海。北京、天津两市为河北所环抱，河北与辽宁、内蒙古、山西、河南、山东五省（自治区）陆地相连。行政区划上，京津冀地区包含北京、天津两个直辖市及河北11个地级市，面积约21.8万km^2，为我国三大城市群之一，也是我国人类历史和农业开发最悠久的地区之一。

京津冀地区总体地势西北高、东南低，由西北向东南呈半环状倾斜。地貌复杂多样，高原、山地、丘陵、盆地、平原类型齐全。坝上高原位于蒙古高原东南缘，南高北低，平均海拔1200～1500 m，坝上为地势起伏的波状高原，舒缓低矮的丘陵与宽阔平缓的谷地相间分布，岗洼起伏间分布有湖淖滩地。燕山和太行山是京津冀地区的主要山脉，燕山位于本地区北部，坝上高原以南，河北平原以北，山海关以西，白河谷地以东的山地，山脉间有承德、怀柔、延庆、宣化等盆地；太行山北起北京西山，向南延伸至河南与山西交界地区的王屋山，西接山西高原，东临华北平原，呈东北—西南走向，是中国地形第二阶梯的东缘，也是黄土高原的东部界线，其中小五台山海拔2882 m，为京津冀地区的最高峰。位于燕山、太行山东、南面，包括京津在内的广阔平原地区是华北平原的重要部分，主要由滦河、黄河和海河等冲积而成。京津冀平原区可分为三个子区域：山前冲洪积平原、中部冲湖积低平原和东部滨海冲海积平原。山前冲洪积平原沿太行山、燕山山麓呈带状分布，海拔在太行山山麓 100 m 以下，在燕山山麓 50 m 以下，地形坡降 1‰～2‰，土层深厚；中部冲湖积低平原由海河、滦河、古黄河等水系的冲积物组成，地面海拔多在 50 m 以下，地势自北、西向渤海湾方向缓缓倾斜，逐渐降低，地面稍有起伏，缓岗、洼地交互分布；东部滨海冲海积平原大致沿渤海湾北岸、西岸呈半环状分布，海拔一般不足 5 m，由河流三角洲、滨海洼地、海积砂堤缀连而成。平原区聚集了京津冀主要的城市、人口和工农业生产活动。

1.1.2 流域与水系

除河北坝上地区部分属于蒙古高原内流区外，北京、天津全部及河北 91% 的面积都位于海河流域。海河水系各支流分别发源于蒙古高原、黄土高原和燕山、太行山迎风坡，自北向南为滦河及冀东沿海诸河、海河北系和海河南系。海河北系包括蓟运河、北运河、潮白河、永定河，也称为北四河；海河南系包括大清河、子牙河、漳卫河，也称南三河（图 1-1）。海河流域是典型的扇形流域，支流众多，水系分散，源短流急，水量季节性变化显著。

滦河发源于河北丰宁满族自治县（简称丰宁县）西部大古道沟，自沽源县向北流出河北，称为闪电河，流经内蒙古后自丰宁县北部流入河北，在黑风河、吐力根河汇入后称为大滦河，在隆化县郭家屯与小滦河交汇后称滦河，在迁安市进入冀东平原，于乐亭县汇入渤海。冀东沿海诸河指滦河下游两侧单独入海的河流，大部分发源于燕山南麓山地和丘陵区。

蓟运河发源于燕山南麓的河北兴隆县，上游泃、州二河在天津蓟州区汇流后称蓟运河，至天津滨海新区经永定新河入海，全长 316 km，流域面积 10 288 km^2，山区占 41%。潮白河上游由白河、潮河两条支流组成，白河为主流，发源于河北坝上高原沽源县丹花岭，于北京密云区与潮河汇合后称潮白河，经河北香河县吴村闸入潮白新河，在天津滨海新区宁车沽闸进永定新河入海，全长 467 km，流域面积 19 354 km^2，山区占 87%。北运河在通州北关拦河闸以上称温榆河，发源于北京昌平区军都山南麓，至天津大红桥与子牙河汇合入海河，全长 238 km，流域面积 6166 km^2，山区占 15%。永定河上游有桑干河、洋河两大支流，发源于黄土高原，含沙盘大，以桑干河为源，发源于山西宁武县管涔山东麓，与洋河在河北怀来县朱官屯汇流后称永定河，经天津北辰区屈家店闸入永定新河，在滨海新区北塘入海，全长 747 km，流域面积 47 016 km^2，山区占 96%。以上河系统称为海河北系。

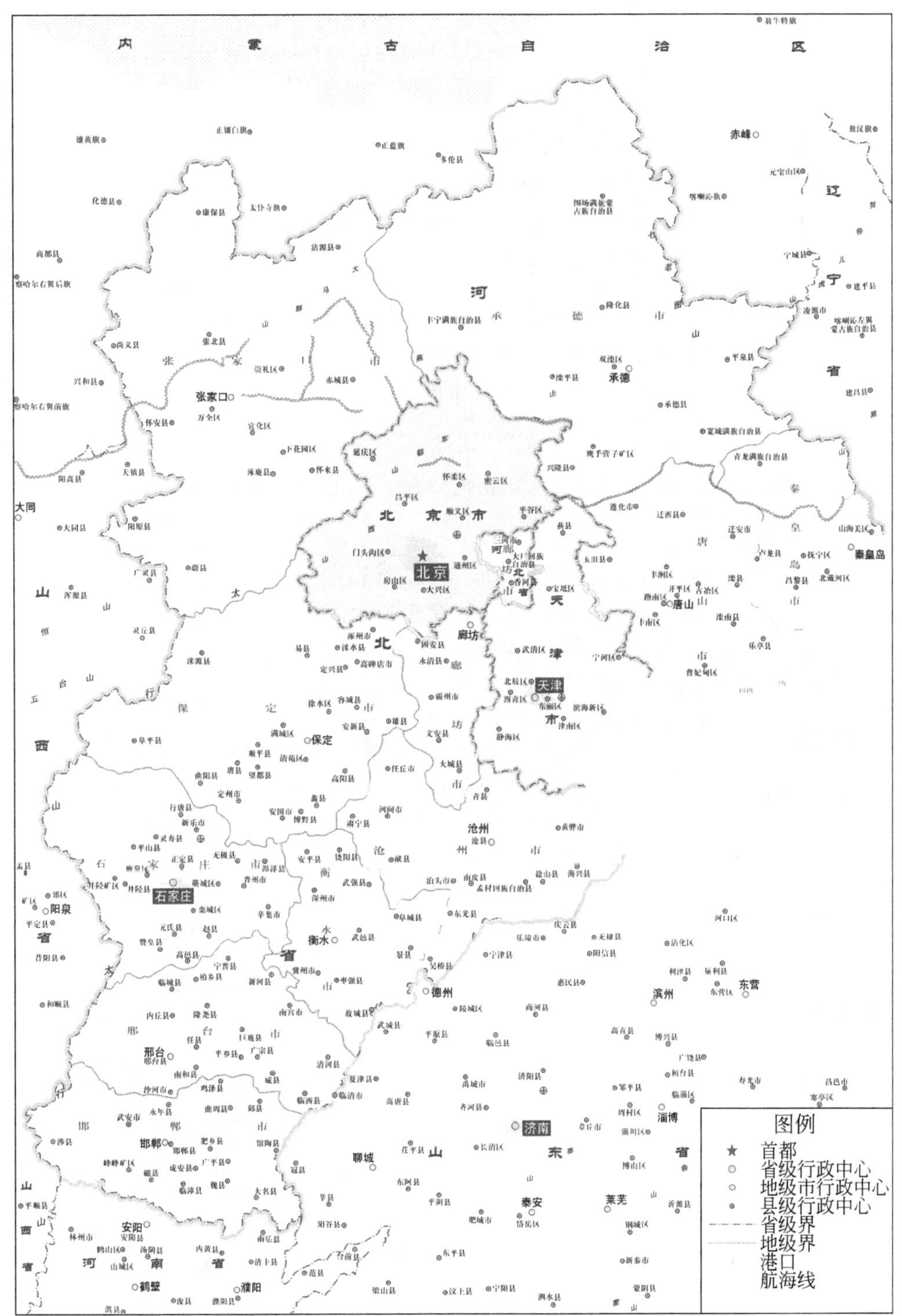

图 1-1　京津冀地区行政区划与主要水系图

大清河源于太行山，发源于山西灵丘县枪峰岭，北支主要为拒马河，经新盖房枢纽流入白洋淀；南支为唐河、潴龙河等河流，流入白洋淀，由新盖房分洪道入东淀、进洪闸入独流减河，在天津大港区防潮闸入海，全长 275 km，流域面积 43 060 km^2，山区占 43%。子牙河由滹沱河、滏阳河两大支流组成，均发源于太行山，以滹沱河为源，发源于山西繁峙县五台山北麓，在河北献县枢纽汇合后称子牙河，经天津西青区西河节制闸后，于大红桥与北运河汇合后入海河，面积 46 868 km^2，全长 769 km，山区占 66%。漳卫南运河发源于太行山，以浊漳河南源为源，发源于山西长子县络河里村，上游清漳河、浊漳河于合漳汇合为漳河，至徐万仓与卫河汇合后称卫运河，在四女寺入南运河，在天津静海区十一堡与子牙河汇合，全长 932 km，流域面积 37 584 km^2，山区占 68%。黑龙港运东地区为子牙新河以南、卫运河和漳卫新河以北的区域，由南排河、北排河、宣惠河等平原排沥河道组成，面积 22 444 km^2。海河干流位于天津境内，自大清河西河与北运河汇流处大红桥至海河防潮闸，全长 72 km，流域范围为永定新河以南、独流减河以北，面积 2066 km^2。以上河系统称为海河南系。

为了排泄洪水，海河水系新开辟了永定新河、潮白新河、独流减河、子牙新河、漳卫新河等入海河道。永定新河全长 61.9 km，属泥质潮汐河道，自屈家店分洪闸起，纳北京排污河、金钟河、潮白河、蓟运河于北塘入海。潮白新河自河北香河焦康庄至天津宝坻八台港，全长 36 km。独流减河于 1953 年开挖，全长 68 km，自进洪闸至防洪闸入海。子牙新河于 1967 年开挖，是海河流域最大的人工泄洪河道，全长 143.4 km，自献县起至马棚口入海。漳卫新河原名四女寺减河，全长 257 km，自四女寺以下分岔河、老减河两支，在大王铺以下汇合。

1.1.3 土壤与水文地质条件

1. 土壤类型

京津冀地区平原、山地、高原、盆地等地貌单元多样，人类活动历史悠久，在成土母质、气候因素和人类活动的共同影响下，形成了区域内丰富的土壤类型，本区土壤共有 26 个土类、51 个亚类，以褐土、潮土为主，栗钙土、棕壤也有一定面积的分布。

坝上高原以栗钙土为主。受植被、气候和成土母质的影响，主要有暗栗钙土、栗钙土、草甸栗钙土、盐化栗钙土、碱化栗钙土与栗钙土性土共 6 个亚类，总面积 172.47 万 hm^2。暗栗钙土主要分布于海拔较高的坝缘山地、山谷、山麓地带，成土母质为花岗岩、片麻岩、正长岩、玄武岩等残坡积物、黄土状物质与洪冲积物。栗钙土主要分布于坝缘山地、疏缓丘陵区，成土母质为片麻岩、花岗岩、玄武岩等残坡积物、第四系黄土与洪冲积物。草甸栗钙土主要分布于坝上沿河两岸的下湿滩、二阴滩与丘间宽谷地带，成土母质为河流冲积物。盐化栗钙土主要分布于二阴滩、河岸、湖沼周围，成土母质为洪冲积物。碱化栗钙土主要分布于坝上高原、海拔 1300 ~ 1450 m 的二阴滩部位，成土母质为冲积物。栗钙土性土主要分布于坝缘山地与疏缓丘陵的阳坡，成土母质主要是花岗岩、片麻岩等岩类的残坡积物。

燕山和太行山构成了京津冀的山地主体，亚高山、中山、低山、丘陵以及山间盆地、谷地等丰富的地貌类型和复杂的地质条件，加之水热、植被的差异性和相互影响，使得山区形成了类型丰富、交错分布的土壤格局。山区共有亚高山草甸土、棕壤、褐土、潮土、栗钙土、草甸土和风沙土 7 个土类，41 个亚类。褐土、棕壤是山区的主要土壤类型。除太行山区的平山、阜平县亚高山山地有亚高山草甸土，涞源摩天岭一带分布少量栗钙土，燕山与坝上高原相邻区域分布有灰色森林土外，一般山区从高到低分布着棕壤、淋浴褐土及褐土。中山区为中生型森林植被，坡陡沟深，土壤淋溶、淀积明显，主要发育形成典型的棕壤；山区阳坡植被稀疏，水土流失明显，多分布棕壤性土。低山区坡度较缓，基岩类型多为石灰岩和石英岩，地表植被主要为稀疏灌丛，耕地主要分布于河谷盆地与沟谷地带，一般为淋溶褐土。山间盆地土地开垦历史悠久，主要为褐土。太行山东侧丘陵区，谷宽丘低，成土母质以石灰岩和片麻岩为主，通常发育为碳酸盐褐土，土壤剖面具有钙化和黏化特征。山前台地、岗地和高阶地多为碳酸盐褐土。

山前平原区的地带性土壤为褐土和潮土。褐土分布于冲积扇上中部，以草甸褐土、碳酸盐褐土为主，潮土分布于冲积扇下部及扇间洼地，以潮土、褐化潮土、湿潮土为主，部分扇间洼地有少量盐化潮土分布，20 世纪 80 年代以来受地下水位持续下降的影响，本区盐化潮土脱盐现象明显。扇间洼地周边分布少量的湿潮土和盐化潮土。风沙土则在河漫滩中分布较广。冲积扇下部地势平坦开阔，土层深厚，土壤质地以壤土或砂壤土为主。

中部冲湖积低平原区内分布多条古河道，宽 1 ~ 5 km，地表以砂质土为主，土壤有机质含量低。从土壤类型看，低平原以潮土为主，盐土呈零星分布，风沙土分布在古河道河漫滩地，呈断续的垄状或丘岗状沙丘。低平原区的洼地中心为湖泊沉积物，发育为淤泥沼泽土和草甸沼泽土，洼地边缘主要是河流沉积物，在排水条件较好的情况下，发育为湿潮土。

东部滨海平原主要为潮土和滨海盐土，有少部分沼泽盐土。滨海地区土壤为冲积、海积母质，壤、黏垂直相间，水平交替分布，成土过程受地下水影响明显。

2. 水文地质

1）坝上高原

坝上高原为内蒙古高原东南缘部分，地质作用表现为缓慢的风化剥蚀，第四系堆积厚度小，地貌为低缓的丘陵和波状高原。含水层共分五个含水组，第一含水组由第四系全新统和中、下更新统的冲洪积、风积和湖积物形成，一般埋深小于60 m，水力性质为潜水或微承压水，岩性为砂卵砾石、粗砂或粉细砂，厚度为10～30 m。第二含水组由第四系中、下更新统的湖积物形成，埋深在60～150 m，水力性质为承压水，岩性为粉细砂，厚度为20～60 m，含水微弱。第三含水组是第三系孔隙裂隙含水岩组，由湖积物形成，一般顶板埋深小于20 m，底板埋深在80～200 m，水力性质为潜水或承压水，岩性为砂岩或砂砾岩，厚度为10～30 m。第四含水组是第三系熔岩裂隙空洞含水岩组，富水性不均，埋深变化大。第五含水组是基岩裂隙含水岩组，由火山堆积区域变质陆相沉积形成，岩性为玄武岩，含水贫而不均，仅在坝缘构造裂隙带中有富水段。

2）燕山、太行山山区及山间盆地

燕山、太行山山区主要是岩溶水、裂隙水。受到地质构造、岩性和地貌影响，山区地下水时空分布存在较大差异。岩溶水主要分布在燕山和太行山石灰岩地区，富水性极不均匀。在地形低洼、地质构造条件有利的奥陶系、寒武系、震旦系溶洞和裂隙中，往往形成大泉。泉水出露位置主要分布于燕山南侧和太行山东侧山前地带、断陷盆地边沿和深切河谷地段，如神头泉、辛安泉、娘子关泉、百泉、黑龙洞泉、涞源泉、兰村泉等。裂隙水的含水层岩性主要是片麻岩、花岗岩和分布于沟谷间的砂砾岩，主要赋存于风化网状裂隙、孔隙和基岩岩脉构造破碎带中，储水构造分布极不均匀，含水性能差异很大。

山间盆地呈串珠状分布于冀西北洋河、桑干河流域河谷区。盆地为广泛分布的第四系沉积物所覆盖，松散层堆积厚度大，砂砾粗，形成了良好的地下水储存空间，地下水为赋存于第四系松散沉积层中的孔隙水，为降水、地表水入渗和山前侧渗所补给，以河川基流、地下潜流、潜水蒸发和人工开采排泄。张宣盆地第四系浅层含水岩组由冲积、洪积和坡洪积物形成，水力性质为潜水或弱承压水，含水层岩性为砂砾石、砂卵石或砂碎石；第四系深层含水岩组由冲洪积物形成，水力性质为承压水，含水层岩性为砂砾石。蔚阳盆地第四系浅层含水岩组由冲积、洪积和坡洪积物形成，水力性质为潜水或弱承压水，含水层岩性为砂、砂砾石；深层含水岩组由冲洪积物形成，水力性质为承压水，含水层岩性为砂砾石。涿怀盆地第四系浅层含水岩组由冲积、洪积和坡洪积物形成，水力性质为潜水或承压水，含水层岩性为砂砾石、砂卵石和砂；深层含水岩组由湖积物形成，水力性质为承压水，含水层岩性为粉细砂。

3）京津冀平原区

京津冀平原区由巨厚的第四系沉积构成，厚度为350～550 m，局部可达600 m。第四系地层由老至新划分为4个统，下更新统主要由冲积与湖积为主的堆积物组成，上段为棕红色、红棕色或黄绿色，下段为红褐色、棕红色混锈黄色、灰绿色厚层亚黏土、黏土夹砂层，底界面的埋深通常为350～500 m；中更新统是冲洪积–冲湖积为主的堆积物，主要由亚黏土夹砂石层与砾石层组成，砂层粒度粗、厚度大，同时集中富集，底界面的埋深通常在 250 ~ 350 m；上更新统是冲洪积-湖积为主的堆积物，主要由粉粒含量较高的亚黏土与亚砂土夹卵石层与砾石层组成。底界面的埋深通常在 120 ~ 170 m；全新统是以冲洪积为主、夹海相与湖沼沉积的堆积物，主要由含淤泥质亚黏土与亚砂土夹粉砂与细砂组成，结构组成疏松，底界面的埋深通常在 20 ~ 30 m。在沉积过程的影响下，本区含水层组较多，根据埋藏条件可将第四系含水岩系自上而下分为四个含水层组：第一 ~ 第四含水层组的底界面埋深分别为 40 ~ 60 m、120 ~ 170 m、250 ~ 350 m 和 350 ~ 550 m；四个含水层组之间分别由 15 ~ 20 m 厚的亚黏土或亚砂土层、20 ~ 30 m 厚的黏土或亚黏土层和 30 ~ 40m 厚的黏土层分隔。

按照水文地质分区，京津冀平原区可分为山前冲洪积平原区、中部冲湖积低平原区和滨海冲海积平原区三部分（图 1-2）。山前冲洪积平原第一、第二含水层组及中部冲湖积低平原和滨海冲海积平原的第一含水层组和第二含水层组的上部称为浅层地下水。太行山、燕山山前平原为冲洪积平原，分布于北京、石家庄、邢台等地，面积约 4.5 万 km^2，浅层地下水中矿化度小于 2 g/L 的淡水面积占 98%，为全淡水区。该区位于太行山、燕山山前洪积冲积扇顶部，表层多为亚砂亚黏土，下部岩性较粗，含水层以卵石、卵砾石、粗砂、中砂为主，厚 20 ~ 30 m，地层中无连续隔水层，降水、河道径流的入渗补给条件好，浅层含水组赋水性强。受到浅层地下水与深层地下水混合开采的影响，山前冲洪积平原浅层地下水系统快速下降，已延伸到 120 ~ 150 m（龙怀玉和雷秋良，2017）。中部为冲湖积低平原，分布于天津北部、河北中部地区，面积约 6.6 万 km^2，浅层地下水中矿化度小于 2 g/L 的淡水面积占 75%，咸、淡水间杂分布。含水层岩性以粗中石、细中砂、细粉砂为主，厚 20 ~ 30 m，埋深 50 ~ 60 m，浅层含水层赋水性中等，降水为最主要的补给来源，区内农业生产规模较大，灌溉渗漏也是地下水的补给来源之一。滨海冲海积平原分布在天津南部、河北东部环渤海地区，为冲海积平原，面积约 1.9 万 km^2，96% 的浅层地下水为矿化度大于 2 g/L 的微咸水和咸水，只有零星浅层淡水分布。含水层岩性以粉细砂和裂隙黏土为主，地下水赋存条件差，以降水入渗补给为主。

京津冀平原深层地下水系统在山前平原包括第三含水层组和第四含水层组，顶界深度为 80 ~ 150 m，底界为第四系底板，深度一般为 140 ~ 350 m。中部平原咸水体以下的深层地下淡水，包括第二含水层组下部和第三含水层组，顶界深度一般为 120 ~ 160 m，底界深度一般为 270 ~ 360 m；第四含水组底界深度为 350 ~ 550 m。中部平原和滨海平原区深层地下水含水层水量巨大，主要靠侧向补给来补充水分，但由于含水介质颗粒较小，循环交替不畅，径流从山前平原到中部平原和滨海平原，历时达到上千年至上万年，目前人工开采是深层地下水的主要排泄途径。人工取水主要是开采第三含水层组的深层地下水（张宗祜，2000；张兆吉等，2009）。

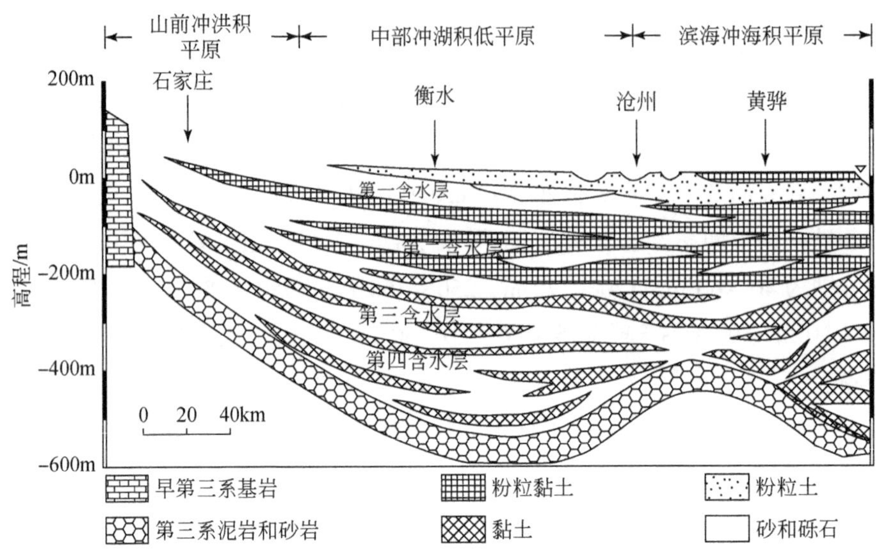

图 1-2　京津冀平原区水文地质剖面图

资料来源：Chen et al.，2005

1.1.4　气候与水文条件

京津冀地区地处海河流域，属东亚温带半干旱半湿润季风气候区。因京津冀地区西北为山地、高原所环绕及东临渤海的特殊地理位置，其一年内分别受蒙古大陆性气团、海洋性气团、西伯利亚大陆性气团影响，具有寒旱同期、雨热同期、四季分明的特点：春季降雨稀少，蒸发强烈，易发干旱；夏季高温多雨，降雨集中于 7 月下旬至 8 月上旬且多暴雨，易产生洪涝灾害；秋季凉爽少雨；冬季寒冷干燥，降雪较少。从区域气候的空间特征来看，西北坝上高原干旱冷凉，燕山、太行山山区降雨较多，平原地区热量资源充足，适宜小麦、玉米、棉花、蔬菜等农作物及林果生产。

1. 辐射与日照

京津冀地区属于北方长日照区，辐射与日照资源丰富。区域年总辐射量为 4854 ~ 5981 MJ/m^2，总体呈北高南低、东西高中间低的格局。长城以北及西部山区年总辐射量在 5200 MJ/m^2以上，其中冀西北桑洋盆地及坝上高原年均总辐射量大于 5600 MJ/m^2，为京津冀总辐射量最多的地区，其中康保县年总辐射量高达 5981 MJ/m^2。平原区年总辐射量在5000 ~ 5400 MJ/m^2，其中保定容城一带不足 4900 MJ/m^2，为最低值；东部滨海平原的南皮、沧州、泊头一带在 5300 MJ/m^2以上，系平原地区的高值区。

京津冀地区太阳辐射的季节性差异明显。月总辐射量以 5 月、6 月为最大，且大部分站点 5 月总辐射量大于 6 月，为 605 ~ 730 MJ/m^2；12 月总辐射量为各月最小，为 205 ~ 283 MJ/m^2。从区域上看，坝上高原、冀西北桑洋盆地各季节的总辐射量高于平原地区，平原地区总辐射量以太行山山前平原最低，平原东南部沧州、邯郸一带略高。北京西南部和保定中北部一带是京津冀冬季总辐射量最低的区域，2012 年以来受雾霾天气影响，山前平原大部分地区冬季总辐射量呈较为明显的下降趋势。

京津冀地区日照时数的地理分布，由北向南呈递减趋势。长城以北及西部山区年日照时数在 2600 h 以上，其中冀西北桑洋盆地及坝上高原为 2800 ~ 2900 h，为日照时数最多的区域；燕北山地年日照时数为 2600 ~ 2800 h；长城以南京津及冀东地区年日照时数在 2500 ~ 2600 h；平原区年日照时数在 2300 ~ 2700 h，其中太行山山前平原年日照时数为 2300 ~ 2500 h，为日照时数低值区，东部滨海平原区年日照时数高于山前平原区。日照时数的年内分布以 5 月最多，12 月最少，作物生长期间的 4 ~ 9 月日照时数较多，占全年的 55% 以上。尽管本区域日照较为充足，但近几十年来，全区日照时数呈总体减少的趋势（图 1-3）。

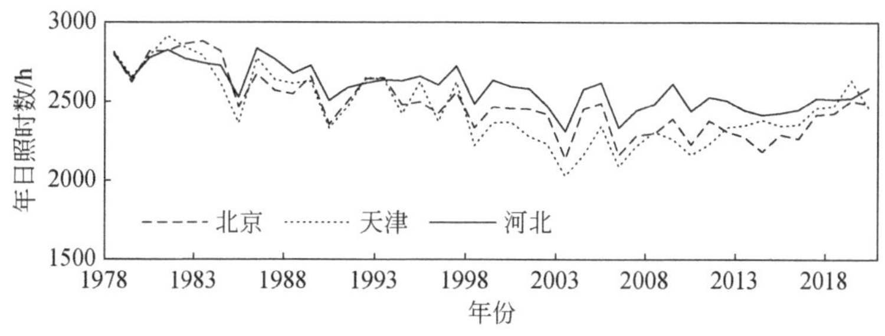

图 1-3　京津冀地区年日照时数变化

2. 温度条件

京津冀地区地理纬度为 36°03′N ~ 42°40′N，南北气温差异显著，气温随纬度增加而降低。地貌格局上，太行山、燕山相连组成的“弧状山脉”对京津冀平原地区形成环抱，成为阻挡西北寒流的屏障，冷空气越过山脊后沿坡下沉产生增温效应，在丘陵与平原衔接的山前平原处形成弧状暖带，走向与太行山基本平行，此暖带内的气温在冬季相当于向南 2 ~ 3°地区的气温，在 5 月末，太行山东侧易形成焚风效应，对农业生产造成不利影响。冀东平原和天津、沧州等滨海地区受海陆位置的影响，春夏季气温较同纬度偏低，秋冬季气温较同纬度偏高。受以上因素的影响，京津冀地区年平均气温分布呈南高北低、山区低于平原的基本格局，年平均气温为-0.3 ~ 14.0℃，南北温差显著。长城是京津冀地区热量差异的重要分界线，长城以北为中温带，年均气温低于 10℃，坝上高原低于 4℃，农作物一年一熟；冀西北桑洋盆地，年平均气温为6～9℃。长城以南为暖温带，年均气温高于10℃，农作物可实现一年两熟或两年三熟。平原区热量条件较好，冀东平原年均气温为10～11℃，京津及保定冀中平原年均气温为11～13℃，冀东南平原年均气温多在12～13℃。太行山区年均气温受海拔影响，低山区（海拔1000 m以下）年均气温为11℃左右，中山区年均气温为7～9℃，海拔2000 m以上为亚高山区，年均气温更低，小五台山年均气温仅为-4.5℃。

热量是植物生长的重要控制条件，积温是评价一个地区热量条件的重要指标，温度高低和热量多少决定着当地植物种类、作物品种、熟制和作物布局。日均温稳定通过0℃、10℃等界限温度的初终日、持续时间和积温是评价区域热量资源的基本依据。

日均温稳定通过0℃的初日与冬小麦返青、土壤解冻、春小麦播种等农事活动基本相吻合，0℃终日土壤开始冻结、冬小麦停止生长进入冬眠。0℃持续期为农作期或广义的植物生长期，≥0℃期间的积温作为区域热量指标，对农业生产有重要意义。京津冀地区≥0℃持续期南长北短，最大相差110天。长城以北的燕山山地和冀西北桑洋盆地为230～250天，坝上高原为187～200天；长城以南平原区自3月初至11月末，≥0℃持续期均在260天以上，其中冀南平原区在280天以上。≥0℃积温南多北少，相差近3000℃。4000℃等值线沿长城稍北方向在冀西北折向南后以太行山区600～800 m等高线为界。此线以北以西地区为中温带，农业主要为一年一熟制；此线以南以东地区为暖温带，农业主要为一年两熟或两年三熟制。长城北侧燕山及冀西北桑洋盆地积温为2800～3900℃，可种植春玉米、春小麦等作物；坝上高原≥0℃积温只有2200～2580℃，为京津冀热量最少的地区，属于农牧交错区，传统农作物以马铃薯、胡麻、莜麦等短季耐寒作物为主，20世纪末期以来发展适宜冷凉气候的反季节蔬菜，取得较好的经济效益；长城以南的低山丘陵区和平原区≥0℃积温在4200～5170℃，适宜冬小麦、玉米、棉花及各类经济作物种植，可实现一年两熟。

日平均气温稳定通过10℃的初日、终日、持续期及积温是各种中温作物（玉米、高粱、谷子、大豆等）种植的热量指标。10℃是中温作物生长的适宜起止温度指标，持续期是主要农作物的活跃生长期。大于或等于10℃的持续期，京津冀南北可相差约100天：长城以北不足190天，其中坝上高原只有107～132天；长城以南京津及冀东、太行山北段山地丘陵区为170～200天，平原全区为200～210天。大于或等于10℃积温分布格局与≥0℃积温相近，平原区及太行山低山丘陵区≥10℃积温为4000～4600℃；太行山低中山区、燕山山地与丘陵区、冀西北桑洋盆地为2200～3900℃；坝上高原≥10℃积温最低，仅为1660～2100℃。近几十年来京津冀地区热量条件发生了较明显的变化，总体热量资源呈增加的趋势。20世纪80年代中期以后，区域气温增加明显，相应的>0℃积温与>10℃积温与气温升高呈明显的正相关。

3. 降水量

京津冀东临渤海，区内地貌多样、地形复杂，降水具有地域分布差异显著、季节性分配不均、干湿期明显、降水变率高、年际变化大等特点。全区干旱频繁，水资源不足，但在降水集中的年份又常发生洪涝灾害。

全区年降水量在 350 ~ 770 mm，分布特征是南部多、北部少，沿海多、内陆少，山区多、平原少，山地的迎风坡多、背风坡少。燕山南麓的兴隆—遵化—迁西—青龙区间及昌黎—滦县区间的年降水量在 700 mm 以上，是京津冀地区降水的高值区域，其中迁西—遵化一带年降水量在 750 mm 以上；燕山南麓平原及天津、沧州沿海地区年降水量在 600 ~ 700 mm；太行山东麓的易县、涞水一带年降水量为 600 ~ 650 mm，是太行山区的降水高值区；京津冀降水最少的地区在冀西北地区，其中坝上高原地区普遍低于 450 mm，桑洋盆地不足400 mm，而康保县年降水量仅为 350 mm。平原区大部分年降水量在 500 ~ 600 mm。

京津冀地区降水量的年际变化较大，降水稳定性差。以北京站为例，1951 ~ 2019 年年均降水量为 586. 0 mm，1959 年（降水量最多年）降水量为 1404. 6 mm，是 1965 年（降水量最少年）降水量 261. 4 mm 的 5. 4 倍，也达到了多年平均降水量的 2. 4 倍（图 1-4）。各地最大年降水量与最小年降水量之比分布由北向南递增。冀北燕山山地较小，在 1. 8 ~ 3. 0，其他大部分地区均在 3. 0 以上，其中平原区北部北京、天津、保定在 4. 0 左右，太行山南部迎风坡多在 5. 0 以上，为全区年降水量变幅最大区域，邯郸 1963 年降水量为 1572 mm，1986 年只有 220 mm，两者之比达 7. 1 倍，为全区最大。

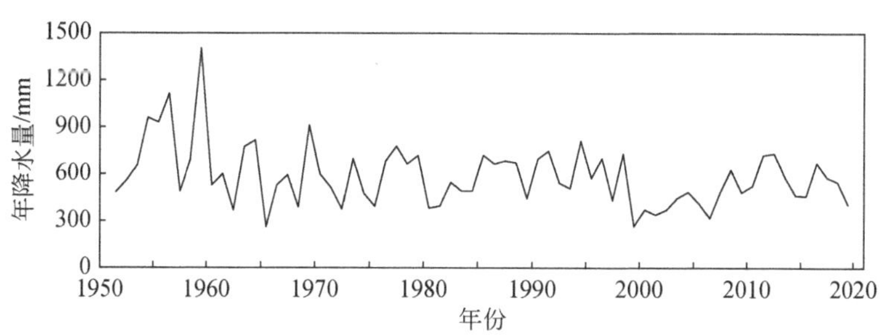

图 1-4　1951 ~ 2019 年北京站年降水量

从降水量的季节分布看，京津冀地区春季（3 ~ 5 月）多风少雨，气候干燥，降水量在 48 ~ 91 mm，占全年降水量的 10% ~ 14%；夏季（6 ~ 8 月）受南方暖湿气团影响，降水量明显增多，大部分地区降水量在 300 ~ 400 mm，占全年降水量的 70% 左右，但往往以暴雨形式出现，易造成局地短时涝渍灾害；秋季（9 ~ 11 月）秋高气爽，降水量在 59 ~ 124 mm，略多于春季，占年降水量的 13% ~ 22%；冬季（12 月 ~ 翌年 2 月）受蒙古干冷高压控制，气候寒冷，降水（雪）量稀少，仅为 6 ~ 17 mm，占全年降水量的 1% ~ 3%。

总体上看，京津冀地区降水量的季节分配表现为冬春旱、夏涝、秋吊的特征。

近几十年来，京津冀地区气候变化较为显著，通过比较不同时段气候格局特征，发现京津冀地区气候暖干化趋势明显（郝然等，2017）。具体表现为中温带南界北移，中温带范围缩小，而暖温带范围扩大。唐山、天津、沧州等东部滨海平原区的半湿润型气候范围明显缩小，太行山北段半湿润型消失，半干旱偏湿型范围明显扩大；半干旱型范围没有明显变化。从局地尺度看，冀西北区和冀南邢台、邯郸等地变暖趋势最明显，变暖趋势最小的是包括承德南部、唐山北部在内的燕山山地区；天津、沧州等东部滨海平原区变干趋势最为明显，其次是冀西北区，变化较小的是东北部和西南部地区。

4. 平原区农业水文条件

平原区聚集了京津冀地区绝大部分人口、产业和高强度的资源利用活动，同时也是区域乃至全国最重要的农业区，山前平原及中部平原的耕地面积占各县域面积的50%以上，邯郸、邢台的平原区县域耕地面积比例均高于70%；宁晋耕地面积比例为80.3%，为京津冀地区最高。

京津冀平原农业区多年平均降水量为547 mm，总体上呈微弱的减少趋势（图1-5）。6～9月是降水的集中期，降水量占到全年降水量的78%，其中7～8月降水量占到全年降水量的58%。降水量在空间上表现为东高西低、北高南低的地带性特征，年均降水量从500 mm左右递增到650 mm。中部平原区存在一个降水量低值中心，主要在保定南部、石家庄东部到邢台一带，年均降水量不足500 mm；向东向北降水量增多，北京、天津、沧州一带降水量增至520～580 mm；冀东平原唐山、秦皇岛一带位于燕山东麓、濒临渤海，是京津冀平原农业区年降水资源最丰沛的地区，年均降水量超过600 mm。

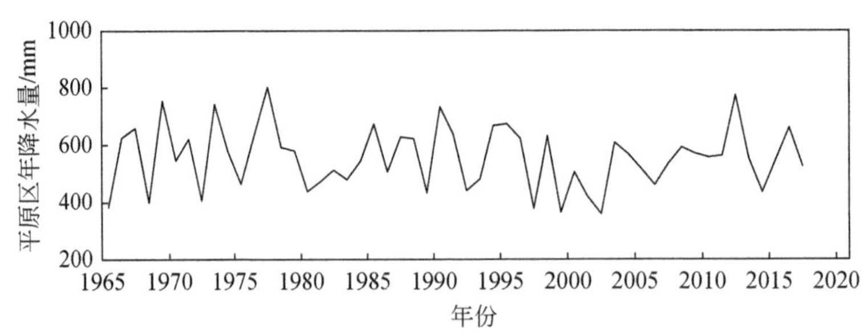

图1-5　京津冀平原区1965～2017年降水量图

京津冀平原区地表径流量主要受降水量和下垫面影响，大部分地区多年平均径流深为10～50 mm，山前平原、滨海平原、漳卫河平原的部分地区，多年平均径流深超过50 mm，是平原径流深的高值区；中部晋州、宁晋、新河、冀州、衡水一带，多年平均径流深不足5 mm，与平原区降水量低值中心范围基本一致。平原区海拔在100 m以下，地面低平，河道比降平缓，自产径流少，汇流历时长，区域内河道径流主要来自山区产流，受 20 世纪 50 年代以来山前控制性水库兴建及上游用水增加的影响，水库下泄水量逐渐减少，导致平原区河道普遍断流。以地处九河下梢的沧州为例，入境水量由 20 世纪 50 年代末的 88.92 亿 m^3 减少至 21 世纪初的 9.27 亿 m^3，出境水量也相应地由 78.38 亿 m^3 减少到 7.56 亿 m^3（李少华等，2010）。径流持续减少对平原区地表水-地下水转化过程和水资源利用方式具有显著影响。

平原区浅层地下水主要富集于山前平原，主要补给方式包括降水入渗补给、山前侧向补给与地表水体补给。位于永定河与潮白河冲积扇的北京及地处滹沱河冲积扇的石家庄山前地区，年均地下水资源量模数高达 30 万～50 万 m^3/km^2；唐山、保定年均地下水资源量模数为 20 万～30 万 m^3/km^2；邢台、邯郸的山前平原区年均地下水资源量模数为 10 万～20 万 m^3/km^2；平原中东部地区年均地下水资源量模数为 10 万～15 万 m^3/km^2；白洋淀东部及黑龙港运东平原区因补给与储存条件均较差，年均地下水资源量模数为 5 万～10 万 m^3/km^2（任宪韶，2007）。受地下水超采影响，平原区地下水含水层疏干，补给条件恶化，山前平原等年均地下水资源量模数高值区范围缩小。

平原区降水量季节性变化显著，不同作物生长季节的降水资源条件存在明显差异。越冬作物生长季自 10 月至翌年 5 月底，春播作物的生长季为 5～10 月，夏播作物的生长季为 6～9 月。以冀中南平原区为例，越冬作物 8 个月的生长季包括干旱的冬春季，降水量仅为 100～140 mm，占全年降水量的 17.6%～25.0%，降水量无法满足作物正常生长的需水量要求，平均缺水 200～300 mm，越冬作物的高产稳产需要灌溉条件的支撑；春播作物生长季降水量在 400 mm 以上，多数年份可以满足以棉花为代表的春播作物的需水量；夏播作物生长季内降水量在 350 mm 以上，可满足夏玉米的需求并略有盈余。

1.2 京津冀地区农业发展历史与现状

1.2.1 历史时期的农业生产

1. 农业生产历史

京津冀是我国人类活动和农业开发历史最悠久的地区之一，早在商代，南部平原和山前平原地区就开垦为农田，用于黍、稷、麦等农作物种植。春秋战国时期，农业生产得到更大发展，除粟、黍、麦、菽等旱地作物外，少数地区还生产水稻，并建有配套的水利灌溉设施。秦汉时期农作物种类进一步增加，其中粟、黍、稻、稗、枲、麻、豆、麦、芋等均有种植。其中粟在粮食作物中占主要地位。麦有春麦和冬麦之分，西汉时河北平原已经以种植冬小麦为主。魏晋南北朝时期，稻作面积有所扩大，表明当时灌溉技术的提高和沼泽湿地开发能力的增强。北宋时期小麦和水稻的生产技术进一步提高；明代以来，长城以南的平原地区以棉花为代表的经济作物种植规模不断扩大，小麦成为主栽作物，玉米也于明代传入本地区（河北省地方志编纂委员会，1995）。甘薯在清代传入，玉米和花生的种植规模也开始扩张，冬小麦-谷子、冬小麦-高粱等一年两熟制和粮棉与豆菜间作混种模式得到快速发展，粮食作物品种多样化，形成小麦、玉米、水稻、谷子、豆类、甘薯、高粱、马铃薯依次排位的格局。棉花生产受到政府支持且经济效益较好，种植面积不断增加，逐渐在冀中、冀南平原形成棉花的优势产区。

民国时期，本地区农业生产在商品化的推动下，主要农作物种植区域和生产规模都有一定变化。小麦生产受品种改良、灌溉条件改善和商品化等因素的推动，种植区域由冀南平原为主扩大到京津以南的大部分平原地区，小麦播种面积由 1914 年的 1767 万亩①增加到 1937 年的 3132 万亩，增加了近 1 倍。产量也由 1914 年的 55 万 t 增加到 1937 年的 153 万 t，增加了近 2 倍（河北省地方志编纂委员会，1995）。高粱种植面积及产量呈下降趋势，种植面积在 2100 万亩左右，由于高粱具有耐瘠薄、耐涝抗旱的特性，平原区和丘陵山区仍普遍种植，尤其在平原东部的沧州，北部的保定、天津、唐山等盐碱地分布较多的区域种植比例较高。玉米至清代后期得到广泛传播，种植区域不断扩大，种植面积约 1500 万亩，集中在冀东丘陵区、北京周边和运东低平原地区。近代由于棉纺织业的发展对棉花需求量的扩大，棉花价格也随之提高，促进了棉花种植规模的扩大，种植面积约 800 万亩，主要分布在冀中山前平原、黑龙港和冀东平原等区域。

2. 农业灌溉的发展

随着耕地开垦和作物种植规模的不断扩大，京津冀地区的农田灌溉体系也得到了相应的发展。明清时期，气候相对干冷，是本地区农田水利发展的高峰时期，主要通过疏浚河道、修建闸渠等工程措施发展地表水灌溉。明代嘉靖至万历前中期（1522 ~ 1600 年），是明代修建水利最为频繁和最有成效的时期。从地域分布上看，平原区建闸开渠引水工程集中在太行山东麓的山前平原地区，以冀南滏阳河流域、冀中大清河流域为主，河间、顺天（今北京）、天津等地也有部分工程。滏阳河流域磁县的东西闸、南大渠、北大渠，永年区的利民闸、惠民闸、济民闸、润民闸等均建设于明代，并经清代的修缮，发挥了数百年的灌溉效益。永定河桑洋盆地自明代以来，出于保护北方边疆的目的，逐步建立并完善了军屯制度，农业生产规模快速扩大。洋河、桑干河流域地表水资源的利用历史与农耕活动基

① 1 亩≈666.67m^2。

本同步。最初开垦的耕地多位于河道附近，可便利引水灌溉，至清代中期，桑洋盆地人口和耕地面积迅速扩大，政府设立营田水利局，通过政府投资和地方集资、投劳的方式，兴建农田灌溉渠系，改善灌溉条件，扩大耕作面积。据统计，自清代乾隆初年（1736 年）到民国 36 年（1947 年），在怀安县洋河盆地内西洋河、东洋河、洪塘河一带先后修建了 30 余条灌渠，灌溉耕地面积 6 万余亩，集成渠、大河渠、惠农渠、天顺渠、民生渠等至今仍是各灌区的骨干渠道。

明清时期凿井灌溉得到一定发展，主要分布在山前平原浅层地下水条件较好的地区。民国时期，随着现代工程技术的引进，以 1920 年华北大旱为契机，在华洋义赈会等非官方赈济组织推动下，井灌得到了快速发展。此后，政府制定了相应的灌溉井支持政策，由河北农矿厅发布《河北省各县凿井暂行办法》并负责实施，1930 ~ 1933 年共新增灌溉井 76 382 眼，其中超过 2/3 集中于平汉铁路（今京广铁路）沿线的太行山山前平原地区（潘明涛，2014）。受取水量和开凿成本的影响，民国时期的井灌主要满足价格较高的棉花、烟草等经济作物以及小麦的灌溉需求。井灌的普及，通过冬小麦-夏谷子（高粱）的轮作实现了一年两熟，提高了复种指数；通过棉花等经济作物种植规模的扩大，改变了平原区以耐旱杂粮为主的传统种植结构。

1.2.2 1949 年以来的农业发展

1. 粮食生产情况

中华人民共和国成立以来，京津冀地区农业生产特别是粮食生产得到较快的发展。农作物播种总面积稳定在 980 万 ~ 1100 万 hm^2，其中粮食作物播种面积为 840 万 ~ 950 万 hm^2，占比超过 80%；河北是京津冀地区最主要的农业区，作物播种面积占全区的 88.4%，粮食播种面积占全区的 87.9%。但在改革开放之前一个较长的时期内，本地区的粮食生产量没有实现自给自足，仍要依靠调入维持供需平衡。中华人民共和国成立后到改革开放前，京津冀地区的粮食生产经历了三个阶段（图 1-6）：1949 ~ 1957 年的粮食生产恢复阶段，单产水平呈较快恢复性增长态势，单产年增长 7.25%，从 649.3 kg/hm^2 增加到 1064.4 kg/hm^2；1958 ~ 1964 年的停滞徘徊阶段，粮食作物种植面积出现滑坡，单产增长停滞，在 900 ~ 1100 kg/hm^2 区间波动；1965 ~ 1978 年为持续增长阶段，单产年增长速度达到 4.89%，突破了 2000 kg/hm^2。粮食总产量的阶段性特征与单产变化基本一致，1949 ~ 1957 年随着单产提高和播种面积增加，全区粮食产量从 534.5 万 t 增加到 969.7 万 t，1958 ~ 1964 年的停滞阶段，受多种因素影响全区粮食产量从 1958 年的 968.7 万 t 降低到 1961 年的 700.5 万 t，之后回升至 1964 年的 912.1 万 t，仍略低于 1957 年的粮食总产量；

1965～1978 年全区农业生产能力恢复，单产水平明显提高，粮食作物种植规模稳中有升，粮食总产量在波动中提高，到 1978 年全区粮食产量达到 1991.0 万 t。

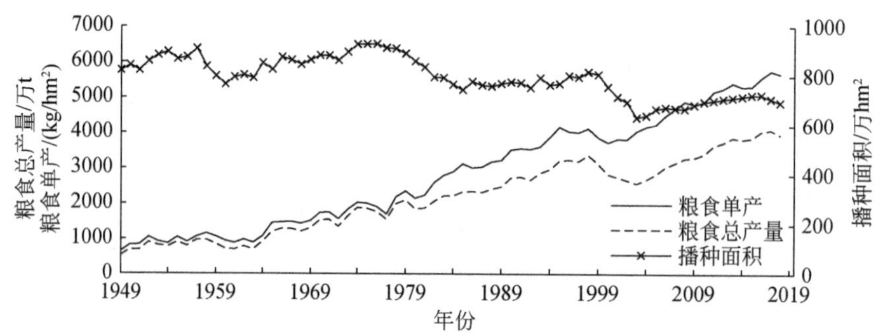

图 1-6　京津冀地区 1949～2018 年粮食作物生产规模和产量变化

资料来源：国家统计局，https：//data. stats. gov. cn/easyquery. htm? cn＝C01

改革开放以后，随着家庭联产承包制的实施，农业生产得到快速发展。十一届三中全会到 20 世纪 80 年代末期，农村生产体制发生转变，对于地力差、效益低、不适宜耕作的土地，农民主动转换了利用方式。该时期经济作物面积增加，熟制和复种指数增加，粮食作物（包括小麦）的种植规模略有减少，但生产能力明显提升。粮食种植结构趋向单一化，以冬小麦-夏玉米一年两熟模式为主体，占粮食播种面积的 80% 以上。20 世纪 80 年代末到 90 年代末，温饱问题仍是社会的核心问题，以政府为主导，各类水利设施快速完善，农业生产能力稳步提高，粮食作物的播种面积稳中有升。该时期小麦种植规模进一步扩大，占粮食播种面积的 37%。1998～2004 年，受到全国范围内农产品价格下降、农村劳动力流动性加强、农产品市场化流通体系不完善等诸多因素的影响，农业生产发生明显的波动，京津冀地区农业生产规模下跌、产量萎缩。2005 年之后，我国全面取消农业税，农业生产快速恢复，粮食作物种植规模回升，2010 年以后京津冀地区粮食作物播种面积稳定在 700 万 hm^2 左右；随着农机补贴、良种补贴、秸秆综合利用补贴等农业补贴政策和高标准基本农田建设的逐步实施，粮食单产水平显著提升，从 2005 年的 4236.5 kg/hm^2 提高到 2018 年的 5671.1 kg/hm^2，全区总产量也相应地由 2831.0 万 t 提高到 3944.7 万 t。

伴随粮食生产能力的快速提升，主要粮食作物种植结构也发生了显著变化，谷子、高粱等传统杂粮比例逐渐降低，小麦、玉米播种面积和产量占比持续提高（图 1-7）。20 世纪 50 年代，小麦播种面积为 225.7 万 hm^2，占粮食作物总播种面积的 29.6%，产量为 159.3 万 t，占粮食总产量的 19.6%；玉米播种面积为 161.8 万 hm^2，占粮食作物总播种面积的 21.2%，产量为 188.5 万 t，占粮食总产量的 23.2%；谷子、高粱、薯类播种面积分别有 140.3 万 hm^2、84.4 万 hm^2、65.5 万 hm^2，分别占粮食作物总播种面积的 18.4%、11.1% 和 8.6%，产量分别达到 148.6 万 t、74.9 万 t 和 153.4 万 t，分别占粮食总产量的

18.3%、9.2%和18.9%。随着区域农业生产力水平提高和粮食需求变化，小麦、玉米播种面积和产量占比持续提高，传统的谷子、高粱、薯类等耐旱杂粮作物生产规模和产量持续缩减，到20世纪90年代，小麦、玉米播种面积分别达到290.6万hm^2和265.1万hm^2，分别占粮食作物总播种面积的39.8%和36.3%，总占比超过75%，与面积稳定扩大同步，小麦、玉米的单产水平也得到显著提高，产量分别达到1229.2万t和1226.9万t，分别占区域粮食总产量的41.6%和41.5%，区域粮食生产形成了小麦、玉米占绝对主导地位的格局。进入21世纪，小麦、玉米占比进一步扩大，达到粮食作物总产量的92.7%，尤其是玉米的播种面积和产量均超过小麦成为京津冀地区第一大粮食作物，21世纪第二个10年，玉米年均播种面积达到339.8万hm^2，占粮食作物总播种面积的51.3%，产量达到1811.0万t，占粮食总产量的51.9%；谷子、高粱、薯类等杂粮作物播种面积进一步减少，分别为15.4万hm^2、1.8万hm^2和26.9万hm^2，分别仅为20世纪50年代播种面积的11.0%、2.1%和41.1%。

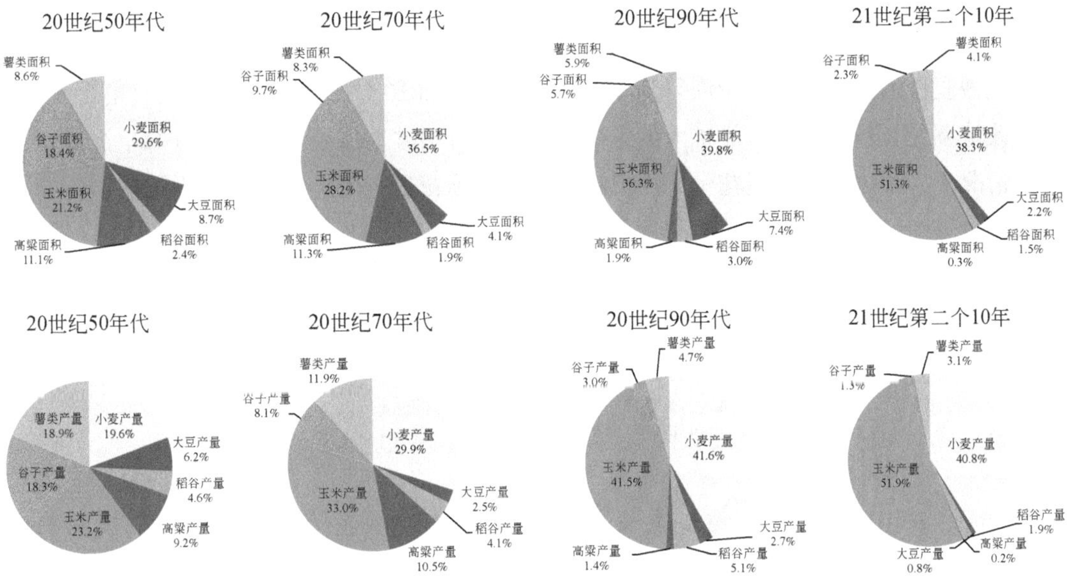

图1-7　京津冀地区粮食作物种植结构的年代际变化

1949年以来，特别是改革开放之后，京津冀地区粮食作物生产规模和产量组成呈显著的单一化趋势，杂粮占比较高的传统两年三熟旱作生产模式被小麦-玉米一年两熟的灌溉丰产模式替代。粮食作物生产结构的转变，一方面快速提高了区域粮食生产能力，满足了本地区居民口粮和畜牧业饲料的需求；另一方面也给粮食作物生产的灌溉和田间管理技术体系、经营模式和粮食消费、畜牧业生产带来了深刻的影响。

2. 经济作物生产情况

1）棉花与油料作物生产

棉花是京津冀农区的重要经济作物之一。伴随 19 世纪晚期纺织业的兴起，京津冀地区棉花生产规模不断扩大，形成了以冀中南平原为主的棉花种植格局。1949 年以来河北棉花生产经历了波折起伏的发展过程（崔瑞敏等，2016）。20 世纪 50 年代初期农业生产快速恢复，棉花播种面积由 60 万 hm^2 增加至 120.00 万 hm^2 左右，在农作物播种总面积中的占比超过 10%。从 1958 年开始至 20 世纪 70 年代末，棉花播种面积下降，保持在 60 万 hm^2 左右的较低水平。十一届三中全会之后，随着农村土地承包制度的改革，棉花播种面积迅速回升，其中 1984 年棉花播种面积达 109.1 万 hm^2，为当年农作物总播种面积的 10.9%，总产量为 108.9 万 t，创京津冀地区棉花生产历史上的最高产量纪录。20 世纪 90 年代，以冀中南平原为主的京津冀传统棉区受到棉铃虫和枯萎病、黄萎病的严重影响，棉花生产效益损失较大，棉花播种面积迅速下降，1999 年仅有 27.4 万 hm^2，总产量为 23.0 万 t，不及高峰时的 1/4。2000 年之后，京津冀棉区推广抗虫棉品种和配套病虫害防治技术，棉花生产呈现恢复性增长，播种面积恢复到 65 万 hm^2 以上。2010 年之后，受到国家“粮食安全”宏观政策调控和新疆棉区产能扩大的影响，在棉花价格波动以及人工、农资等生产成本走高的情况下，京津冀地区棉花生产规模持续萎缩，棉花生产由传统的冀中南棉区向河北东部滨海盐碱地转移，棉花播种面积逐年减少，2015 年降至 31.5 万 hm^2，2018 年进一步减少至 22.8 万 hm^2，是 1949 年以来京津冀地区棉花生产规模的最低点，仅占农作物总播种面积的 2.6%（图 1-8）。

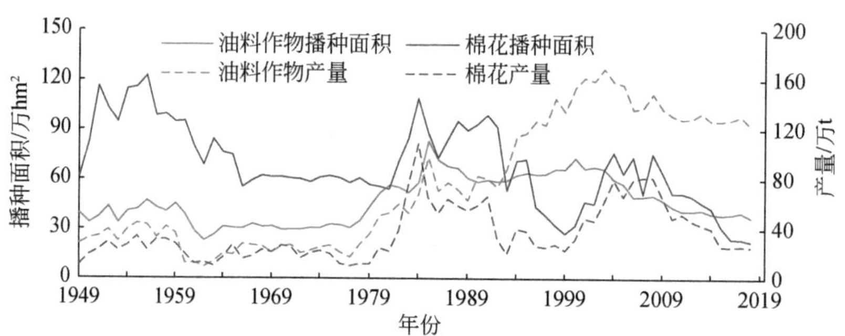

图 1-8 京津冀地区 1949～2018 年棉花和油料作物生产规模和产量变化

资料来源：国家统计局，https：//data. stats. gov. cn/easyquery. htm？cn＝C01

京津冀地区油料作物主要有花生、芝麻、油葵、胡麻与油菜，集中在河北，北京和天津两地的油料作物生产规模较小（郭元章和霍艳爽，2013）。1949 年以来，京津冀地区油料作物生产的总规模相对稳定，随着单产的提高，总产量基本呈增加趋势（图 1-8）。

1960 年之前，油料作物种植面积保持在 40 万 hm^2 左右；三年困难时期，油料作物种植规模快速减少，至 1962 年降低到 23.2 万 hm^2，为中华人民共和国成立以来的最低值；此后到 20 世纪 70 年代末期，油料作物播种面积稳定在 30 万 hm^2 左右，约占农作物总播种面积的 3%；家庭联产承包责任制实施之后，包括油料作物在内的经济作物生产规模经历了一个快速扩大的时期，到 1985 年，京津冀地区油料作物播种面积达到 83.1 万 hm^2，占当年农作物总播种面积的 8.4%；1986～2003 年，油料作物播种面积稳定在 60 万～70 万 hm^2，2004 年之后受生产成本提高、综合效益降低以及机械化程度提升缓慢的影响，油料作物总生产规模进入持续萎缩期，到 2018 年，播种面积降低到 37.1 万 hm^2，占农作物总播种面积的比例也由 6% 左右降低到 4.2%。1949 年到 20 世纪 70 年代末期，油料作物单产水平较低，总产量与播种面积基本同步，长期维持在 30 万 t 以下，20 世纪 80 年代以来随着田间管理水平提升、水肥投入增加及良种推广，油料作物生产规模和单产水平同步提升，在 2003 年油料作物产量达到 169.5 万 t 的峰值，之后随种植面积减少而缓慢降低，2018 年油料作物总产量为 122.4 万 t。花生是京津冀地区最主要的油料作物，占全部油料作物播种面积和产量的 80% 左右。

2）蔬菜与水果生产

京津冀地区蔬菜与水果生产规模及产量的连续统计数据始于 1978 年。蔬菜播种面积从改革开放初期的略高于 30 万 hm^2 增加到 2005 年的 132.3 万 hm^2，生产规模扩大了 3.4 倍，产量则从 837.6 万 t 增加到 7434.2 万 t，为 20 世纪 80 年代初期的 8.9 倍；2005 年之后，蔬菜生产规模快速回调，2010 年后蔬菜播种面积稳定在 85 万 hm^2 左右，年产量约 5500 万 t（图 1-9）。

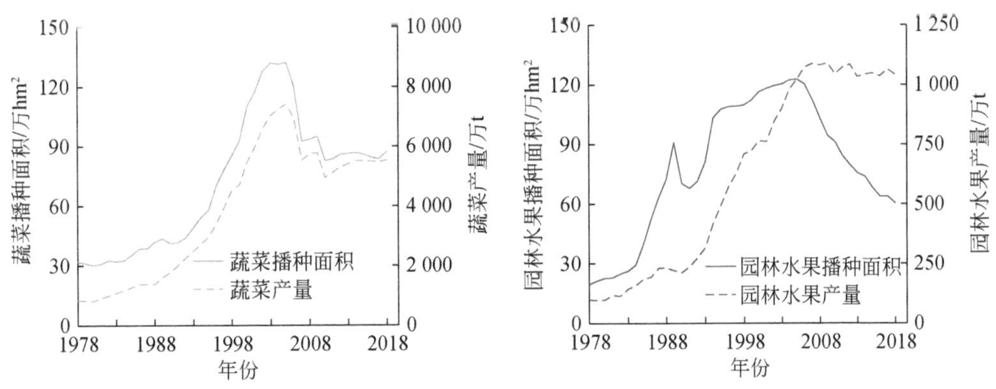

图 1-9　1978～2018 年京津冀地区蔬菜、园林水果播种面积与产量变化

资料来源：国家统计局，https：//data. stats. gov. cn/easyquery. htm? cn＝C01

京津冀平原区园林水果生产具有悠久历史，赵县雪花梨、深州蜜桃、黄骅冬枣等优良产品具有较高的市场占有率。园林水果播种面积从 1978 年的 19.7 万 hm^2 增加到 2005 年的

122.8 万 hm^2，扩大了 5.2 倍，产量则从 99.0 万 t 增加到 1022.4 万 t，为 1978 年的 10.3 倍；2005 年之后，园林水果播种面积持续减少，到 2018 年，京津冀地区园林水果播种面积降至 60.5 万 hm^2，得益于园林水肥管理水平提高及水果品种更新的作用，园林水果单产水平显著提高，从 2005 年的 8.3 t/hm^2 提高到 2018 年的 17.2 t/hm^2，提高了 107.2%，因此，京津冀地区园林水果总产量自 2005 年以来始终保持在 1000 万 t 以上的水平。

3. 京津冀地区农业生产的特点

1）农业产能快速提升

20 世纪 80 年代以来，京津冀地区农产品总产量大幅提高。粮食作物产量从 2136.2 万 t（1981～1985 年平均）增加至 3944.8 万 t（2014～2018 年平均），增加了 84.7%。蔬菜产量从 1093.7 万 t 增加为 5508.4 万 t，增加了 403.6%。水果产量从 144.0 万 t 增加为 1505.2 万 t，增加了 945.3%。

京津冀地区农作物总播种面积由 20 世纪 80 年代初期的 1000 万 hm^2 左右逐渐减少到 900 万 hm^2 左右，总产量的增加主要得益于本阶段作物单产水平的快速提升。占农作物总播种面积 80% 的粮食作物单产从 2.72t/hm^2（1981～1985 年平均）增加至 5.54t/hm^2（2014～2018 年平均），增加了 103.7%。

灌溉条件的持续改善是农业稳定高产的重要支撑条件，京津冀地区灌溉条件的改善以地下水井灌溉能力的提升为主。在 20 世纪初期，京津冀地区是典型的旱作农业区，旱地面积占农田面积的近 90%（张希涛，2012），粮食作物以高粱、谷子、小麦和玉米为主（惠富平和阚国坤，2009），作物熟制主要为两年三熟、三年四熟和一年一熟（徐秀丽，1995）。1949 年之后，平原地区灌溉机井数逐渐增加，自 20 世纪 70 年代以来，灌溉机井数大幅增加，农作物灌溉条件显著改善，从 20 世纪 50 年代到现在，河北灌溉机井数增加了 153 倍，有效灌溉面积由 51.3 万 hm^2 增加到 299.7 万 hm^2，耕地灌溉比例由 10.5% 提高到了 68.9%（图 1-10），旱作农业转变为灌溉农业，耐旱杂粮逐步退出，杂粮占比较高的传统两年三熟旱作生产模式被小麦-玉米一年两熟的灌溉丰产模式替代，农业生产能力快速提高。农业增产的过程也是灌溉规模扩大、地下水消耗增加的过程。

2）农业重要性增强

京津冀地区农产品类型多样，从农产品的总量来看，粮、棉、油、蔬菜、水果、肉、蛋和奶在全国乃至全球农产品的生产中均占有重要地位。综合《中国农村统计年鉴》与《河北农村年鉴》2011～2015 年农业统计数据，京津冀小麦、蔬菜、水果、棉花、肉类、禽蛋和奶及奶制品年平均产量均居全国前 5 位，产量分别为 1503 万 t、5377 万 t、2071 万 t、54 万 t、535 万 t、1948 万 t 和 608 万 t，分别占全国相应农产品产量的 12%、7%、8%、9%、6%、13% 和 16%；玉米产量为 1825 万 t，排全国第六位，占玉米总产量的

8%。与世界总产量比较，京津冀地区小麦、玉米、水果和蔬菜产量占比分别达到 2.0%、1.9%、2.3%和 4.6%，在世界也占有重要地位。

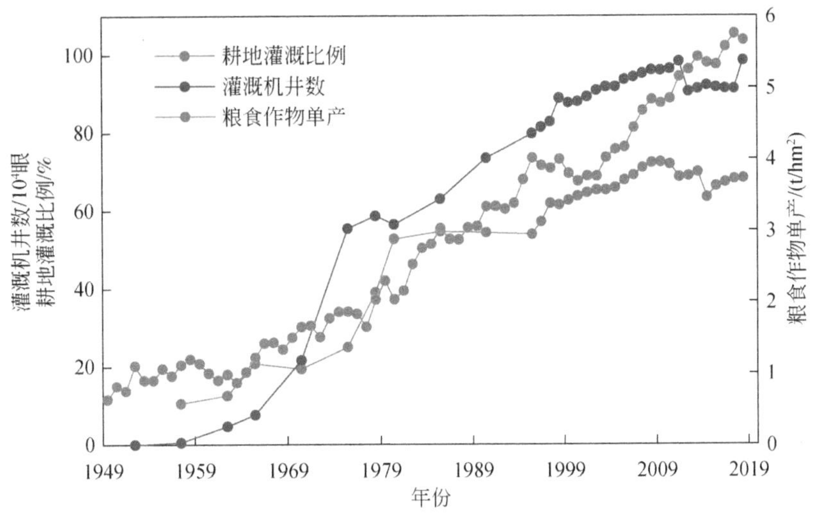

图 1-10　河北粮食作物单产与灌溉条件变化图

从农作物的单产水平来看，京津冀平原区作物单产多高于全国平均水平，但与发达国家相比，仍然有显著差距。表 1-1 为京津冀平原区主要粮食作物、水果作物和蔬菜作物的单产与我国及世界主要国家单产的对比数据。从表 1-1 可以发现，京津冀平原区仅有小麦和白菜的单产位于世界前列，其值分别为 5757 kg/hm^2 和 76 978 kg/hm^2，其他作物的单产水平多低于世界主要国家。水果的单产较低，其中苹果和梨的单产分别为 15 185 kg/hm^2 和 22 209 kg/hm^2，特别是苹果单产低于中国平均。世界上水果单产较高的国家苹果和梨的单产都在 30 000 kg/hm^2 以上，其中意大利的苹果单产在 40 000 kg/hm^2 以上，美国的梨单产也接近 40 000 kg/hm^2，是京津冀平原区苹果和梨单产的 1.2 ~ 2.8 倍。玉米和西红柿的单产居中，均值分别为 5362 kg/hm^2 和 68 720 kg/hm^2，落后于一些发达国家的单产水平。世界上玉米单产较高的国家，如美国、意大利等，单产平均在 9000 kg/hm^2 以上，约为京津冀平原区玉米单产的 1.5 倍；而西红柿单产水平较高的德国，是京津冀平原区的 3 倍。因此，京津冀平原区主要农作物的单产显著低于世界上相应农作物单产的最高水平，虽然水肥投入较大（单位面积施肥量为主要发达国家的 1.2 ~ 5.7 倍），但生产效率仍有提升潜力。

表 1-1　京津冀平原与世界部分国家主要粮食、水果和蔬菜作物单产对比

（单位：kg/hm^2）

区域	玉米	小麦	苹果	梨	西红柿	白菜	黄瓜
澳大利亚	6 881	1 973	15 985	18 525	55 768	28 201	24 724

续表

区域	玉米	小麦	苹果	梨	西红柿	白菜	黄瓜
法国	9 111	7 245	39 897	25 475	159 205	27 624	77 587
德国	9 868	7 812	30 203	21 313	228 936	56 031	84 562
印度	2 563	3 043	7 530	7 417	20 598	22 177	6 349
以色列	27 344	2 813	38 828	19 516	72 447	19 324	71 396
意大利	9 376	3 909	41 864	21 664	56 891	19 841	26 713
日本	2 644	4 042	20 487	20 241	60 360	47 343	50 071
俄罗斯	4 577	2 230	7 980	7 358	22 554	30 336	25 457
南非	4 432	3 491	36 490	31 736	75 085	57 230	17 274
土耳其	8 382	2 706	16 028	18 927	62 664	28 451	46 059
美国	9 634	3 019	35 261	38 647	92 928	39 216	15 921
中国	5 867	5 103	17 510	15 750	52 170	33 893	47 181
京津冀	5 362	5 757	15 185	22 209	68 720	76 978	70 731

资料来源：罗建美，2019

3）京津冀三地农业差异化发展

京津冀地区农业稳定发展，三地处于不同发展阶段。总体来看，2000 年以来，京津冀地区农业得到了快速发展、生产力水平提升，产业结构进一步优化，农业现代化建设成效显著。2018 年，京津冀第一产业增加值达到 3634.5 亿元，比 2000 年增加 2657.0 亿元，年均增幅达 7.6%。第一产业占比持续下降，2000 年，京津冀地区第一产业增加值的地区生产总值占比为 9.9%，到 2018 年下降至 4.6%，总体达到中等发达地区水平，第一产业在经济发展中的贡献度不断下降，第二、第三产业成为区域经济发展的主要力量。孔祥智和程泽南（2017）通过对京津冀三地农业劳动生产率、土地产出率、能源利用率等生产能力及农村居民收入水平的分析发现，三地农业产业结构和生产能力差异明显，分别处在经济社会的不同发展阶段。北京、天津 2018 年第一产业增加值分别为 120.6 亿元、175.3 亿元，地区生产总值占比分别仅为 0.4%、1.3%，体现出发达的都市型产业结构；河北第一产业增加值达到 3338.6 亿元，地区生产总值占比为 10.3%，较全国平均水平 7.1% 高出 3.2 个百分点。这表明，河北仍然是农业大省，农业在河北国民经济发展中仍占据重要地位，在京津冀协同发展过程中，可承担起保障京津农产品有效供给的重要责任。

京津冀三地农业生产规模和种植结构差异明显（图 1-11）。1978 年以来，随着区域城市化进程，耕地面积和农作物生产规模逐渐缩小。1978～2018 年，京津冀农作物总播种面积由 1076.2 万 hm^2 缩减至 873.0 万 hm^2，减少了 18.9%，其中北京农作物总播种面积从 69.1 万 hm^2 降至 10.4 万 hm^2，天津农作物总播种面积从 70.0 万 hm^2 降至 42.9 万 hm^2，河北农作物总播种面积从 937.1 万 hm^2 降至 819.7 万 hm^2，分别减少了 84.9%、38.7% 和 12.5%。河北农作物生产规模在京津冀地区的占比由 87.1% 提高到 93.9%，其重要性进一步增强。北京农业生产规模显著缩减，1978 年时与天津农作物生产规模基本相当，到 2018 年降为天津的 24%，仅占京津冀全区农作物总播种面积的 1.1%。河北是京津冀三地粮食和农产品供给的主要地区，2018 年生产了京津冀地区 93.8% 的粮食、99.1% 的油料、92.9% 的棉花、93.1% 的蔬菜和 91.7% 的水果，河北的农业生产规模和产能在京津冀地区占有绝对支配地位。

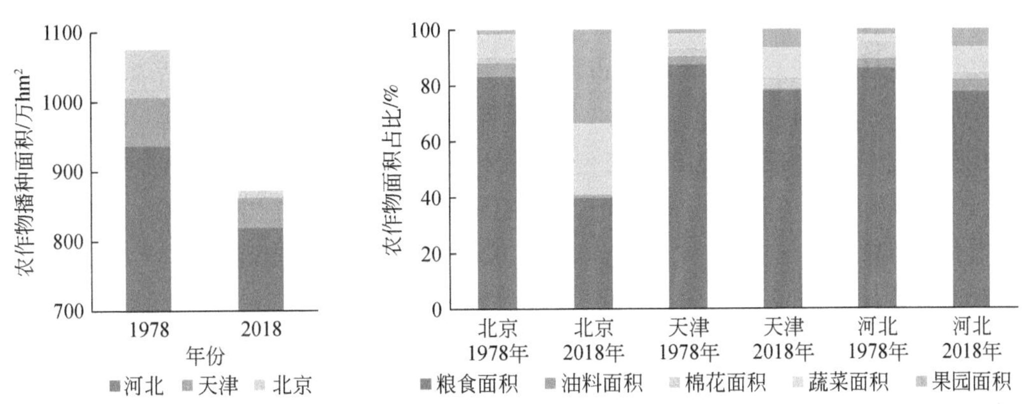

图 1-11 京津冀三地 1978 年与 2018 年作物生产规模与种植结构对比

资料来源：齐永青等，2022

京津冀三地的农业结构变化差异显著。1978 年以来，北京农业生产规模缩小了约 80% 的同时，粮食生产规模由 56.1 万 hm^2 减少到 5.6 万 hm^2，占农作物总播种面积的比例由 67.3% 下降到 13.9%，已经基本退出粮食生产，而蔬菜、水果生产规模占比由 8.4% 和 1.3% 分别提高到 25.8% 和 33.2%，北京的农业生产类型已经转变为城郊型都市农业模式。天津粮食生产规模由 60.1 万 hm^2 减少到 35.0 万 hm^2，占农作物总播种面积的比例由 87.6% 下降到 78.2%，变化不大，粮食作物生产规模仍占据农业生产的主体地位。河北种植结构变化特征与天津相似，粮食作物种植比例略有降低，但仍占据主体地位，蔬菜、水果生产规模和占比均有所上升，分别从 1978 年的 2.4% 和 1.9% 提高到 2018 年的 9.3% 和 6.3%。三地蔬菜、水果面积占比提高的同时，产能提升更为显著，天津 2018 年蔬菜产量较 1978 年增长了 107.6%，河北增长了 836.0%，分别达到了 253.9 万 t 和 5154.5 万 t；北京 2018 年水果产量较 1978 年增长了 180.2%，天津增长了 1259.4%，河北增长了 1103.6%，分别达到了 46.4 万 t、39.8 万 t 和 956.9 万 t。京津冀地区主要农作物生产规模、产量变化和地区差异，一方面反映了区域农业政策的影响，全区域粮食作物生产保持了较高比例，河北始终把粮食生产作为农业生产的第一任务加以落实；另一方面蔬菜、水果产能的快速提升，则表现出明显的市场引导的影响，农户受市场需求和价格因素的带动，转变作物配置模式，增加高价值、高市场需求的"现金作物"比例，以获取更高的农业生产效益。

1.3 农业水资源利用与地下水超采

1.3.1 区域水资源状况

京津冀地区水资源总量少，人均占有量低，属于资源型缺水的地区，是中国乃至全世界人类活动对水循环扰动强度最大、水资源承载压力最大、风险程度最高、安全保障难度最大的地区之一（刘登伟，2010），水资源短缺是本地区经济社会发展的关键资源瓶颈。20 世纪 50 年代以来，受气候、植被和土地利用及经济社会发展等因素影响，区域水资源总量总体呈下降趋势（王卫等，2012），水资源紧缺的程度持续加剧。2014 ~ 2018 年，京津冀地区年均水资源总量为 194.6 亿 m^3（表 1-2），北京、天津、河北人均水资源量分别为 136.4 m^3、95.5 m^3 和 201.7 m^3，全区人均水资源量 173.9 m^3，仅为同时段我国人均水资源量（2088 m^3）的 8.3%，远低于国际公认的 1000 m^3 的严重缺水标准。

表 1-2　2014 ~ 2018 年京津冀平均水资源量与用水量

指标	北京	天津	河北	京津冀
水资源总量/亿 m^3	29.5	14.7	150.4	194.6
地表水资源量/亿 m^3	11.2	10.3	69.8	91.4
地下水资源量/亿 m^3	22.0	5.5	115.5	143.0
地表水与地下水重复水资源量/亿 m^3	3.7	1.1	34.9	39.7
人均水资源量/m^3	136.4	95.5	201.7	173.9
供水总量/亿 m^3	38.7	26.6	185.4	250.7
地表水供水总量/亿 m^3	11.2	18.3	55.4	84.9
地下水供水总量/亿 m^3	17.6	4.8	124.6	147.0
其他供水总量/亿 m^3	9.9	3.5	5.4	18.8
用水总量/亿 m^3	38.7	26.6	185.3	250.6
农业用水总量/亿 m^3	6.0	11.4	129.9	147.3
人均用水量/m^3	179.0	172.5	248.9	223.9

资料来源：国家统计局，https://data.stats.gov.cn/easyquery.htm? cn=C01

受流域地质地貌特征及降水量的制约，京津冀地区以地下水资源为主，2014 ~ 2018 年，年均地下水资源量为 143.0 亿 m^3，占水资源总量的 73.5%。在水资源自然供应不足的背景下，京津冀地区人口密集，工农业生产规模巨大，年均用水量为 250.6 亿 m^3，开采地下水成为区域水资源利用的主要方式，2014 ~ 2018 年地下水年均供水总量为 147.0 亿 m^3，占年均社会用水总量（250.6 亿 m^3）的 58.7%，其中，河北地下水利用比例为 67.2%，总年均开采量达到 124.6 亿 m^3，占全区年均地下水开采量的 84.8%。

1.3.2 地下水超采状况

长期以来，京津冀地区，特别是京津以及河北中南部平原区地下水开采量大于地下水资源量，导致了持续的地下水超采，超用水程度在 110% 以上（Sun et al., 2010；张光辉等, 2011）。长期超量开采引起地下水位持续下降，以中国科学院栾城农业生态系统试验站所代表的典型山前平原冬小麦-夏玉米轮作系统为例，该站自 1974 年有观测记录以来，地下水埋深从10 m左右持续下降，到 2018 年地下水埋深达到 48 m。持续的地下水超采已给区内的生态环境、社会经济发展和农业生产带来巨大的影响（Yang et al., 2006；Moiwo et al., 2010）。通过分析 2001 ~ 2018 年区域水资源数据可见，2001 年以来，京津冀地区年均超用水量约 70 亿 m^3（图 1-12）。在 2014 年南水北调通水之前，京津冀地区超用的水资源量几乎全部来自地下水，长期超采对地下水资源的可持续性及区域生态环境造成了严重威胁。水利部统计，1980 年以来华北地区地下水超采累计亏空 1800 亿 m^3左右，超采的面积达到了 18 万 km^2，以京津冀平原地区的地下水超采范围最大，形成区域性的地下水漏斗。

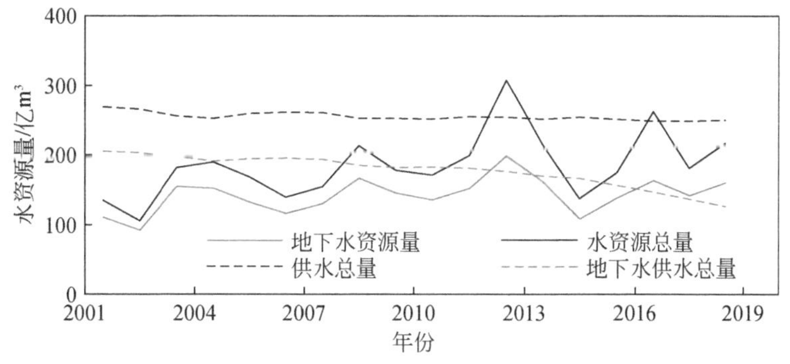

图 1-12　京津冀地区 2001 ~ 2018 年水资源供需变化

京津冀地区浅层地下水超采集中在燕山、太行山山前平原区的北京、天津、石家庄等大城市周围；深层地下水超采集中在冀中平原和黑龙港低平原区。根据《海河流域水资源公报 2018 年》（水利部海河水利委员会, 2019），京津冀平原区地下水漏斗区面积在 2018 年末达到 22 921 km^2，总体仍呈扩大趋势（表 1-3），其中南宫漏斗面积增加了 578 km^2，天津第三含水组漏斗面积增加了 435 km^2；受南水北调来水置换效应及河北开展地下水超采综合治理的影响，部分地下水漏斗面积减小，中心水位呈上升趋势，但天津第四含水组漏斗和南宫漏斗中心水位下降明显，分别下降了 5.0 m 和 4.8 m。

表 1-3　2018 年京津冀平原区地下水位降落漏斗情况

漏斗名称	漏斗性质	漏斗周边埋深/m	漏斗面积/km²		漏斗中心水位埋深/m	
			2018 年年末	较上年变化	2018 年末	较上年变化
北京市中心区	深层	33	621	-39	50. 8	-1. 3
天津第二含水组	深层	40	3 080	-212	79. 5	-1. 0
天津第三含水组	深层	40	7 380	435	93. 5	-5. 5
天津第四含水组	深层	40	8 178	27	99. 5	5. 0
高蠡清-肃宁	浅层	30	1160	77	37. 7	-0. 8
宁柏隆	浅层	50	1 330	74	81. 2	-0. 3
冀枣衡	深层	90	508	97	103. 9	1. 8
南宫	深层	90	664	578	99. 2	4. 8
合计			22 921	1 037		

资料来源：水利部海河水利委员会，2019

除京津冀平原地下水超采区外，冀西北坝上地区自 20 世纪 90 年代以来，随着灌溉机井数的增加，地下水超采现象日趋明显，尚义县 2013 ~ 2017 年地下水下降速率年均达 2. 58 m，张北县 2000 ~ 2018 年地下水位下降了 6. 7 m。坝上地区位于内蒙古高原东南缘内流区域，为干旱气候类型，年均降水量不足 400 mm，区内地下水超采导致的地下水位下降引发了土壤沙化、林地退化、湿地萎缩、淖泊干涸等生态问题。

1. 3. 3　农业用水情况

农业用水是京津冀地区水资源消耗的主体，也是地下水消耗的主体（图 1-13）。2001 年以来，京津冀地区总用水量稳定下降，由 2001 年的 269. 0 亿 m^3下降到 2018 年的 250. 1 亿 m^3，农业用水在各用水部门中所占比例最高。2001 ~ 2018 年，京津冀年度农业用水量从 188. 5 亿 m^3减少为 135. 3 亿 m^3，下降了 28. 2%，农业用水量占总用水量的比例从 70. 1%减少为 54. 1%。京津冀三地中，河北农业生产规模最大，农业用水量和用水比例也最大，2001 年河北农业用水量为 161. 2 亿 m^3，占京津冀农业用水量的 85. 5%；2018 年减少到 121. 1 亿 m^3，但受京津两地农业生产和用水规模萎缩的影响，河北农业用水量占京津冀农业用水量的比例提高到 89. 5%。2001 年以来，北京和天津的现代化进程明显加速，总用水量呈增加趋势，其中生活用水和生态用水增加明显，北京农业生产规模显著变小，农业用水量和用水比例快速降低，农业用水量从 2001 年的 17. 4 亿 m^3减少到 2018 年的 4. 2 亿 m^3，用水比例则由 44. 7%下降到 10. 7%；天津农业用水量基本稳定在 10. 0 亿 m^3，占比由 2001 年的 52. 7%下降到 2018 年 35. 2%。

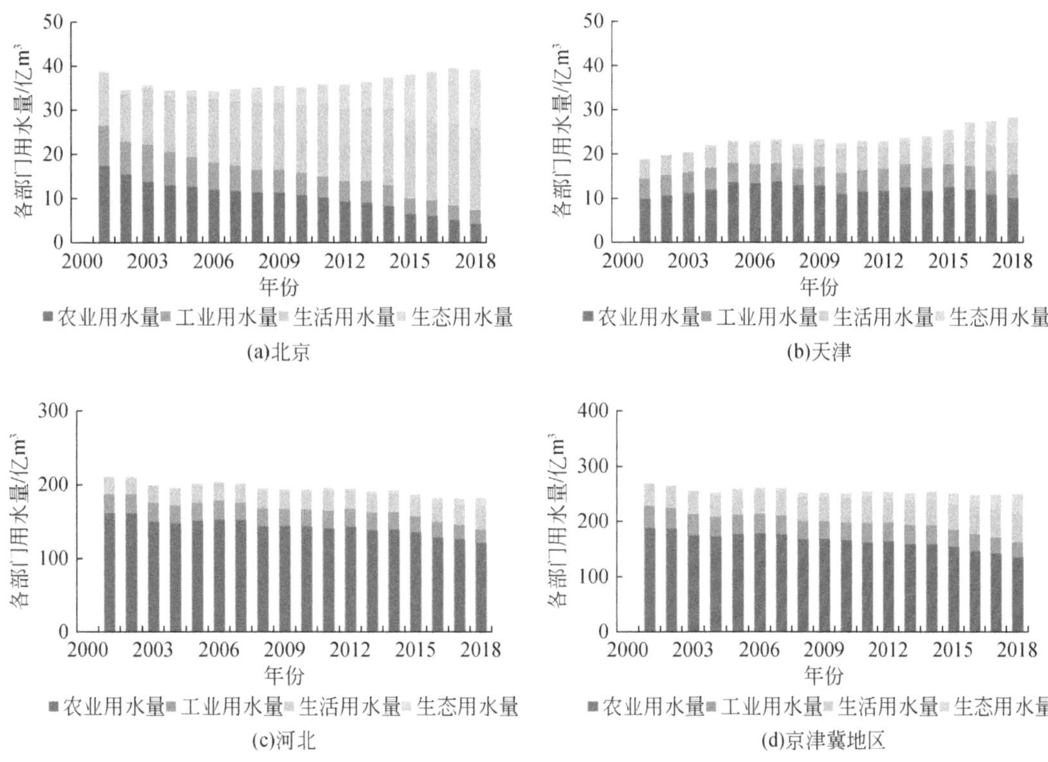

图 1-13　2001～2018 年京津冀地区用水结构变化

资料来源：齐永青等，2022

灌溉用水是农业用水的最主要部门，河北年均灌溉用水约 120 亿 m³，占农业用水量的 90% 以上。平原区农业灌溉主要依赖于开采地下水，占全区地下水开采量的 70% 以上，部分地区农业灌溉用水量占比高达 85%。以小麦、玉米为主的粮食生产占灌溉用水量的 75% 以上，其中以依赖灌溉维持高产的小麦耗水最为主要，冀中南平原区小麦灌溉用水量占农业用水量的 50%～62%。以粮食生产为主的农业地下水消耗规模已经远远超出了区域地下水可开采规模（Sun et al., 2010；张光辉等，2011），农业用水是京津冀地区地下水超采的主要原因。

1.3.4　农业生产对水资源可持续性的影响

尽管大规模农业灌溉造成的区域水资源安全和生态安全问题被持续关注（刘孟雨和王新元，1992；夏军等，2004；刘昌明，2007；康绍忠，2014），但为了满足区域粮食需求，京津冀平原区长期依靠地下水灌溉支撑粮食作物的高产稳产。改革开放以来，粮食作物总播种面积基本稳定，结构趋于单一化，形成了小麦、玉米占主导地位的模式，小麦播种面积基本稳定，玉米播种面积持续增加并成为生产规模最大的作物，其中冀中平原和滨海平原增加最为显著；粮食总产量显著提升，从20世纪80年代初的约2000万t/a增加到目前的约4000万t/a，增长了1倍。据估算，1984～2008年，河北用于粮食生产的净地下水消耗为139 km^3，获得的粮食增产效益为1.9亿t（Yuan and Shen，2013）。产粮能力提升的同时，平原农业区地下水位快速下降，目前地下水漏斗面积已达平原区面积的一半以上。空间分布上，河北山前平原是地下水超采最严重的地区，且地下水高消耗区与小麦、玉米的高产区吻合。

农业作为京津冀地区地下水超采的主要部门，其生产规模和强度对区域水资源可持续性具有显著影响。裴宏伟（2016）通过借鉴张光辉等（2012）的地下水适应性评价方法，依据区域农业水资源供给量和灌溉用水量的关系构建了区域农业水资源可持续利用指数，对农业水资源可持续性进行评价。20世纪50年代，平原地区的主要作物种植制度为“小麦-玉米-杂粮”两年三熟，部分地区为一年一熟。农业耗水与自然降水可以在年际调配盈亏。这一时期，灌溉面积占耕地总面积的比例约10%，灌溉用水量为（252±57）mm/a。由于作物群体密度小、肥料限制等，作物灌溉耗水极为有限，大部分可以通过灌溉入渗和降水入渗得到补充。这一阶段的农业水资源可持续利用指数S约为0.64，水资源还有很大的利用潜力。20世纪60年代以后，由于品种改良、灌溉条件改善、化肥投入增加等因素，平原地区的农业生产迎来快速发展阶段。20世纪70年代灌溉强度提高到325 mm/a，农业水资源可持续性已经进入不可持续的范围内（$S=-0.13$）。到20世纪80年代，灌溉强度增加到404 mm/a，农业水资源可持续利用指数S降低至-0.54。2000年之后，农业水资源可持续利用指数S已经下降到-0.69，灌溉农业发展和水资源供给不足的矛盾进一步加剧。

京津冀地区长期高强度、大规模的农业灌溉是地下水过度消耗的重要因素，是治理地下水超采问题的关键所在。由于20世纪70年代以来小麦-玉米一年两熟制的快速推广，华北平原的农业水资源进入不可持续的状态，并且呈现恶化趋势。灌溉农业成为制约华北平原水资源可持续利用的主要症结；“以水换粮”模式对解决京津冀地区乃至全国的粮食需求，保障“解决温饱，实现小康”的社会发展目标起到了不可替代的作用，同时也积累了巨大的水资源安全与生态安全风险。“以水换粮”模式已无法满足京津冀地区绿色发展、建设生态文明社会的发展需求，水资源成为制约京津冀协同发展的核心资源限制要素。

1.3.5 地下水超采治理的农业政策与措施

党中央在农业可持续发展的长效机制和“京津冀一体化”的顶层设计方面，高度重视水资源对京津冀区域发展的重要性。2014年以来，中央一号文件连续七年持续关注华北平原地下水超采区的农业水资源消耗问题；2014 年部署开展华北平原地下水超采综合治理，河北被列入唯一试点省（自治区、直辖市）；2015 年中央一号文件强调“扩大地下水超采区综合治理试点范围”“推进京津冀生态保护与修复”；2016 年“启动实施种植业结构调整规划”，“建立作物生育阶段与天然降水相匹配的农业种植结构与种植制度”，河北地下水超采区被确定为重点轮作休耕区域。2016 年《国务院办公厅关于推进农业水价综合改革的意见》，也提出农业种植结构实现优化调整，“适度调减存在地表水过度利用、地下水严重超采等问题的水资源短缺地区高耗水作物面积”。

为落实中央一号文件，河北出台了省级地下水超采综合治理试点方案并在《调整农业种植结构和农艺节水项目实施方案》中明确提出了种植结构调整节水、农艺节水、设施节水等具体措施，在考虑南水北调的置换效应情况下，要实现河北地下水采补平衡，需压采地下水 51 亿 ~ 54 亿 m^3，其中 70% 左右需要通过农业压采实现，相应的农业压采总量目标为 35 亿 ~ 38 亿 m^3。2018 年河北地下水超采综合治理范围扩大到 164 个县区（包括超采区 128 个县区和其他 38 个县区），实现了政策全域覆盖。

2019 年水利部、财政部、国家发展和改革委员会、农业农村部联合发布了《华北地区地下水超采治理综合行动方案》，综合治理的重点确定为京津冀地区，包括两市一省地下水超采的区域，涉及 11 个地级市、149 个县区（其中河北 128 个县区），治理面积约 8.7 万 km^2。《华北地区地下水超采治理综合行动方案》提出到 2035 年，全面实现地下水采补平衡，超采亏空水量逐步填补。相关的农业措施包括“节”“控”“调”“管”。在地下水超采区，进一步挖掘节水潜力，加快灌区节水改造和田间高效节水灌溉工程建设，推广农艺节水措施和耐旱作物品种，推行水肥一体化，减少地下水开采量；强化水资源水环境承载能力刚性约束，推进适水种植和量水生产，严控农业种植和灌溉面积发展，严格控制发展高耗水农作物，扩大低耗水和耐旱作物种植比例，采取调整农业种植结构、耕地休养生息等措施，压减农业灌溉地下水开采量；充分利用当地水和外调水，加大非常规水源利用，推进农业水源置换，有效减少地下水开采量；强化地下水利用监管，加强地下水监控能力建设，逐步实现灌溉用水计量，健全农业用水精准补贴和节水奖励机制，推进农业水权水价水资源税改革。

中央一号文件的持续关注、系列专项政策的出台与落实都表明中央对以京津冀为重点区域的华北地下水超采治理的重视程度与决心是前所未有的，同时也表明了地下水超采治理的急迫性、复杂性和长期性，协同实现地下水超采治理和粮食稳定生产是实现京津冀地区水安全和绿色转型、可持续发展的战略需求。

第2章 近50年区域水循环和水资源演变

水循环通过蒸散发、水汽输送、降水、下渗、地表径流和地下径流等一系列过程将大气圈、水圈、岩石圈、生物圈等有机联系起来，成为联系地球各系统相互作用的纽带。水循环过程受到气候变化和人类活动的共同影响，并决定着水资源的形成以及相关过程的演变（谢瑾博等，2016）。气温升高使蒸散发加剧、降水和径流强度发生变化，土地利用方式的改变使地表覆盖发生变化，人类用水活动直接影响区域蒸散耗水，使区域水循环过程及水资源的供需状况发生变化。近50年（1971～2019年），海河流域气温升高，辐射减小，改变了区域的蒸散能力，增加了潜在蒸散；同时，大规模的农业开发和灌溉、地下水超采、城市化发展以及退耕还林等生态保护工程的实施改变了区域耗水结构，改变了区域水循环过程。而不合理的用水活动等也引发了区域水资源短缺危机及水资源供需矛盾，造成区域生态环境的恶化。京津冀地区91%的面积位于海河流域，海河流域气候变化、水文循环的变化直接决定着京津冀平原的水资源供给和消耗。因此，定量分析海河流域气候变化及人类活动对揭示流域水循环和水资源演变的影响规律，以及对实现京津冀地区水资源的可持续利用和社会经济的快速发展具有重要意义。本章将重点介绍海河流域近50年区域气候、水文要素、植被覆盖、土地利用以及农业生产、人类用水活动等的变化，并通过模型模拟研究揭示气候变化和以上人类活动对区域耗水、水循环过程及水资源演变的影响。

2.1 近50年区域气候水文要素变化

地球气候系统正经历着显著的变化，气候变化已成为人类社会面临的严峻挑战之一。过去半个世纪，海河流域气候水文要素也发生了显著变化，气温显著上升，降水波动减少，地表太阳辐射和近地面风速显著下降（任国玉等，2015；夏军等，2011）。本节将利用1971～2019年海河流域70个国家气象台站的日均气温和日降水量观测资料，利用基于秩的Mann-Kendall非参数统计检验方法、基于线性趋势原理的线性回归方法以及变差系数分别对气候要素与水文要素的变化趋势及波动性进行分析。

2.1.1 气候要素的时空变化

气温的变化趋势是气候变化检测研究中的一个核心问题。近百年来，全球气温的显著上升已经成为不争的事实，我国气温的总体变化趋势与全球变化一致（任国玉等，2005）。通过对海河流域网格化的气温做 Mann-Kendall 趋势检验［图 2-1（a）］可以发现，海河流域年均气温在全区域均呈现显著增加趋势，并全部通过了置信度为 99% 的显著性检验。从气温线性变化率的分布［图 2-1（b）］来看，西部山区的增温趋势较东部平原更为显著。西部山区的增温速率均在 0.045 ℃/a 以上，尤其是在海拔较高的区域增温速率最为显著，达 0.07 ℃/a，这些区域以森林覆盖为主。东部平原区增温速率在 0.02 ~0.04 ℃/a。从气温变差系数的分布［图 2-1（c）］来看，气温波动较大的区域也主要分布在西部山区海拔较高的区域。

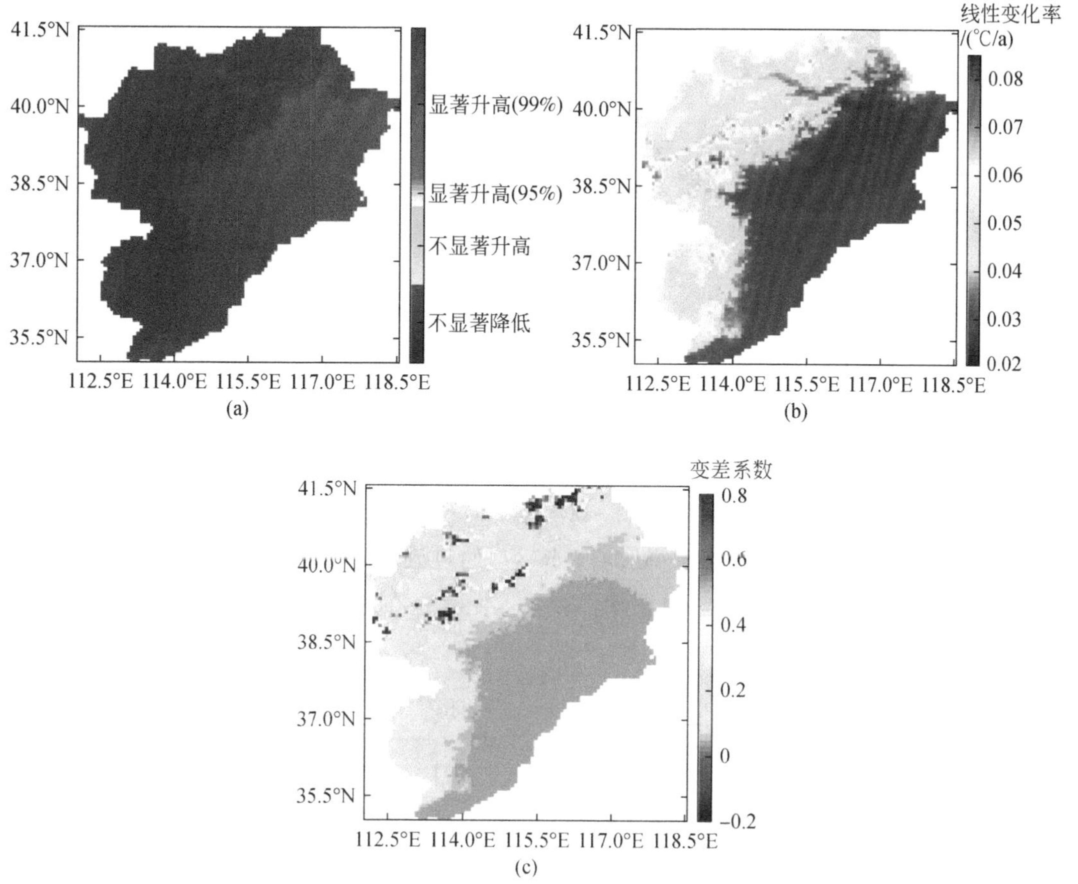

图 2-1　海河流域年平均气温的 Mann-Kendall 趋势检验（a）、线性变化率（b）和变差系数（c）分布图（1971 ~2019 年）

海河流域 1971 ~2019 年的流域平均气温为 9.17 ℃。其中，最低年均温出现在 1976 年，为 7.87 ℃；最高值出现在 2019 年，达 10.54 ℃，气温极值比达到 1.34。近 50 年，海河流域平均气温呈显著升高趋势，线性变化率达 0.039 ℃/a。平原区年平均气温为

12.73 ℃，呈显著升高趋势，线性变化率为0.027 ℃/a。山区年平均气温明显低于平原区，为6.59 ℃，增加趋势较平原区更为显著，线性变化率为0.048 ℃/a（图2-2）。

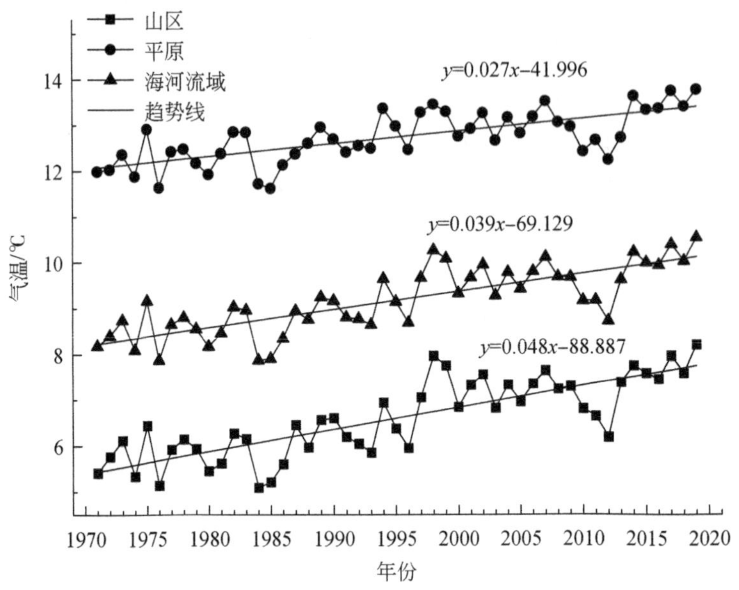

图2-2　海河流域山区、平原及流域平均气温变化图（1971～2019年）

从年降水量的时空变化来看，东部平原区和山区的大部分区域都呈现不显著减少的趋势，仅在山区的西北部，年降水量呈不显著增加趋势［图2-3（a）］。从变化率来看，平原区和丘陵区年降水量的减少率在0.2～0.7 mm/a；在高山区的西部，年降水量呈现增加趋势，增加率达0.2～1.0 mm/a［图2-3（b）］。通过流域变差系数的分布［图2-3（c）］可以发现，流域东部平原区降水量波动性较大，尤其是在北京、天津和唐山波动性较大，西部山区的波动性较小。

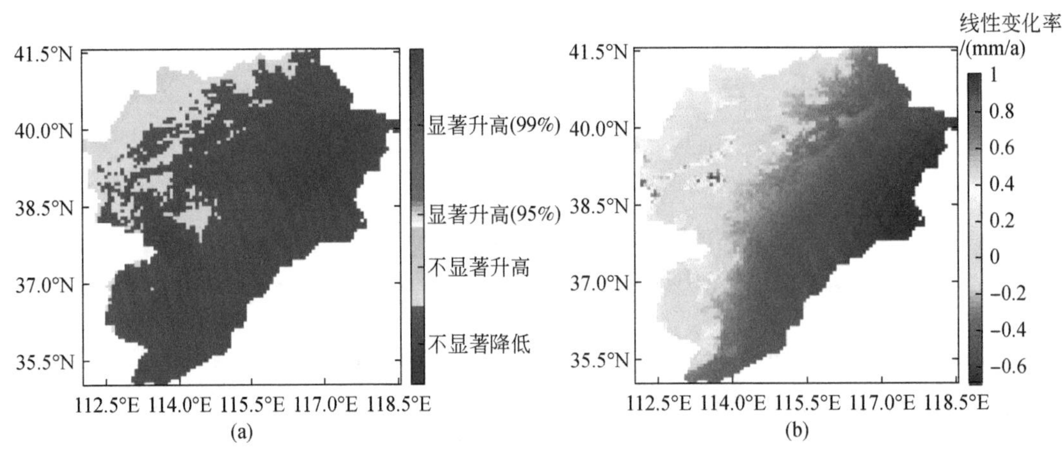

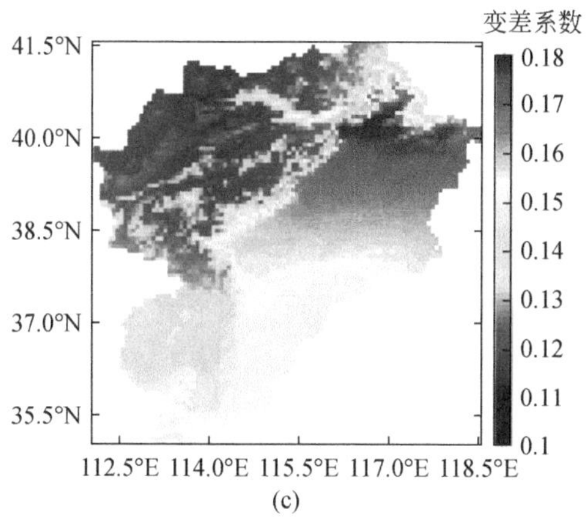

(c)

图 2-3 海河流域年降水量的 Mann-Kendall 趋势检验（a）、线性变化率（b）和变差系数（c）分布图（1971～2019 年）

海河流域近 50 年的年均降水量为 512 mm。降水量年际波动较大，最低值出现在 1997 年，为 374 mm；最高值出现在 1990 年，为 633 mm。从 5 年滑动平均年降水量的变化来看，1971～2001 年降水量呈下降趋势，2001 年以后开始上升。年降水量整体呈减少趋势，但趋势不显著，减少率为 0.24 mm/a［图 2-4（a）］。平原区年均降水量为 520 mm，略多于山区的 507 mm。从变化趋势来看，平原区减少趋势较山区更明显。平原区减少率为 0.47 mm/a，山区减少率为 0.06 mm/a，但均未通过显著性检验［图 2-4（b）］。

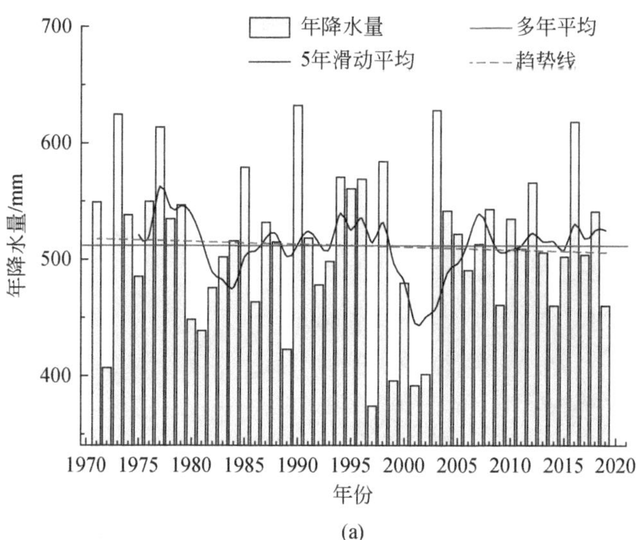

(a)

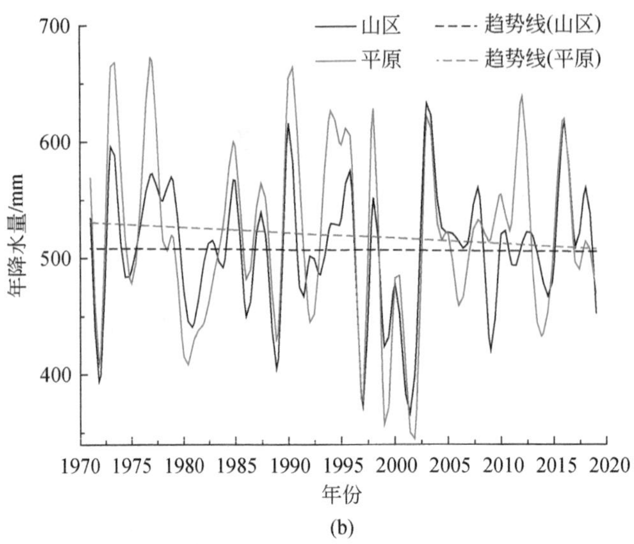

(b)

图 2-4　海河流域年降水量及 5 年滑动平均年降水量（a）及山区和平原年降水量（b）变化图（1971～2019 年）

本研究利用 Penman-Monteith 公式，结合地表类型及参数，估算了海河流域近 40 年（1981～2019 年）的潜在蒸散。通过区域网格化潜在蒸散量的 Mann-Kendall 趋势检验［图 2-5（a）］可以发现，西部山区大部分区域潜在蒸散呈显著增加趋势，并通过了置信度为 99% 的显著性检验，平原区以减少趋势为主。从潜在蒸散量线性变化率的分布［图 2-5（b）］来看，西部山区潜在蒸散量增加率可达 3～13 mm/a，东部平原区大部分区域呈不显著减少趋势，减少率在 1 mm/a 以内。从变差系数的分布［图 2-5（c）］来看，海河流域潜在蒸散量整体波动性较小，仅在北部和西南部山区波动性较大。

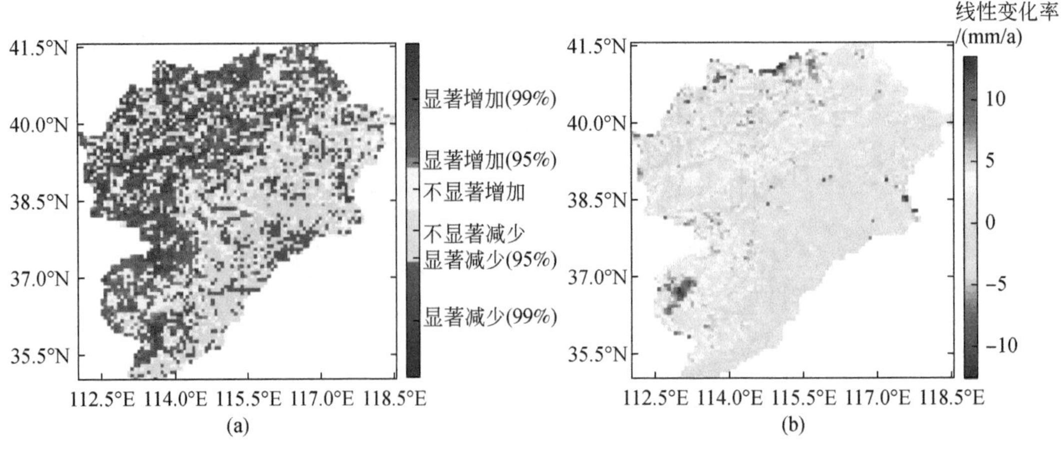

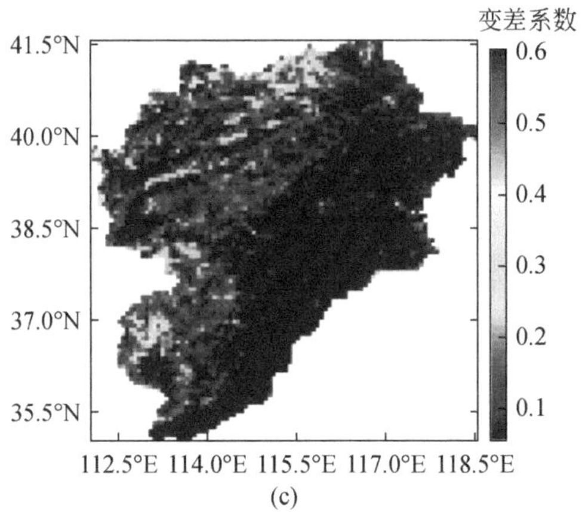

图 2-5 海河流域潜在蒸散量的 Mann-Kendall 趋势检验（a）、线性变化率（b）和变差系数（c）分布图（1981～2019 年）

近 40 年海河流域区域多年平均潜在蒸散量为 588 mm，呈不显著增加趋势，线性变化率为 1.105 mm/a。最低值为 2003 年的 544 mm，最高值为 2019 年的 647 mm。山区平均潜在蒸散量为 451 mm，呈显著增加趋势，增加速率达 1.877 mm/a。平原区潜在蒸散量明显高于山区，达 780 mm，呈不显著减少趋势，减少速率为 0.033 mm/a（图 2-6）。

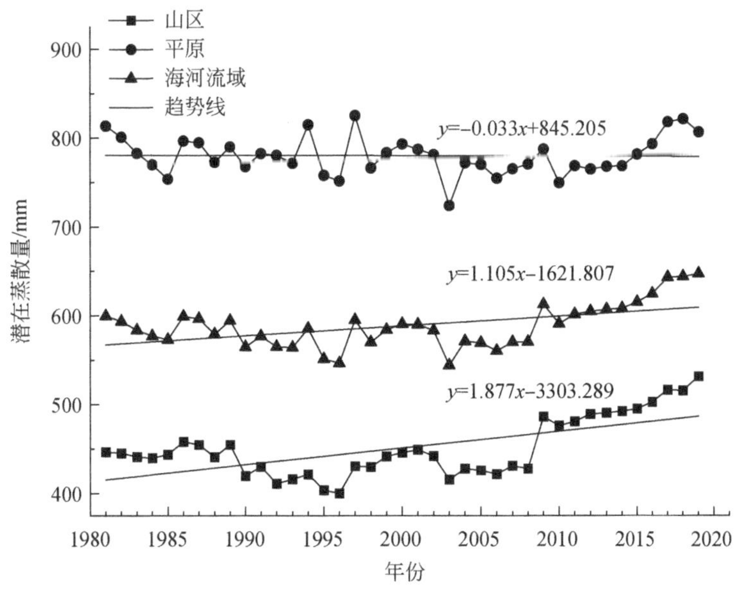

图 2-6 海河流域山区、平原及流域平均潜在蒸散量变化图（1981～2019 年）

湿润度（P/ET_p）反映了气候的湿润程度，值越大表明气候越湿润，反之则表明越干旱。本研究中湿润度指数计算所用到的 ET_p 是考虑了地表类型及不同植被类型最小气孔阻抗的潜在蒸散量，不同于通常计算湿润度时所用的蒸发量。通过湿润度的 Mann-Kendall 趋势检验［图 2-7（a）］和线性变化率的分布［图 2-7（b）］可以发现，在山区北部和西南部潜在蒸散量显著增加的区域，湿润度呈现显著减小趋势，减小速率在 $0.01 \sim 0.05a^{-1}$；在山区西部潜在蒸散量显著减少的区域，湿润度呈显著增加趋势，增加速率最高可达 $0.02a^{-1}$。平原区以灌溉农田为主的区域，湿润度略有增加，但未通过显著性检验，增加速率很小。从变差系数的分布［图 2-7（c）］来看，海河流域山区湿润度波动性较大，尤其是在山区北部和西南部，平原区湿润度波动性小。

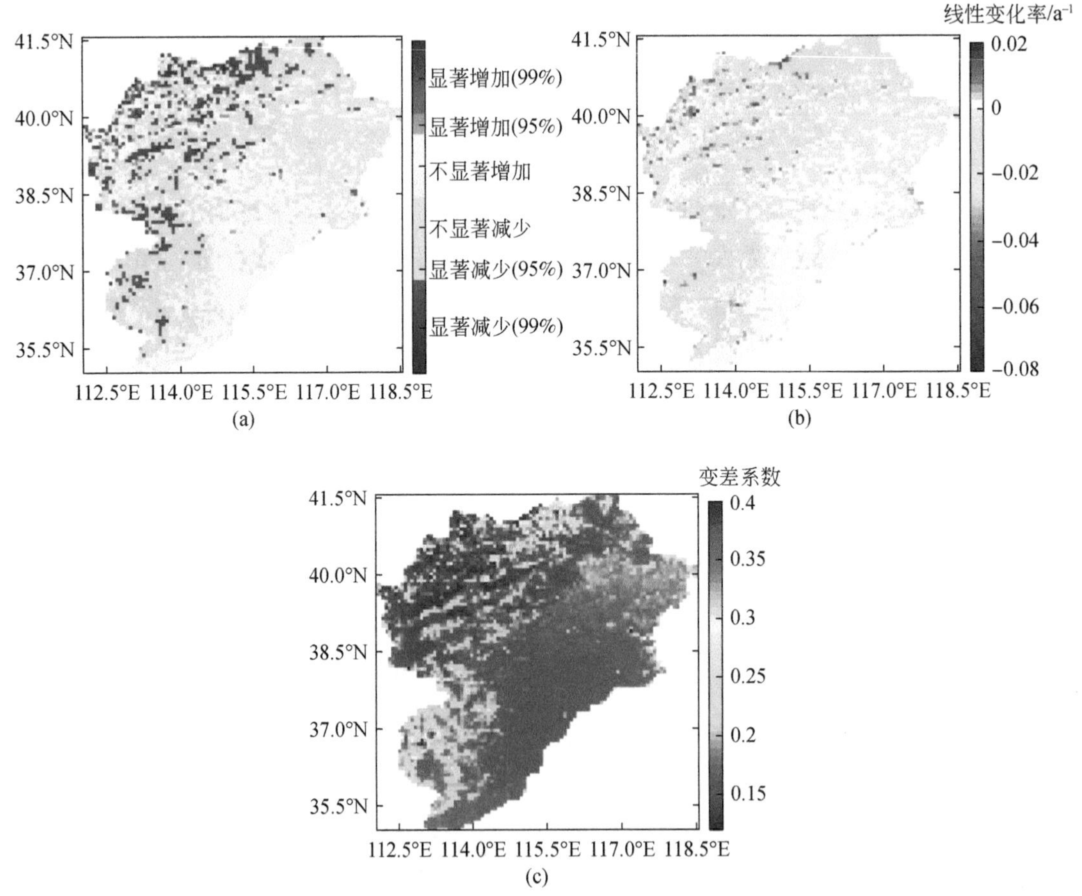

图 2-7 海河流域湿润度（P/ET_p）的 Mann-Kendall 趋势检验（a）、线性变化率（b）和变差系数（c）分布图（1981 ~ 2019 年）

近 40 年，海河流域山区在多数年份的湿润度均大于 1，说明水分收入大于水分支出，呈现湿润状况；平原区湿润度均值为 0.68，说明水分支出远大于水分收入，呈半干旱和干旱状况。从变化趋势来看，海河流域湿润度整体上呈现减小趋势，平原区变化不显著，山区呈现显著减小趋势，减小速率为 0.005 a^{-1}，说明山区在向干旱化方向发展（图 2-8）。

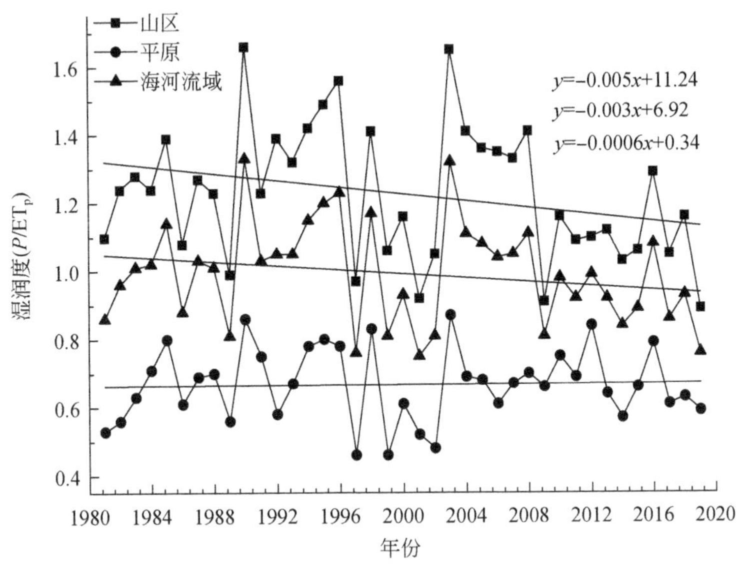

图 2-8　海河流域山区、平原及流域湿润度（P/ET_p）变化图（1981～2019 年）

2.1.2　水文要素变化特征

海河流域过去几十年水资源显著减少。地表水资源量从 1956～1979 年的 288 亿 m^3 减少到 1980～2000 年的 171 亿 m^3，减少量达 117 亿 m^3；到 2001～2018 年，仅为 133 亿 m^3，比 1956～1979 年减少了 155 亿 m^3，减少比例达 54%，海河流域成为我国水资源衰减最严重的流域。而浅层地下水资源量也呈显著减少趋势，由 1956～1979 年的 268 亿 m^3 减少到 1980～2000 年的 235 亿 m^3，减少量达 33 亿 m^3；到 2001～2018 年，又减少 9 亿 m^3，地下水资源量仅为 226 亿 m^3；1998 年以来，由于降水量的增加、地下水超采治理的实施以及南水北调工程的水量输入，海河流域地表水和地下水资源量均呈现增加趋势，增加速率分别为 2.45 亿 m^3/a 和 2.42 亿 m^3/a，水资源总量呈现显著增加趋势，增加速率达 4.28 亿 m^3/a（图 2-9）。

在气候变化和人类不合理的用水活动影响下，过去几十年海河流域山区来水急剧衰减，流域径流大幅减少。以漳卫南运河、永定河、潮白河和滦河几个典型流域为例，选取观台、响水堡、张家坟、下会和桃林口 5 个典型控制站，从各站 20 世纪 50 年代以来的径流变化看（图 2-10），各站径流变化均呈现显著减少趋势。其中，观台站减少速率最快，达 1.155 $m^3/(s·a)$，张家坟、桃林口、响水堡和下会的减少速率分别为 0.523 $m^3/(s·a)$、

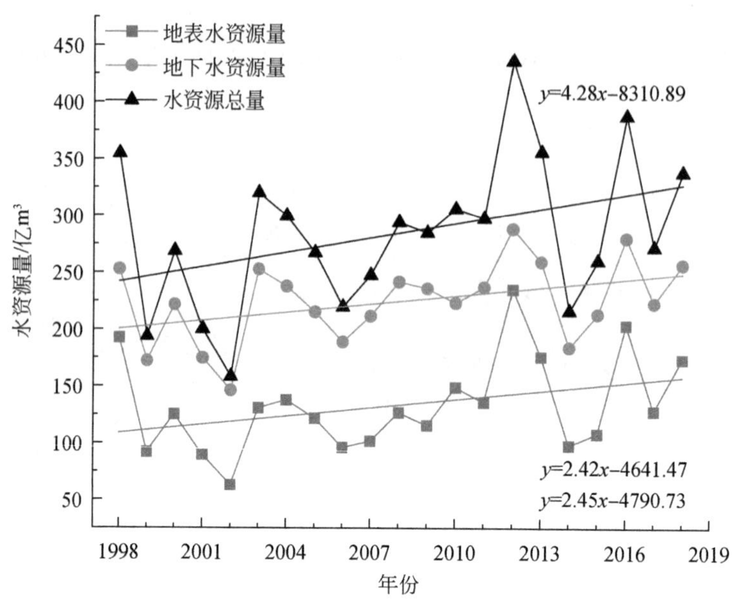

图 2-9　海河流域水资源总量、地表水资源量和地下水资源量的变化趋势（1998～2018 年）

0.448 m³/(s·a)、0.333 m³/(s·a) 和 0.167 m³/(s·a)。从各站年代际的径流变化来看，减少趋势也很明显。张家坟站 50 年代的年代距平百分率为 138.97%，到 21 世纪前 10 年，年代距平百分率减小到-63.24%；观台站 50 年代的年代距平百分率为 110.19%，到 21 世纪前 10 年，年代距平百分率减小到-67.08%（张利茹等，2017）。

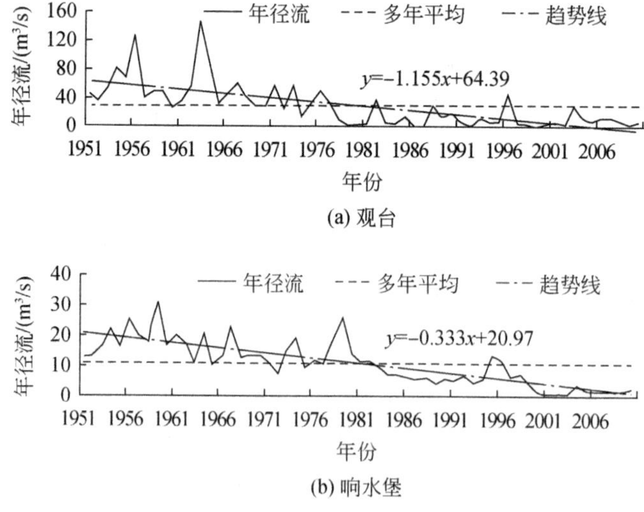

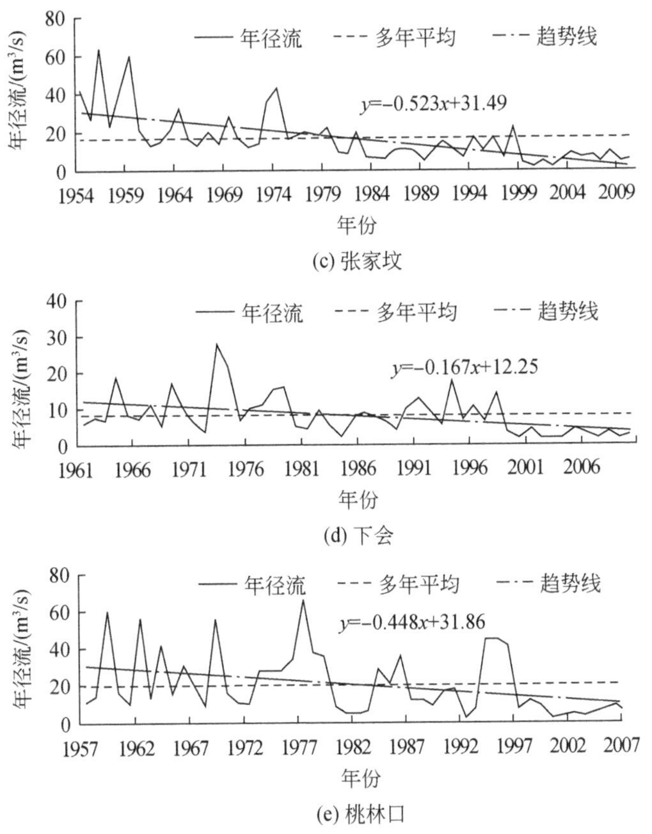

(c) 张家坟

(d) 下会

(e) 桃林口

图 2-10 海河流域典型控制站观台、响水堡、张家坟、下会和桃林口站年径流变化

资料来源：张利茹等，2017

永定河流域作为北京主要取水来源之一，其径流量在近 60 年（1961～2017 年）呈持续减少趋势。洋河和桑干河是永定河流域上游的两大支流，两大支流在过去 60 年径流深均呈现显著减少趋势（图 2-11）。根据径流深的变化特征，以 1983 年和 2003 年为节点将 1961～2017 年分为三个阶段。洋河在 1961～1984 年的年径流深在 24～74 mm，均值为 42 mm；1984～2003 年，年径流深减少到 18～39 mm，均值为 26 mm；2004～2017 年，年径流深急剧减少，均小于 9 mm，均值为 5 mm。桑干河径流深与洋河的变化趋势一致，1961～1984 年在 23～60 mm，均值为 36 mm；1984～2003 年，减少到 18～35 mm，均值为 25 mm；2004～2017 年，均小于 5 mm，均值仅为 3 mm（邓利强，2024）。在降水量变化不明显的情况下，径流显著减少，洋河流域在三个时段的平均径流系数分别为 0. 105、0. 072 和 0. 013；桑干河在三个时段的平均径流系数更低，分别为 0. 096、0. 068 和 0. 008（图 2-12）。径流系数的显著减小说明流域产流能力在大幅减弱。1983 年以来径流的减少和产流能力的减弱主要与 20 世纪 80 年代初开始的农村包产到户政策导致农业用水显著增加以及林地面积的减少有关。而 2003 年以来的径流及径流系数的显著减少主要与 2003 年“首

都水资源保护工程”的实施（王登月，2004）、水土保持措施及各种灌区建设进一步加大了水资源的消耗有关。

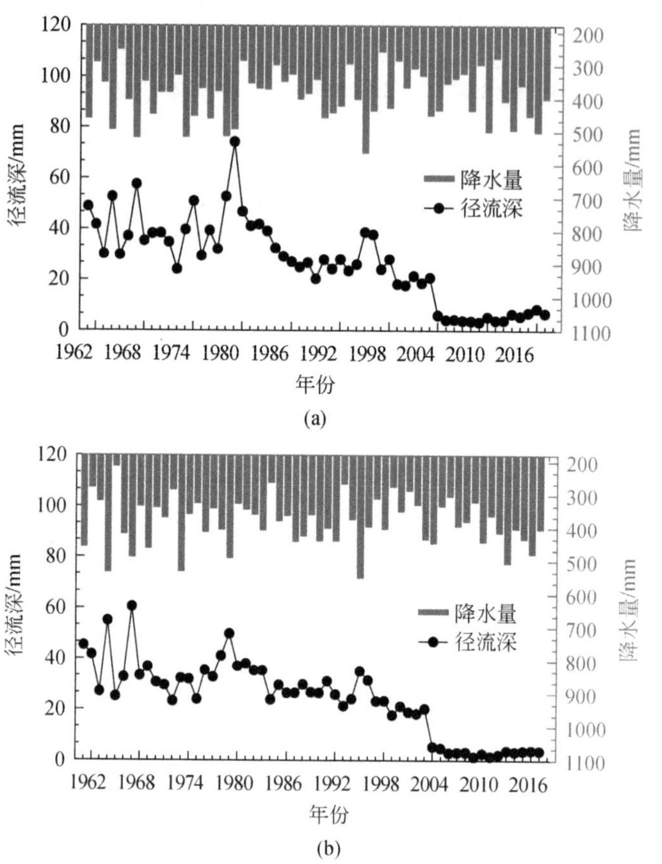

图 2-11　洋河（a）和桑干河（b）年径流深与降水量变化图（1961 ~ 2017 年）

资料来源：邓利强，2024

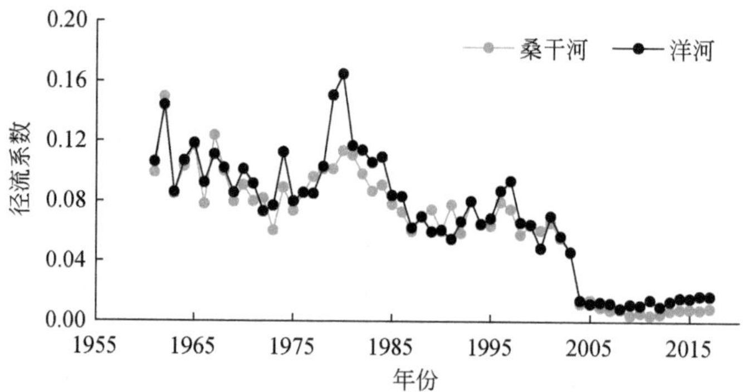

图 2-12　桑干河、洋河径流系数年变化特征（1961 ~ 2017 年）

资料来源：邓利强，2024

径流的减少引发了河流断流、湿地萎缩，甚至河湖干枯等问题。根据水利部海河水利委员会调查结果，海河平原主要天然河流干涸长度超过 2000 km；天然湿地面积退化至不足 20 世纪 50 年代的 20%；形成了世界上最大的地下水漏斗区，面积为 5 万 km^2（Hu et al., 2005；Wang et al., 2002），占到平原区面积的一半以上。年均入海水量在 1956 ~ 2000 年为 101 亿 m^3，占同期平均地表水资源量的 46.8%，80% 集中在汛期。近几十年，海河流域入海水量总体上呈现递减趋势（马欢等，2019）。2002 ~ 2018 年的年均入海水量为 42 亿 m^3，比 1956 ~ 2000 年减少了 59 亿 m^3。

在地表径流显著减少的同时，由于大规模的地下水开采，海河流域山前平原浅层地下水位在 2014 年之前一直呈快速下降趋势。其中浅层地下水位埋深较浅，平均为 10.6 m。山前平原区下降速度最大，平均每年下降 0.61 m，滨海平原区下降最少，平均为 0.08 m。京津冀平原区地下水位埋深在西南地区最大，向东逐渐递减，至滨海区域最低，多低于 5 m。2013 年地下水位埋深从山前平原区的平均 27 m 向中部低平原和滨海平原依次减少到 14 m 和 6 m。地下水位埋深在南、北部地区间也存在较大差异，总体上南部地区高于北部地区。1993 年南部地区多在 10 ~ 15 m，北部地区多在 5 ~ 15 m；2013 年南部地区多在 15 ~ 40 m，北部地区多在 5 ~ 25 m。相比 1993 年，海河流域地下水位埋深显著下降，从滨海平原向山前平原地下水位埋深下降程度逐渐增加。太行山前保定—石家庄—邢台冲洪积扇缘一带水位降幅最大，累计降幅达到 60 ~ 70 m（杨会峰等，2021）。2014 年以后随着南水北调供水、地下水超采治理推进，山前平原主要城市浅层地下水位下降趋势得到扭转，城市区呈回升趋势，但农业区水位仍持续下降。潮白河冲洪积扇开展生态补水，浅层地下水位年均升幅增大至 0.6 m。从中国科学院栾城农业生态系统试验站的地下水位观测（图 2-13）来看，山前平原农田区地下水位埋深从 20 世纪 70 年代的 10 m（Zhang et al., 2011a, 2003；Shen et al., 2002）下降到了 2018 年的 48 m（Luo et al., 2018）。2014 年以

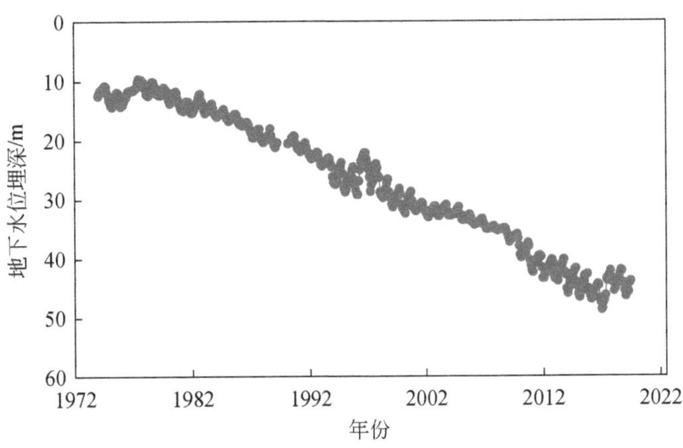

图 2-13　山前平原中国科学院栾城农业生态系统试验站地下水位埋深

来，地下水位的下降速率有所减缓。可见，地下水位的下降与农业活动和地下水的开发利用密切相关。

2.2 地表覆盖与人类用水活动的变化

过去几十年，海河流域气候变暖、降水减少、径流减少，对流域水循环产生了一定程度的影响。同时，人类活动进一步影响着流域水循环和水资源的演变。在人类活动的影响下，土地利用/土地覆被不断发生变化。农业种植、城市化和一些生态工程改变了土地利用的方式，使地表覆盖类型，包括植被覆盖状况发生变化，改变了地表耗水过程和产流过程。水库蓄水、地表和地下水取水、农业灌溉等人类用水活动改变了流域的径流过程和耗水结构，进一步影响着流域水循环过程。京津冀平原是我国农作物主产区之一，主要粮食作物有冬小麦和夏玉米，经济作物有果树、棉花和蔬菜等。该地区农业高产主要依赖于灌溉，农业用水占总用水量的70%左右，主要依赖于地下水灌溉。长期的地下水抽取使京津冀平原地下水位快速下降，形成了世界上最大的复合型地下水“漏斗区”。同时，引发了区域生态环境的恶化。因此，了解该区域土地利用/土地覆被及人类用水活动的变化是揭示影响区域水循环和水资源演变因素的必要条件，对于开展合理的农业规划、科学的用水管理，实现水资源的可持续利用和生态环境的恢复具有重要意义。

2.2.1 土地利用/土地覆被的变化

土地利用变化是人类活动方式的一种。一方面，土地利用变化通过改变下垫面条件、植被覆盖面积、土壤湿度等来影响流域的降水量、径流量和蒸散发，进而改变产汇流机制和水文过程；另一方面，土地利用变化会增加地面不透水面积，影响土壤下渗能力，减少径流，影响水循环过程。过去几十年，大规模的农业种植、快速的城市化发展以及生态恢复工程的实施使海河流域的土地利用/土地覆被发生了很大的变化。本研究利用1970～2018年5期土地利用遥感监测数据（胡乔利等，2011；Guo and Shen，2015a，2015b），分析了海河流域土地利用的时空变化（图2-14）。

海河流域西部的太行山和北部的燕山山区土地利用类型以森林和草地为主，森林和草地约占流域总面积的40%。东部平原是我国重要的粮食生产区，土地利用类型以农田和城市为主。农田是该流域面积比例最大的地表类型，占全流域面积的39%～50%。1970～2018年，海河流域土地利用类型发生了显著的变化。农田面积在整个流域呈现显著减少趋势，面积占比由1970年的49.2%减少到了2018年的39.0%；城市化的发展使建筑用地和交通用地的比例大幅增加，由1970年的4.1%增加到了2018年的11.3%。各类林地、草地和果园面积也均呈现增加趋势，面积占比分别由 1970 年的 30.7%、11.3% 和 0 增加到了 2018 年的 32.8%、11.5% 和 0.5%。水域面积也略有减少趋势（表 2-1）。

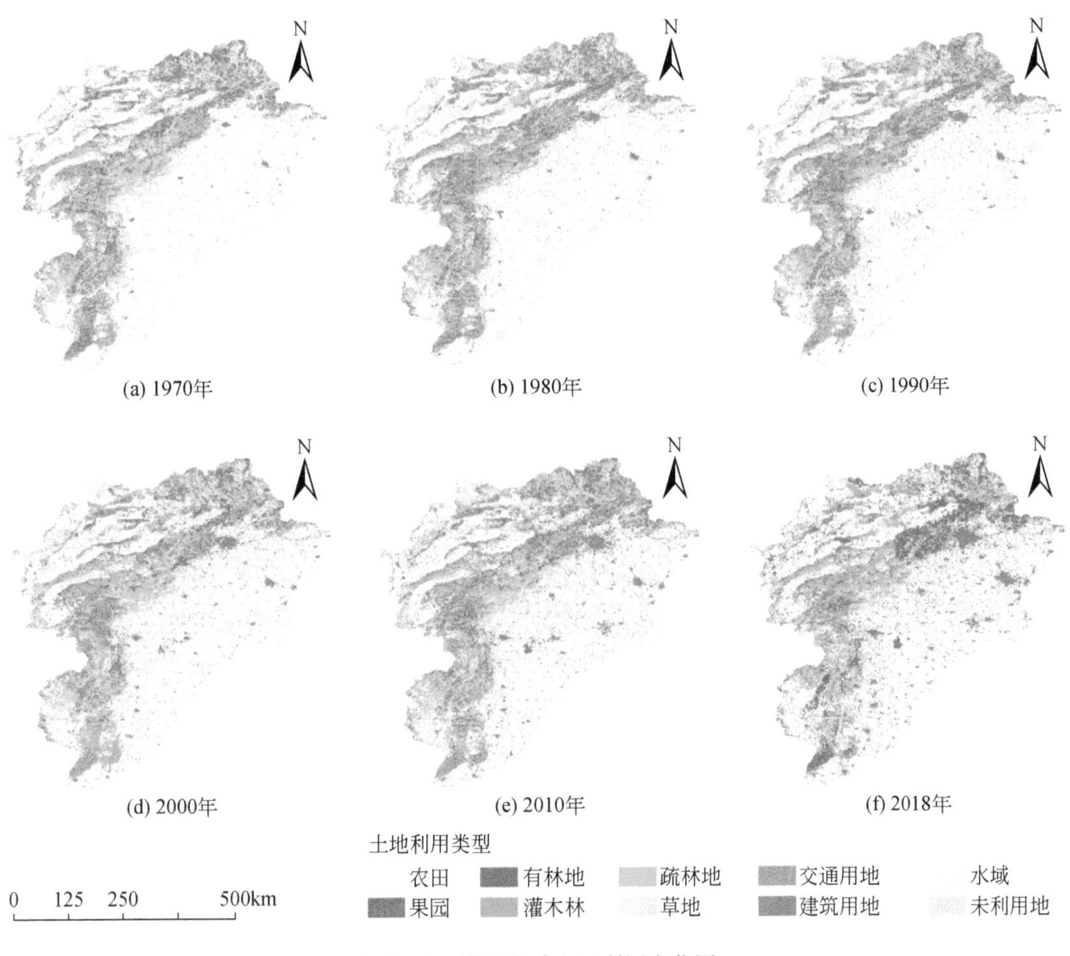

图 2-14　海河流域土地利用变化图

在 Guo 和 Shen（2015b）的基础上，补充了 1970 年、2010 年和 2018 年的土地利用分布图

表 2-1　1970～2018 年海河流域不同土地利用类型面积比例变化　（单位：%）

区域	年份	农田	果园	林地	草地	城市	水域	未利用地
山区	1970	27.0	0.0	51.3	17.6	1.4	1.7	1.0
	1980	25.9	0.0	52.8	17.1	2.0	1.1	1.1
	1990	24.9	0.0	53.2	17.4	2.1	1.2	1.2
	2000	23.8	0.1	51.9	19.5	2.5	0.9	1.3
	2010	22.0	0.2	53.0	19.5	3.0	1.0	1.3
	2018	20.0	0.3	54.7	18.5	4.3	0.8	1.4

续表

区域	年份	农田	果园	林地	草地	城市	水域	未利用地
平原区	1970	79.9	0.1	2.1	2.7	7.9	5.5	1.8
	1980	77.4	0.5	2.6	2.0	10.8	5.0	1.7
	1990	75.4	0.8	2.4	1.9	12.7	5.1	1.7
	2000	72.2	1.0	2.3	2.2	15.1	4.9	2.3
	2010	68.6	1.6	2.7	2.4	17.3	5.3	2.1
	2018	65.3	0.8	2.5	1.9	21.1	4.9	3.5
海河流域	1970	49.3	0.0	30.7	11.3	4.1	3.3	1.3
	1980	47.5	0.2	31.7	10.8	5.7	2.7	1.4
	1990	46.1	0.4	31.8	10.9	6.6	2.8	1.4
	2000	44.1	0.5	31.1	12.2	7.8	2.6	1.7
	2010	41.6	0.8	31.9	12.3	9.0	2.8	1.6
	2018	39.1	0.5	32.8	11.5	11.3	2.5	2.3

山区退耕还林、太行山绿化等生态恢复工程的实施使农田面积也呈现显著减少趋势，林地和草地面积明显增加。其中，农田面积比例由1970年的27%减少到了2018年的20%；林地和草地面积占比分别由1970年的51.3%和17.6%增加到了2018年的54.7%和18.5%。建筑和交通用地在山区的面积比例虽然比较低，但是城市化的扩张使其面积比例由1970年的1.4%增加到了2018年的4.3%（表2-1）。

平原区是主要的耗水区，农田面积比例高。由于水资源短缺以及政府实施地下水限采压采等政策的影响，近几十年平原区农田面积持续减少。平原区农田面积比例由1970年的79.9%减少到了2018年的65.3%。而京津冀平原区分布着包括首都北京、直辖市天津和省会城市石家庄以及多个地县级市，近些年各级城市均呈现迅速扩张态势，使得平原区建筑用地和交通用地的面积比例从1970年的7.9%增加到了2018年的21.1%。同时，林地和果园面积也略有增加趋势，草地和水域面积有所减少（表2-1）。

农业土地利用变化是影响平原区农业耗水的重要因素。华北平原是我国粮棉果蔬的重要生产基地，农作物种植面积高达平原总面积的70%以上。近几十年，由于抽取地下水灌溉造成严重的水资源短缺。在最严格水资源管理和地下水压采等政策的实施下，农业生产规模和种植结构均发生了较大的变化。本研究结合农业气象观测站提供的华北平原主要农作物物候观测资料，归纳七种主要作物的典型物候期特征并利用MODIS数据构建归一化植被指数（NDVI）时序曲线，采用由美国索尔福德系统公司（Salford Systems）提供的原CART代码的决策树软件，提取了2002年和2012年七种主要作物种植面积分布特征。分类结果与县域农业统计结果的相关系数高于0.77，达到显著水平（置信度为95%）。

从华北平原 2002 年和 2012 年不同农业土地利用类型的分布（图 2-15）来看，冬小麦和夏玉米在京津以南地区广泛种植，是华北平原的主要粮食作物；单季玉米在河北北部分布较广，尤其是廊坊；冬小麦-夏玉米种植面积呈现下降趋势，这主要与该地区种植结构的转变、经济发展和城市化进程相关；2012 年单季玉米种植面积较 2002 年有较大幅度的增加，这一变化主要受农业生产政策的调整、玉米价格波动和耕作灌溉条件改变的影响。棉花主要分布在河北南部的邢台和衡水等地；林果呈块状分布，集中在赵县、沧县、沾化区等果树种植基地；河北北部及京津地区的农业土地利用较复杂，作物种植类型丰富，经济作物如蔬菜和林果分布较广（王红营，2016）。

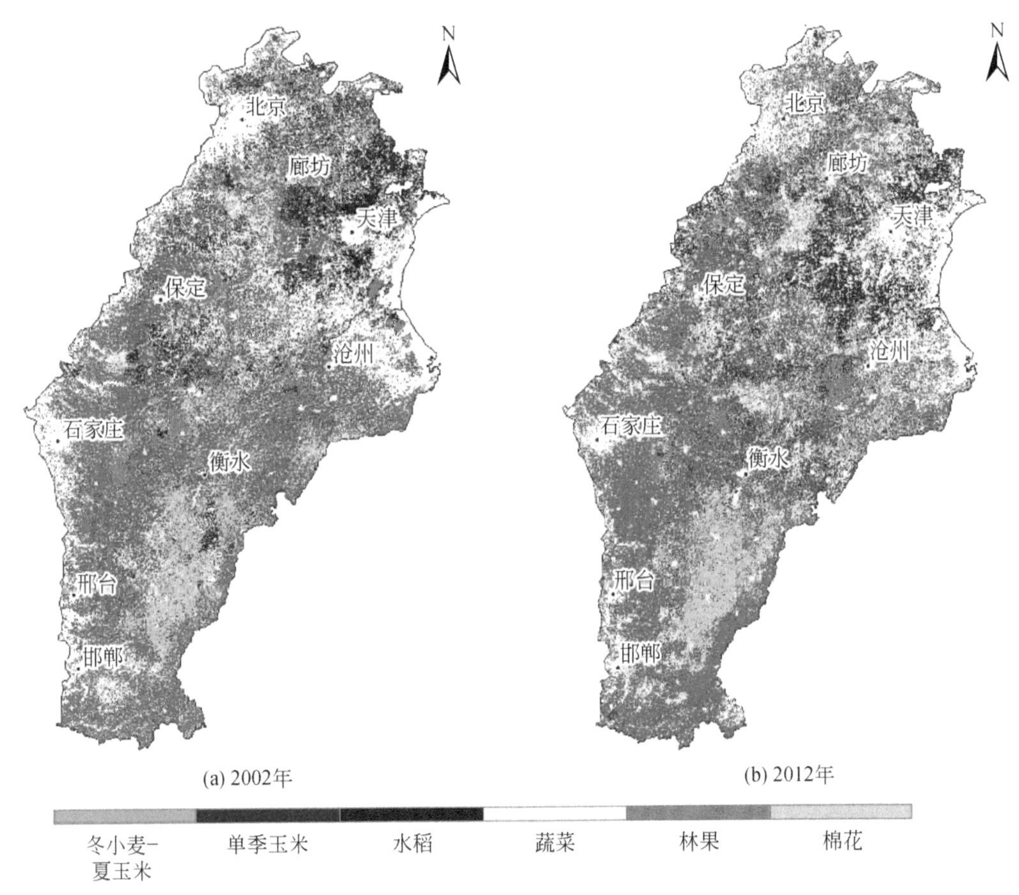

图 2-15　华北平原 2002 年和 2012 年农业土地利用类型分布图

资料来源：王红营，2016

2002 年华北平原农作物种植面积占华北平原的 63.32%，2012 年增至 65.66%，主要是由于蔬菜和林果面积的增加（表 2-2）。2012 年与 2002 年相比，冬小麦-夏玉米种植面积减少了 3.419×10^4 hm^2，棉花种植面积减少了 2.2147×10^5 hm^2，而单季玉米和果树/林地

（简称林果）种植面积占比分别增长了 17.2% 和 27.4%，蔬菜的种植面积从 4.4762×10^5 hm^2增加到了 6.4802×10^5 hm^2，水稻的种植面积有所下降。2002 年和 2012 年两期数据平均值表明，冬小麦-夏玉米轮作是华北平原的主要播种方式，约占农作物总种植面积的 55%，单季玉米和林果占农作物总种植面积的比例约为 12%，棉花所占比例较低，为 11%，蔬菜种植面积占农作物总种植面积的 6%，水稻所占比例最低，约为 2.7%。总体看来，2012 年华北平原作物种植面积大小依次为：冬小麦-夏玉米>林果 >单季玉米>棉花>蔬菜 > 水稻；变化程度大小依次为：蔬菜（+44.8%）>林果（+27.4%）>水稻（-23.7%）>棉花（-20.4%）>单季玉米（+17.2%）>冬小麦-夏玉米（-0.7%）（Zhang et al.，2019；张雅芳等，2020）。

遥感分类结果表明华北平原总种植面积从 2002 年的 8.92775×10^6 hm^2增加到了 2012 年的 9.25891×10^6 hm^2，10 年内增长了 3.31×10^5 hm^2；与此同时，统计数据显示 2002 ~ 2012 年种植面积也增加了 5×10^5 hm^2。分类结果的增加值比统计数据少了约 1.7×10^5 hm^2，很有可能是因为可用的 MODIS 数据受到空间和时间分辨率的限制（Chaudhuri et al.，2018），影响了分类的准确性；同时，混合像元的影响也会造成分类结果与统计数据的差异。而 2012 年比 2002 年农作物种植面积增加的原因在于，2004 年以来，政府增加了农业相关补贴，并开始颁布一些政策以促进农业发展并惠及农民，农民种植意愿增强，增加了粮食作物种植面积。另外，荒地或盐碱地转变为生产性农业用地，例如环渤海地区农业用地也有所增加（An，2018）。

表 2-2　华北平原各类型农作物结果统计表

年份	项目	冬小麦-夏玉米	棉花	单季玉米	林果	蔬菜	水稻	合计
2002	种植面积/10^3hm^2	5065.40	1087.37	1045.88	997.60	447.62	283.88	8927.75
	比例/%	56.74	12.18	11.72	11.17	5.01	3.18	100.00
2012	种植面积/10^3hm^2	5031.21	865.90	1226.10	1271.17	648.02	216.51	9258.91
	比例/%	54.34	9.35	13.24	13.73	7.00	2.34	100.00

为了明确城市和地区之间农业土地利用变化的差异，比较了华北平原京津冀区域内各城市 2002 ~ 2012 年的种植面积变化，如表 2-3 所示。京津和冀东地区（秦皇岛和唐山）粮食作物种植面积减少较多，而林果和蔬菜的种植面积大幅增加。由于水资源短缺严重和政府实施地下水压采政策，廊坊、沧州、衡水地区冬小麦-夏玉米的种植面积降幅较大，减少约 280 000 hm^2，但单季玉米的种植面积却大幅增加，共增加了约 160 000 hm^2，约占 66.7%；这三个城市的林果种植面积也增加了约 40%。同时，沧州和衡水的蔬菜种植面积增加了一倍，衡水种植的棉花减少了 22 740 hm^2。保定的粮食作物种植面积有所下降，但林果种植面积增加较多，特别是北部毗邻北京的县域。河北南部（石家庄、邢台、邯郸）

冬小麦和夏玉米的种植面积有所增加；棉花种植面积减少，石家庄和邯郸分别减少了约 10 000 hm^2；而邯郸蔬菜种植面积大幅增加（王红营，2016）。

表 2-3　京津冀各市 2002 ~ 2012 年农业土地利用类型面积变化　（单位：10^3 hm^2）

地区		棉花	单季玉米	林果	冬小麦-夏玉米	蔬菜	水稻
北京		0.13	-21.09	69.96	-8.57	7.13	0.93
天津		0.24	-5.09	-31.64	-19.91	48.92	-28.78
河北	秦皇岛	0.72	13.78	14.63	-24.89	0.49	-2.36
	唐山	0.16	-31.07	35.38	-24.91	45.04	-25.12
	廊坊	8.78	56.61	33.18	-81.30	13.69	1.19
	沧州	9.61	63.08	34.28	-120.33	33.10	9.72
	衡水	-22.74	41.22	28.14	-78.82	23.27	0.56
	保定	8.06	-17.40	95.50	-38.88	-1.67	1.61
	石家庄	-10.62	-7.24	0.78	57.33	-1.72	0.01
	邢台	15.27	-29.04	-4.64	54.21	-0.51	0.00
	邯郸	-9.36	10.71	-2.76	24.06	28.19	0.05
合计		0.25	74.47	272.81	-262.01	195.93	-42.19

资料来源：王红营，2016

2.2.2　NDVI 的变化

植被通过能量传输和物质循环联系着大气、水分和土壤，是影响区域水循环的重要因素之一。植被覆盖变化通过改变地表下垫面、土壤结构等影响流域径流过程；通过改变地表粗糙度、地表反照率和地表温度等影响地表能量收支，进而影响地表蒸散发；通过改变植被根系吸水和气孔蒸腾，影响植被蒸腾；通过改变冠层截留等影响到达地表的降水量，进而影响水循环过程；植被覆盖变化还影响土壤下渗，从而影响土壤水分；同时，植被覆盖变化还通过对近地面气温和降水等气候要素的影响，进而影响水循环过程（张永强和李聪聪，2020；Zhang et al.，2018）。因此，了解区域植被覆盖的变化对揭示区域水循环和水资源演变的影响机理具有重要意义。遥感为人们认识地表植被覆盖变化提供了有力的手段，基于遥感的 NDVI 是反映植被覆盖的重要指标。本研究利用 AVHRR、SPOT 和 MODIS 等多源遥感数据，对 1981 ~ 2019 年海河流域 NDVI 的时空变化进行了分析。

1981 ~ 2019 年，海河流域 NDVI 在全流域以显著增加趋势为主，并且绝大多数区域通过了置信度为 99% 的 Mann-Kendall 显著性检验［图 2-16（a）］。显著增加的区域主要分布在森林、草地和农田。近些年森林、草地面积的增加是这些区域 NDVI 增加的主要原因。农田面积虽然在全流域为减少趋势，但由于近些年蔬菜种植比例的增加、作物种植密度的增加及农业水肥投入的增加，作物的长势和叶面积覆盖均呈现增加趋势。而 NDVI 减少的区域主要分布在城市的外围，与交通用地与建筑用地类型增加的区域分布一致，主要是城市扩张引起的植被减少所致。从线性变化率的分布［图2-16（b）］来看，山区 NDVI 的增加更为显著，多数区域增加率在 0.005 ~ 0.1a^{-1}，平原区在沧州、衡水的农田区增加较为显著，增加率在0.002 ~0.005a^{-1}。从变差系数分布图［图2-16（c）］来看，全区域 NDVI 波动性较小，增加趋势较为稳定。

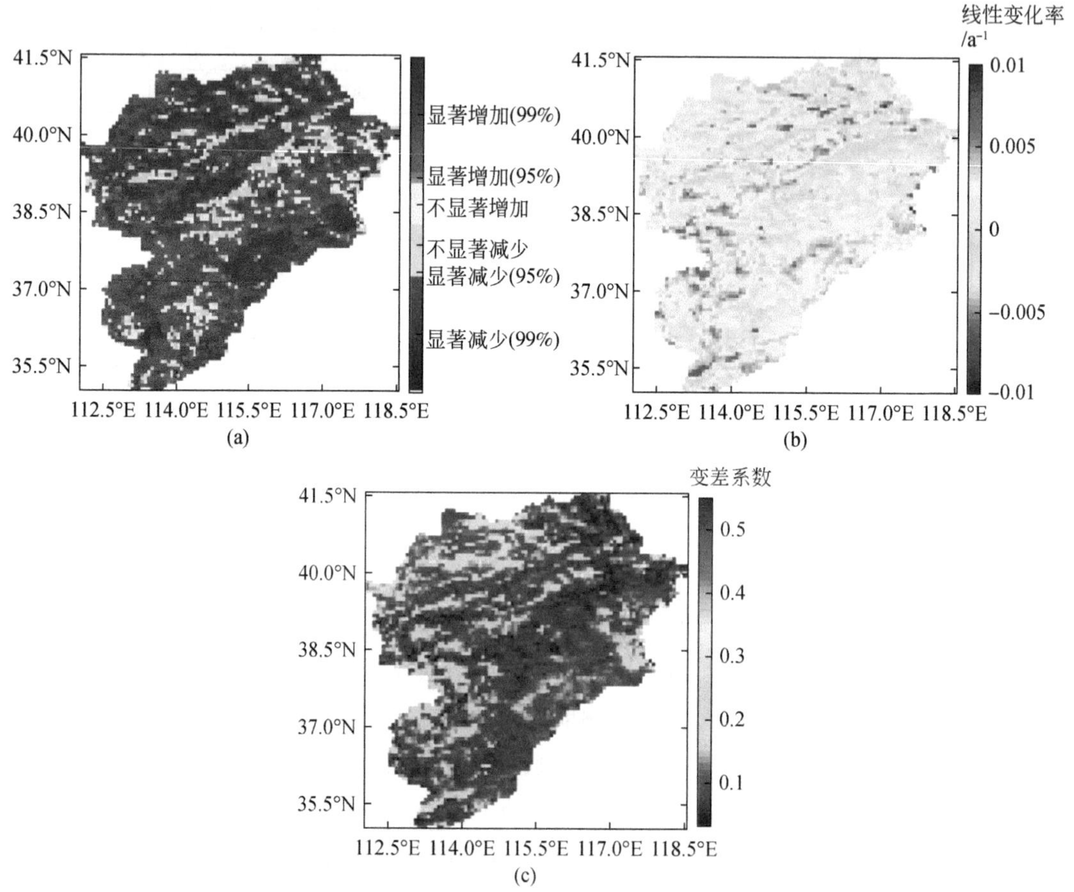

图 2-16　海河流域 NDVI 的 Mann-Kendall 趋势检验（a）、线性变化率（b）和变差系数（c）分布图（1981 ~2019 年）

从区域平均 NDVI（图 2-17）来看，近 40 年平原的平均 NDVI 均高于山区。山区、平原和全流域的区域平均 NDVI 分别为 0.34、0.36 和 0.35；最高值均为 0.41，分别出现在 2018 年、2017 年和 2017 年，最低值分别为 0.30、0.30 和 0.31，分别出现在 1985 年、1983 年和 1985 年。山区和平原的平均 NDVI 均呈现显著增加趋势，增加率分别为 0.002 29a^{-1}和 0.001 91a^{-1}。山区平均 NDVI 增加趋势较平原区更为显著，主要原因是山区森林和草地面积的明显增加。

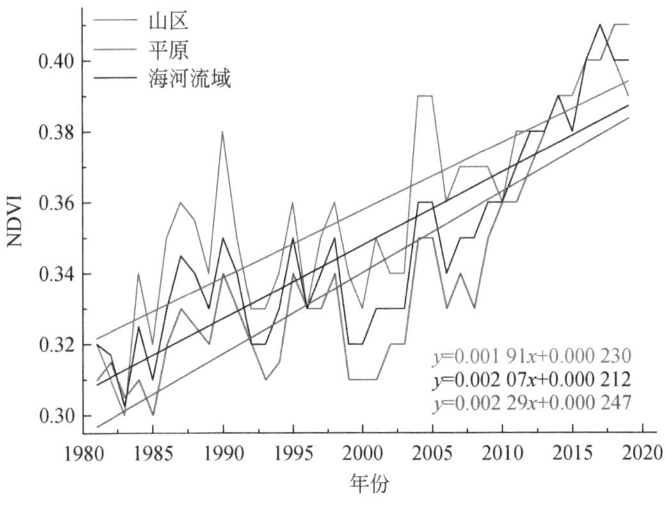

图 2-17　海河流域 NDVI 多年变化图（1981 ~ 2019 年）

2.2.3　人类用水活动的变化

人类用水活动直接影响着区域水平衡，例如地表水的取用、水库渠道的蓄水变化均直接改变地表径流，地下水抽取直接影响地下水资源量，跨流域调水工程增加流域水资源量。这些用水活动直接影响着流域水资源和水循环的演变。

海河流域地跨 8 个省（自治区、直辖市），总面积为 32.06 万 km^2，占全国总面积的 3.3%。总人口为 1.4 亿人。但全流域水资源总量严重不足，多年平均水资源总量为 370 亿 m^3，人均占有水资源量不足 270 m^3，仅为全国平均水平的 1/8、世界平均水平的 1/24，是我国各流域中最为缺水的流域。海河流域以全国 1.3% 的水资源量承担着近 12% 的灌溉面积和 11% 的人口的用水任务。存在着跨省河流众多、管理难度大，降水年际变化大、年内时空分布不均（全年 70% ~ 80% 降水集中在汛期）等特点。京津冀平原水资源量仅占全国水资源量的 0.8%，却生产了全国 6% 的粮食（中国统计年鉴，2009 ~ 2013 年）。由于地表水资源难以维持大规模农业种植所需的灌溉用水，通过持续的地下水开采来维系农业生产，引发了严重的地下水超采问题，使京津冀平原成为全球地下水超采最严重的地区之一。水、粮比例的不匹配加剧了水资源的紧缺程度，引发了径流减少、地下水位下降、河湖干涸、湿地萎缩、入海水量锐减等一系列水资源和生态环境问题。地下水位的持续下降引发的水资源和环境问题加剧，近些年国家针对华北平原出台了地下水超采综合治理政策，限制了地下水的开采量，减缓了地下水位的下降。同时，多个调水工程的建成和通水，增加了对京津冀平原水资源的补给，缓解了该区域水资源紧缺局面，并促使地下水位下降趋势变缓，部分地区地下水位还出现了回升。

京津冀平原区当前冬小麦-夏玉米一年两熟为主的种植制度在很大程度上依赖于抽取地下水灌溉来保障高产。同时，随着人口增长及人民生活水平提升，人们对瓜果蔬菜的需求量显著增加，促使种植结构发生变化。例如，城市外缘郊区的农作物类型由粮食作物快速转变为果蔬作物。北京、天津、廊坊、沧州等地 2012 年蔬菜和林果面积比 2002 年分别增加了 10 万 hm^2左右。而种植结构从过去的旱作作物向蔬菜和水果等高耗水经济作物的转变，以及灌渠的建设和灌溉条件的改善，使区域灌溉面积和灌溉量持续增加。以河北为例，大规模开采地下水始于 20 世纪 70 年代，随着灌溉条件的改善，粮食产量大幅增加，对地下水的消耗也逐渐增加；20 世纪 80 年代初，河北的粮食产量大约为 1900 万 t，当时对地下水的消耗量仍比较少；到 20 世纪 90 年代初，粮食产量比 80 年代初增加了约 15%，随着粮食产量的增加，农业对地下水的消耗也逐渐增大，达到 10 亿 m^3以上，而 80 年代至 90 年代初地下水开采量达 211.76 亿 m^3；90 年代末期，粮食产量比 80 年代初期增加了 47%，地下水的消耗大幅增加，超过了 100 亿 m^3，并在之后的粮食生产中一直维持着较高的地下水消耗水平（图 1-10），地下水开采量显著增加；90 年代至 21 世纪初，年均开采量达到 249.85 亿 m^3，其中 2002 年更是达到开采量峰值 270.29 亿 m^3。1984 ~2008 年，河北累计生产粮食 6.1 亿 t，累计消耗地下水 1130 亿 m^3（图 2-18），这些水量可引起中南部平原地区的地下水位平均下降 7.4 m（Yuan and Shen，2013）。粮食生产与地下水消耗的发展变化过程表明，粮食增产的过程也是地下水消耗加剧的过程。粮食生产的规模越大，抽取地下水灌溉的规模越大，地下水位埋深下降越多，地下水超采的累积效应越严峻。高耗水果蔬作物种植比例的增加进一步加剧了地下水超采问题。2003 年以后，由于工农业用水效率有所提高，总用水量有所减少，地下水开采量也有缓慢下降趋势，但开采总量依然较大，至 2014 年年均开采量依然达到 240.62 亿 m^3；2014 年之后，随着南水北调工程的建成通水，地下水超采治理逐步推进，通过地下水源置换、地下水压采的实施，地下水开采量显著下降，年均开采量为 188.08 亿 m^3。

20 世纪 80 年代以来，由于长期大规模超采地下水，华北地区地下水累计亏空量达 1800 亿 m^3，河北更是成为全国地下水超采最严重的地区，地下水超采现状面积约 8.7 万 km^2，主要分布在冀中南平原区、冀东平原区和冀西北坝上地区，涉及 10 个设区市共 128 个县，并形成大面积的地下水漏斗区，地下水位降落漏斗位于冀中南平原区，涉及石家庄、廊坊、保定、沧州、衡水、邢台、邯郸、辛集和雄安新区共 56 个县（市、区），山区大部分泉水衰减甚至断流，引发了河道断流、地面沉降和水生态恶化等问题（安会静等，2020）。

同时，随着社会经济快速发展、城市不断扩大、人口迅速增长，人类的用水结构也在发生变化。城市人口比例的增多，使人均生活用水量增加，社会经济用水中的生活用水量

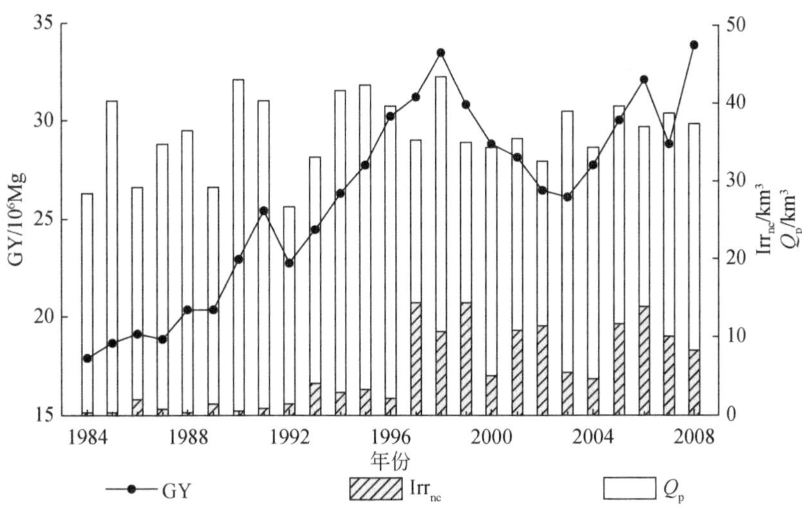

图 2-18　河北粮食产量（GY）、地下水灌溉量（Irr_{nc}）和降水量（Q_p）的变化（1984 ~ 2008 年）

资料来源：Yuan and Shen，2013

增加。海河流域生活用水量由 1998 年的 49.3 亿 m^3 增加到了 2018 年的 68.0 亿 m^3，在总用水量中的比例由 11.6% 增加到了 18.3%。2017 年则超过了 70 亿 m^3，达到了 71 亿 m^3（图 2-19）。另外，随着人类对生态环境的关注，生态用水量的比例也在增加。海河流域生态用水量由 2003 年的 1.9 亿 m^3 增加到了 2018 年的 39.8 亿 m^3，在总用水量中的比例由 0.5% 增加到了 10.7%（图 2-19）。生活用水量和生态用水量的增加也进一步加剧了海河流域水资源的短缺，因此，科学合理的用水管理和有效的节水政策与技术的实施是区域水资源和经济可持续发展的重要举措。

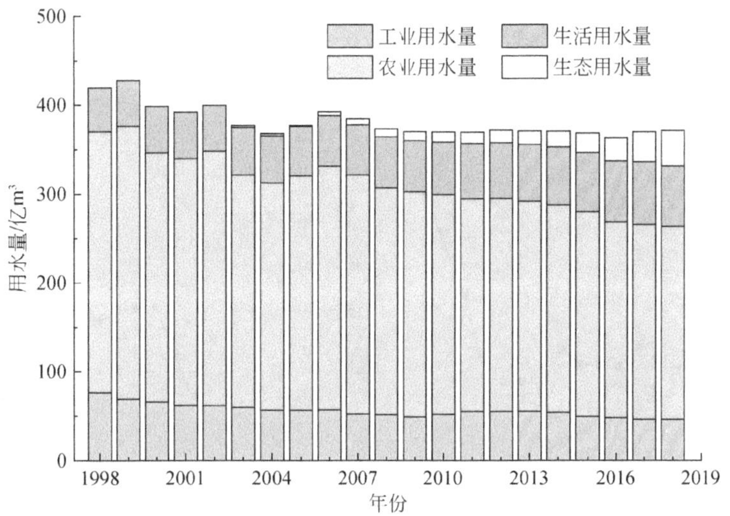

图 2-19　海河流域不同行业用水量变化（1998 ~ 2018 年）

为了缓解京津冀水资源短缺、地下水超采带来的一系列资源环境问题，国家开展了华北地下水超采综合治理，实施了“节、引、蓄、调、管”五大治理举措。①强化重点领域节水，严控开发规模和强度。制定了不同区域不同行业的节水指标和标准。大力推进农业种植结构调整。压减重点区域的高耗水农业种植面积，累计实施季节性休耕 13.33 万 hm^2，发展旱作雨养 2 万 hm^2，新增高效节水灌溉面积 6.67 万 hm^2，高效节水灌溉面积累计达到 360.67 万 hm^2，形成地下水压采能力 0.71 亿 m^3。2019 年在唐山、沧州、衡水、邢台、邯郸等市 71 个县下达新增高效节水灌溉任务 8.47 万 hm^2，推广冬小麦抗旱节水品种、配套推广农艺节水技术 35.73 万 hm^2，维持既有压采能力。同时，优化产业布局，强制城镇节水降损，按照“关小促大、保优压劣”的原则化解过剩产能，减少工业用水量。②多渠道增加水源供给。优化外调水和本地地表水的配置。近 30 年，跨流域调水量稳中有增，从 1998 年的 53.70 亿 m^3 增加到了 2018 的 87.14 亿 m^3 [图 2-20（a）]。近些年，随着南水北调工程的建成和通水，调水量进一步增加。截至 2021 年 7 月 19 日，南水北调工程已累计向河北供水 116 亿 m^3，累计向北京供水 68 亿 m^3，累计向天津供水 65 亿 m^3。2019 年，引调黄河水 10.5 亿 m^3，属历年最多，其中首次通过引黄入冀补淀工程向白洋淀补水 0.82 亿 m^3。同时，全面改善河湖面貌，清理了河湖“四乱”问题；推动了地下水源置换工程建设；实施了农村生活水源置换。③增加雨洪调蓄能力。在充分利用已有大中型水库的基础上，利用山区中小型水库、灌溉渠道、引水管道等工程增加河湖调蓄能力，兴建地表水水库工程，建设平原蓄水坑塘，改善地区间的水量不平衡问题。1998 年以来，大中型水库数量增加了 20 余座，蓄水量增加了 26 亿 m^3，到 2018 年，大中型水库蓄水量达到 118 亿 m^3 [图 2-20（b）]，蓄水能力达到 220 亿 m^3。④严格的地下水利用管控。实行严格的地下水取水管控，实行地下水动态实时监测，设定取用水指标等；关停城镇自备井、农灌井；推进水权水价水资源税改革（安会静等，2020）。

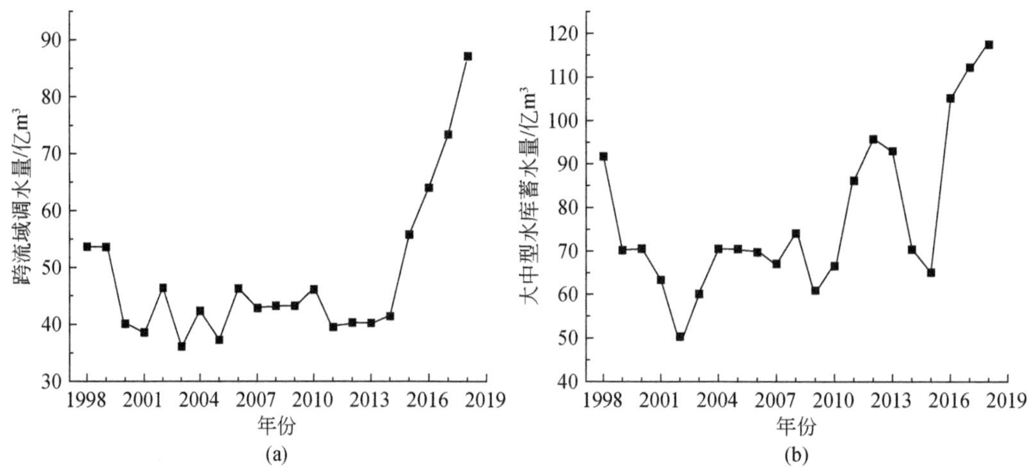

图 2-20　海河流域跨流域调水量（a）和大中型水库蓄水量（b）的变化（1998～2018 年）

2.3 区域蒸散与水平衡变化趋势

1971 ~2019 年海河流域气温升高，降水减少，流域蒸散能力增强。同时，大规模的农业开发和灌溉、地下水超采、城市化发展以及退耕还林、太行山绿化工程等人类活动改变了流域的地表覆盖。在气候变化和人类活动的共同影响下，区域用水结构、水平衡发生了很大的变化，改变了流域水循环过程。引发了区域水资源短缺和生态环境恶化等一系列问题。为了揭示近 50 年气候变化和人类活动影响下区域蒸散和水平衡的变化特征及不同气候要素、土地利用变化和人类用水活动对区域耗水和水循环变化的影响，本节将通过陆面过程模型定量模拟的方法研究区域耗水、水分收支的变化趋势及其影响因素。

2.3.1 区域水循环变化定量模拟

地表水热通量伴随地气间水分、热量和动量的交换过程，该过程将地表植被、土壤和大气边界层有机关联。水热通量的变化能够反映流域水循环和水资源变化及其对气候变化、人类活动等的响应。本节采用已建立的流域分布式水热通量模拟模型（Guo and Shen，2015a，2015b）对区域 1981 ~2019 年水循环的变化开展了定量模拟研究。该模型基于能量平衡与水平衡原理，能够模拟气候要素、土地利用/土地覆被变化以及农田灌溉活动等对蒸散量、径流和土壤水分等水循环要素的影响；能够反映混合像元对水热通量的影响。模型基于气象、土壤、植被和遥感等多源数据计算和确定大气驱动数据、土地利用数据以及植被、土壤等参数。利用蒸散量、土壤水分、径流和地下水位四类实测数据对模型模拟值进行了对比验证。中国科学院栾城农业生态系统试验站（37°53′ N，114°41′ E）位于海河流域山前平原，作物类型为冬小麦-夏玉米两季作物。通过试验站涡动相关仪器观测的 2008 年灌溉农田的日蒸散量与模型模拟的日蒸散量的对比发现，两者具有很好的一致性（图 2-21），偏差值为 0.02 mm/d，均方根误差为 0.94 mm/d。仅在 4 ~6 月两者存在一定的差异。4 月、5 月观测值略高于模拟值，是因为该时期小麦生长旺盛，涡动相关仪器观测的是纯小麦农田的蒸散量，而模型模拟的 8 km × 8 km 的混合像元包括了周围裸地等的影响。而 6 月观测值略低于模拟值，主要是由于 6 月小麦收割后，涡动相关仪器观测的农田为裸地，而模型模拟的 8 km × 8 km 的混合像元的蒸散量包括了农田周围生长旺盛的自然植被的影响。可见，模型能够准确地模拟不同地表的蒸散量，也能够准确地反映灌溉对农田蒸散量的影响。

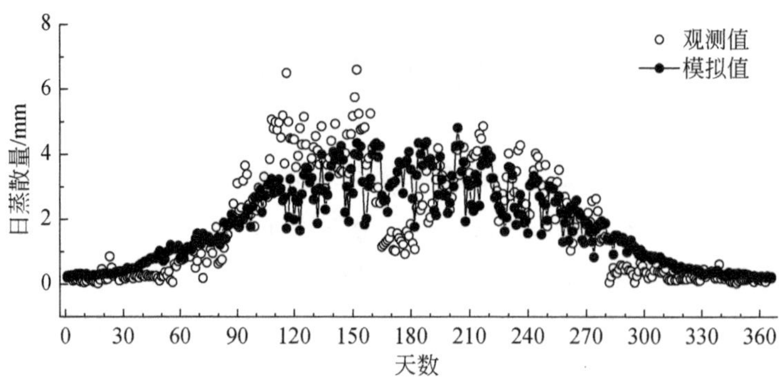

图 2-21 模型模拟与涡动相关观测的日蒸散量的对比（2008 年）

资料来源：Guo and Shen，2015a

2.3.2 海河流域实际蒸散量的时空变化趋势

基于对海河流域 1981～2019 年实际蒸散量的模型模拟，对近 40 年海河流域实际蒸散量的时空分布特点和变化过程有了深入的认识。从海河流域实际蒸散量的时空分布（图 2-22）来看，东南部平原区蒸散量较高，地表类型以灌溉农田为主，灌溉农田年蒸散量可达 600 mm 以上；城市蒸散量较低，在 100～200 mm；水体蒸散量最大，在 900 mm 以上。西部山区为产流区，蒸散量较低，地表类型以森林和草地为主，年蒸散量在 200～500 mm。从 1981～1989 年、1990～1999 年、2000～2009 年和 2010～2019 年四个时段来看，平原区蒸散量 2000 年后明显低于 2000 年以前；相比于前两个时段，山区蒸散量在 2000～2009 年和 2010～2019 年则有明显的增加趋势。城市区域蒸散量减少的区域在扩大，说明城市规模在扩大，向周边扩展，尤其是在北京、天津等大城市，蒸散量减少区域扩大的趋势更为明显。

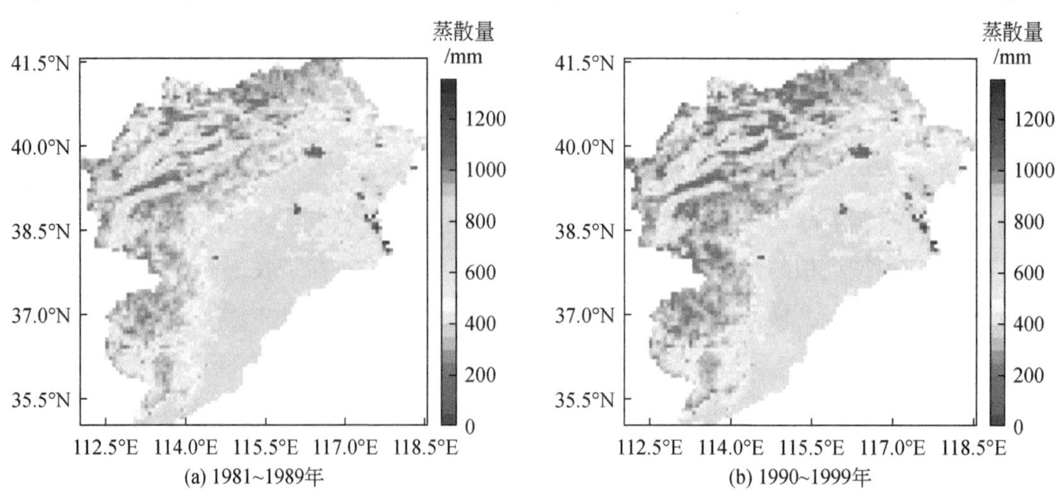

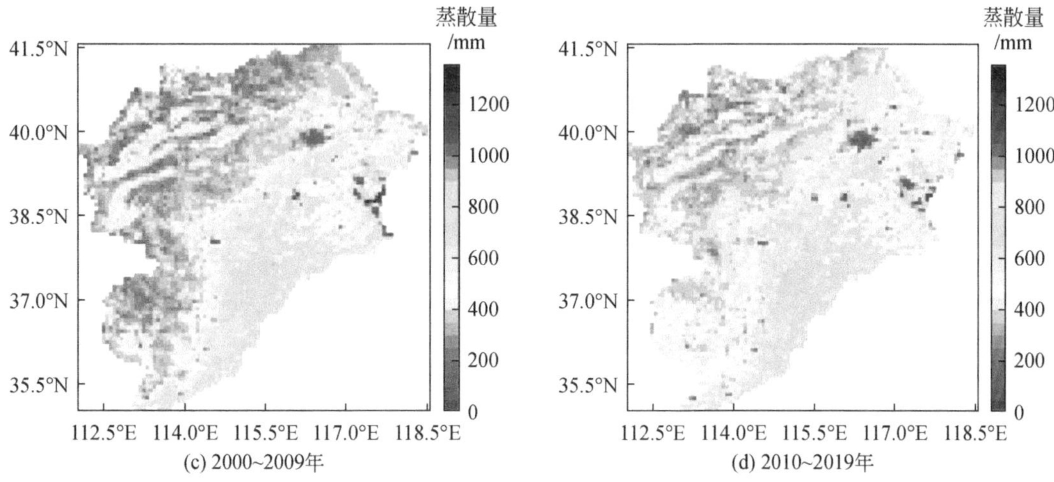

图 2-22　海河流域不同年代年均实际蒸散量的时空（变化）分布图（1981～2019 年）

模拟结果在 Guo 和 Shen（2015b）的基础上更新至 2019 年

近 40 年，在气候变化和人类活动的影响下，海河流域实际蒸散量发生了较大的变化。为了揭示 1981～2019 年实际蒸散量的时空变化特征，Mann-Kendall 趋势检验、线性变化率和变差系数三种变化分析方法用来分析实际蒸散量的变化趋势。从 Mann-Kendall 趋势检验结果［图 2-23（a）］来看，东南部山前平原和低平原区以及西部山区农田分布的区域蒸散量呈显著减少趋势，置信度达 99%；滨海平原区蒸散量呈不显著减少趋势；西部山区蒸散量以显著增加趋势为主，且置信度达到 95% 以上。从线性变化率［图 2-23（b）］来看，山前平原和低平原区蒸散量的减少速率达 2～30 mm/a；山区蒸散量的增加速率在2～10 mm/a。从近 40 年的变差系数［图 2-23（c）］来看，蒸散量波动比较大的区域主要出现在土地利用变化较大的区域，例如城市周边，尤其在北京、天津和张家口周边波动最大，另外波动较大的区域出现在长治市北部的农田区域。

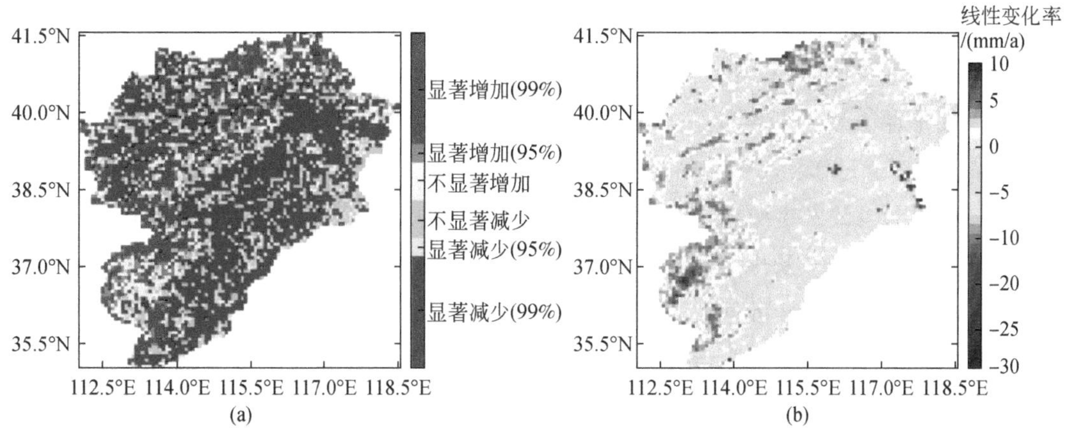

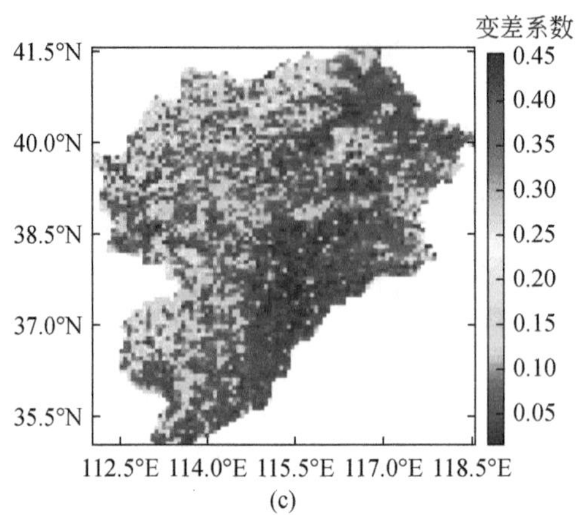

图 2-23　海河流域年蒸散量的 Mann-Kendall 趋势检验（a）、线性变化率（b）和变差系数（c）分布图（1981～2019 年）

模拟结果在 Guo 和 Shen（2015b）的基础上更新至 2019 年

根据地形的差异，可以把海河流域分为五个分区。依据高程从低到高，依次为滨海平原、低平原、山前平原、丘陵区和高山区。五个分区依据地形和地表类型的差异，具有不同的代表性。从各分区的年蒸散量的差异性及变化趋势（图 2-24）来看，滨海平原毗邻渤海湾，沿海区域水体比例较高，因此该区域蒸散量较高，1981～2019 年的年均蒸散量为 642 mm，变化趋势不明显。低平原和山前平原农田面积占 70% 以上，由于灌溉水量的输入，这两个分区的年均蒸散量高于年均降水量，年均蒸散量分别为 619 mm 和 590 mm。近 40 年，呈现显著减少趋势，其中山前平原年均蒸散量的减少速率为 2.478 mm/a。丘陵区和高山区为产流区，以森林和草地为主，年均蒸散量小于年均降水量，年均蒸散量分别为 453 mm 和 381 mm。1981～2003 年，年均蒸散量呈现减少趋势，2004～2019 年，年均蒸散量呈现显著增加趋势。其中，高山区 2003 年之前减少速率达 1.512 mm/a，2003 年之后增加速率达 4.021 mm/a。从海河流域全流域的平均蒸散量来看，1981～2019 年的年均蒸散量为 479 mm。2003 年前，呈显著减少趋势，减少速率为 2.197 mm/a，2003 年后，呈显著增加趋势，增加速率为 2.256 mm/a。

京津冀平原区以冬小麦和夏玉米为区域最主要的作物种植类型，本研究基于 Penman-Monteith 公式，通过作物系数法估算作物需水量，并利用遥感 NDVI 数据确定土壤水分亏缺系数，估算了京津冀平原区 2000～2013 年冬小麦和夏玉米的蒸散量（吴喜芳，2015）。冬小麦和夏玉米的蒸散量格局与其分布特征相似（图 2-25），太行山山前平原冬小麦和夏玉米分布密集，冬小麦蒸散量在 400 mm 以上，夏玉米蒸散量在 300 mm 以上；中部平原区冬小麦蒸散量小于 350 mm，京津冀平原区北部部分区域，如保定、唐山等，多数地区夏玉米蒸散量大于 250 mm；滨海一带冬小麦和夏玉米蒸散量最小，冬小麦小于 200 mm，

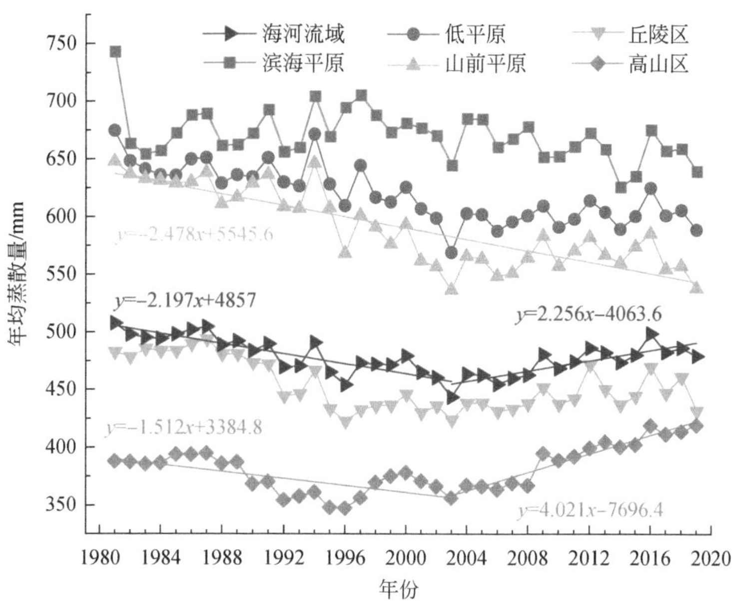

图 2-24　海河流域不同分区的区域年均蒸散量的变化趋势（1981～2019 年）

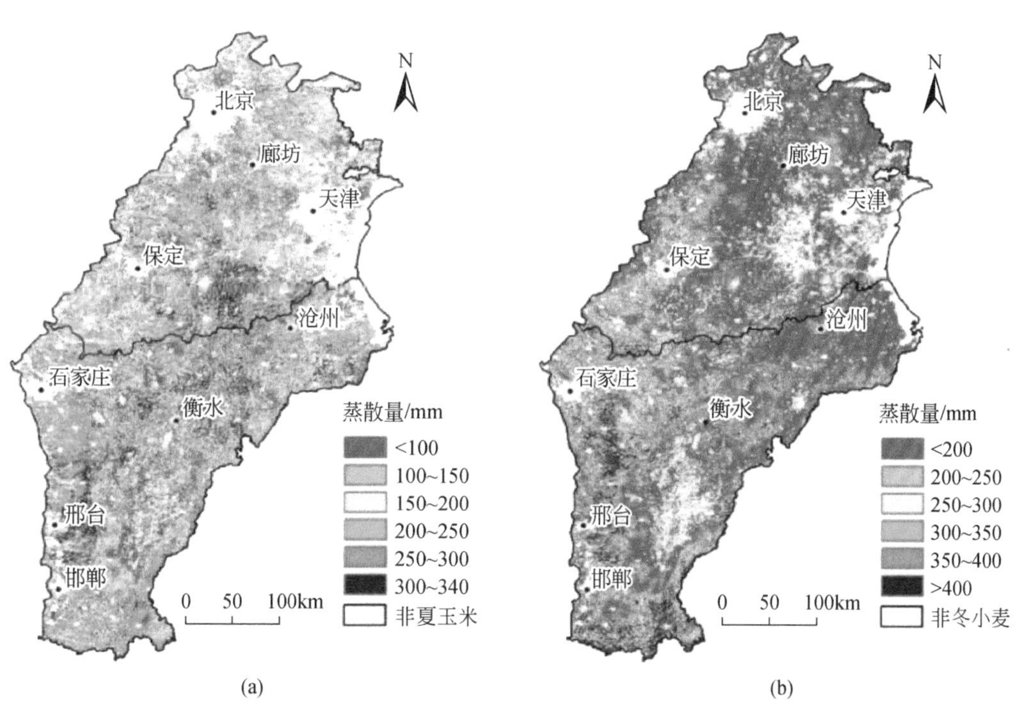

图 2-25　京津冀平原区 2000～2013 年夏玉米（a）和冬小麦蒸散量格局（b）

资料来源：吴喜芳，2015

夏玉米小于150 mm，值得指出的是，在250 m分辨率图像上，像元内冬小麦和夏玉米种植比例较低，且灌溉条件较差，导致像元内冬小麦蒸散的贡献量不足200 mm，夏玉米蒸散的贡献量不足150 mm。读者应认识到，这主要与混合像元的表达方式有关，并不意味着在该区零散分布的冬小麦田块上的蒸散量低于200 mm，夏玉米田块上的蒸散量低于150 mm，这与莫兴国等（2005）得到的研究结论一致。

京津冀平原区2000～2013年逐年冬小麦蒸散量空间分布如图2-26所示，京津冀平原区北部的冬小麦蒸散量从2000年的41.1亿m^3减少至2013年的15.7亿m^3，减少约61.8%，这主要是由于该区冬小麦面积显著下降。经调查农户发现，该区域乡镇企业发达，农业比较效益下降导致冬小麦种植面积从2000年的104.8万hm^2缩减至2013年的49.2万hm^2，减少约53.1%；京津冀平原区南部的冬小麦蒸散量也从2000年的75.9亿m^3减少至2013年的58.1亿m^3，减少约23.5%。同时冬小麦面积从189.4万hm^2缩减至167.9万hm^2。根据京津冀平原区1998～2010年各市冬小麦种植面积统计数据分析，1998～2004年各市的冬小麦播种面积呈显著的缩减趋势（王学等，2013）。这一结论和本研究的京津冀平原区冬小麦面积变化趋势是一致的。冬小麦播种面积的缩减是京津冀平原区蒸散量减少的主要原因之一。

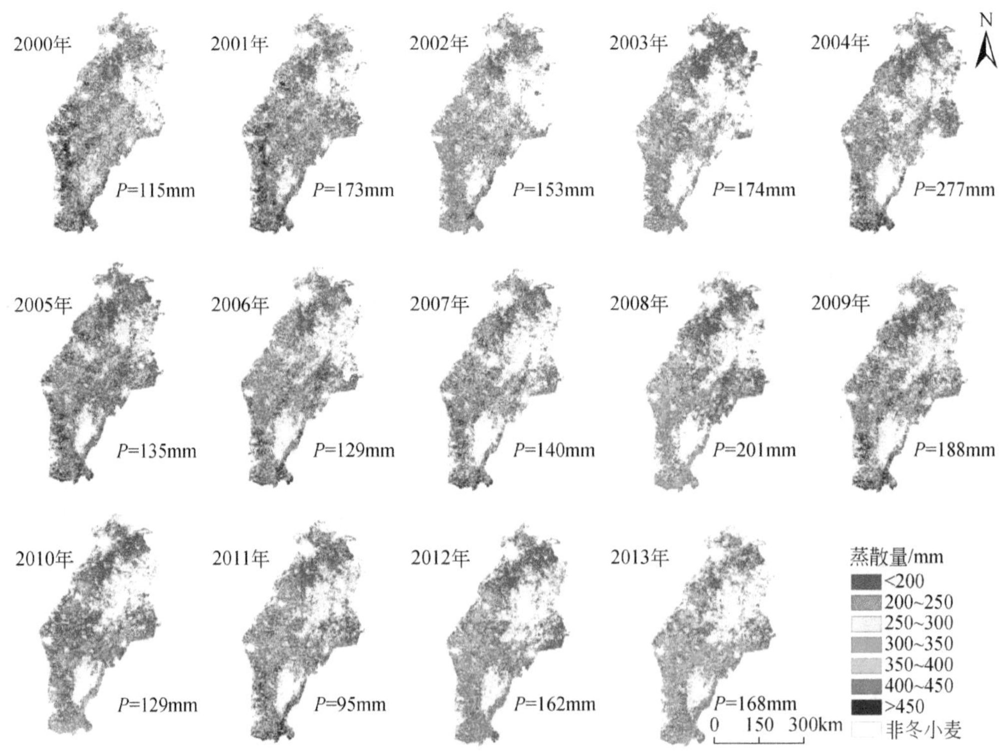

图2-26 京津冀平原区2000～2013年冬小麦蒸散量空间分布

资料来源：吴喜芳，2015

京津冀平原区 2000 ~ 2013 年夏玉米蒸散量空间分布如图 2-27 所示，夏玉米蒸散量年际波动较大，京津冀平原区北部的夏玉米蒸散量从 2000 年的 46.7 亿 m^3 波动至 2013 年的 49.8 亿 m^3。同时京津冀平原区北部夏玉米的种植面积年际波动也较大，从 2000 年的 136.9 万 hm^2 波动至 2013 年的 161.5 万 hm^2，无明显变化趋势。京津冀平原区南部蒸散量由 2000 年的 88.3 亿 m^3 下降至 2013 年的 62.7 亿 m^3，夏玉米的种植面积有微弱下降趋势，由 2000 年的 269.6 万 hm^2 下降至 2013 年的 203.6 万 hm^2。

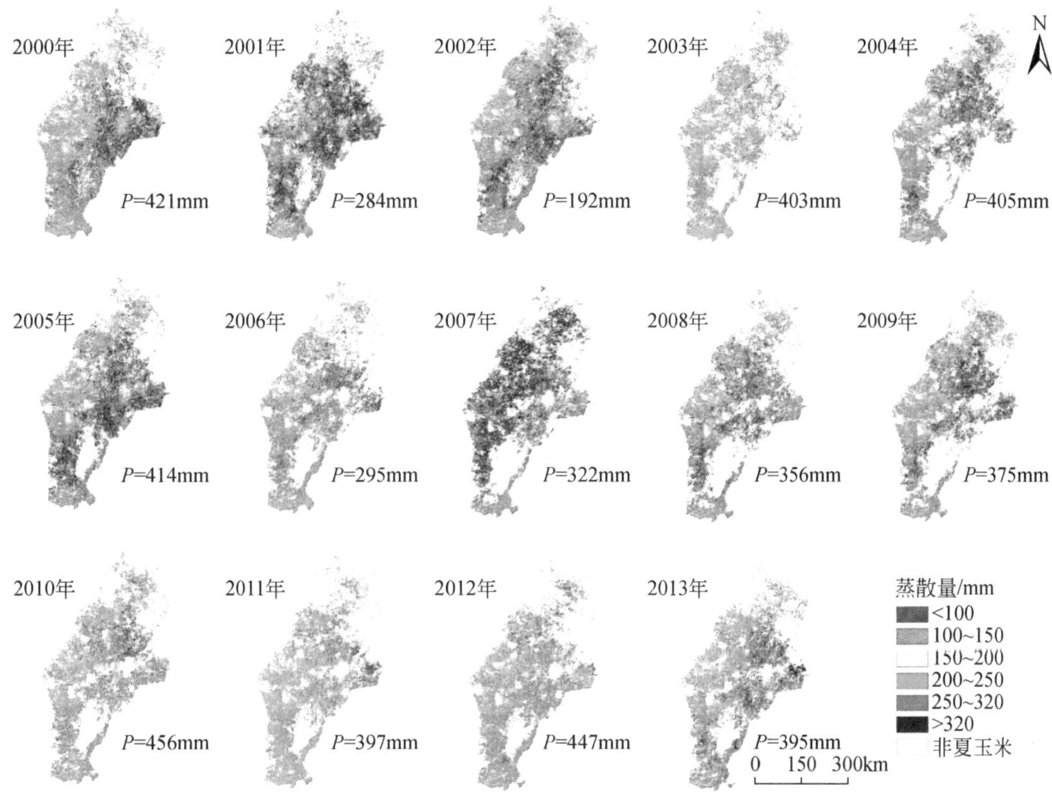

图 2-27 京津冀平原区 2000 ~ 2013 年夏玉米蒸散量空间分布

资料来源：吴喜芳，2015

2.3.3 海河流域水分收支的时空变化趋势

降水量与蒸散量的差值（P-ET）可以反映地表水分收支的状况，正值表示水分盈余，负值表示水分亏缺。水分收支的变化直接反映了区域水资源量的变化趋势。基于对海河流域 1981 ~ 2019 年实际蒸散的模拟，结合空间插值的网格化降水量，这里对近 40 年海河流域水分收支的时空分布特点和变化过程开展了分析。从海河流域水分收支的时空分布

（图 2-28）来看，全流域水分亏缺的区域主要发生在灌溉农田，P–ET<0 mm。水分亏缺量较大的区域主要分布在流域东部的山前平原和低平原区的灌溉农田区域，亏缺量可达 100～400 mm。西部丘陵和高山区以水分盈余为主，盈余量在 0～300 mm。水分盈余量最大的区域主要分布在城市区域，盈余量可达 300～500 mm。从 1981～1989 年、1990～1999 年、2000～2009 年和 2010～2019 年四个时段来看，平原区水分亏缺在 1990 年以后开始缓解，2010 年以后水分亏缺量最小；山区的水分盈余量也在 2010～2019 年有所增加。同样，由于城市规模扩大、城市周边的植被减少、硬化地表的增多，在北京、天津和张家口等城市区域，水分盈余区域有明显的扩大趋势。

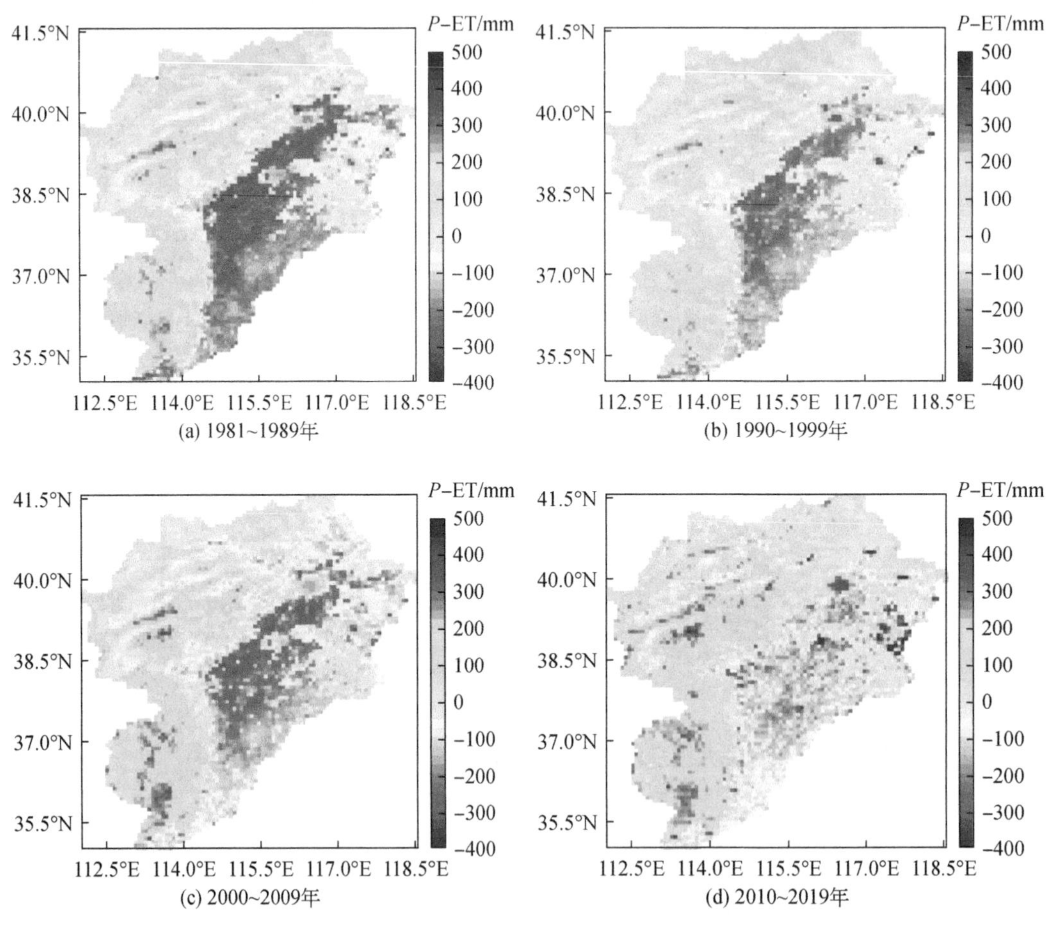

图 2-28　海河流域水分收支的时空分布图（1981～2019 年）

近 40 年，海河流域水分亏缺的状况整体有所缓解。从 Mann-Kendall 趋势检验结果［图 2-29（a）］来看，西部山区 P–ET 显著增加的区域主要分布在由城市扩张、退耕还林和水体面积减少导致 ET 显著减少的区域，水分盈余量增加；山区 P–ET 显著减少的区域主要分布在北部和西南部 ET 显著增加的区域，水分盈余量有所减少。东部平原区以水分亏缺为主，P–ET 基本上均呈增加趋势，即水分亏缺量呈减少趋势。水分亏缺量显著减少的区域也主要分布在城市外围。由于近些年地下水超采治理措施的实施，对种植规模的控制及灌溉量的降低，使得平原区灌溉农田蒸散量有所减少，P–ET 也呈现了增加趋势，水分亏缺量呈减少趋势。从线性变化率的分布［图 2-29（b）］来看，山区北部和西南部水分盈余量的减少速率可达 3 ~ 10 mm/a；山区西部水分盈余量的增加速率主要在 2 ~ 10 mm/a 范围；平原区水分亏缺量的减少速率在 0.5 ~ 20 mm/a，而在北京和天津的城市边缘地区水分盈余量显著增加，可达 10 mm/a 以上。从近 40 年的变差系数［图 2-29（c）］来看，水分盈亏波动比较大的区域主要出现在土地利用变化较大的区域，主要在北京及天津、沧州等滨海区域。

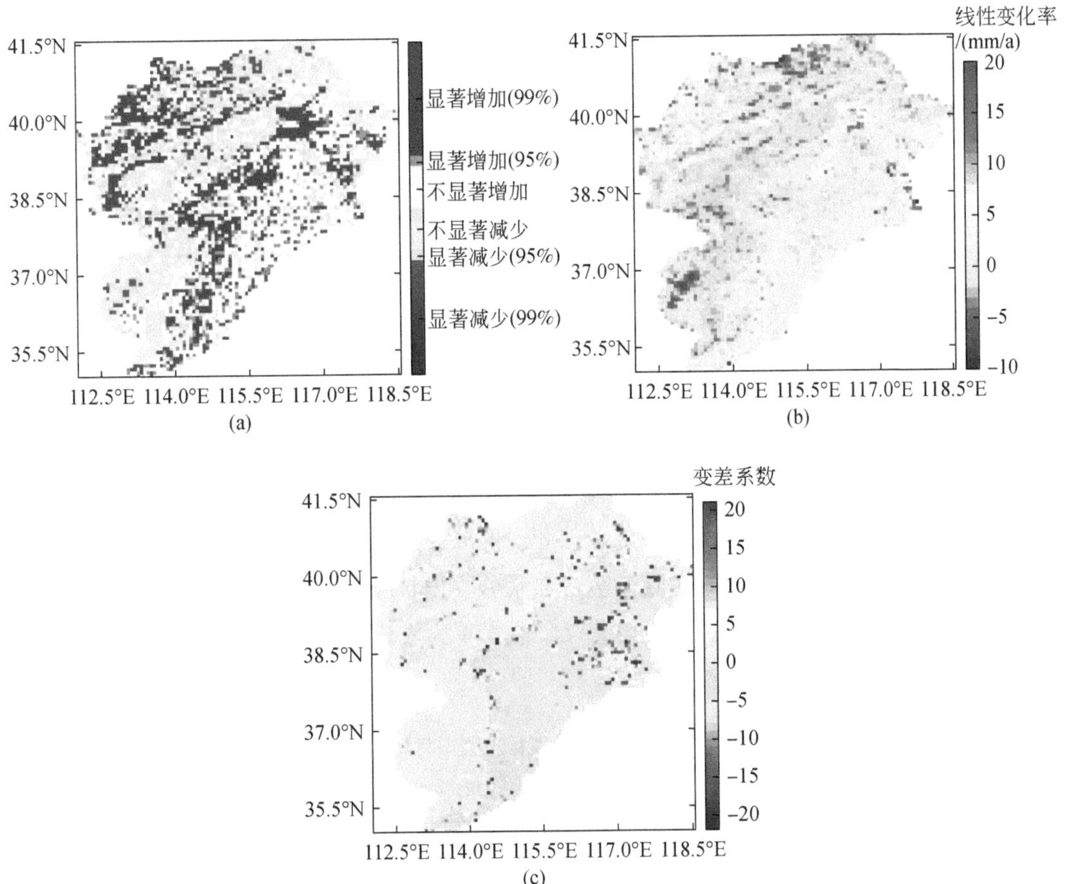

图 2-29　海河流域年水分收支量 P–ET 的 Mann-Kendall 趋势检验（a）、线性变化率（b）和变差系数（c）分布图（1981 ~ 2019 年）

从各分区的水分收支的变化（图 2-30）来看，山前平原和低平原以水分亏缺为主，年水分亏缺量在 50 ~ 300 mm，多年平均的 P–ET 分别为–96 mm 和–132 mm。近 40 年，水分亏缺量呈现减少趋势。2003 年以来，两个区域的水分亏缺量均在 200 mm 以下。滨海平原和丘陵区水分收支呈波动状态。1981 ~ 2019 年，滨海平原呈水分亏缺的年份为 20 年，丘陵区呈水分亏缺的年份为 14 年，年平均 P–ET 分别为 9.3 mm 和 7.5 mm；高山区以水分盈余为主，多年平均盈余量为 76.6 mm；海河流域水分收支也呈波动状态，水分亏缺的年份较多，为 21 年，近 10 年以水分盈余为主。39 年的年均水分亏缺量达 0.8 mm。

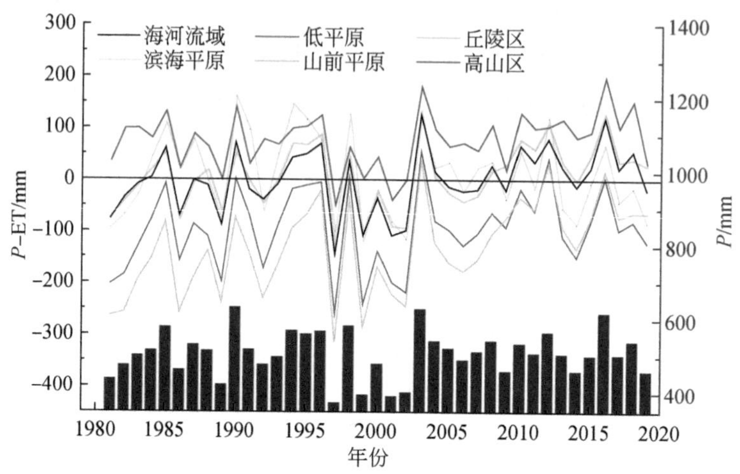

图 2-30　海河流域不同分区 P–ET 及流域平均年降水量（P）的变化（1981 ~ 2019 年）

海河流域东部为平原区，地表类型以农田和城市为主，这两种地表类型面积占平原区总面积的 80% 以上，因此，农田和城市的水分收支决定着平原的水分收支状况。西部山区的地表类型以森林和草地为主，尤其是森林面积最高，占山区面积的 50% 以上，并且森林对山区的耗水和产流具有主导性的作用。因此，选择农田、森林和城市三种典型地表，对其季节性分布及多年的降水量、实际蒸散量和水分收支状况进行定量分析，对海河流域水平衡和水资源可持续利用研究具有重要意义。表 2-4 为农田、森林和城市地表多年平均月实际蒸散量、降水量和 P–ET 的变化特征。

表 2-4　海河流域典型地表农田、森林和城市月均实际蒸散量（ET）、降水量（P）和 P–ET（1981 ~ 2019 年）

（单位：mm）

月份	农田			森林			城市		
	ET	P	P–ET	ET	P	P–ET	ET	P	P–ET
1	12	3	–9	2	4	2	3	2	–1
2	23	5	–18	3	8	5	5	4	–1
3	48	10	–38	7	12	5	10	7	–3
4	73	23	–50	18	24	6	15	20	5

续表

月份	农田			森林			城市		
	ET	*P*	*P*-ET	ET	*P*	*P*-ET	ET	*P*	*P*-ET
5	101	40	-61	49	46	-3	20	36	16
6	107	63	-44	66	78	12	19	70	51
7	96	134	38	75	139	64	18	132	114
8	95	112	17	67	112	45	16	108	92
9	59	52	-7	41	61	20	11	46	35
10	29	25	-4	15	29	14	8	22	14
11	11	13	2	3	14	11	4	10	6
12	6	3	-3	1	5	4	3	3	0
合计	660	483	-177	347	532	185	132	460	328

农田的年蒸散量呈现近似双峰的分布特征，这与该区域冬小麦-夏玉米为主的双季作物种植模式相关。月蒸散量高值出现在冬小麦生长旺盛的 5 月和夏玉米生长旺盛的 7 ~ 8 月，多年平均值的最大值出现在 6 月，为 107 mm。降水量的分布特征为夏季高，其他季节均较低。6 ~ 9 月的降水量均在 50 mm 以上，占全年降水量的 75%，而 7 ~ 8 月的降水量占全年降水量的 51%，月降水量均在 100 mm 以上。因此，1 ~ 6 月以及 9 ~ 12 月农田 *P*-ET 均为负值，呈现水分亏缺的状态，尤其是 4 ~ 6 月小麦生长旺季，而降水量不足以提供小麦生长所需的水分，抽取地下水进行灌溉，使得农田水分亏缺最大，月水分亏缺量在 44 ~61 mm。7 ~ 8 月是一年中降水量最高的月份，农田水分收支呈现盈余状态，而月水分盈余量分别仅有 38mm 和 17 mm。从年尺度来看，农田多年平均蒸散量为 660 mm，降水量为 483 mm，近 39 年的年均水分亏缺量达 177 mm。

森林区的水分来源主要为降水，并且气温低于平原，因此其年蒸散量总体均低于农田。高值主要出现在气温较高、植被生长比较旺盛的 5 ~ 9 月，月蒸散量均在 40 mm 以上。年均月蒸散量最高值也出现在 7 月，为 75 mm。而降水量的最高值同样出现在 7 ~ 8 月，7 ~ 8 月降水量分别为 139 mm 和 112 mm。因此，森林区的水分收支以盈余为主，只有在植被生长旺盛但降水量还不高的 5 月呈现水分亏缺状态。从年尺度来看，森林多年平均蒸散量为 347 mm，降水量为 532 mm，近 39 年的年均水分盈余量为 185 mm。

城市区域由于地表硬化，不透水面面积较大，蒸散量总体都很低，远低于农田和森林地表。从季节分布来看，高值也出现在春夏季城市绿化植物生长旺盛的时段，而降水量的分布特征与其他地表类型相同。因此，城市区的水分收支呈现盈余状态，且全年各月 *P*-ET 均为正值，为盈余正态。水分盈余较高的时段与降水量多的时段一致。从年尺度来看，城市区多年平均蒸散量为 131 mm，降水量为 460 mm，近 39 年的年均水分盈余量为

329 mm。但城市区由于不能产流，盈余水分大多通过排水系统排走。少数雨水得到了回收利用，但利用率很低，多数盈余水分被浪费。

近 40 年，在气候变化和人类活动的共同影响下，海河流域的蒸散发、水分收支及水循环过程发生了很大的变化。西部山区由于退耕还林还草及太行山绿化工程的实施，植被覆盖增加。同时，由于气温显著升高的影响，蒸散量在近 20 年显著增加。在降水量减少和蒸散量增加的共同作用下，山区产流减少，影响了流域水资源的形成。平原区由于长期超采地下水用于农田灌溉，农田蒸散量高达 600 mm 以上，破坏了区域的水平衡，造成平原区长期处于水分亏缺状态。同时，地下水超采使海河平原区地下水位快速下降，造成地面沉降、地下水漏斗、水污染等水资源和生态环境问题。20 世纪 80 年代以来，平原区在种植规模缩减、城市扩张、湿地萎缩以及降水量减少的影响下，蒸散量呈现减少趋势，但水分亏缺的状态依然严重。2014 年以来，国家实施了华北地区地下水超采综合治理措施。控制农业种植规模、推进种植结构调整、实施地下水压采、增加外调水水源等举措使平原区的水分亏缺有所缓解，地下水位下降的趋势有所减缓。即使如此，当前海河流域平原区农田的年水分亏缺量仍有 160 亿 m^3，而南水北调工程从 2014 年建成通水到 2021 年 7 月累计向河北的供水量为 116 亿 m^3，还不足以置换年农业灌溉所需的地下水量，仍无法实现区域的水平衡。可见，京津冀平原的水资源短缺形势依然严峻。严格的水资源开发管控、农业种植规模和种植结构的合理调整、高效节水技术的推广应用、外调水资源的合理利用仍是京津冀地区水资源可持续利用、生态环境改善和经济可持续发展的重要举措。

第3章 主要农田类型耗水过程及水平衡结构

京津冀地区农业生产条件优越，是我国重要的粮食生产基地，基本代表了全国农业生产的最高水平。该地区主要种植冬小麦和夏玉米，其山前平原地区两季作物年产量达到15 t/hm^2，是世界上最高产的地区之一；棉花、果树和蔬菜等其他农田类型也较多，在全国农业生产中也占有重要地位。但是对于大部分农作物来说，降水不能满足其生长需要，灌溉是该区农业获得稳产高产的重要保障，面对农业生产持续抽取地下水和无节制地利用地表水引起的严重水资源危机，合理高效地利用有限的水资源进行农业生产势在必行。在过去的几十年中，农业生产发展主要追求产量的提高，对该地区主要农田类型的耗水过程及水平衡结构了解并不清晰，对农业节水的理论基础把握不够，难以实现科学的耗水管理，所以本章通过对京津冀地区主要农田类型进行长期原位试验观测，重点介绍京津冀平原区主要农业生态系统的耗水过程与水平衡特征，为农业节水高效发展与区域农业耗水管理奠定科学基础。

3.1 作物耗水与农田水平衡研究

淡水资源短缺是目前世界许多地区实现可持续发展面临的严重问题。陆地表层系统物质能量循环的核心是陆地生态系统的水循环与碳循环，作为地圈-生物圈-大气圈相互作用关系的纽带，对水、碳物质循环的过程机理、变化趋势和对全球环境变化的响应研究，将有助于达到实现资源的可持续利用的目的。中国的水资源严重短缺对粮食安全产生了直接影响。我国平均每公顷耕地占有径流量28 320 m^3，为全世界平均水平的80%，人均占有径流量2288 m^3，低于世界平均水平的1/4，水资源时空分布不均，随着人口增加和经济发展，水资源短缺成为越来越多的地区必须要面临的问题；耕地灌溉面积不断增加，农业用水危机日益严峻，必然会影响到粮食安全。解决水资源短缺和粮食安全之间矛盾的重要措施是提高农业的用水效率。改革开放40多年来，粮食产量由20世纪80年代初期的不足3.5亿t提高到了2022年的6.8亿t，全国农业灌溉水利用系数从0.35提高到2022年的0.57，随着我国人口的不断增长，农业灌溉水的利用系数只有保持不断提高才能保证粮食安全，中国的水资源问题自美国的Lester Brown以《中国水资源短缺会危及世界粮食安全》为题在Water Watch上发表了相关文章后，已经引起了世界范围的重视（Brown and

Halweil, 1998; de Fraiture et al., 2008; Varis and Vakkilainen, 2001)。京津冀地区所处的华北平原耕地面积占全国的20%左右，水资源仅占3%，属于中国的典型水资源亏缺区，水资源的不足严重限制了粮食生产的持续发展。本区降水难以满足大部分作物生长需要，需要大量地下水和地表水的灌溉来保证产量，直接导致了地下水的严重超采和地表径流的枯竭。

京津冀地区处于中纬度地带，其小麦的种植面积和产量在全国占有重要地位；河北2017年棉花产量为30.1万t，居全国第三，其中近30%需要进行灌溉，因此明确该区域主要农作物的耗水情况将对全国及区域农业水资源的可持续利用具有重要意义。

3.1.1 作物耗水与农田水平衡理论

农田水分循环与转化规律研究是农业节水的基础理论和前提，减少区域的无效蒸发消耗，实现水资源的高效利用，是节水农业的必行之路（刘昌明，1997）。在人类灌溉活动影响下，对农田土壤-植物-大气连续体（SPAC）的耗水研究显得尤为重要。农业高效用水的目标就是极大地提高农业生产过程中的水分利用效率。农田生态系统耗水与水平衡的研究是定量评价农业节水潜力和地下水资源可持续性的基础。

1. 土壤-植物-大气连续体（SPAC）水分传输与利用

1966年，澳大利亚著名水文学家Philip提出了“Soil- Plant- Atmosphere Continuum”(简称SPAC)，该理论将土壤、植物、大气作为一个物理上的连续体，探讨以土壤水和植物关系为中心的农田水分运移和转化机理。水分经由土壤到达植物根表皮、进入根系后，通过植物茎到达叶片，再由叶气孔扩散到空气层，最后参与大气的湍流交换，形成一个统一的动态的相互反馈连续系统（刘昌明和孙睿，1999），地表水热特性研究是SPAC系统中界面水分过程研究的重要内容，现在仍属国际上的热点研究课题之一。

地表水热传输大多基于两种原理：能量平衡和水量平衡。以农田为例，能量平衡方程如下：

$$R_n = H + \mathrm{LE} + M + G \tag{3-1}$$

式中，R_n 为净辐射；H 为感热；LE 为潜热；M 为光合耗能；G 为土壤热通量。叶片尺度上，叶片吸收的能量除了极少部分被光合作用固定到植物体内外，绝大部分能量用来进行叶片与大气间的热量交换，包括感热交换和潜热交换（蒸腾作用），以保持植物正常体温，所以 M 可以忽略，式（3-1）变为

$$R_n = H + \mathrm{LE} + G \tag{3-2}$$

农田尺度的水量平衡方程为

$$\Delta W=(P+I+M_S)-(E+T+R+D) \tag{3-3}$$

式中，ΔW 为土壤水储量变化；P 为降水量；I 为灌溉量；M_S 为下层土壤或地下水上升补给量；E 为土壤蒸发量；T 为植物蒸腾量；R 为地表径流量；D 为土壤水分渗漏量。其中土壤蒸发与植物蒸腾之和总称为蒸散量。在地下水位很深、地面平坦的情形下，方程可以简化为

$$P+I=ET+\Delta W \tag{3-4}$$

降水和灌溉分别由气候条件和人为因素决定，而土壤水储量和渗漏量则受农田小气候、作物和人为管理措施的综合影响。蒸散既是水量平衡的组成部分，又是地表热量平衡的组成部分。目前京津冀地区针对粮食作物蒸散的研究相对较多，果树耗水研究主要分布在黄土高原区、西北干旱区和山东丘陵区，受树龄、区域气象条件和土壤状况等影响差异较大（Zhong et al., 2019；郭复兴等，2019；Wang et al., 2020）；国内棉田的相关研究主要在西北地区开展（Luo et al., 2014；闫映宇，2016），棉花的耗水量与灌溉方式及降水量等密切相关；蔬菜种植主要分为设施蔬菜和露天蔬菜，其中设施蔬菜占总产量的 32% 左右，蔬菜生长受其种类、温湿度、灌水量和光合有效辐射影响明显，种植方式不同，其水平衡特征和耗水规律也不同。

蒸散作为最主要的耗水过程，蒸散量的准确估算不仅对研究全球气候变化和水资源评价等有重要意义，而且是指导农业灌溉、监测农业旱情和提高农业用水效率的核心内容。农业生态系统类型不同，地表蒸散过程将会产生巨大差异，不同界面的水热输送与生态过程是一个密切的耦合过程，在这个过程中生态系统通过界面的“接口”或者“结点”（node）进行物质和能量的交换（刘昌明和于沪宁，1997），导致植物生物学特性、气象条件、土壤条件和灌溉方式等多种因素影响农业系统的水分消耗和生产。农田蒸散分为用于作物生产的蒸腾耗水和土壤的蒸发散失。其中蒸腾过程受植物的生物学特性影响，主要包括作物发育过程以及气孔特性等。气孔是生态系统水分和二氧化碳的交换通道，通过叶片气孔，空气中的二氧化碳扩散进入光合组织的细胞间隙，在光照作用下发生光合作用，同时大量水汽也通过气孔经蒸腾作用耗散于大气。根据微气象学原理，扩散速度与分子量的平方根成反比，水汽的扩散速率是二氧化碳的 1.5 倍，反之二氧化碳的扩散系数是水汽的 0.64 倍。

作物不同的发育过程会影响气孔的数量和调控能力，导致了耗水过程的差异。气象、土壤和灌溉等外在环境因子通过温湿度、光照等改变作物的水分、热量及氧气和二氧化碳浓度，从而影响作物的耗水过程；而这些环境条件本身决定了土壤蒸发量的大小和过程的变化，土壤蒸发过程分三个阶段，分别是毛管水上升阶段（土壤含水量大，快速蒸发）、薄膜运行阶段（土壤含水量较低，缓慢蒸发/内部水分汽化）和扩散运行阶段（土壤含水量接近凋萎系数，仅有内部的气态水扩散）。土壤蒸发除受与水面蒸发相同的因素影响外，

还受土壤的机械组成、土壤温湿度、色泽和地下水埋深等因素影响。菲克（Fick）定律的扩散理论可以对该气体交换过程进行量化表达［式（3-5）］，无论是植物的蒸腾过程还是土壤的蒸发过程都遵循该扩散梯度理论。根据这一理论，梯度是物质运动的直接动力，沿一定方向，通过单位面积质点的扩散速率与质点的浓度梯度成正比，但符号相反；假设质量通量为 F_s，扩散物质的质点浓度为 C（kg/m^3），x 为距离（m），D 为扩散系数，则

$$F_s = -D\frac{\partial C}{\partial x} \tag{3-5}$$

这仍然是一个经验定律，严格来说导致物质扩散的主要原因是化学势梯度，而浓度梯度则为化学势梯度的近似，在非稳态扩散过程中，在距离 x 处，浓度随时间 t（s）的变化率等于该处的扩散通量随距离变化率的负值，得到：

$$\frac{\partial C}{\partial t} = \frac{\partial\left(\frac{\partial C}{\partial x}\right)}{\partial x} \tag{3-6}$$

如果扩散系数 D 随坐标 x 变化不大，可近似看作常数，则式（3-6）可以写为

$$\frac{\partial C}{\partial t} = \frac{\partial^2 C}{\partial x^2} \tag{3-7}$$

以上就是最简单的扩散方程，可以有多种解析，通过量纲分析，对于各向同性的扩散体系，三维扩散方程可表达为

$$\frac{\partial C}{\partial t} = d = D\left(\frac{\partial^2 C}{\partial x^2} + \frac{\partial^2 C}{\partial y^2} + \frac{\partial^2 C}{\partial z^2}\right) \tag{3-8}$$

流体的湍流物质质体不是单分子运动，运动性质是非线性的，物质在湍流扩散中远比分子扩散复杂，通常均假设在均匀、稳定湍流场进行模拟，分子扩散方程还可以用来解决湍流扩散问题，但需要将其中的分子扩散系数 D 换为湍流扩散系数 K，因此扩散梯度理论是研究地表热量、大气、水分、动量物质交换传输机制和规律及其计算方法的基础。

2. 农田耗水结构与来源

农田蒸散为作物蒸腾与土壤蒸发的总和。在作物生长过程中，随着冠层覆盖度变化，农田蒸散中土壤蒸发和作物蒸腾的比例也在发生改变。一般在作物生长前期，由于土壤处于裸露状态，蒸散以蒸发为主，总量也比较小。随着作物进入快速生长时期，作物冠层不断增加，作物的蒸腾量增加，土壤蒸发在蒸散中占的比例逐渐减小。在生长后期作物趋于成熟，植株叶片功能逐步衰退，蒸腾作用开始减弱，棵间蒸发在农田蒸散中的比例再次增加。土壤蒸发不仅受作物冠层影响，与土壤表层的含水量也密切相关，在每次明显的降水或灌溉后，土壤蒸发都会显著增加。自 20 世纪 90 年代早期就有了蒸腾与蒸发分离的研究。Ham 等（1990）运用波文比和茎流计的方法对确定棉花的蒸散量（ET）和蒸腾量（T）做了初期的尝试，并将计算的蒸发结果与土壤微型蒸发器的测定结果进行对比，发

现计算值的误差在 11% 以内，说明通过测定 ET 和 T 来得到土壤蒸发的方法是可行的。刘昌明和窦清晨（1992）在山东齐河通过 SPAC 模型模拟土壤蒸发与冬小麦蒸腾过程，从返青期到成熟期模拟蒸发值在 0 ~ 0.4 mm /d，蒸散量在 5 ~ 10 mm/d 变化，但模型是基于各种经验参数和作物不同生长阶段的假设进行的，与实际结果对比仍有较大差距。

随着涡度相关法和稳定同位素法等技术的发展，这些新技术也被引入到植物对水分的吸收利用和消耗研究中来。农田 SPAC 系统中，在大气-土壤界面上，降水（灌溉水）入渗到土壤，将其同位素信息传递给土壤水，并有可能通过入渗又补给地下水；受土壤蒸发的作用，土壤水中的氢氧稳定同位素又不断富集，贫化的水蒸气又进入大气中；植物通过蒸腾也将吸收的土壤水释放到大气中［非盐生植物根系吸水过程不发生分馏（Lin et al., 1993；Ellsworth and Williams, 2007），叶片处于稳态时不发生分馏（Midgley and Scott, 1994）］完成整个水分循环过程。在这个过程中稳定同位素的组成遵守质量守恒定律，发生着规律性的转移和分馏，利用这些同位素组成的变化，并结合气象条件和土壤含水量等就可以进行植物水分利用的结构和水分吸收来源判断等研究。

同位素分馏的过程是利用稳定同位素示踪水分循环与转化过程的基本依据（Yakir and Sternberg, 2000）。天然水体的 D 与^{18}O 同位素组成特征可用于研究水体的形成、运移和混合等动态过程（章光新等, 2004），定量分析不同生境下水的来源、走向、植物对不同来源的选择性吸收及水分利用形式（曹燕丽等, 2002），从而揭示水循环过程及其驱动机制。在水循环过程中，氢氧稳定同位素的分馏主要是蒸发、凝结过程导致的，此外还有水与岩石圈、大气圈及生物圈的不同物质间的同位素交换导致水中的氢氧稳定同位素组成发生改变，这些也是造成陆地表层生态系统各种形式的水稳定同位素组成不同且有一定规律可循的重要原因（王鹏, 2010），因此，氢氧稳定同位素成为示踪水分运动的天然“DNA”，具有水的“指纹”特征，因此可以利用涡度相关法和稳定同位素法将蒸散进行结构上的分离。生态系统的水通量由植物蒸腾和土壤蒸发构成：

$$F_{\mathrm{ET}} = F_E + F_T \tag{3-9}$$

假设这些组分各自的重同位素比率分别为δ_{ET}（蒸散）、δ_E（蒸发）和δ_T（蒸腾），根据质量守恒定律，可以得到同位素通量为

$$F_{\mathrm{ET}}\delta_{\mathrm{ET}} = F_E\delta_E + F_T\delta_T \tag{3-10}$$

由式（3-9）和式（3-10）得到：

$$F_E = \frac{\delta_{\mathrm{ET}} - \delta_T}{\delta_E - \delta_T} F_{\mathrm{ET}} \tag{3-11}$$

和

$$F_T = \frac{\delta_{\mathrm{ET}} - \delta_E}{\delta_T - \delta_E} F_{\mathrm{ET}} \tag{3-12}$$

对于一般植物来说，植物根系从外界获得水分时不发生氢氧稳定同位素分馏（Lin and

Sternberg, 1994), 所以植物茎部水分的同位素组成可以看作蒸腾的同位素组成特征δ_T, 蒸散的同位素组成特征δ_{ET}可以通过 Keeling 曲线得到 (Keeling, 1961):

$$\delta_{ebl}=C_a(\delta_a-\delta_{ET})\left(\frac{1}{C_{ebl}}\right)+\delta_{ET} \tag{3-13}$$

式中, C_{ebl}和δ_{ebl}分别为生态系统边界层处 (高于冠层 1 ~ 2 m 处) 的水汽浓度 (mmol/mol) 及其同位素特征; C_a 和δ_a分别为空气背景值 (10 m) 的水汽浓度 (mmol/mol) 和同位素特征。蒸发的同位素组成可以通过 Craig-Gordon 模型 (Craig and Gordon, 1965) 得到:

$$R_E=\left(\frac{1}{\alpha_k}\right)\frac{(R_S/\alpha^*)-R_a h}{1-h} \tag{3-14}$$

式中, R_E为重同位素的比率; h 为地面 0.1 m 处空气湿度; R_S 为表层土壤水 (5 cm) 的同位素比率, 可以取六个点土壤水同位素含量的平均值; R_a 为地面 0.1 m 处水汽的同位素比率; α^*和 α_k分别为同位素平衡和动力学分馏系数, α_k的值对于^{18}O 来说是 1.0189, 对于 D 来说是 1.017; α^*可以由下面公式计算得到, 其中 T 为土壤深 5 cm 处温度 (单位是 K):

$$^{18}O\alpha^*=\frac{1.137(10^6/T^2)-0.4156(10^3/T)-2.0667}{1000}+1 \tag{3-15}$$

$$D\alpha^*=\frac{24.844(10^6/T^2)-76.248(10^3/T)+52.612}{1000}+1 \tag{3-16}$$

运用稳定同位素技术、涡度相关法和茎流计法, Yepez 测定分离了美国亚利桑那州东南部的稀树草原不同层次植被的蒸散发量, 发现季风期过后, 蒸腾量在生态系统蒸散总量中所占比例可达到 85%, 其中林下草本蒸腾占林下植被蒸散总量的 50%, 以 2001 年 9 月 22 日为例, 当日蒸散量为 3.5 mm 时, 树木蒸腾量为 2.5 mm, 占总蒸散量的 70%, 草本蒸腾量占 15% (Yepez et al., 2003)。利用涡度相关法和茎流计法可直接分离橄榄树林和棕榈树林等生态系统的蒸散组成 (Roupsard et al., 2006; Cammalleri et al., 2013), 橄榄树的主要生长期 6 ~ 8 月内橄榄树林的总蒸散量为 195.4 mm, 其中蒸腾量占 80.4%。稳定同位素法在植物茎部水分通量不易直接测定的草原和灌木等生态系统中的应用占有巨大的优势 (Ferretti et al., 2003; Scott et al., 2006)。与此同时, 基于稳定同位素分离蒸散的方法也可以用于植物不同生长期和覆盖度的研究中 (Rothfuss et al., 2010; Wang et al., 2010a)。牛尾草在苗期蒸发量占 ET 的 94%, 生长第 43 天蒸腾量占 92%; 关于沙漠豆科灌木的研究表明, 当植被覆盖度为 25% 时, T/ET 为 0.61, 而当覆盖度为 100% 时, T/ET 为 0.83, 同时, 激光水汽稳定同位素分析仪被应用到该项研究中, 将研究的侧重点放在了景观尺度上的 ET 分割。

在土壤-冠层-大气之间水分消耗有了较为清晰研究的同时, 植物对土壤水分的利用是本领域研究中的另外一个备受关注的问题。由于氢氧稳定同位素在水分传输中所具有的独特优势, 这种方法也被应用到植物吸收水分来源判断研究中来。IsoSource 同位素线性混合模型可以计算各种可能水源的贡献比例（Phillips et al., 2005），例如将土壤分为 0 ~ 10 cm、10 ~ 20 cm、20 ~ 40 cm 和 40 ~ 100 cm 四个层次，根据稳定同位素的质量守恒：

$$\delta_P = f_1\delta_1 + f_2\delta_2 + f_3\delta_3 + f_4\delta_4 \tag{3-17}$$

$$f_1 + f_2 + f_3 + f_4 = 1 \tag{3-18}$$

式中，$f_1 \sim f_4$、$\delta_1 \sim \delta_4$分别为由浅到深四个层次土壤水对农作物用水的贡献和相应的氢氧稳定同位素值；δ_P 为农作物茎水的氢氧稳定同位素值。这种方法中，各种水分来源的所有可能（0% ~100%）组合通过一个很小的增量（本研究为 2%）进行检验，每个可能组合的混合同位素值与真实值的差值如果小于不确定水平（2%）就被认为是一种可能的组合。其中迭代结果频率最高、所占比例最大的层次为最终主要吸水层次。基于植物吸水过程中不发生稳定同位素分馏（盐生植物例外）的理论基础，Jackson 等（1999）通过直接比较树木茎部导管水和不同层次土壤水的稳定同位素组成特征，得出了不同树种之间水分利用的差异：常绿树种一般利用的是 200 cm 以上的土壤水分，而落叶树种利用的则是 200 cm 以下的土壤水；Wang 等（2010b）借助稳定同位素的方法对山西运城夏玉米和棉花的土壤水分利用情况进行了研究，发现玉米主要吸收利用的土壤水层次为0 ~ 50 cm，棉花为 0 ~ 90 cm，但是其研究区地下水埋深较浅（1. 2 ~ 1. 5m）、盐度高，与华北平原大部分地区地下水大埋深的现实状况有很大不同。

通过茎流计测定植物液流速率也可与涡度相关法相结合实现树木类植物蒸散组分的分离。茎流计的工作原理主要有 4 种：热脉冲法、热平衡法、热扩散法和激光热脉冲法。Granier（1985）提出用热扩散法测定树干液流速率的方法，属于茎插针式茎流计。该仪器测量原理是通过测定边材上下两个热电偶探针之间的温度差，计算液流热耗散，建立温差与液流速率的关系，进而确定液流速率的大小。

综上所述，虽然各生态系统水热通量研究已经较为成熟，但是对于农业生态系统来说，在人类活动的剧烈影响下，不同的管理措施（如灌溉条件）会对生态系统水热通量产生巨大影响。与此同时，在水热通量研究中起到纽带作用的蒸散量研究得到了足够的重视，但是已有农业生态系统中耗水结构的研究方法尚存在缺陷，受制于研究的尺度、类型或者精度。稳定同位素技术、涡度相关法和茎流计法等方法的出现，为更好地实现水分利用结构的研究提供了契机。

3. 农业生态系统水分利用效率

水分利用效率是表征作物生产力与耗水量之间定量关系的指标，可分为叶片、植株、群体等多个尺度，其具体的定义和研究手段也会随尺度的不同而有所差异。叶片水平的水分利用效率可以用瞬时水分利用效率和内部水分利用效率表征；植株尺度水分利用效率为作物全株干物质总量与耗水总量之比。群体尺度水分利用效率可分为农田和冠层两个水平。农田水平水分利用效率是指整个农田生态系统损耗单位水量所生产的干物质总量或经济产量；冠层水平水分利用效率由生态系统的初级生产力与蒸散耗水总量表征。根据目前研究，世界范围平均三大主要作物稻谷、小麦、玉米的水分利用效率分别为 1.09 kg/m^3、1.09 kg/m^3和 1.80 kg/m^3，而目前 3 种作物水分利用效率最高水平分别可达 1.6 kg/m^3、1.7 kg/m^3和 2.7 kg/m^3（Zwart and Bastiaanssen，2004），水分利用效率存在着巨大的提升潜力。农田的群体水分利用效率可以实现水分的生产力研究，例如灌溉可以增加生长季的生物量累积，但是当土壤水分适合时，微生物和根部的呼吸以及蒸散量也会增加（Linn and Doran，1984），因此虽然产量得到增加，但整个系统 CO_2 的交换量和水分消耗量未必为最优化。适宜的光照强度与能量分配可提高光合作用，增加碳交换量，提高生产力（Demmig-Adams and Adams Iii，1992），但是两者的最优关系尚未确定，长期细致的碳通量观测将有助于记录农业管理措施改变过程中引起的生产力的变化（Suyker et al.，2004），从而找出碳累积与可获得水分和能量的最优组合。在缺水条件下，提高水分对作物有效性的主要途径（Sadok and Sinclair，2011）有：①减少水分消耗；②使作物接触更多的水分；③改良品种。但是对于华北平原来说，通过改良品种提高水分利用效率的空间已经很小，因为改良品种主要是为了增加产量，目前华北平原产量已经很高，所以只能通过研究作物对水分的吸收利用情况达到提高水分利用效率的目的（张喜英，2013）。

3.1.2 农田蒸散的测定与计算方法

农业生态系统中，发生在地表-大气界面的蒸散过程是液-汽转化过程，因此蒸散量可通过测定液态水分的损耗速率和大气净得的水汽速率得到（段华平等，2003），前者假定下垫面为封闭系统，研究方法包括水量平衡法、蒸渗仪法、植物生理测定技术；后者假定所测地域的近地大气为开放系统，通过水汽传送测量水分交换速率，主要有微气象学方法和红外遥感技术等。

1. 农田蒸散主要的测定与计算方法

蒸渗仪法是直接测定土壤水蒸散、地下水补给和蒸发的有效方法，其测量结果常用来衡量其他方法结果的好坏。蒸渗仪是根据水量平衡原理设计的一种用来测量农田水文循环各主要分量的专门仪器。利用大型多功能蒸渗仪确定蒸散量时，其测定原理是：称量前后两个时间观测的土柱质量差为这一观测时段该土柱的水损失量。将蒸渗仪内的原状土柱看作模拟的农田单元体，水分在这个模拟单元体中发生交换，给水量与耗水量达到某种平衡。降水量和灌溉量很容易用标准测量器直接测量，渗漏量也可以用标准测量器在蒸渗仪底部收集测出，土壤水储量变化可通过称量系统测出，最终计算得到蒸散耗水量。

波文比-能量平衡法的原理最早是由 Bowen（1926）首先提出的，随着近几十年计算机技术的发展才从理论应用到实践过程中，被认为是比较精确的方法，并常作为检验其他方法的标准。其公式为

$$\beta=\frac{H}{\mathrm{LET}}=\gamma\frac{t_1-t_2}{e_1-e_2}=\gamma\frac{\Delta t}{\Delta e} \tag{3-19}$$

式中，t_1、t_2、e_1、e_2分别为蒸发蒸腾面上高度 Z_1和 Z_2处的平均气温和水汽压；γ 为干湿球常数，由式（3-1）及式（3-19）得到：

$$\mathrm{LET}=\frac{R_n-G}{1+\beta} \tag{3-20}$$

$$H=\frac{(R_n-G)\beta}{1+\beta} \tag{3-21}$$

通过观测净辐射和波文比，就能计算获得感热通量和潜热通量。波文比可以描述空气的稳定状况：波文比越大，表明感热交换越强烈，空气越不稳定，波文比越小，空气稳定性越好。沈彦俊等（1997）于 1995～1996 年在河北栾城太行山山前平原的农业生态系统试验站对麦田能量平衡和潜热分配特征进行分析发现：该区在小麦生长期内，波文比的季节性变化为抛物线型，LE 在各个生育期都是最为重要的要素，尤其当叶面积指数较大时更为突出。土壤蒸发耗热平均大约可占总潜热的 22.3%，最大可达 81%，最小仅为 5.8%。这与莫兴国等（1997）在小麦生长期内所测结果一致，两项研究均采用了波文比-能量平衡法，而后者又通过水量平衡法进行了验证，说明波文比-能量平衡法的可行性与准确性。

能量平衡-空气动力学阻抗法是将地表能量平衡方程和空气动力学理论结合起来测量和计算农田蒸散。最早将能量平衡-空气动力学技术结合的彭曼（Penman-Monteith）公式假定：将能量平衡观测中的观测面移到蒸发面处（水面），且假定蒸发面处的水汽是饱和的、蒸发面处的气温和观测高度处的气温相等，因此仅需获得某个高度的气象观测资料（辐射、风速、水汽压），就可以求算蒸发面处蒸发量。由于假定蒸发面处水汽压饱和，所以由综合法计算得到的蒸发量为供水充足时的潜在蒸发量。Penman-Monteith 全面考虑了影响作物蒸腾的大气因素和作物的生理因素，为非饱和下垫面的蒸发研究开辟了一条新途径。

涡度相关法将空气的流动看作由无数个旋转的涡流组成，每个涡都由一个包括垂直方向上的三维组成。在时刻 1，涡以速度 w_1和 浓度 c_1向下运动；而在时刻 2，涡以速度 w_2和浓度 c_2又向上运动，气流以这种形式进行交换，并伴随温度和湿度等气象要素的变化，整个区域的变化就可以看作由许多涡的变化组成，测得各气象要素和风速之后，根据进入研究区域与离开研究区域量的差值即可进行通量计算（图 3-1）。通过测定和计算物理量（如温度、CO_2和 H_2O 等）的脉动与垂直风速脉动的协方差即可求算湍流传输通量，因此该技术观测的项目主要包括风速脉动、CO_2和水汽浓度脉动、湿度和气温脉动等。

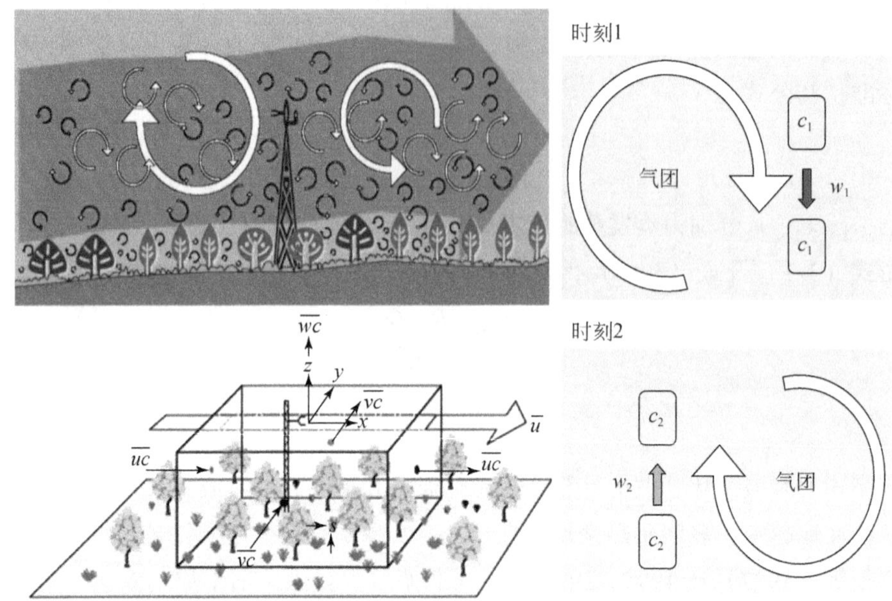

图 3-1　涡度相关法原理示意图

资料来源：于贵瑞等，2006

u，v，w 分别代表在 x，y，z 三个方向上的风速；c 为浓度

动量通量（τ）：雷诺应力

$$\tau = \rho_a \overline{u'w'} \tag{3-22}$$

式中，u'和 w'分别为主风向风速分量和垂直风速分量的脉动值；ρ_a为空气的密度。感热通量（H）利用三维超声风速计的垂直风速分量和温度脉动值的测定来求算：

$$H = C_p \rho_a \overline{w'\theta'} \tag{3-23}$$

式中，θ'为温度的脉动值；C_p为空气定压比热。

潜热通量（LE）利用超声风速计的垂直风速分量和比湿脉动值求算：

$$\mathrm{LE} = \lambda\ \overline{w'q'} \tag{3-24}$$

式中，λ 为汽化潜热；q'为比湿的脉动值。

涡度相关法计算通量的过程中假设条件比较少（水平方向上通量的输入与输出相等；平均垂直风速为0），在地势平坦的有风区域应用涡度相关法会有更好的效果（José et al.，2007），具有坚实的理论基础，适用范围广，是目前测定地-气交换最好的方法之一，已经被越来越广泛地应用于估算陆地生态系统中的物质和能量交换。但在实际观测中，需要对通量观测值代表的植被-大气间水热碳交换量的可靠性进行评价。在对涡度相关法野外测定数据进行精确性评价时，应考虑到观测系统仪器响应能力的制约和常通量层假设要求的大气条件的满足程度所带来的误差，需要对数据进行处理，中国通量网的数据处理标准流程如图 3-2 所示（于贵瑞等，2004；朱治林等，2006）。

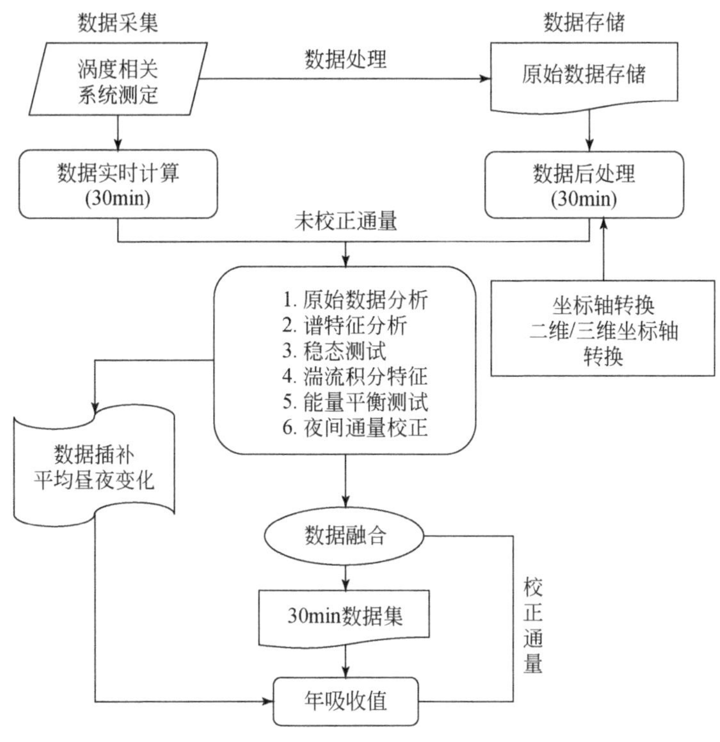

图 3-2　涡度相关系统原始数据处理流程

资料来源：于贵瑞等，2004；朱治林等，2006

大孔径闪烁仪（large aperture scintillometer，LAS）是近二十多年来兴起的一种新的通量测量仪器（图 3-3）。最早的 LAS 是由荷兰瓦赫宁根（Wageningen）大学气象与空气质量研究组基于空气折射指数波动强度与显热通量的关系开发研制的。2000 年我国从荷兰引进 5 套 LAS 设备，分别安装在四川乐至、甘肃民勤、吉林乾安、湖南桃江和河南郑州 5 个地点，配合风云二号同步气象卫星资料，监测不同下垫面的能量与水分收支（胡丽琴等，2003）。涡度相关法、波文比-能量平衡法和空气动力学法尽管广泛应用，但却只能提供局部地区的观测结果，代表性较差。例如，涡度相关系统也仅能代表 600 m^2 的平坦下垫面，LAS 较好地解决了以上问题。单台 LAS 可以测量 200 m 至 10 km 范围内的平均感热通量，不仅对时间也对空间作了平均，其测量尺度与大气模式的网格尺度、卫星遥感的像元尺度匹配较好，这一优势使其在短短十几年里迅速发展，并具有广阔的应用前景（卢俐等，2005）。

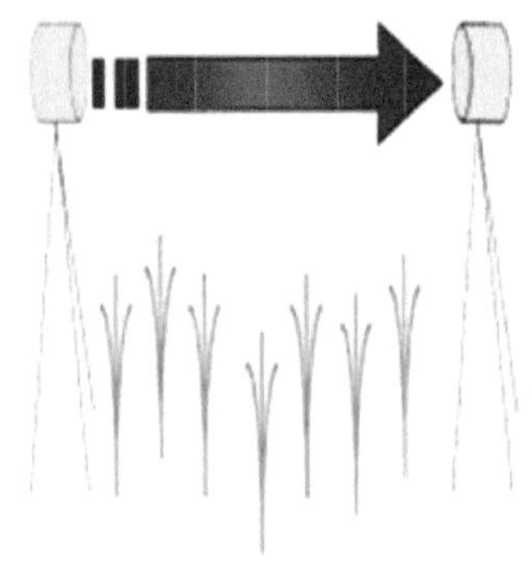

图 3-3　大孔径闪烁仪（LAS）原理示意图及实地观测仪器

2. 不同蒸散观测方法的比较

随着科学技术不断进步，地表水热通量的观测方法越来越多，但在具体研究中究竟选用哪种方法测定，或者选用哪几种方法进行对比验证，还要具体情况具体分析，根据研究区域及对象和各种测定方法的特点做出合理选择。大型蒸渗仪法和波文比-能量平衡法等较为传统的方法在理论基础和数据积累方面具有很大的优势，最近二十几年发展起来的涡度相关法和 LAS 法能够提供高时间频率的观测数据，特别是 LAS 法可以克服传统观测方法在观测尺度上的限制，遥感法和 GIS 技术的发展为学科间的融合和扩大研究尺度与区域提供了可能。但各种方法都有限制（Zapata and Martinez-Cob，2002；段华平等，2003；张晓涛等，2006），表 3-1 是几种地表水热通量观测方法特点的比较。

表 3-1　地表水热通量观测方法特点比较

观测方法	优点	缺点
大型蒸渗仪法	直接观测，精度高；可以进行水分处理，进行不同科学目的的观测	自然代表性不够；应用范围相对较窄
波文比-能量平衡法	可以分析蒸散与太阳净辐射的关系，揭示不同地带蒸散的特点及主要影响因子	建立在下垫面均一的假定基础之上，在平流逆温和非均匀平流条件下，测量结果会产生误差
能量平衡-空气动力学阻抗法	将地表能量平衡方程和空气动力学理论结合起来测量和计算农田蒸散，与实际更接近	对下垫面、观测场及气体稳定度要求严格
涡度相关法	具有完备的物理学基础，测量精度高	仪器成本高昂，技术复杂
遥感法	可以在大尺度应用，快捷、宏观、经济	需结合地面实测数据，实现点面尺度转换，建立模型估算蒸散发；测得值为瞬时值，还需插值计算

续表

观测方法	优点	缺点
LAS 法	长期工作故障少；观测范围广；数据密度大；适用于非均一下垫面	成本高昂；源区影响、地表特征参数、掺混高度等问题还需要深入研究

3.1.3 主要农田生态系统耗水监测与试验网络

为针对不同农田类型进行生态系统的耗水监测（粮、棉、果、蔬），明确不同农田系统蒸散耗水规律及其耗水结构差异，揭示不同农业土地利用条件下农田水分管理机制，构建了“京津冀主要农田生态系统耗水监测与试验网络”，涵盖的生态系统类型（图 3-4）包括：①太行山山前平原典型地下水灌溉农业高产类型，主要包括栾城试验站高产冬小麦-夏玉米农田生态系统、藁城城郊高产菜地生态系统和赵县灌溉梨园生态系统；②河北

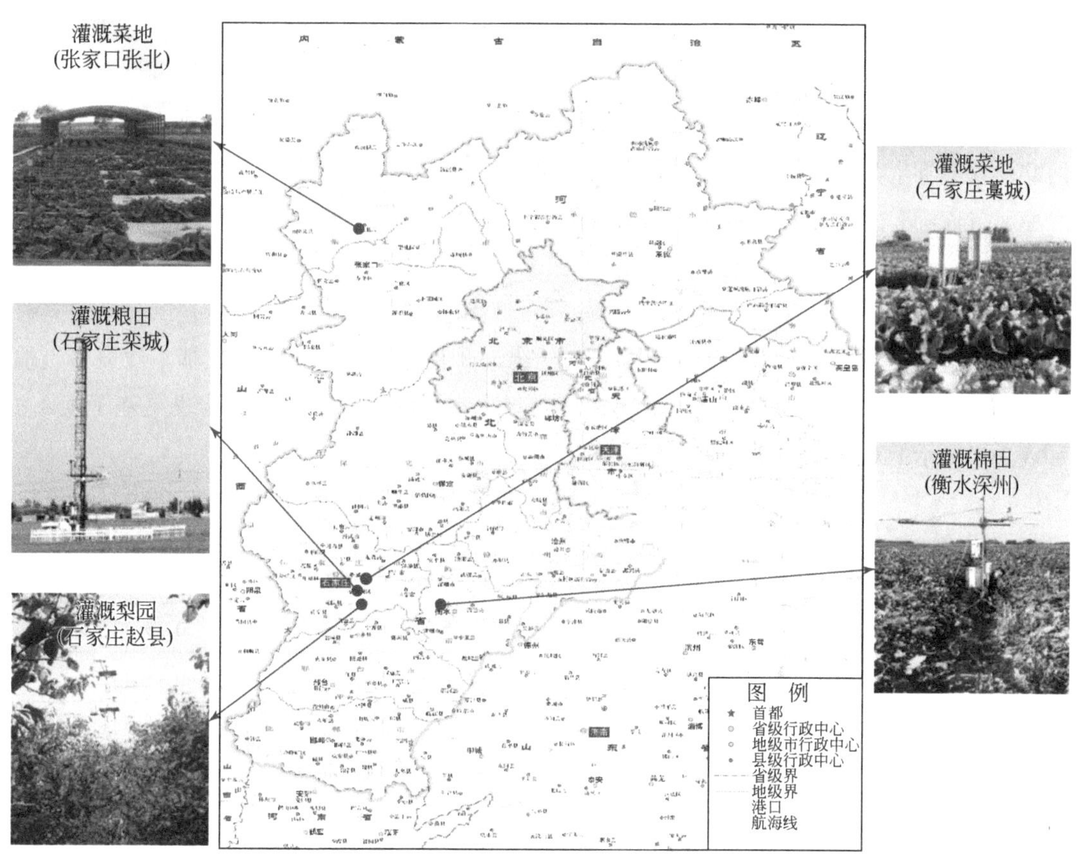

图 3-4 不同农业土地类型地表蒸散和水热通量监测点分布

平原中部超采漏斗区农业生产类型（衡水深州棉田生态系统）；③坝上冷凉高原地下水灌溉蔬菜生产类型（张北灌溉站蔬菜生态系统）。各试验点根据研究需求，配置相关气象监测、水热通量监测、节水灌溉设施等，并开展不同生态系统类型耗水监测和农田耗水特征、节水增效和种植结构优化等试验研究和技术集成。

对应研究的典型农田类型在试验场地所在区域均占有重要的地位，具有很好的代表性。栾城总面积345 km^2，耕地面积39万亩，是全国闻名的粮食生产基地县。2001年粮经作物种植比达到65：35，产值比达到28：72，农业产业化率达42%，种植结构调整面积达到11.5万亩。优质专用小麦面积达到20万亩；无公害蔬菜面积5000亩，草坪面积2000亩。赵县位于河北省会石家庄东南40 km处，距栾城22 km。县境位于山前平原，光热充足，农业发达。东部为沙质褐土，适于梨树生长。全县耕地78万亩，盛产小麦、玉米、特产梨果、芦笋等。小麦种植面积50万亩，玉米种植面积37万亩，年粮食总产量4.3亿kg。梨果种植面积25万亩，年总产量约5亿kg。深州为河北衡水下辖县，距离省会石家庄90 km，是国家优质棉花与果品生产基地和全国棉花生产百强县，耕地面积140万亩，其中棉花面积约10万亩，年产量3万t左右。藁城位于石家庄东部平原，蔬菜种植规模较大，2009年蔬菜种植面积54万亩，总产量242万t，总产值9亿元，占全市种植业产值近60%；无公害蔬菜面积达22.4万亩，建成了六个规模化蔬菜生产基地。张北位于河北西北部坝上高原，地处中国北方农牧交错带中部核心区，年平均气温为3.2℃，气候冷凉，昼夜温差大，是京津冀地区错季蔬菜主产区之一。地下水压采前，白菜种植面积约30万亩，集中于7~9月错季销售，在北京蔬菜市场的占有率达到40%以上。各站点具体的作物类型、地下水埋深、土壤物理性质以及肥料施用情况如表3-2所示，试验场建立时间、试验设置、观测指标、仪器布设和研究内容情况具体如表3-3所示，基本代表了当地农民的农田管理状况，京津冀地区不同农田类型的耗水过程和水平衡结构也是基于表3-2和表3-3所示的观测和土壤水肥状况得到的结果。

表3-2　各站点具体的作物类型、地下水埋深、土壤物理性质以及肥料施用情况

试验点	种植作物类型	地下水位埋深/m	土壤物理性质	N肥施用情况
栾城	冬小麦-夏玉米	45	壤土、砂壤土，容重1.53 g/cm^3	450~600 kg/hm^2
赵县	雪花梨	50	砂壤土，容重1.32 g/cm^3	540~800 kg/hm^2
藁城	白菜、番茄等蔬菜	40	砂壤土，容重1.20 g/cm^3	700~900 kg/hm^2
深州	棉花	22	黏壤质潮土，容重1.38~1.49 g/cm^3	259 kg/hm^2
张北	白菜等蔬菜	20	砂壤土，容重1.55 g/cm^3	900 kg/hm^2

表 3-3 试验场建立时间、观测指标、仪器布设和研究内容情况

<table>
<tr><th>观测试验场名称</th><th>地点</th><th>建立时间</th><th>观测点面积/m^2</th><th>农田面积/hm^2</th><th colspan="3">观测指标</th><th colspan="2">观测设施</th><th>观测内容</th></tr>
<tr><td>冬小麦–夏玉米水热碳通量综合观测试验场</td><td>石家庄栾城聂家庄</td><td>2007 年 12 月</td><td>20</td><td>2.2</td><td rowspan="5">土壤水分、灌溉量、降水量</td><td rowspan="3">三维风速
CO_2通量
蒸散量
感热通量
土壤热通量
净辐射
空气温湿度</td><td>冠层温度、光合有效辐射</td><td rowspan="3">涡度相关系统
净辐射表
热通量板
雨量筒
土壤水分计
空气温湿度计</td><td>冠层红外温度计
光合有效辐射表</td><td rowspan="3">水热碳通量原位实时观测</td></tr>
<tr><td>梨园生态系统水热碳通量综合观测试验场</td><td>石家庄赵县常信二村</td><td>2011 年 8 月</td><td>10</td><td>206</td><td>茎流温度差、光合有效辐射</td><td>茎流计
光合有效辐射表</td></tr>
<tr><td>棉田生态系统水热碳通量综合观测试验场</td><td>衡水深州护驾迟镇</td><td>2015 年 5 月</td><td>5</td><td>3.1</td><td>—</td><td>—</td></tr>
<tr><td>蔬菜生态系统土壤水分观测试验场</td><td>藁城岗上镇双庙村</td><td>2015 年 4 月</td><td>5</td><td>2.1</td><td colspan="2">0～200 cm 土壤水分监测，每隔 20 cm 一层</td><td colspan="2">土壤水分动态监测系统</td><td>土壤水分动态变化</td></tr>
<tr><td>坝上冷凉高原菜田水分通量观测试验场</td><td>张家口农业高效节水研究所</td><td>2016 年 7 月</td><td>25</td><td>蒸渗仪 4 m^2</td><td colspan="2">0～150 cm 土壤水分监测，间隔 10 cm 蒸散量</td><td colspan="2">小型气象站、智能测墒系统 Insentek Sensor、大型称重式蒸渗仪</td><td>耗水总量及结构、土壤水分动态</td></tr>
</table>

3.2 主要农田类型耗水过程

农业生产的变化过程也是蔬菜和水果等高耗水作物增加以及棉花和谷子等耐旱作物的缩减过程。提高水资源的有效利用成为当前面临的挑战。在建立京津冀地区主要农业生态系统耗水监测与试验网络的基础上，借助多年原位实时的水热碳通量观测，辅以不同来源水样的稳定同位素分析及生物量产量的记录，明确水分消耗的特征、结构和来源，并与生态系统生产力状况相结合，进行农业水分利用效率和水平衡的研究，可为实现有针对性的耗水管理及农业生产与水资源的可持续利用提供理论基础，并将为农业管理措施的改善提供科学依据。

3.2.1 主要作物生育期及气象因子变化特征

农田耗水的主体是作物，不同农田类型其种植作物的生育期不同，这从根本上影响了耗水特征。同一作物在相似的环境条件下，生育期长的品种要比生育期短的品种耗水量大；日耗水量大但是生育期短的作物（如多类叶菜）的总耗水量有可能比日耗水量小但生育期长的作物（如冬小麦）的总耗水量小。如图 3-5 所示，棉花生育期从每年 5 月开始，到 10 月基本结束，分为播种期、苗期、花蕾期、花铃期和成熟采摘期，生育期约为 180

天。梨树4月萌芽，10月采摘，生育期长度与棉花接近，6～8月为旺盛生长季。冬小麦-夏玉米农田为一年两熟，其中冬小麦10月初播种，次年6月收获，生育期时长达240多天，4～5月为旺盛生长时期；夏玉米6月初播种，9月底收获，生育期120天左右，其中8月为旺盛生长季。对比农田和梨园的植被覆盖度可以发现（图3-6），农田植被覆盖度在冬小麦抽穗—灌浆期（5月初）和夏玉米的开花—灌浆期（8月初）达到最大，接近1；而梨园植被覆盖度最大值出现在7～8月的果实膨大期，在0.8左右，明显低于冬小麦-夏玉米农田的最大植被覆盖度。平原区光热条件较好，可以种植两季蔬菜，藁城试验点为番茄和白菜轮作，番茄2月开始播种育苗，7月初收获，生育期为150天左右；白菜8月底播种，10月底成熟，生育期为55～60天；坝上地区的大白菜于每年5月开始育苗，5月底定植，8月初收获，由于热量条件限制，每年只能种一季。

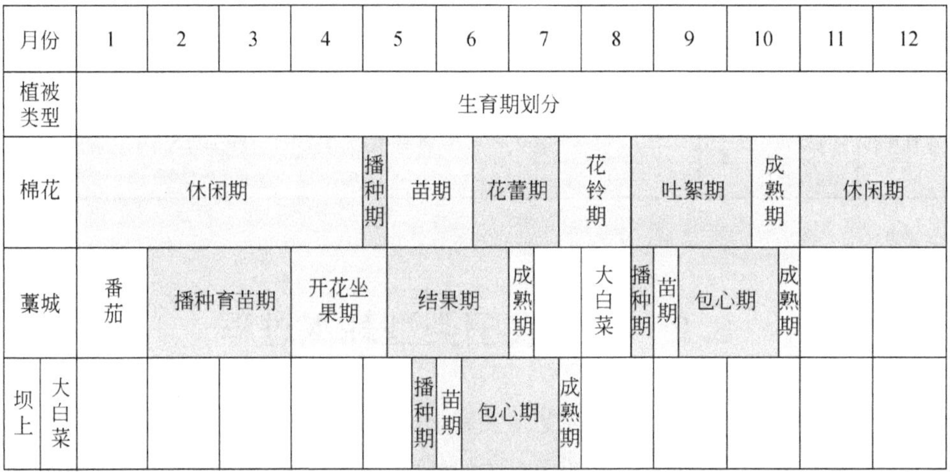

月份
1
2
3
4
5
6
7
8
9
10
11
12
植被类型
生育期划分
棉花
休闲期
播种期
苗期
花蕾期
花铃期
吐絮期
成熟期
休闲期
藁城
番茄
播种育苗期
开花坐果期
结果期
成熟期
大白菜
播种期
苗期
包心期
成熟期
坝上
大白菜
播种期
苗期
包心期
成熟期

图3-5 京津冀地区不同农业生态系统生育期划分

1.0
0.8
0.6
0.4
0.2
0.0
植被覆盖度
农田
梨园
抽穗期
灌浆期
冬小麦
拔节期
成熟期
返青期
播种出苗期
抽穗期
开花期
灌浆期
成熟期
夏玉米
萌芽期
开花期
果实形成期
果实形成期
果实膨大期
果实膨大期
果实成熟期
3月1日
4月1日
5月1日
6月1日
7月1日
8月1日
9月1日
10月1日

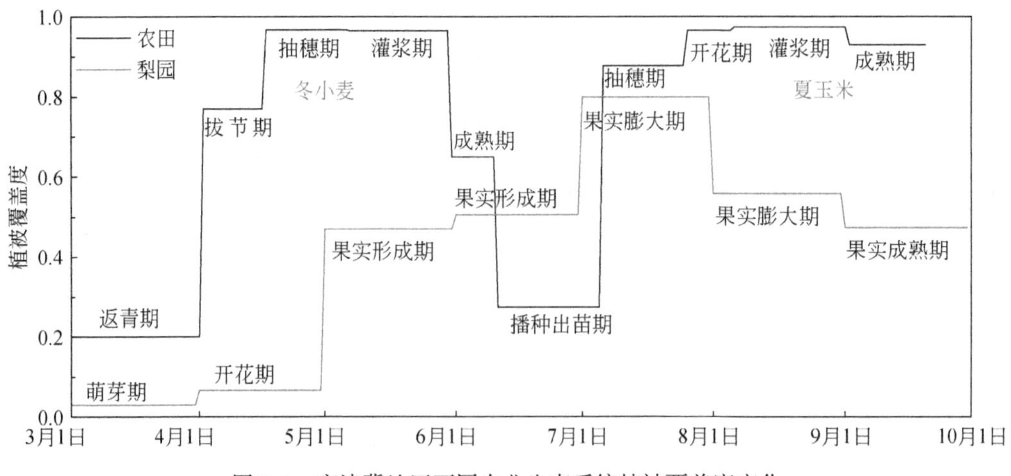

图3-6 京津冀地区不同农业生态系统植被覆盖度变化

外界环境因子对水热传输过程具有显著影响，温湿度、风速和辐射等直接影响土壤蒸发的过程，同时会通过影响作物生长过程而影响作物的蒸腾，而降水和灌溉以及土壤水分状况则直接影响农田的耗水过程与水平衡。表 3-4 是不同生态系统年辐射量、平均相对湿度、温度和降水情况。各站点年总辐射量在 4000 ~ 6000 MJ/m^2 变化，棉田和梨园纬度稍低，年总辐射量稍高，但平原区各站点差别较小，坝上地区海拔较高，年总辐射量明显高于平原区站点；平原区不同生态系统温湿度变化以及平均值比较接近，各站点年均温约为 13℃，菜地和梨园的相对湿度较高；农田、梨园、棉田和蔬菜四个站点年均降水量为 470 mm 左右；而坝上地区年均温较低，张北站年均温仅为 3. 2℃，年均降水量也比其他站点低，为 385 mm，年均空气相对湿度为 50% 左右。冬小麦-夏玉米农田、梨园和棉田的降水量集中在 7 ~9 月，占全年降水量的 70% ~80%，同期温度也较高，最高温出现在 8 月，属于典型的雨热同期气候类型，有利于该时期植物的生长。平原区粮棉果蔬四个生态系统因所处地理位置距离较近，外界环境因子差异不大，因此各生态系统作物本身的耗水需求将是产生系统之间耗水差异的决定因素。而坝上的菜地生态系统由于海拔和降水的不同，其水平衡和耗水特征也将会产生明显差异。

表 3-4　各站点年辐射量、平均相对湿度、温度和降水情况

气象因子	小麦-玉米田	梨园	棉田	坝上蔬菜
年总辐射量 RD/ (MJ/m^2)	4194	4617	~5000	5930
年均相对湿度 Rh/%	71	73	67	55
年均温 T/℃	12	13	13	3. 2
年均降水量 P/mm	466	475	465	385
土壤水分 θ/%	20 ~ 35	15 ~ 35	15 ~ 30	15 ~ 35

3. 2. 2　主要农田类型耗水过程及其结构

在相似的气象条件下，不同类型农田的蒸散规律各不相同，明确一般大田管理下作物的耗水规律、过程和结构将为有针对性地开展不同时期的作物耗水管理、制定科学合理的灌溉方案和研发相应的节水技术提供科学依据与理论基础。

1. 不同类型农田耗水量变化规律

京津冀地区冬小麦-夏玉米地区的大规模种植和灌溉需求是引起本区地下水超采的重要原因，明确其耗水规律并以此为依据实现种植的节水化发展将对减少地下水开采做出巨大贡献。冬小麦-夏玉米农田生态系统在不同时间尺度上的耗水特征各有特点，其日尺度耗水特征如图 3-7 所示。涡度相关观测结果表明，农田日耗水量全年有两个峰值，分别出现在 5 月和 8 月，峰值区平均蒸散量分别为 5. 2 mm/d 和 4. 1 mm/d。小麦越冬期（年内第 274 天 ~ 次年第 60 天）日蒸散量低，维持在 1. 0 mm 以下；3 月后进入旺盛生长期（年内第 60 ~ 第 165 天），平均日蒸散量为 3. 3 mm；6 月下旬（年内第 166 ~ 第 273 天）进入玉米季，平均日蒸散量为 2. 8 mm。小麦生育期长，蒸散量波动幅度大（0. 2 ~ 5. 4 mm）；玉米季日蒸散量相对稳定（1. 5 ~ 4. 4 mm）。玉米季的日蒸散量维持在较高水平（1. 5 mm 以上），但其最高值低于小麦季灌浆期的峰值，即在旺盛生长期的小麦蒸散量高于玉米，表明小麦的高耗水特性除生育期长的原因外，生长旺期需水量大也是重要因素。

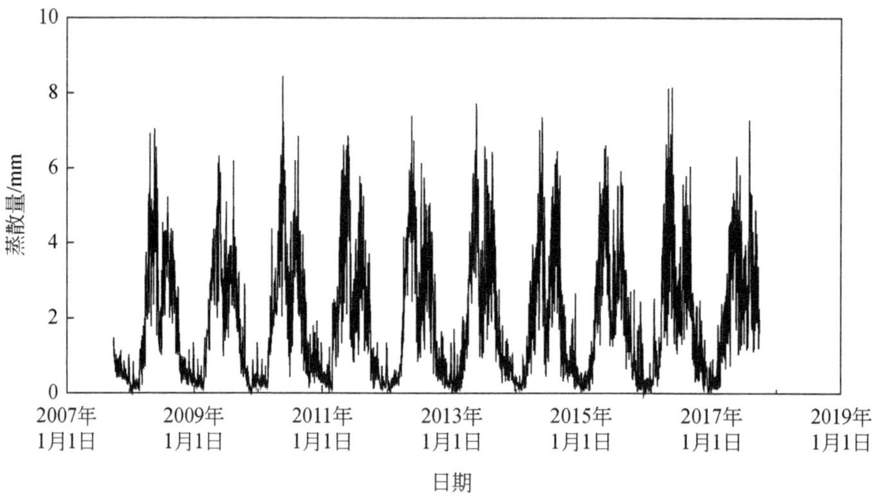

图 3-7　涡度相关法测定的冬小麦-夏玉米农田蒸散量变化（2007 年 10 月 1 日 ~2017 年 9 月 30 日）

将每个月对应的日耗水量累加可得到冬小麦-夏玉米农田生态系统月尺度的耗水量。与日尺度耗水特征相对应，农田蒸散在月尺度同样具有双峰特征，且各月在不同年份的耗水量差异不明显，其中 5 月变异程度最低，变异系数（CV）仅为 0. 06；二月变异程度较高，CV 也仅为 0. 41。2007 ~ 2017 年月平均耗水量在 8. 9 ~ 144. 0 mm 范围内波动，最低值出现在 1 月，最高值在 5 月。作物月耗水量的两个峰值分别在 5 月（142. 2 mm）和 8 月（110. 3 mm），这两个月的耗水量和占年耗水总量的 36%。冬小麦-夏玉米农田生态系统年/季尺度耗水特征表明，2008 ~ 2017 年作物全生育年平均耗水量为（714. 6±16. 8）mm，波动范围为 680. 6 ~ 740. 3 mm。一般年份，年蒸散量不低于 690 mm，其中冬小麦季多年平均蒸散量为 413. 7 mm，占全生育年的 57. 9% 左右，历年在 399. 2 ~ 447. 6 mm 波动；玉米季多年平均蒸散量为 300. 9 mm，历年在 281. 4 ~ 318. 2 mm 波动。2009 年 8 月 29 日当地发生暴雨灾害，玉米大量倒伏，9 ~ 10 月两个月蒸散量明显低于正常年份，当年玉米季蒸散总量为 281 mm。正常年份玉米季蒸散量一般不低于 290 mm。玉米季蒸散量平均比小麦季低 113 mm，这与冬小麦生育期长、旺盛生长期蒸散量高的特性有关。

果树的树体比较大，根系比较深，冠层也比较大，因此利用蒸渗仪不适合果树耗水的观测，涡度相关法观测是获得梨园生态系统的蒸散量变化较好的方法。与冬小麦-夏玉米农田生态系统不同，梨园的年变化特征仅有一个峰值区出现，一般出现在 6 月底 7 月初，其峰值日最大蒸散量可达 8. 3 mm；日最小蒸散量接近零，一般出现在 1 月中旬（图 3-8）。梨园 1 月处于休闲期，主要耗水形式为土壤蒸发和少量的枝干表面水分散失，蒸散量的平均值最低为 6. 0 mm；2 月随着气温回升，蒸散量开始升高，月平均值为 10. 5 mm；3 月进入萌芽期，月均耗水量为 33. 3 mm；4 月初梨花盛开，随之小叶形成，蒸散量开始不断增加，但是面积较小，耗水量仍然较低；4 月后期新梢开始旺长，叶片面积和叶片数量急剧增加，耗水量也随之迅速增加，是关键的需水临界期；进入 6 月蒸散量达最高值，平均为 142. 9 mm，6 ~ 8 月果实形成后迅速膨大，需水量也较大，是梨树生长过程中第二个关键需水期；9 月果实成熟并逐步收获，耗水量开始变小。梨树旺盛生长季（4 ~ 9 月）蒸散量平均为 673. 4 mm（2011 ~ 2019 年）占全年总蒸散量的 90%，剩余 10% 的耗水主要发生在冬季的休闲期；梨树年均蒸散量为 786. 2 mm（2011 ~ 2019 年），比农田生态系统的蒸散量（2008 ~ 2017 年）高出约 10%。

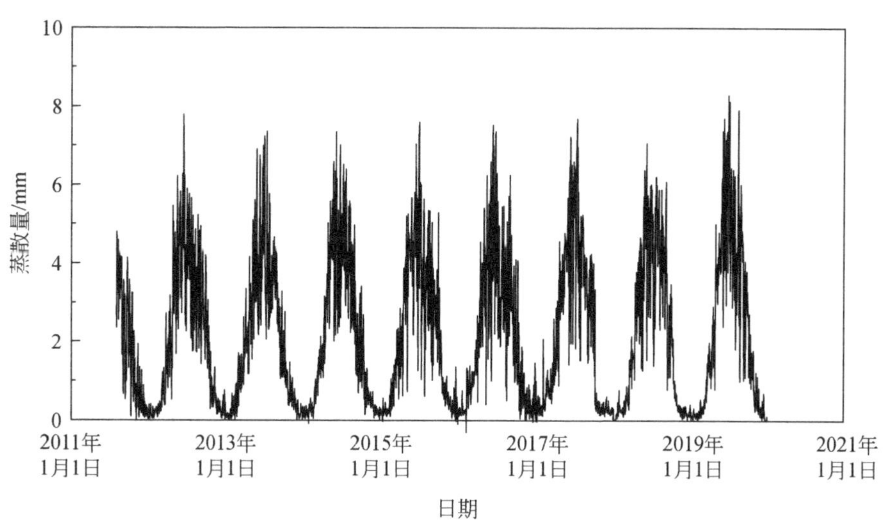

图 3-8 涡度相关法测定的梨园生态系统蒸散量变化（2011 年 8 月 1 日 ~ 2019 年 12 月 31 日）

本区域棉花生长期间是雨热同季，利于作物充分利用水热资源，同时棉花抗旱耐盐的能力也较强，掌握棉花的耗水规律可以充分利用区域的微咸水资源。典型灌溉棉田的日耗水变化与梨园生态系统相似（图 3-9），每年仅有一个峰值出现在 7 ~ 8 月，最高达 7 mm/d，耗水量的低值一般出现在 2 月，年均耗水量为 630 mm 左右（2015 ~ 2019 年）；月均耗水量 10 月 ~ 次年 4 月基本在 40 mm 以下，7 月月均耗水量最高达 140 mm，8 月位居其次，为 120 mm。5 月到 6 月中旬为棉花的播种—出苗期，耗水量为 100 mm，占总耗水量的 16% 左右，虽然该时期耗水量更少，但该时段内降水量更少，因此需要进行灌溉；6 月中旬到 7 月中下旬为棉花的花蕾期，耗水量为 148 mm，占总耗水量的 23%；7 月下旬到 9 月是棉花的关键需水期，耗水量为 250 mm 左右，占总耗水量的 40% 左右。本研究根据棉花的生长特点，将 5 ~9 月划分为棉花的旺盛生长期，该时期 2015 ~2019 年平均总耗水量为 494 mm，占全年耗水量的 80%，10 月 ~次年 4 月为休闲期，耗水量占总耗水量的 20% 左右。

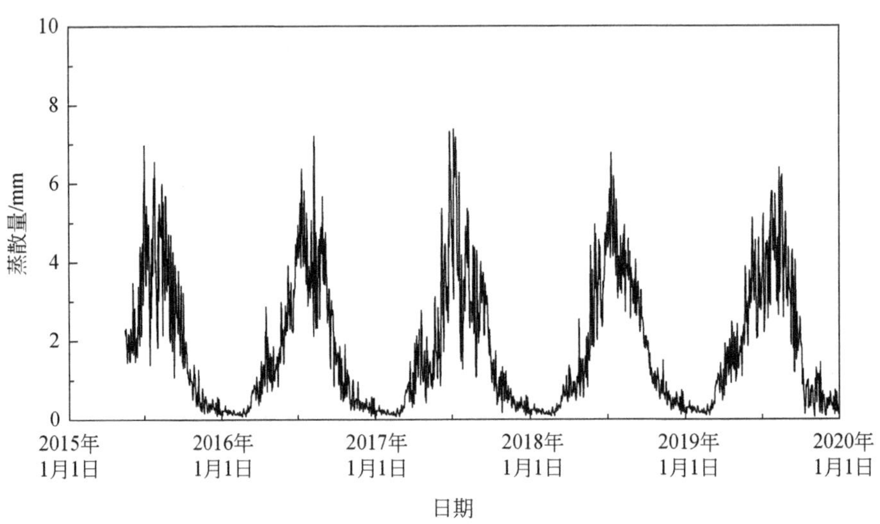

图 3-9 涡度相关法测定的棉田生态系统日尺度蒸散量变化（2015 年 5 月 1 日 ~2019 年 12 月 31 日）

随着人口增加和生活水平提高，人类对蔬菜需求增加，京津冀地区陆地蔬菜和设施蔬菜种植面积不断增加，蔬菜灌溉用水在农业用水中的比例越来越大。蔬菜与水果相似，含水量较高，因此耗水量也较大。坝上地区的气候条件与京津冀平原地区不同，蔬菜不同生育期的耗水也具有区域特色，在本区域的水热条件下，大田蔬菜仅能够满足一年一熟。典型灌溉大白菜生态系统的耗水特征如图 3-10 所示。大型称重式蒸渗仪观测结果表明，菜田日耗水量高值出现在每年 7 月，平均日蒸散量为 4.6 mm。大白菜全生育期内在幼苗期（6 月中上旬）日蒸散量较低，平均日蒸散量为 1.9 mm；幼苗期结束后进入包心期，其中初期（6 月中上旬至 7 月初），日蒸散量开始逐渐增大，平均日蒸散量为 3.3 mm；后期为生长旺盛期（7 月初至八月），平均日蒸散量较大，最大日蒸散量为 7.1 mm，该时期总蒸散量为 133.2 mm，约占全生育期蒸散量的 57%。

由于蔬菜生产可在一年中的不同季节进行，且存在同一地块一年中多茬、多品种蔬菜轮替的情况，叶菜和果菜的灌溉管理方式差异较大等因素影响，为了进一步了解蔬菜耗水情况，研究对比了不同蔬菜的年耗水量（表 3-5），相同生育期时段内番茄耗水量远高于

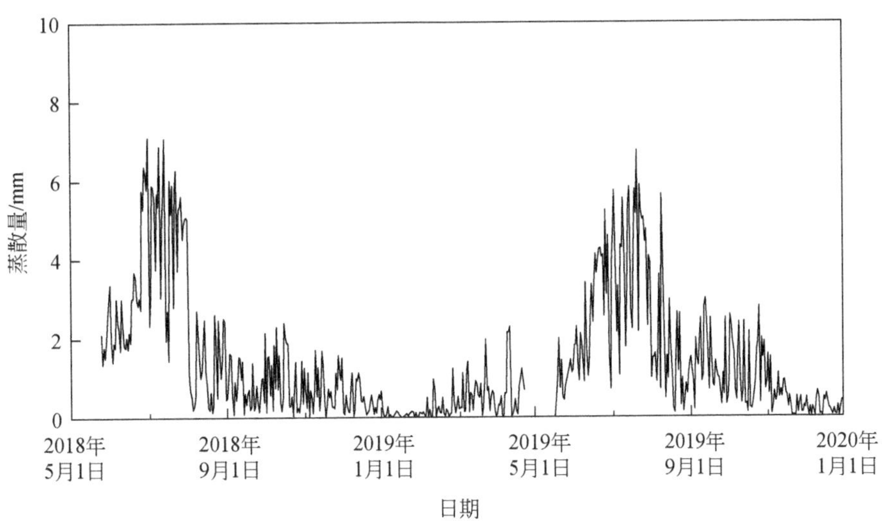

图 3-10　大型蒸渗仪测定的菜田生态系统日尺度与月尺度蒸散量变化
（2018 年 5 月 25 日 ~ 2019 年 12 月 31 日）

苦瓜，两季黄瓜耗水量在 670 mm 左右，平原区露天的两季蔬菜耗水量在 824 mm 左右。因此，蔬菜生产的耗水强度监测相对较难开展，且数据一致性低；即使是同一种蔬菜，在不同的温室条件下得到的耗水规律也会因水、肥、气、热、土等因素的差异而有所不同。因此应针对相应的作物生长环境的实际情况来确定其作物需水量，从而提高灌溉精度，需要进一步针对蔬菜生产管理特点，继续深入开展有关研究工作。

表 3-5　不同类型蔬菜生育期和耗水量比较

项目	苦瓜	番茄	春/秋茬黄瓜	茄子/白菜	白菜
生育期	6 月 20 日 ~ 10 月 31 日	6 月 24 日 ~ 10 月 24 日	4 月 3 日 ~ 7 月 18 日/ 8 月 22 日 ~ 12 月 19 日	4 月 1 日 ~ 11 月 30 日	5 月 28 日 ~ 7 月 30 日
灌溉量/mm	297	518	85% 田间持水量	520	177
ET/mm	310	533	323 / 346	824	481
出处	（胡笑涛，2012）	（耿琳等，2014）	（胡越，2014）	（Min et al., 2018）（藁城，平原区）	张北灌溉站（坝上地区）

2. 不同农田类型蒸散组分拆分与土壤水分利用

蒸散组分拆分是准确估算水分利用效率的重要基础，植被蒸腾量是作物生长所必需的水分，与作物的类型和生物特性相关；土壤蒸发量与大气降水、灌溉及土壤含水量有关。借助栾城地区农田 SPAC 系统不同来源水样氢氧稳定同位素组成特征分析，对华北平原灌溉农田生态系统耗水结构和来源运用稳定同位素的方法进行了定量分离与判断（图3-11）。蒸腾耗水所占比例最大值出现在小麦和玉米的灌浆期（≥0.80）；作物生育期典型日 T/ET 的变化区间为0.30～0.87，其中小麦季土壤蒸发占比为36%，而玉米季土壤蒸发占比为34%，农田年蒸发量占总蒸散量的35%左右，与土壤蒸发仪由称重法得到的多年平均值结果及模型模拟结果相似。

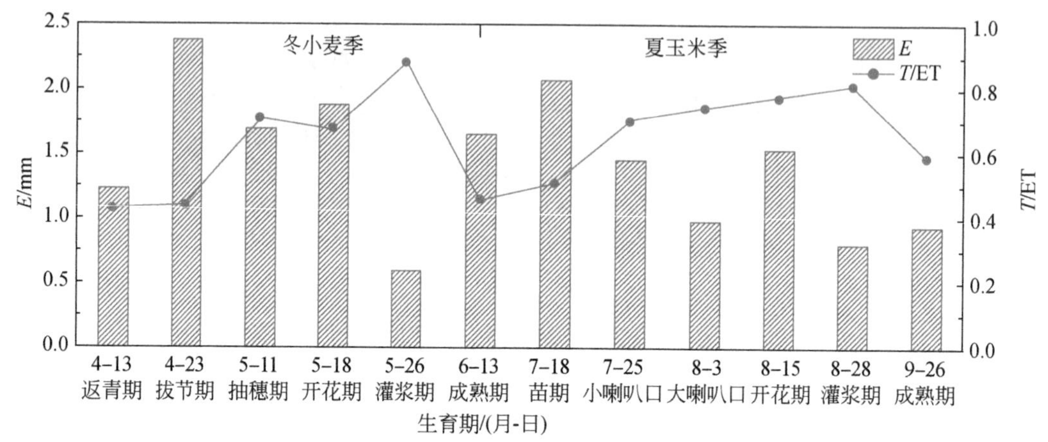

图3-11 栾城站2010年冬小麦-夏玉米生长季不同生育期蒸散量的分离

通过茎流计法可以计算得到果树的蒸腾量，将涡度相关系统观测结果与茎流计法所得结果结合，可实现对梨园生态系统蒸散组分的分离（图3-12）。由于10月～次年2月梨树的生命活动强度较低，耗水量较少，本研究主要关注梨树旺盛生长季的蒸腾耗水规律，研究表明，4～9月日尺度蒸腾量占蒸散量的比例（T/ET）在0.1～1.0变化，日平均 T/ET 在0.4～0.8区间内变化，蒸腾总量占总蒸散量的60%以上；月尺度蒸腾量占蒸散量比例的平均值在0.55～0.75区间内变化，其中7月蒸腾量的平均值最高，为911.2 mm；对于不同的生长期来讲，果实形成期和果实膨大期蒸腾量所占比例较高，达90%以上，萌芽期和成熟期 T/ET 所占比例较低，用于生长性的耗水量较少。

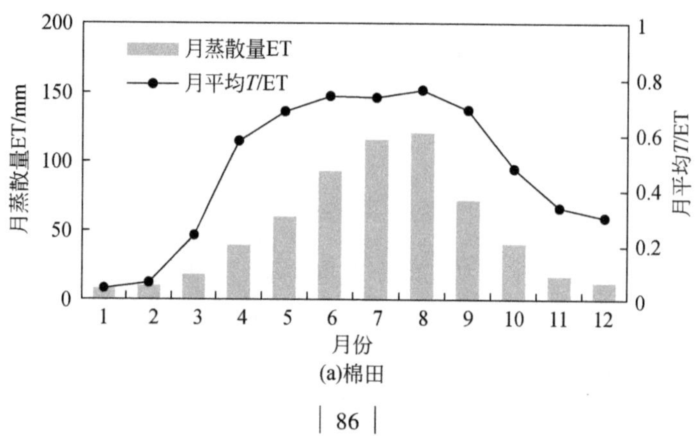

(a)棉田

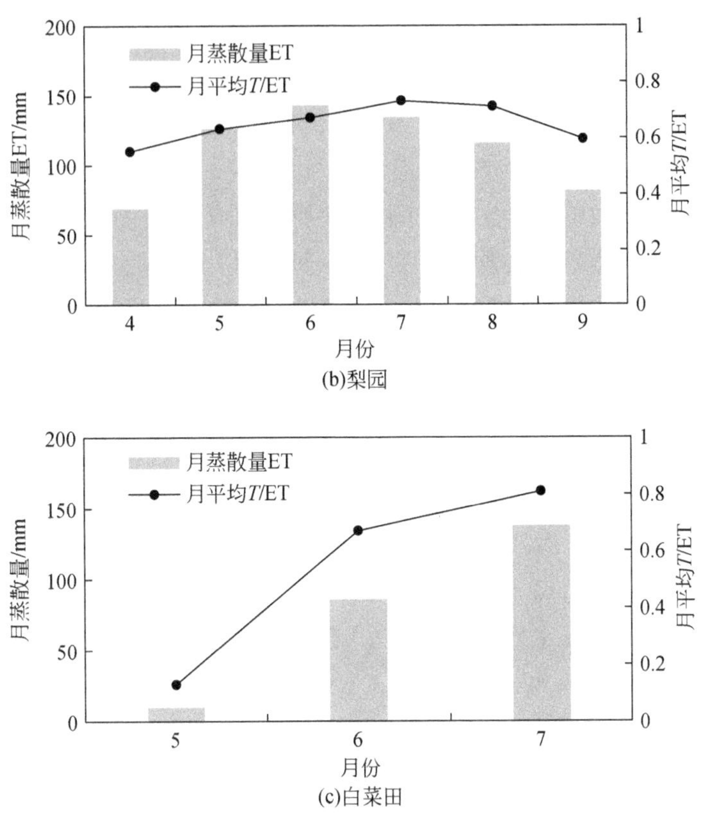

(b)梨园

(c)白菜田

图 3-12　不同农业生态系统月蒸散量与 T/ET（蒸腾量/蒸散量）变化

棉花生态系统蒸散组分的分离研究借助涡度相关法与小型蒸发仪的联合应用实现，其中蒸发量由小型蒸发仪根据称重法的原理观测得到，由于棉田生态系统观测开始时间较晚，小型蒸渗仪 2018 年下半年才安装到位，所以本研究仅对 2019 年 3 ~ 12 月的观测数据进行了分析。研究结果（图 3-12）表明棉田生态系统蒸发量在休闲季较低，结合 2020 年 1 ~ 2 月数据，1 ~ 4 月和 10 ~ 12 月蒸发量总和为 89. 3 mm，平均月蒸发量为 12. 7 mm；而在温度较高、棉田生长比较旺盛的 7 月土壤蒸发量相对休闲季较高，月蒸发量达 31. 3 mm 以上，占总蒸发量的 15% 左右。棉田旺盛生长季 5 ~ 9 月蒸发量为 126. 5 mm，占总蒸发量的 58. 6%；其中播种—出苗期蒸发量为 34. 1 mm，占同时期总耗水量的 31% 左右，花蕾期蒸发量为 31. 3 mm，占同时期总耗水量的 28% 左右，花铃—吐絮期蒸发量 69. 6 mm，占同时期总耗水量的 28% 左右。年蒸发量约为 216 mm，占蒸散总量的 40% 左右。因此，相对冬小麦-夏玉米农田生态系统，梨园和棉田生态系统土壤无效蒸发占总耗水量的比例偏高，为 40% 左右，可能主要由生态系统叶面积和栽培特点等决定。

通过根区水质模型（RZWQM2）模拟结果与大型称重式蒸渗仪的联合应用实现了白菜生态系统蒸散组分的分离研究，其中蒸散量由大型称重式蒸渗仪观测可得，由于白菜的生育期较短，因此本研究主要分析白菜生育期内 5 ~7 月的蒸腾耗水规律。研究表明，7 月日尺度蒸腾量占蒸散量比例（*T*/ET）的变化浮动较小，在 0.7 ~1.0 变化（图 3-12）；月尺度蒸腾量占蒸散量比例的平均值在 6 ~7 月较大，在 0.6 ~0.9 变化；在完整生育期内，白菜包心期蒸腾量所占比例达到 90% 以上。

不同农田类型的蒸散组分拆分对用于植物蒸腾和土壤蒸发的耗水量进行了量化，但是植物生长吸收的水分究竟来自土壤的哪些层次？每个层次吸收的水分量是否一样？灌溉处理和雨养旱作处理的农田作物根系吸水的途径是不是一样？为了解决这些问题，基于稳定同位素的示踪方法，假设小麦根系从外界获得水分时不发生氢氧稳定同位素分馏，运用不同层次土壤水和植物水同位素组成进行直接对比的方法可以确定植物吸收利用土壤水的主要层次范围，再结合基于同位素质量守恒的 IsoSource 模型法可得到冬小麦关键生育期内主要吸收利用的土壤水层次为 0 ~ 40 cm，与根系在土壤中分布的密度一致（图 3-13），0 ~ 40 cm 的根在土壤中分布的密度最大，占总根量的 90% 左右，这不同于传统的 100 cm 湿润层，很有可能是近些年来表层土壤水肥含量丰富，作物根生长深度变浅的缘故；与此同时，通过对比雨养和充分灌水处理的土壤水的同位素组成得到土壤的蒸发深度在 20 cm 左右。

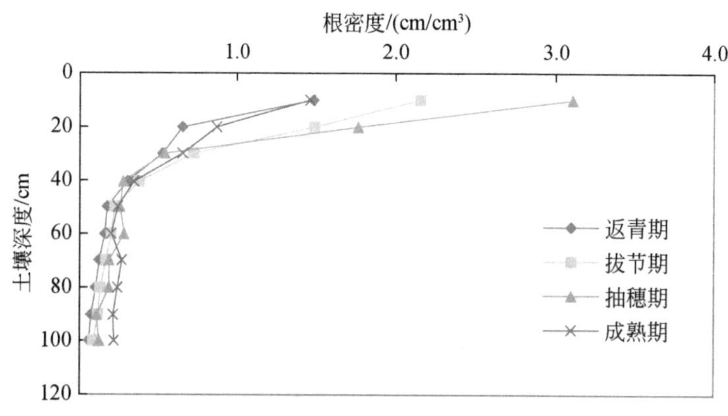

图 3-13　冬小麦关键生育期在土壤不同深度的根密度分布

3.2.3　主要农田类型水分利用效率变化规律

农田水分利用效率表征了耗水与生产力形成之间的相互制约、相互影响的关系，其高低受耗水量多少与生态系统生产力或者产量变化的影响，最终代表了不同农田类型水分生产力的大小，因此明确主要农田类型的水分利用效率变化规律，才能把握不同类型农田水分消耗与农业生产之间的平衡关系，从而为进一步实现科学合理的种植结构调整奠定基础。

1. 不同农田类型净生态系统生产力和产量变化

净生态系统碳交换量（net ecosystem carbon exchange，NEE）可反映生态系统一段时间内的生物量累积情况，其中 NEE 为负值时生态系统从大气中吸收 CO_2，处于碳累积（碳汇）状态，NEE 为正值时生态系统向大气释放 CO_2，处于碳释放（碳源）状态，通常条件下，在通量观测塔的植被上部所观测到的 CO_2 通量可认为是生态系统的净生态系统生产力（NEP）。华北地区典型农田净生态系统生产力全年呈“W”形分布，对应于小麦和玉米旺盛生长季两个高峰（图 3-14）。在当前种植制度和管理措施下，农田日净生态系统生产力两个峰值分别可达 12.8 g C/(m^2 · d)（5 月上旬小麦灌浆期）和 14.7 g C/(m^2 · d)（8 月中旬玉米灌浆期）。农田日净生态系统碳交换量与作物生长发育阶段密切相关，不同月份的净生态系统生产力差异较大。小麦越冬期（11 月 ~ 次年 2 月）和小麦收获-玉米播种的轮作期（6 月），植被覆盖度低，土壤裸露，农田生态系统碳交换以土壤呼吸为主，净生态系统生产力较低。作物旺盛生长期农田净生态系统生产力持续为负值，生产力水平较高，小麦季净生态系统生产力的峰值发生在 5 月，玉米季峰值发生在 8 月。小麦季碳累积集中在 4 ~ 5 月，其中 4 月平均碳累积量为 159.2 g C/m^2，5 月平均碳累积量为 168.8 g C/m^2；玉米季碳累积集中在 8 月，当月碳累积量为 199.8 g C/m^2。全年农田净生态系统生产力约 534.3 g C/m^2，其中玉米季高于小麦季，小麦季平均每季可达 259.1 g C/m^2，不同年份波动范围为 119.7 ~ 365.2 g C/m^2，玉米季平均每季可达 275.2 g C/m^2，不同年份波动范围为 169.7 ~ 415.1 g C/m^2。根据植物生物量与净生态系统生产力之间的估算系数（1 kg 生物量中含 0.4 kg 碳）计算分析，农田年累积生物量约为 13 357.5 kg/hm^2。由于试验农田多年处于秸秆还田管理措施下，除以土壤有机碳形式储存在农田中的部分外，农田碳汇累积的生物量主要作为籽粒被输出生态系统。

梨园净生态系统生产力的负值表示被梨树固定的 CO_2 量，正值表示释放到大气中的 CO_2（图 3-14）。梨园净生态系统生产力高峰出现在梨树生长旺盛时期的 5 ~ 9 月，日生产力最大值达 8.4 g C/m^2，出现在 2016 年 6 月初；日消耗量最大值为 2.7 g C/m^2，出现在 2016 年 3 月底，与农田生态系统有两个吸收峰不同，而且高峰区的值变化也比较缓慢，较农田生态系统持续的时间长。梨园与农田净生态系统生产力变化过程的差异主要是由不同的物候变化特征引起的。在月尺度上，1 ~ 3 月和 11 ~ 12 月净生态系统生产力月均值为正值，保持在净生态系统生产力消耗状态，4 月为−30 g C/m^2，转为净生态系统生产力累积；5 月生产力水平急剧增加，达到 4 月的 5 倍左右，6 月净生态系统生产力达到峰值，为−149 g C/m^2。对于梨树生长的不同生育期来说，梨园开花期净生态系统生产力占总量的 4.5%，果实形成—膨大期净生态系统生产力占总量的 62.4%，果实成熟—收获期净生态系统生产力占总量的 12.5%。梨树净生态系统生产力的形成主要发生在旺盛生长季（4 ~

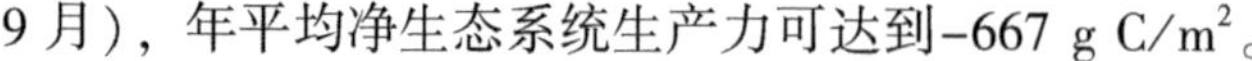

9 月)，年平均净生态系统生产力可达到−667 g C/m^2。

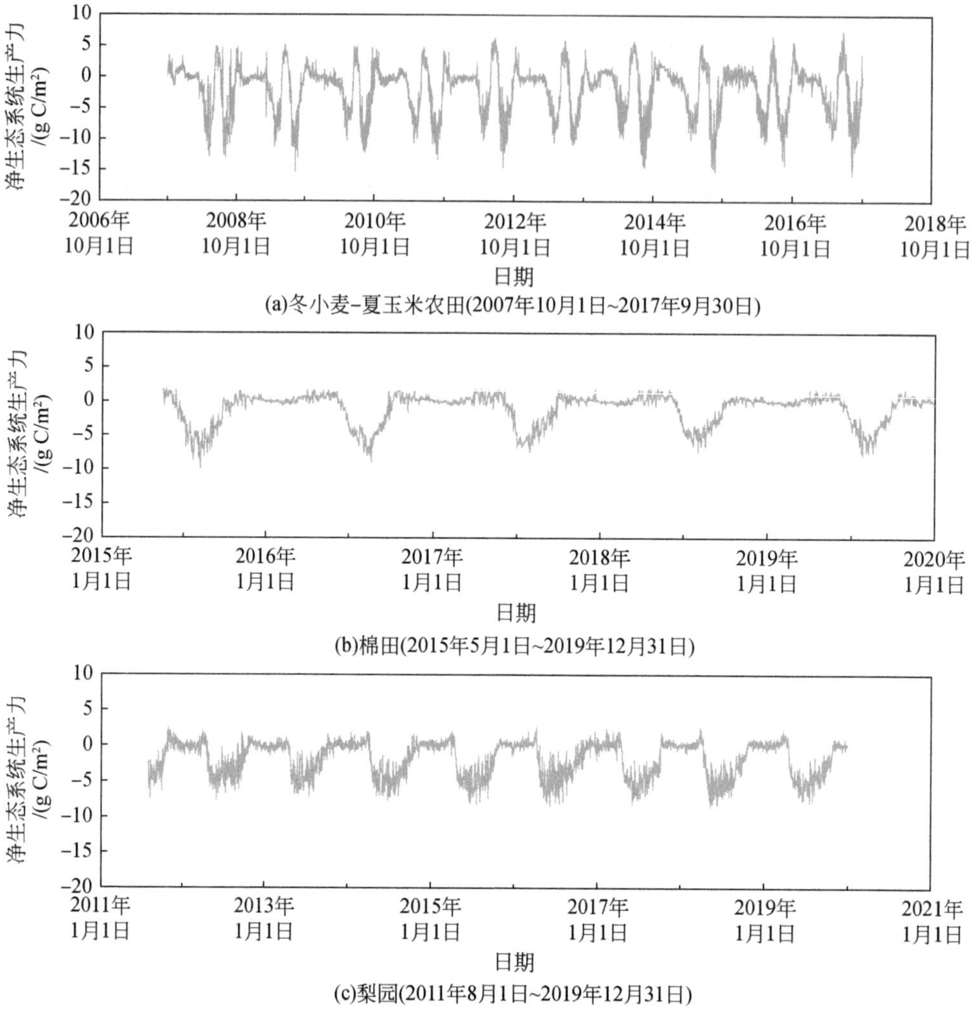
净生态系统生产力
/(g C/m²)
日期
(a)冬小麦-夏玉米农田(2007年10月1日~2017年9月30日)
(b)棉田(2015年5月1日~2019年12月31日)
(c)梨园(2011年8月1日~2019年12月31日)

图 3-14　涡度相关法测定的不同农田类型净生态系统生产力的动态变化

棉田净生态系统生产力日变化类型与梨园相似，全年有一个峰值，一般出现在 8 月，日最大生产力累积值为 9.9 g C/(m^2·d)，日最大生产力消耗量为 1.9 g C/(m^2·d)。在月尺度上，棉田生态系统休闲期 1～2 月由于温度较低，土壤呼吸微弱，净生态系统生产力月均值为−3.6 g C/m^2，表现为弱累积状态，而 3～4 月和 10～12 月以及播种—苗期的 5 月均表现为消耗占优势，4～5 月天气回暖，温度较高，净生态系统碳交换量在 5 月最大，月均值为 25.6 g C/m^2；当棉花进入花蕾期之后，净生态系统生产力累积量大于消耗量，6 月月均净生态系统生产力为−22.2 g C/m^2，7 月碳吸收量急剧增长，8 月达到净生态系统生产力月高峰，为 160 g C/m^2，9 月吐絮期平均净生态系统生产力为 70.7 g C/m^2。对于不同的生长季来说，净生态系统生产力的迅速形成主要发生在旺盛生长季，2015～2019 年年均净生态系统生产力为-389 g C/m^2，棉田生态系统 2015～2019 年年均净生态系统生产力为-351 g C/m^2。

坝上蔬菜生态系统没有进行涡度相关系统的同步观测，所以这里不讨论净生态系统生产力的变化，主要通过产量变化反映菜地的生产力情况。随着蔬菜种植面积的逐渐扩大，1949～2014 年蔬菜的有效灌溉面积也呈递增趋势，坝上四县（康保、张北、尚义、沽源）的有效灌溉面积增长趋势基本相似，在 2012 年灌溉面积达到最大，为 81 195 hm^2；依据 1949～2014 年统计数据对坝上四县蔬菜生态系统的产量变化进行分析（图 3-15），蔬菜产量也随着其种植面积的增大而逐年增加，在 1949～1990 年增加趋势相对平缓，年产量均低于 100 万 t，在 1990 年以后蔬菜产量增加趋势逐年大幅度提升，在 2013 年蔬菜产量达到 397 万 t。

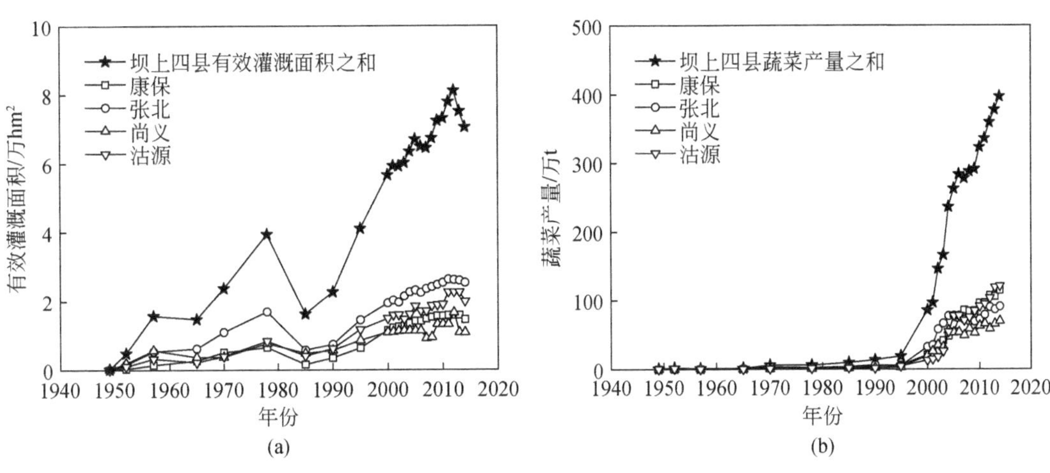

图 3-15 坝上蔬菜生态系统的产量变化

2. 不同农田类型水分利用效率变化

本研究中几个主要农业生态系统在轮作期或者休闲期植物生长活动微弱，光合能力低，碳交换活动中作物呼吸和土壤呼吸强度远大于光合作用，处于碳释放状态。因此，研究水分利用效率变化规律主要针对生态系统的旺盛生长期。本研究主要讨论生态系统的群体水分利用效率变化，通过生产力水平的水分利用效率和产量水分利用效率表征，其中前者为生态系统净二氧化碳交换量与蒸散量的比值，后者为生态系统产量与蒸散量的比值。

与蒸散量和净生态系统碳交换量分布特征一致，京津冀地区典型农田生态系统的水分利用效率全年同样存在两个峰值，分别出现在小麦季和玉米季（图 3-16）。这与华北平原冬小麦-夏玉米一年两熟的轮作制度相对应，水分利用效率峰值与作物长势直接相关。小麦季峰值出现在 4 月下旬（拔节末期），冬小麦进入拔节期后，光合作用（固碳能力）和蒸腾作用（水分散失强度）均会增强，其中光合速率增加幅度更大，使其水分利用效率升高，水分利用效率在拔节后期达到最高；随后小麦进入开花期，由营养生长转为生殖生长，干物质积累显著降低，表现为水分利用效率降低。玉米季峰值出现在 8 月中旬（灌浆前期）。小麦季和玉米季水分利用效率均呈现先增大后减小的趋势，峰值区水分利用效率分别为 2.0 kg C/m³和 2.7 kg C/m³。夏玉米季的水分利用效率均高于冬小麦季，这是由玉米作为 C_4 植物的高效光合途径决定的。冬小麦全生育期水分利用效率约为 1.65 kg C/m³，波动范围为 1.25 ~ 1.84 kg C/m³。玉米全生育期水分利用效率约为 2.18 kg C/m³，波动范围为 2.02 ~ 2.53 kg C/m³。不同年份小麦季和玉米季的水分利用效率变异系数均较低，其中小麦季为 10%、玉米季为 7%。全生育期生产力水平水分利用效率约为 1.91 kg C/m³，波动范围为 1.68 ~ 2.07 kg C/m³。

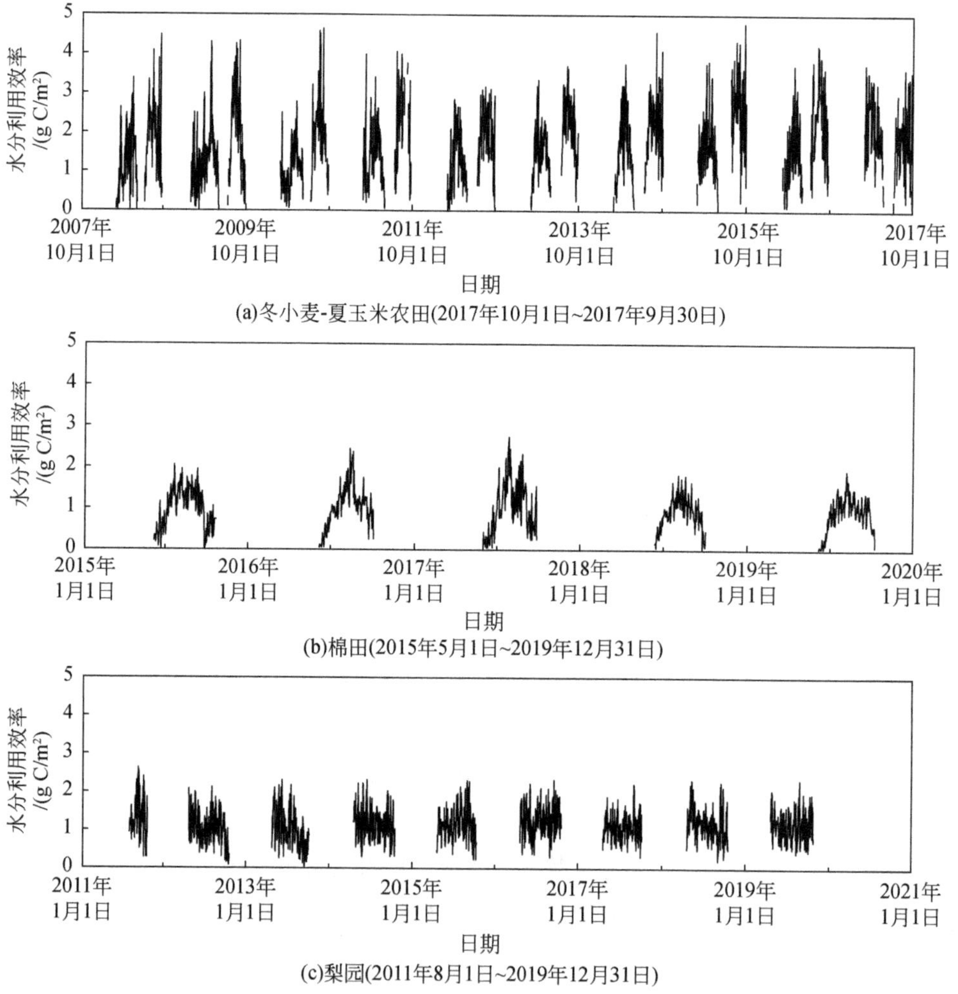

图 3-16　涡度相关法测定的不同农田生态系统日尺度和年季水分利用效率变化

梨树的生产力水平水分利用效率的年变化不同于农田生态系统，5～10 月果树旺盛生长期没有明显的峰值出现（图 3-16），水分利用效率在 0.5～2.5 kg C/m^3变化，其中 5 月和 9 月的水分利用效率略高，因为 ET 在这个时期内较小，碳通量也保持较高水平；而7～8 月虽然生态系统碳累积量较大，但是同时期水分消耗也较多，4 月和 10 月的情况恰好与 7～8 月相反，所以导致水分利用效率不高。萌芽期到果实成熟期的各个生育期水分利用效率变化也不大，2011～2019 年梨树旺盛生长季 4～9 月水分利用效率的平均值为 1.2 kg C/m^3，比农田生态系统（1.9 kg C/m^3）稍低。

棉田生态系统的水分利用效率的变化与梨园不同（图 3-16），水分利用效率每年会有一个变化峰值，一般出现在 7 月底 8 月初，日最大水分利用效率可达 2.7 kg C/m^3；6 月棉花幼苗变大进入花蕾期，生态系统开始成为碳汇，但碳吸收量仍然较低，所以水分利用效率较低，月均值仅为 0.4 kg C/m^3，7 月碳吸收量进一步增加，8 月达到峰值，月平均水分利用效率为 1.4 kg C/m^3，9～10 月随着碳吸收量的下降，水分利用效率也逐月下降至 10 月的 0.5 kg C/m^3，11 月棉田生态系统又转变为碳源。对于不同生育期来说，苗期水分利用效率为 0.2 kg C/m^3，花蕾期水分利用效率为 0.8 kg C/m^3，花铃期水分利用效率增加到 1.4 kg C/m^3，吐絮期水分利用效率又降到 0.97 kg C/m^3，棉田 6～10 月平均水分利用效率为 0.88 kg C/m^3，比梨园和农田生态系统旺盛生长季的平均水分利用效率低。

由于坝上蔬菜生态系统主要通过大型蒸渗仪观测耗水变化，缺少涡度相关系统的碳通量观测，因此本研究用产量水分利用效率表征该系统的水分利用情况（表 3-6），与其他农业类型的生态系统水分利用效率不同。坝上地区菜田主要采取膜下滴灌的方式进行灌溉，因此水分利用效率较高，同时采用膜下滴灌方式能够提升土壤的温度，滴灌根部的土壤疏松，能形成良好的土壤水-肥-气-热小气候，为作物的生长创造了良好的条件。2019 年膜下滴灌大白菜的产量为 120 895 kg/hm^2，灌溉水利用效率和水分利用效率分别为 68.3 kg/m^3和 24.9 kg/m^3。

表 3-6　2019 年膜下滴灌大白菜产量和水分利用效率

灌水方式	Y/(kg/hm^2)	I/mm	ET/mm	IWUE/(kg/m^3)	WUE/(kg/m^3)
膜下滴灌	120 895	177	481	68.3	24.9

注：Y 为产量；I 为灌溉量；ET 为生育期内蒸散量；IWUE 为灌溉水利用效率；WUE 为水分利用效率。

3.3　不同农田类型的水平衡结构

农田耗水主要通过作物蒸散进行量化，同时作物蒸散也是不同农田类型水平衡结构的重要组成部分。水平衡研究可以定量揭示水循环过程、农田微气象和人类活动之间的相互联系，明确水分供需的相互影响，根据不同类型农田水分平衡的各分量及其影响因素，可针对性地、有计划地采取必要的措施来减少蒸散量、调节土壤水分，以满足农作物生长发育的需要。如通过地面覆盖、土壤耕作和调整灌溉制度等来减少土壤蒸发、降低植物蒸腾、提高土壤持水力和减少渗漏量，为农业耗水管理提供依据。

3.3.1 水平衡各组分变化特征

农田水平衡的组成除了蒸散量，还有土壤水分蓄变量、灌溉量和降水量，降水量与蒸散量的差值可以用来表征水分亏缺量。冬小麦-夏玉米农田区降水量季节性差异显著，月平均降水量范围是0.7～143.3 mm（图3-17）。5月为全年需水量最高月份，但降水量多年月平均仅29 mm。当地降水集中在6～9月，占全年降水量的79.7%，其中8月降水量最多可达143 mm。在当前种植制度下，降水量与农田生态系统耗水量不匹配，需在作物对水分胁迫敏感的生育期及时进行补充灌溉，这是华北地区地下水超采压力的主要来源之一。土壤水储量各月之间波动幅度较小。当地0～2 m的作物根系层土壤水储量在461 mm（28.8%）波动。5月土壤水储量最低，平均为425 mm，此时处于小麦灌浆期，耗水量大而降水少，土壤储水用于供给作物生长，所以水储量较低。这种较低的土壤储水状况将持续到6月中旬小麦收获，这也是小麦季土壤水储量变动值（ΔW）基本为负值的原因；8月土壤水储量处于峰值，平均为515 mm，最高可达659 mm，主要是由于8月降水集中，降水量与蒸散量持平，可补充土壤储水。灌溉受人类活动直接控制，当地灌溉以漫灌为主时，单次灌溉量保持在80 mm以上。小麦季灌溉2～4次，集中在11月和4～5月（越冬期、返青期、开花期和灌浆前期）；玉米季灌溉1～2次，集中在6～7月（出苗前期和抽穗期）。农田水分亏缺量是指蒸散耗水量与降水量之差，可反映灌溉用水对地下水的消耗状况。农田水分亏缺量与降水量的月变化呈现相反的趋势，5月的水分亏缺量最大，达113 mm，而8月的盈余量最大，为33 mm，这与降水量的分配不均和作物的生长耗水密切相关。除7～8月水分有盈余外，其他月份均呈亏缺状态，需要灌溉来补充。

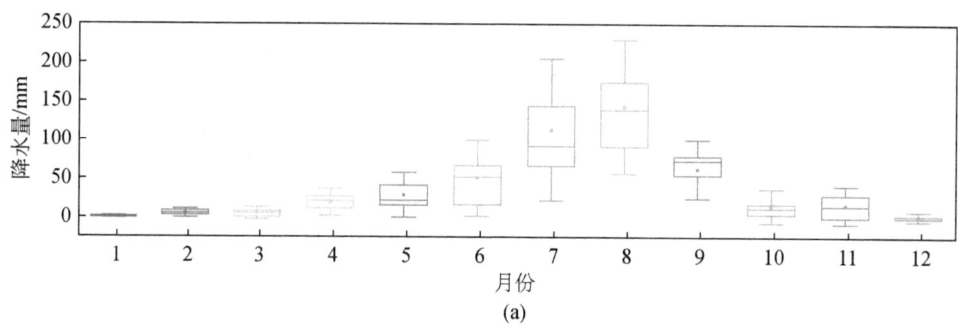

(a)

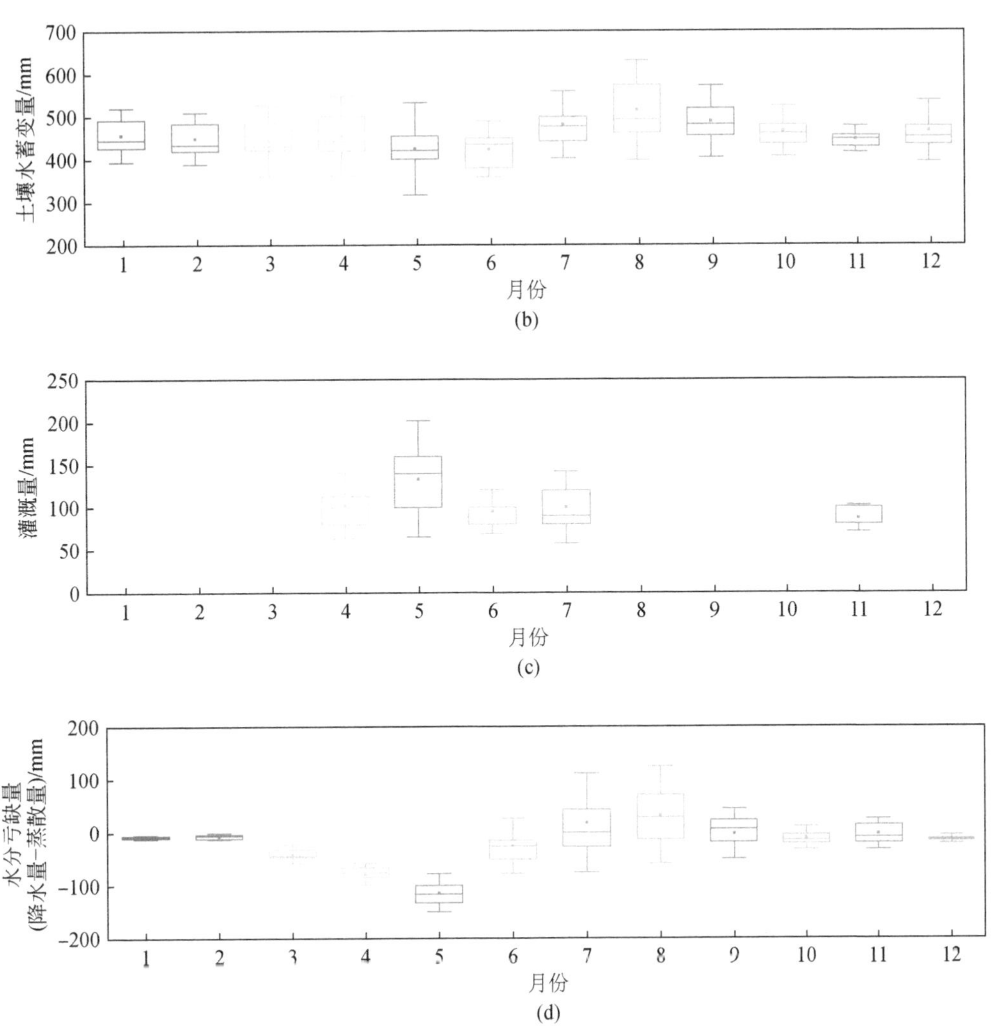

图 3-17　冬小麦-夏玉米农田月尺度水平衡项及水分亏缺量变化特征图（2007 年 10 月 ~2017 年 9 月）

梨园种植区降水量分布与栾城相似，只是月均最高值出现在 7 月（132 mm），其中 6 ~ 9 月降水量占总降水量的 73%，10 月降水量浮动较大，其中 2017 年 10 月降水量最大，达 146 mm，而 2012 年 10 月降水量仅为 2 mm。梨园生态系统的土壤水储量波动幅度不大，月均值在 515 ~ 582 mm 变化，其中 4 月和 9 月土壤水储量较高，在 580 mm 左右；与农田生态系统不同的是，梨园生态系统的土壤水储量变化有 3 个低谷期，分别出现在1 ~ 2 月、6 ~ 7 月和 11 ~ 12 月，这与梨树的生长特性密切相关，出现在冬季的土壤水储量低谷期是因为该时期降水量少，维持梨树的存活还需要一定的水分消耗；而 6 ~ 7 月的低谷期主要是因为此时期梨树生长旺盛，耗水量大，而同时期降水无法完全满足生长耗水需要，梨树需要依靠根系吸收土壤水分进行补充。梨园生态系统的灌溉量变化也与农田不同，灌溉量分布较为分散，2～11 月均有灌溉发生，其中 2 月和 10～11 月灌溉量均为 70 mm，其他月份在 40～160 mm 变化，灌溉频次较高的月份为 4 月和 5 月，2011～2019 年在这两个月分别有 7 次灌溉出现，其次为 3 月和 6 月，这几个月均处于梨树生长的用水关键期，因此灌溉较频繁。梨园生态系统水分亏缺量变化受降水量影响较大。最大水分亏缺量出现在 5 月（98 mm），最小水分亏缺量出现在 7 月，与降水量变化一致。5 月虽然水分亏缺量较大，但是土壤水库储水充足，加上及时灌溉补充，梨树生长的关键期不会受到缺水的影响。

棉田生态系统月降水量变化与农田和梨园生态系统相似，降水集中在 6～9 月的花蕾期和花铃期，月降水量最大值出现在 8 月；苗期和吐絮期降水量仅占总降水量的 5%，9 月相对农田和梨园生态系统降水量较小，仅有 22 mm，10 月降水量波动幅度也较大，为 6～149 mm。棉田生态系统土壤水储量变化与冬小麦–夏玉米农田生态系统相似，仅有一个峰值出现在 8 月，月均水储量较高，为 695 mm，棉田生态系统 5～9 月土壤水储量占全年的 50% 左右，棉田生态系统土壤水储量变化幅度相比农田和梨园生态系统较大，最低值出现在 1 月，仅为 437 mm 左右，与最高值相差 258 mm。由于棉花在 5 月播种出苗，而该月降水量均值仅为 21 mm 左右，所以棉田生态系统灌溉量分布比较集中，主要发生在 5 月，2019 年由于降水量特别低，仅为 300 mm 左右，因此在 4 月和 5 月分别有一次灌溉，其余年份仅在 5 月初进行一次灌溉。棉田生态系统水分亏缺量的变化与农田和梨园生态系统有所不同，有两个水分亏缺峰分别出现在 6 月和 9 月：6 月处于花蕾期，棉花刚刚开始进入旺盛生长，9 月棉花进入吐絮期，旺盛生长期尚未结束，所以这两个月耗水量并不低，而棉田生态系统这两个月的降水量相对于耗水量却偏低。

坝上蔬菜种植区总降水量低于赵县与栾城地区，且降水集中于 7～8 月，占总降水量的 48%，月均降水量的最大值出现在 7 月（119 mm），在 4～6 月降水量波动较小，月均降水量在 40～52 mm。菜田生态系统生育期内的土壤水储量月均值在 36～83 mm 变化，其中月均水储量在 6 月较高，为 83 mm，占整个生育期土壤水储量的 50% 以上。因为白菜在 5 月末移栽幼苗，且生长阶段内幼苗期较短，而其生长旺盛季节在 6 月，所以灌溉量在 6 月分布比较集中。菜田生态系统水分亏缺量的变化与降水的关系较大，在 6 月和 7 月白菜的耗水量较高，而降水量相对耗水量较低，水分亏缺量在 6～7 月均偏大，因而需要灌溉来维持菜田生态系统的水分消耗。

3.3.2 主要农田类型水平衡结构

农业生态系统的水平衡受植被类型和土壤水分状态影响巨大，同时受人为干扰剧烈，水平衡特征与其他类型生态系统具有明显差异。在京津冀大部分地区除了天然降水这个重要水源，农业生态系统的另外一个重要水分来源是地下水灌溉，以此弥补降水的不足，灌溉量的多少对水资源的可持续利用与否起着关键作用。农业生态系统一般在人为作用下形成，地势比较平坦，土层深厚，基本没有径流产生，由于本研究站点中地下水位较深，也不存在地下水上升补给，水分渗漏多发生于雨季或者灌溉之后，生态系统供需水过程需要通过灌溉调节，因此明确不同类型生态系统的水平衡特征，对于种植结构和种植制度的科学合理调整，实现区域地下水资源的可持续利用，具有重要的指导作用。

太行山前平原典型灌溉农田 2008～2017 年平均降水量为 466 mm，在小麦–玉米种植区 1971～2017 年降水资料的基础上，借助皮尔逊Ⅲ型函数拟合当地降水频率分布曲线，并对 2008～2017 年进行年型划分发现，有 4 个年份是平水年，除此之外，2014 年属于极枯水年，2010 年、2011 年和 2017 年属于枯水年，只有 2008 年和 2013 年属于丰水年，因此 2008～2017 年的水分亏缺是在该降水背景下进行分析的。2008～2017 年农田生态系统年蒸散量为 715 mm，全年水分亏缺量可达 250 mm，主要发生在小麦季（表 3-7）。小麦季平均降水量为 118 mm，年际差异较大，波动范围为 62.8～240.2 mm；平均每年亏缺 296 mm，其中土壤储水供给作物生长发育，供给量平均每季 66 mm，其余亏缺部分依靠开采地下水进行补充灌溉，平均每季灌溉量为 249 mm。玉米季处于雨热同期的夏季，降水集中，平均每季降水量为 348 mm，波动范围为 223.0～457.0 mm。玉米季降水量明显高于小麦季，占全年降水量的 70%。而农田生态系统蒸散量每季仅 301 mm，所以玉米季处于水分盈余状态，且为保证玉米正常出苗，多数年份需在苗期进行灌溉，导致玉米季水分输入总量远高于农田生态系统需水量。玉米季输入水量除蒸散消耗外约 65 mm 可储存在土壤水库中，其余部分向深层渗漏，平均每季渗漏量为 95 mm，占全年农田渗漏总量的 90%。从全年尺度来看，根区土壤层（0～2 m）的水分在小麦季被消耗，在玉米季得到等量补充，长时间尺度下保持稳定，充当了重要的调节供水功能，根区土壤的水分季节调控能力可达总耗水量的 9% 左右。

梨园生态系统 2011～2019 年年均蒸散量为 786 mm，其中用于梨树生长的蒸腾耗水量为 472 mm，年均降水量为 475 mm，与蒸散量相比，年水分亏缺量为 311 mm，年均灌溉量 391 mm 以保证梨树正常的生长，因此每年有 81 mm 的渗漏量发生，同时土壤水储量变化不大。与农田生态系统相比，年均蒸散量高出 70 mm 左右，相当于一次灌溉的水量，由于两处实验地点距离不远，降水量差异较小，所以梨园生态系统的水分亏缺量较大，消耗地下水量也较多。棉田生态系统实验运行年份为 2015～2019 年，其间年均蒸散量为 591 mm，其中土壤蒸发量为 216 mm，棉花蒸腾耗水量为 375 mm；相较于年均 465 mm 的降水量来说，年均水分亏缺量为 126 mm，远小于农田和梨园生态系统的水分亏缺量，是本区域三个生态系统中年均耗水最少的生态系统。因此，棉田生态系统的渗漏量和灌溉量在三个生态系统中也较少，其中年均渗漏量仅有 11 mm，灌溉量为 132 mm，土壤水储量变化为–5 mm，稍高于其他两个生态系统，可能与观测时段还不够长有关。

为更全面地明确蔬菜生态系统的水平衡图谱，结合已有的平原区的研究数据，对平原区和坝上露天蔬菜生态系统进行了对比。结果表明平原区两季露天蔬菜耗水量最大达 824 mm，水分亏缺量达 348 mm，需要补充 520 mm 的灌溉量。坝上地区 2019 年一季白菜的年均蒸散量为 404 mm，其中用于作物蒸腾的耗水量为 180 mm，其余部分全部消耗于裸露土壤的蒸发，白菜生育期前期（5～6 月）自然降水（约 171 mm）少且不均匀，因此每年约需要 177 mm 灌溉量才能保证白菜的正常生长。白菜采用膜下滴灌，次灌溉量在 10～20 mm，所以农田生态系统全年的深层渗漏量较小，仅为 2 mm，远低于其他生态系统。该结果虽基本描绘了白菜生态系统的水量平衡，但是结果仅基于一年的实验观测和模拟，与其他长期定位研究相比，尚存在较大的不确定性。

表 3-7　京津冀地区不同农业生态系统水平衡结构

农田类型	水平衡变化项/mm					
	蒸散量 ET	降水量 P	灌溉量 I	土壤水储量变化 ΔW	渗漏量 D	水分亏缺量 P-ET
小麦（2008～2017 年）	414	118	249	−66	19	−296
玉米（2008～2017 年）	301	348	113	65	95	47
棉田（2015～2019 年）	591	465	132	−5	11	−126
梨园（2011～2019 年）	786	475	391	−1	81	−311
露天蔬菜（坝上）（2019 年）	404	407	177	178	2	3
露天蔬菜（平原）（2019 年）	824	476	520	假设多年平均为 0	172	−348

3.3.3　农田水分消耗与种植结构调整

目前，京津冀平原区的农业用水消耗了地下水超采量的 75% 以上，华北平原的浅层地下水开采量从 20 世纪 60 年代的 39 亿 m^3/a 上升到 70 年代的 79 亿 m^3/a，1985 年到 20 世纪末，年平均开采量已超过了 100 亿 m^3。进入 21 世纪以来，由于追求更高的经济效益和缺乏整体规划等，目前河北的农产品产量存在严重过剩现象。在 1984～2008 年，河北仅用于粮食生产的地下水净消耗即高达 139 km^3，造成区域地下水位平均下降 7.4 m，在山前平原引起的下降量达 20 m 左右。过量地下水消耗对生态环境、社会和经济发展都造成了严重影响，缺水已成为影响京津冀区域协同发展的资源瓶颈。

自 2014 年开始，国家在河北相继启动了“地下水超采综合治理”、“季节性休耕轮作”和“水资源费改税”等试点工程，取得了较为明显的节水效果，地下水超采趋势得到减缓。2016 年的中央一号文件明确提出“启动实施种植业结构调整规划”；国务院办公厅也发布了《国务院办公厅关于推进农业水价综合改革的意见》，提出农业种植结构实现优化调整，“适度调减存在地表水过度利用、地下水严重超采等问题的水资源短缺地区高耗水作物面积”，“建立作物生育阶段与天然降水相匹配的农业种植结构与种植制度”。但是，地下水超采态势并未改变，区域生态环境修复仍然面临巨大的水资源短缺限制。2019 年和 2020 年中央一号文件也提到了京津冀地区的节水和农业结构调整问题，表明种植结构调整在解决区域地下水超采问题上的急迫性和重要性。

农业种植结构调整是指农业生产者根据所处区域的自然资源和市场供需等条件的变化而及时调整其种植方式和农产品种类。自 20 世纪 90 年代推行高效节水技术以来，水分利用效率已经大幅提高；但是区域尺度上的灌溉用水总量并没有明显减少，而是趋于增加，主要是种植规模和灌溉面积扩大所造成的结果，这就是“越节水越耗水”的反弹效应。与此同时，许多农业生产者为了单纯地追求经济利益，对市场缺乏预测、盲目“跟风”生产潮流，导致当季农产品生产过剩，投入的增加未能带来收入的增加。因此，科学地进行农业种植结构调整与优化将对水资源的可持续利用和农业健康可持续的发展具有重大意义。

冬小麦-夏玉米、棉花、梨、蔬菜是京津冀地区非常重要的农业种植组成部分，这几种作物在本区域种植面积占比高，生产产量占比大，在全国同类作物生产中也占有举足轻重的地位。对主要农田类型耗水组分的量化研究可以为农业节水提供量化的范围，无论是冬小麦-夏玉米农田还是梨园和棉田，其土壤无效蒸发基本在 30% ~40% 变化，不同生态系统的平均耗水量在 710 mm 左右，即有 210 ~280 mm 水分通过土壤蒸发到大气中去，如果能够减少 80% 的土壤蒸发，也就是说每亩地减少 200 mm 左右耗水量，这就是京津冀地区各类农艺、生物和工程节水措施的节水潜力所在，所以蒸散结构的分离可以为节水技术提供指导和理论依据。在量化耗水结构后明确作物的水分利用深度也具有重要的意义，以冬小麦为例，其吸收土壤水的主要层次为 0 ~40 cm，说明作物蒸腾作用水分主要来源于该深度的土壤水，因此若该层次土壤含水量能够得到保证，作物的产量效率将极大提高，并且相对于传统的 100 cm 的湿润层来说，可大幅减少水资源在农业灌溉中的损耗。

虽然不同生态系统类型的水平衡与观测年份的气象状况尤其是降水量密不可分，仅代表观测年份降水量、土壤水分条件和管理措施下的水平衡结构，依然可以为种植结构调整提供一定的科学依据。研究结果表明，除玉米种植季节有少量水分盈余外，其他作物生长及水分均存在亏缺，其中露天蔬菜与梨园水分亏缺量比小麦水分亏缺量更大。地下水位不断下降导致一系列环境和生态问题频发，国家和地区的政府和生产部门深刻认识到了大面积种植冬小麦-夏玉米同时无节制灌溉会导致地下水超采问题进一步加重，因此进行了大规模节水压采工作，缩减了冬小麦的种植面积；但是并没有科学地控制其他主要农田类型的规模，例如20世纪90年代以来蔬菜和水果的种植面积和产量在京津冀地区一直不断增加，不仅使地下水开采量没有明显减少，同时在丰收年份，受市场影响，蔬菜或者水果价格常常被压得很低，导致农民仍然收入较低，大量的蔬菜或者水果被遗弃在田间地头，因此合理科学地进行种植结构调整才能够有利于减少水资源消耗。

明确主要农田类型的水平衡结构也将为种植制度的合理调整提供依据。以冬小麦-夏玉米农田为例，农田区多年平均降水量为470 mm左右，年蒸散量为710 mm左右，年内降水量无法支撑一年两熟的水分消耗，但若将目前的熟制调整为三年四熟，按普通降水年份考虑，三年内总降水量可达1400 mm左右，四熟的耗水量也在1400 mm左右，基本可以达到收支平衡，因此，农田水平衡结构的确定和量化，有利于科学地调整种植制度，减少由农业灌溉引起的地下水超采。

第 4 章　区域农业适水种植调整与用水平衡

京津冀平原是我国传统农业区之一，农作物分布面积约占区域总面积的 80%。自 20 世纪 70 年代以来，区域种植结构逐渐趋向于单一化，形成了小麦、玉米、水果和蔬菜为主的种植结构。灌溉高产导致的农业水资源过度消耗已成为京津冀地区可持续发展的重要约束。因此，合理调整农业种植结构和种植制度，发展适水型农业是当前区域协同发展和生态环境修复的重要需求。本章主要介绍为实现京津冀平原区农业生产与水资源的可持续发展所开展的农业适水调整研究进展，主要包括两方面的内容：一是根据农田水平衡结构的研究成果，合理地调整农业种植制度，降低单位耕地面积上的生产耗水强度，使之与农业气候条件相适应；二是根据区域水资源形势，科学调整种植结构，避免产生过剩生产，使水资源的农业产出能够与其稀缺性相匹配。本章对京津冀地区不同作物配置模式和熟制的中长期产粮能力和水资源效应进行评估，以期明确不同作物种植模式的水资源消耗特征，促进农业适水发展，达到水资源持续利用的目标。

4.1　京津冀地区农业产出与消费状况

京津冀地区的农业生产以河北为主，在过去几十年以解决温饱为主要任务的国家需求驱动下，河北的主要农产品产量均处于全国前列。而河北的耕地面积仅占全国的 3%，其主要农产品产量却占全国的 6% ~11%。因此，长期以来河北的农业生产是服务全国需求的。

4.1.1　京津冀作物种植结构和产量变化

本研究主要数据来自河北、北京和天津的统计年鉴，在一些数据上为方便计算采取了取整近似的方法。分析统计资料显示，自 1980 年以来，京津冀地区的作物种植结构发生了巨大变化（图 4-1）。

总体而言，农作物总种植面积和粮食作物总种植面积减少，种植结构趋向于单一化，形成了以小麦、玉米、水果和蔬菜四大作物为主的种植结构。其中，小麦种植面积微弱减少，玉米种植面积显著增加，小麦和玉米总种植面积占比仍然最大；附加值高的水果、蔬

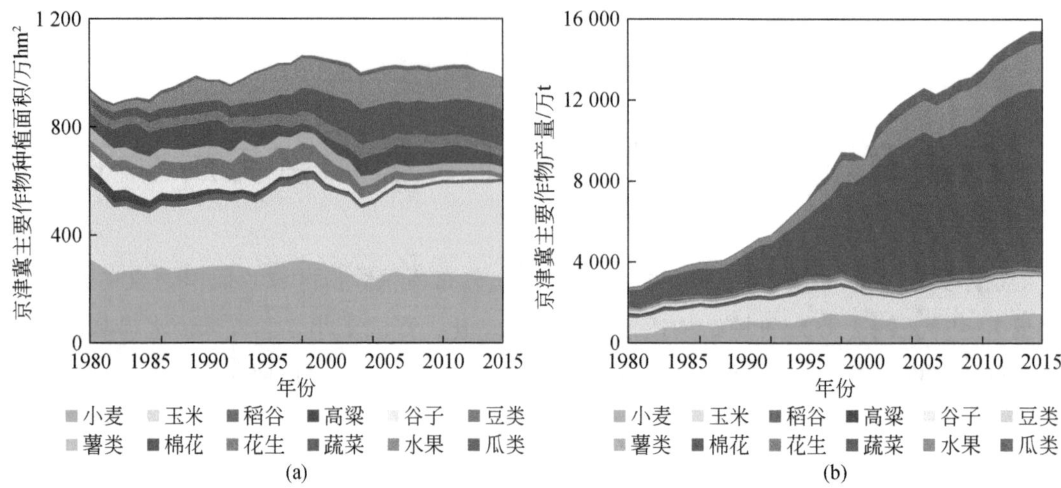

图 4-1　1980～2015 年京津冀主要作物种植面积（a）和产量变化（b）

资料来源：罗建美，2019

菜种植面积增长显著，水果种植面积从 20 世纪 80 年代初的不足 30 万 hm^2增加到约 120 万 hm^2，蔬菜种植面积从 33 万 hm^2增加至 133 万 hm^2，二者种植面积均增加了 3 倍左右，占到主要农作物种植面积的 25%。而谷子、豆类、高粱等杂粮作物种植面积则快速减少，大多数农田向种植高附加值的经济作物转变。在种植结构单一化和追求经济利益的趋动下，京津冀的农业种植结构发生了巨大变化［图 4-1（a）］。

到 2016 年末，京津冀粮食、蔬菜、水果的总种植面积为 927 万 hm^2，其中北京为 19 万 hm^2，天津为 44 万 hm^2，河北为 864 万 hm^2（表 4-1）。在总种植面积中，粮食作物种植面积为 677 万 hm^2，占总种植面积的 73%；蔬菜作物种植面积 133 万 hm^2，占 14%；水果种植面积 117 万 hm^2，占 13%。

表 4-1　2016 年京津冀地区粮食、蔬菜和水果的种植面积　（单位：万 hm^2）

地区	粮食	蔬菜	水果
北京	8.73	4.75	5.25
天津	36.20	4.69	3.36
石家庄	73.75	16.20	17.04
唐山	47.88	18.99	6.84
秦皇岛	13.71	4.58	4.82
邯郸	78.15	14.46	4.45
邢台	74.10	7.18	8.00
保定	90.50	16.55	13.79

续表

地区	粮食	蔬菜	水果
张家口	46.89	10.41	12.45
承德	28.98	7.83	12.30
沧州	89.29	9.16	15.53
廊坊	30.03	10.22	6.51
衡水	58.48	8.03	7.28

伴随着农业科技的快速发展、品种的不断更新与越来越充足的水肥药供给，京津冀地区的农业总产量从 3500 万 t 增加到 15 000 万 t 以上［图 4-1（b）］。粮食作物的总产量翻了一番多，蔬菜总产量从 1000 万 t 增加到 8600 万 t 以上，水果产量从 200 万 t 增加到 2000 万 t。以 2016 年为例，粮食、水果和蔬菜三类农产品的总产量就达到 13 849 万 t，其中，北京 300 万 t，天津 506 万 t，河北 13 043 万 t（表 4-2）。

表 4-2　2016 年京津冀粮食、蔬菜和水果总产量　　（单位：万 t）

地区	粮食	蔬菜	水果
北京	54	184	62
天津	200	274	32
石家庄	496	1321	280
唐山	305	1467	158
秦皇岛	81	324	87
邯郸	547	828	92
邢台	457	399	124
保定	571	1032	193
张家口	167	738	75
承德	134	463	129
沧州	46	578	152
廊坊	159	639	69
衡水	363	403	166

高强度的农业生产不仅满足了京津冀地区的食物需求，也对全国粮食安全做出重要贡献，甚至大量优质的蔬菜产品出口到国际市场。

4.1.2　京津冀农产品供需情况

从京津冀地区的食物供需情况来看，产出远远超过消费需求。本研究充分考虑人口年龄结构、性别结构和城乡结构的特征，以及居民外出就餐的食物需求，参考我国现行人均膳食结构特征，用以估算京津冀地区的人均食物消费需求。

区域农产品总的需求量利用人口与人均食品消费量进行估算，同时考虑农作物的产后损失与种子用粮部分的需求。人均消费量呈现出口粮消费农村居民高于城镇居民，蔬菜、水果和肉蛋奶的消费农村居民低于城镇居民的特征。由于统计年鉴中食品的人均需求量不包括居民外出就餐部分，因此在估算居民的食品消费量时需要考虑居民外出就餐的食品消耗部分。根据已有的研究，城镇居民外出就餐的比例为 18.13% ~26.1%（胡舟，2016；董晓霞等，2008；马冠生等，2005，2006；李国祥，2005），农村居民外出就餐的比例为 8.7% ~14.23%（胡舟，2016；马冠生等，2005，2006）。为简化计算，城镇居民外出就餐的比例按 20% 计算，农村居民外出就餐的比例按 10% 计算，据此推算的人均食品消费需求量与李静等（2016）基于天津膳食调查估算的膳食能量消费结果相似（表 4-3）。按人均摄取食物的热量看，农村与城镇居民谷物的人均食品消费量分别采用 1330 kcal①/d 和 1065 kcal/d，李静等（2016）的调查结果分别为 1197 kcal/d 和 1024 kcal/d；本研究中豆类的人均食品消费量农村与城镇居民分别为 54 kcal/d 和 78 kcal/d，李静等（2016）的调查结果分别为 37 kcal/d 和 52 kcal/d。区域人口以 2016 年的现状数据为依据，总人口为 1.12 亿人，其中城镇人口数为 0.72 亿人，农村人口数为 0.40 亿人。根据人均食品消费结构和人口数，进一步估算了京津冀地区城镇和农村居民人均粮食、蔬菜、水果和肉蛋奶的消费量以及区域总供需情况。

表 4-3　京津冀人均食品消费量与已有研究结果的对比　　（单位：kcal/d）

来源	区域	谷物	豆类
本研究	农村	1330	54
	城镇	1065	78
李静等（2016）	农村	1197	37
	城镇	1024	52

资料来源：罗建美，2019

可见，京津冀平原区主要农产品除供给区内居民食品消费外，多数还存在较大的盈余量。水果、蔬菜、蛋、奶、水产品和部分粮食作物都存在一半以上的盈余量。其中，粮食作物口粮需求量为 1770 万 t，盈余量占供给量的 49%。小麦需求量为 1176 万 t，盈余量占供给量的 21%。玉米口粮需求量为 55 万 t，仅为产量的 3%。蔬菜和水果的需求量分别为 1493 万 t 和 539 万 t，盈余量分别占供给量的 83% 和 75%。其他肉蛋奶和水产品的盈余量分别占供给量的 40% ~62%。区内仅稻谷和豆类存在亏缺，亏缺量分别为 327 万 t 和

① 1 kcal=4.184 kJ。

69 万 t。

为了更准确地估算粮食作物的需求量，本研究中将肉蛋奶及水产品依据料肉比折合为饲料用量，以玉米计算。相对于玉米和粮食的口粮消费结构，肉蛋奶与水产品折算为粮食后，城镇居民和农村居民的人均粮食消费量和人均玉米消费量分别增加了 140 kg 和 83 kg，因此，通过料肉比折算后，玉米的总需求量为 1513 万 t，粮食作物总需求量为 3327 万 t。肉蛋奶和水产品折算为粮食后，粮食作物和玉米的盈余量分别从原来的 49% 和 97% 变为 16% 和 25%。这一结果与河北净输向京津冀以外地区的粮食和玉米的产量比例 17% 和 26% 调查数据基本一致。

京津冀平原区是我国农业生产条件最好的地区之一，中华人民共和国成立以来，长期作为国家重要粮食基地，其农业生产以服务全国需求为目标，在解决温饱过程中做出了重要贡献，也因此发展成为北方地区粮食单产水平最高的地区之一。总体来看，京津冀地区农产品的生产量多大于区域居民的食品消费需求，盈余量较大。基于计算分析可知，京津冀地区生产的大量农产品输出到区域外。据计算，2011 年河北平原地区（石家庄、邯郸、邢台、保定、沧州、衡水）向外输出虚拟水 101.7 亿 m^3，蓝色虚拟水 35.6 亿 m^3（任丹丹，2020）。京津冀地区一方面大量开采地下水用于农业灌溉，造成严重的地下水超采和区域生态环境恶化现象；另一方面生产的大量农产品供给到区域外部，或者因市场供需问题经常出现滞销和浪费。

京津冀地区农产品的供需现状与区域地下水严重超采的问题极不匹配，有必要探明区域主要的高耗水作物，通过优化种植结构，促进农业与水资源的协调发展。

4.2 基于农田水平衡的种植制度适水调整

过去几十年，京津冀地区的种植制度从传统的两年三熟逐渐发展为一年两熟模式，小麦-玉米两熟制农田亩产可高达 1.3 t，施氮近 30 kg，耗水 480 m^3，其中净消耗地下水约 146 m^3。根据多年实测资料计算的水平衡结果，除棉花可基本实现多年尺度的水平衡外，梨树和蔬菜消耗的地下水比粮食作物更多。区域播种面积的 60% 以上种植粮食作物，其中，小麦和玉米的播种面积占粮食作物播种面积的 87%，小麦和玉米的产量占粮食作物产量的 92%（2011 ~ 2015 年）。合理地调整农业种植制度，改变高耗水、高产出、高污染的模式，使本区域农业向资源节约型和环境友好型发展是必然选择。本研究的基本思路是基于农田水平衡结构特征，提出合理的农业种植制度，以实现多年尺度上耗水与降水的平衡，以减少地下水的开采和消耗。

4.2.1 基于原位观测和试验的农田水平衡

为评估不同作物种植模式的水资源消耗特征，以栾城站为依托，自 2007 年冬季开始，采用涡度相关法开展了冬小麦-夏玉米一年两熟农田水热通量的长期观测。涡度相关法是通过测定和计算物理量（如温度、CO_2和 H_2O 等）的脉动与垂直风速脉动的协方差求算湍流输通量的方法，被认为是现今唯一能够直接测定生物圈与大气间能量与物质交换通量的标准方法，在局部尺度的生物圈与大气间的痕量气体通量的测定中得到认可（Aouade et al., 2016；于贵瑞等, 2004），已经被越来越广泛地应用于估算陆地生态系统中的物质和能量交换中（Zapata and Martinez-Cob, 2002；朱治林等, 2006）。在 2008 ~ 2017 年，利用布置于栾城站综合观测场的涡度相关系统对本地区典型的冬小麦-夏玉米一年两熟模式进行了水热通量监测，并分别于收获期测产。

在开展农田水热通量观测的 2008 ~ 2017 年 10 个连续作物年观测期间，年平均降水量为 466 mm，略偏少于自 1971 年栾城有气象观测以来统计的多年平均降水量（477 mm），其中 4 个年份属平水年，2 个年份属超过 25% 保证率的丰水年，4 个年份属降水量低于 75% 保证率的枯水年（包括 1 个极枯水年，2014 年仅 290. 4 mm）。总体而言，观测期处于相对较干旱的时期，降水量总体偏少（表 4-4、表 4-5）。

表 4-4　1971 年以来栾城地区作物季降水丰枯年型降水量特征

降水年型	保证率	生长季/年降水量/mm		
		小麦季	玉米季	全年
极丰水年	$P=10\%$	202. 1	518. 5	662. 6
丰水年	$P=25\%$	162. 4	413. 1	556. 7
平水年	$P=50\%$	125. 9	319. 2	457. 5
枯水年	$P=75\%$	96. 7	247. 6	376. 5
极枯水年	$P=90\%$	76. 1	200. 1	317. 8

表 4-5　2008 ~ 2017 年作物生长季/年降水量

年份	生长季/年降水量/mm		
	小麦季	玉米季	全年
2007 ~ 2008	240. 2	357. 3	597. 5
2008 ~ 2009	116. 5	417. 1	533. 6
2009 ~ 2010	77. 2	288. 5	365. 7
2010 ~ 2011	63. 3	312. 1	375. 4

续表

年份	生长季/年降水量/mm		
	小麦季	玉米季	全年
2011 ~ 2012	97.0	457.0	554.0
2012 ~ 2013	124.0	451.4	575.4
2013 ~ 2014	62.8	227.6	290.4
2014 ~ 2015	145.4	369.2	514.6
2015 ~ 2016	116.2	375.2	491.4
2016 ~ 2017	135.2	223.0	358.2
平均	117.8	347.8	465.6

通过分析作物周年和不同作物季的蒸散耗水量和各水平衡分量发现，在山前平原典型区冬小麦-夏玉米灌溉高产模式下，多年平均的年蒸散耗水量为 715 mm，远大于同期的年均降水量 466 mm，全年水分亏缺量为 249 mm，其中，冬小麦季水分亏缺量达 296 mm，夏玉米季水分盈余量为 47 mm。抽取地下水灌溉是补充农田水平衡亏缺的主要方式，年灌溉量在190 ~ 500 mm，2008 ~ 2017 年平均年灌溉量为 362 mm，其中小麦季灌溉量为 249 mm，玉米季灌溉量为113 mm；全年输入农田的降水和灌溉总量为 828 mm，其中共产生 114 mm 深层渗漏，这部分水分最终将补给地下水，灌溉活动造成地下水位以平均每年 0.85 m 的速率下降。0 ~ 200 cm 根层土壤水储量有一定的年际变动，变动幅度在-140 ~60 mm；10 年平均而言，土壤水储量变化为-1 mm，基本平衡；其中，冬小麦生长季土壤水储量可提供作物利用 66 mm，夏玉米生长季土壤水储量增加 65 mm。观测期间，冬小麦单产平均为 6832.0 kg/hm^2，夏玉米单产平均为 8906.8 kg/hm^2，与栾城产量水平基本一致。由此可见，对于灌溉高产的冬小麦-夏玉米两熟种植制度，冬小麦处于旱季，其灌溉量几乎与全年水分亏缺量相当；夏玉米处于雨季，生育前期和个别干旱年份需要补充灌溉，整体而言，仍有一定的降水量盈余。

根据农田水平衡结构的分析，京津冀小麦-玉米典型两熟制农田长期维持高产依赖于及时的地下水灌溉，这是造成区域地下水超采和地下水位持续下降的主要原因。要实现农业的适水发展，需要考虑农作物的耗水水平在多年尺度上与降水量保持基本平衡，因此，上述基于大田的水平衡长期观测结果可以为农业种植制度的调整提供重要依据。

为探索合理的种植制度，评估不同作物配置模式和熟制的中长期产量能力和水资源效应，依托栾城站开展了大量的轮作试验。其中一个不同轮作制度长期田间定位试验始于 2002 年小麦播种季（Yang et al.，2015a，2015b，2017），试验共设置了 5 种不同熟制的种植模式：①粮棉薯四年五熟种植模式：甘薯-棉花-甘薯-冬小麦-夏玉米，4 年为一个轮作周期；②粮棉油三年五熟种植模式：黑麦草-棉花-花生-冬小麦-夏玉米，3 年为一个轮作周期；③粮油两年三熟种植模式：花生-冬小麦-夏玉米，2 年为一个轮作周期；④小麦-玉米一年两熟种植模式：冬小麦-夏玉米，一年两熟制；⑤棉花连作种植模式，一年一熟制。利用中子仪定期测定 0～180cm 土层的含水量，作物田间常规管理，成熟期测产。

由图 4-2 可见，2003～2014 年五种不同种植模式轮作周期内年均生育期耗水量的大小依次为小麦-玉米模式>粮棉油模式>粮油模式>粮棉薯模式>棉花连作模式。试验的小麦-玉米模式生育期的年均耗水量为 724.5 mm，在 5% 水平上显著高于其他模式。棉花连作模式和粮棉薯模式生育期的年均耗水量分别为 497.5 mm 和 519.5 mm，分别比小麦-玉米模式年均节约水量 31.3% 和 28.2%。粮油模式和粮棉油模式的年均耗水量分别比小麦-玉米模式年均节约水量 19.4% 和 13.9%。

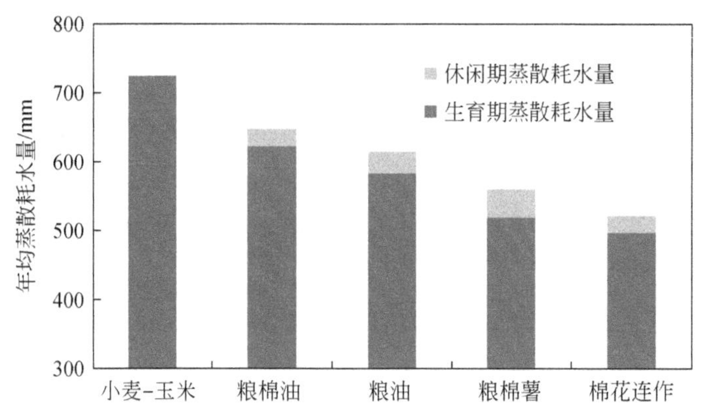

图 4-2　不同种植模式年均蒸散耗水量

资料来源：Yang et al.，2015a

2003～2014 年，五种不同种植模式轮作周期内年均蒸散耗水量均大于年均降水量，表现为不同程度的水分亏缺，均需要地下水灌溉补充。随着熟制由小麦-玉米模式的一年两熟降低为棉花连作模式的一年一熟，相应的年水分亏缺量也从 252.3 mm 减少到 50.3 mm/a（表 4-6）。不同轮作模式经济产量高低依次为小麦-玉米模式>粮油模式>粮棉油模式>粮棉薯模式>棉花连作模式，表现为随着不同轮作模式的复种指数降低而降低的规律。

表 4-6　2003～2014 年不同轮作模式田间试验水平衡与经济产量

	小麦-玉米（一年两熟）	粮棉油（三年五熟）	粮油（两年三熟）	粮棉薯（四年五熟）	棉花连作（一年一熟）
年均降水量/mm	472.2				
年均耗水量/mm	724.5[a]	647.4[b]	615.0[c]	560.6[d]	522.5[e]
水分盈亏/mm	-252.3	-175.2	-142.8	-88.4	-50.3
经济产量/(kg/hm²)	14 116.6	9 579.4	9 631.0	8 088.3	4 190.7

注：不同小写字母表示在 $P<0.05$ 水平上存在显著性差异。

资料来源：Yang et al.，2015a。

4.2.2 基于数值模拟的不同种植制度农田水平衡

为评估种植制度改变后对水资源利用和产量的长期效应，利用作物模型 APSIM 对不同熟制农田水平衡和产量开展了模拟分析。APSIM 是澳大利亚农业生产系统研究组开发的作物系统模拟模型，该模型包括作物生长和发育、土壤水和土壤氮等多个模块，可以模拟从播种到成熟每日的土壤水分变动、耗水过程以及作物生长过程，如生物量积累和分配、叶面积指数（LAI）以及根、茎、叶和籽粒等各部分的生长等（Holzworth et al., 2014）。

模拟情景共设置了三个不同的作物种植模式，即冬小麦-夏玉米（WW-SM）一年两熟作物种植模式（1Y2M），夏玉米（SM）或早播玉米（EM）一年一熟作物种植模式（1Y1M），还有冬小麦-夏玉米/休耕-夏玉米（或早播玉米）［WW-SM/F-SM（EM）］两年三熟作物种植模式（2Y3M）（表 4-7）。基于栾城农业生态试验站长期的作物物候记录，冬小麦生育期设置为每年 10 月 5 日至次年 6 月 14 日，夏玉米生育期为每年 6 月 15 日至 10 月 4 日。其中，在 M1 ~ M6 模拟情景中，冬小麦和夏玉米的播种期分别设定为 10 月 5 和 6 月 15 日；M7 和 M8 模拟情景中的早播玉米播种期设定为 5 月 10 日，比夏玉米播种期提前 35 天。分别利用 2006 ~ 2012 年、2014 ~ 2015 年的田间试验对模型参数进行了校正与验证，模拟长时间序列为 1981 ~ 2015 年（Xiao et al., 2017）。

表 4-7 不同作物种植模式情景设置

种植模式	模拟情景	灌溉模式设置	
		冬小麦生育期（10 月 5 日 ~ 次年 6 月 14 日）	夏玉米生育期（6 月 15 日 ~ 10 月 4 日）
1Y2M	M1	80mm×4 次	40mm×2 次
	M2	自动灌溉	自动灌溉
1Y1M	M3	休耕期	40mm×2 次
	M4	休耕期	80mm×2 次
	M5	休耕期	自动灌溉
2Y3M	M6	80mm×4 次或休耕期	40mm×2 次
		早播玉米生长期（5 月 10 日-成熟）	
1Y1M	M7	60mm×3 次	
	M8	自动灌溉	

注：1Y2M、1Y1M 和 2Y3M 分别表示一年两熟、一年一熟和两年三熟。

资料来源：Xiao et al., 2017

通过比较 APSIM 模拟不同作物种植系统下的作物水分利用和产量，传统的冬小麦-夏玉米（WW-SM）一年两熟作物系统具有最高的用水量，常规灌溉下年平均 ET 为 746.2

mm（表4-8）；由于降水量少于作物需水量，年平均地下水超采量为258.0 mm；在充分灌溉条件下，年平均ET高达876.8 mm，导致年平均地下水超采量达388.3 mm。当单季作物种植系统夏玉米（SM）替代一年两熟作物系统时，常规灌溉下年平均ET为482.2 mm。由于玉米生长季作物需水量略低于年降水量，能够补给地下水6.1 mm。当每次灌溉量增加1倍时（80.0 mm），年平均ET增加到510.2 mm，再次出现22.0 mm的地下水超采。在自动灌溉（充分供水）条件下，年平均ET和年平均地下水超采量分别为536.3 mm和48.2 mm。然而，当种植系统改变为两年三熟（冬小麦-夏玉米/休耕-夏玉米）后，年平均ET为628.6 mm，年平均地下水超采量为140.7 mm。此外，在180 mm固定灌溉条件下，单季早播玉米（EM）的年平均ET为529.7 mm，年平均地下水超采量为41.6 mm。当变为自动灌溉条件时，年平均ET增加到556.3 mm，年平均地下水超采量增加到65.8 mm。

不同作物种植模式下的年均产量差异较大。对于常规灌溉条件下的一年两熟种植模式，冬小麦和夏玉米的年均产量为14 753.1 kg/hm²，在自动灌溉条件下年均产量将增加到19 312.8 kg/hm²。单季夏玉米种植模式下，常规灌溉量玉米年均产量为7226.0 kg/hm²；当灌溉量增加1倍时，年均产量为8294.3 kg/hm²，自动（充分）灌溉条件下年均产量达到9791.0 kg/hm²。对于两年三熟种植模式下（M6），年均产量为11 336.1 kg/hm²。单季早播玉米种植模式下，在固定灌溉180 mm条件下玉米年均产量为10 809.4 kg/hm²，自动灌溉条件下玉米年均产量为12 241.5 kg/hm²。

表4-8　不同模拟情景下华北平原小麦、玉米作物模式水平衡及产量特征

种植模式	模拟情景	年平均降水量/mm	年平均灌溉量/mm	年平均ET/mm	渗漏量/mm	年平均地下水超采量/mm	年平均小麦产量/(kg/hm²)	年平均玉米产量/(kg/hm²)	年平均产量/(kg/hm²)
1Y2M	M1	488.0	400.0	746.2	142.0	258.0	7 272.3	7 480.8	14 753.1
	M2	488.0	524.0	876.8	135.7	388.3	9 478.1	9 834.7	19 312.8
1Y1M	M3	488.0	80.0	482.2	86.1	-6.1	—	7 226.0	7 226.0
	M4	488.0	160.0	510.2	138.0	22.0	—	8 294.3	8 294.3
	M5	488.0	168.3	536.3	120.1	48.2	—	9 791.0	9 791.0
2Y3M	M6	488.0	244.5	628.6	103.8	140.7	3 673.7	7 662.4	11 336.1
1Y1M	M7	488.0	180.0	529.7	138.4	41.6	—	10 809.4	10 809.4
	M8	488.0	198.8	556.3	133.0	65.8	—	12 241.5	12 241.5

资料来源：Xiao et al.，2017

此外，利用hydrus模型对栾城地区典型农田玉米一熟模式的土壤水分运移、深层渗漏及周年水平衡进行了模拟研究，模拟时段设定为1976～2013年，研究情景为：玉米一熟制，其余时间为裸土（无植被、无覆盖）；玉米播期为5月20日，收获期为9月20日；

玉米在同生长季作物系数和叶面积指数与两熟制相同；裸土期的作物系数为 0.4（与两熟的越冬和裸土期相近）。根据研究时段内年降水量变化特征，灌溉量设定为：丰水年（$P \geq 571$ mm），灌溉量 = 0 mm；平水年（376 mm < P < 571 mm），灌溉量 = 80 mm；枯水年（$P \leq 376$ mm），灌溉量 = 160 mm。

模拟结果表明，玉米生育期内年均蒸散耗水量为 391 mm，休闲期年均蒸散耗水量为 81 mm，年度总蒸散耗水量为 472 mm，与同时段年均降水量 498 mm 相比较，年均水分盈余量 26 mm，可实现地下水的可持续利用（表 4-9）。

表 4-9　玉米一熟模式的多年水平衡均值　　（单位：mm）

水循环分量	年平均	玉米季（5 月 20 日至 9 月 20 日）	休耕期（9 月 21 日至 5 月 19 日）
降水量 P	498	384	114
灌溉量 I	80	80	0
年均蒸散耗水量 ET	472	391	81
渗漏量 D（2m）	106	115	-9

自中华人民共和国成立以来，我国农业科技发生巨大进步，十一届三中全会我国制定了“三步走”的国家发展战略，其中第一步就是解决温饱。因此，自 20 世纪 80 年代开始，我国农业的一个最主要任务就是增产和解决温饱问题，从那时起河北作为全国重要粮食生产基地，保障国家粮食安全一直是最重要的战略任务。1985 年栾城县实现了“吨粮县”，即平均亩产粮食达到 1000 kg 水平。地下水埋深也从 20 世纪 80 年代初的十几米持续下降到 2017 年的 45 m。调整农业种植制度，降低农业耗水强度，保护地下水资源，实现农业可持续发展，已经成为当前我国新时期发展战略的重要国家需求。根据田间实测结果，本研究提出将一年两熟制种植制度调整为两年三熟、三年四熟甚至四年五熟的种植制度，根据作物耗水规律合理配置作物熟制，将灌溉活动从保证高产调整到保证合理产量的目标上来，以实现多年尺度上作物耗水量与降水量的基本平衡。

4.3　面向区域用水平衡的种植结构优化

一个区域的农业平衡用水，除了调整种植制度减轻单位耕地面积的耗水强度外，还要调整不同作物的种植规模和结构，尤其是将高耗水作物调减至合理的规模，以压缩区域耗水总量，实现农业适水发展。本研究以种植业系统为研究对象，以区域水资源量与高耗水作物的食品供需平衡条件对作物种植规模进行约束，基于种植结构优化模型及快速精英非支配排序遗传算法（NSGA-Ⅱ），开展规模-结构协同的种植结构调整和优化研究，模拟多情景京津冀区域种植结构与规模适水优化的节水潜力，分析调整种植结构、缩减作物种植

（灌溉）规模的节水效应。

4.3.1　2011 ~ 2015 年种植结构下的农业用水平衡分析

京津冀地区 2011 ~ 2015 年主要农作物的种植面积为 1017 万 hm^2，以小麦、玉米、蔬菜和水果为主，四种作物的总种植面积占主要农作物总种植面积的 83%。其中，小麦和玉米的种植面积占总种植面积的 58%，蔬菜和水果的种植面积占总种植面积的 25%。此外，棉花、油料作物和薯类种植面积合计占主要作物总种植面积的 12%。平原区主要农作物的种植面积为 769 万 hm^2，占京津冀主要农作物总种植面积的 76%。在现有种植结构下，平原区主要农作物年需水量为 452 ~ 855 mm，年降水量为 541mm，水分亏缺量为-90 ~ 313 mm（2000 ~ 2017 年）。其中，年水分亏缺量较大的种植类型为蔬菜、水稻、冬小麦-夏玉米、水果、棉花和薯类。由于水稻、棉花和薯类的种植面积远小于冬小麦-夏玉米、蔬菜和水果的种植面积，因此京津冀平原区灌溉需水量较大的种植类型为冬小麦-夏玉米、蔬菜和水果三种类型，其年水分亏缺量占平原区全部种植作物水分亏缺量的 90% 以上（Luo et al., 2022）。

京津冀农作物的灌溉需水量既与作物生育期的水分亏缺量有关，又与作物的种植规模有关。四大主要作物中，由于冬小麦-夏玉米种植规模与生育期水分亏缺量都非常大，因此，该作物系统也是灌溉需水量最大的作物，年均水分亏缺总量为 64 亿 m^3；蔬菜和水果水分亏缺量也较大，但种植规模较冬小麦的种植规模要小得多，其生育期灌溉需水量仅次于冬小麦，分别为 28 亿 m^3 和 19 亿 m^3。由于夏玉米生育期作物需水和降水耦合性好，存在少量的水分盈余，其年灌溉需水量可视为零。棉花和薯类生育期的水分亏缺量相近，但由于棉花的种植规模较薯类大，因此，棉花成为用水量仅次于水果的作物类型，年均用水量为 5 亿 m^3。其他作物中，稻谷的水分亏缺量也非常大，但其种植规模小，仅占粮食作物总种植面积的 1% 左右，总用水量比较少。花生、豆类和谷子生育期水分亏缺量较小，种植规模较小，仅占主要农作物种植面积的 1% ~5%，灌溉需水量均较小。总体来看，如果不考虑京津冀地区作物生育期水分盈余对水资源的补给作用，则主要作物的灌溉需水总量为 123 亿 m^3。其中，冬小麦、蔬菜和水果是年均灌溉需水量较大的作物，由于研究区灌溉用水多来自地下水，因此它们也是对地下水消耗最大的三种作物类型。

4.3.2　种植结构优化基本思路和目标

通过种植结构优化实现区域总耗水量的减少，并进一步实现地下水超采量的压减，首先需要考虑研究区的功能定位问题。京津冀地区过去长期以服务全国粮食和农产品需求为目标，在国家解决温饱和粮食安全问题上做出了巨大贡献，未来京津冀地区的农业结构调整仍然应首先思考区域农业定位问题。基本上可以考虑两个发展方向：一是以实现区域地下水采补平衡为目标，在不增加外流域调水的条件下，对农业结构和种植规模进行合理调整；二是以服务国家粮食安全为目标，发挥京津冀地区农业生产能力，对种植结构进行优化以实现最大的经济效益。后者需要考虑通过跨流域调水来平衡区域地下水超采问题。本研究着眼于从应对京津冀区域水资源短缺与缓解农业生产对生态环境负面影响展开研究，主要探讨通过规模和结构的协同调整来实现区域水粮协调发展的可行途径，为区域的种植业可持续发展提供决策支持的依据。

因此，首先考虑京津冀地区农业的服务对象为京津冀区域内人口的食物需求，然后考虑区域地下水保护的不同目标，设定种植结构优化总耗水量目标值，以此为约束进行区内作物种植结构的优化模拟，获得不同品类农作物的种植面积、产量和耗水量等结果，分析种植结构优化的节水效应。

在预测区域人口增长和食物需求的基础上，以作物的种植规模为自变量，包括冬小麦、夏玉米、蔬菜、水果、稻谷、谷子、大豆、花生、薯类和棉花的种植规模，共 10 个决策变量；目标函数包括用水最少、经济效益最大和生态效益最大三个目标函数；主要的约束条件包括耕作面积约束、水资源约束和食品供需约束等条件。

1. 模型约束条件

耕作面积约束。作物播种面积之和不应超过目前的总种植面积。优化后的高耗水作物种植面积应小于目前的种植面积。

水资源约束。优化后的用水量应小于当前的用水量，节水总量应大于一定的目标值，优化后的作物用水经济效益应高于目前的作物用水经济效益。

食品供需约束。食品供需的约束主要针对现状产量大于需求量的作物类型，特别是高耗水作物小麦、蔬菜和水果，它们是研究区域耗水量最大的作物类型，其现状种植规模的生产量均高于区域内对这些产品的消费需求量，因此可以通过对这些农产品的供需约束来实现节水的目的。此外，小麦和稻谷是研究区主要的口粮作物，口粮一定程度上自给也是必要的约束条件。

2. 农业发展情景

在种植结构优化过程中，为了确定未来农业生产对水、粮协调发展的可能影响，定量化水、粮效应的阈值范围，从用水、用地、经济与生态产值等方面，设置了种植结构优化的四种模拟情景（表 4-10），分别代表四种农业服务的目标。

表 4-10 京津冀地区农业种植结构优化情景设置

情景	情景目标解释		
	用水	用地	经济与生态产值
现状发展趋势 S1	总用水量减少	作物规模为现状外推，总种植面积小于现状	农田经济产值与生态产值变化较小
农产品自给 S2	总用水量减少较多	主要农产品自给规模，总种植面积小于现状，适度休耕	农田经济产值减少，生态产值增加
水资源约束下粮食最大产出 S3	总用水量减少至区域水资源量	主要农产品自给、小麦按水资源量确定规模，总种植面积小于现状，适度休耕	农田经济产值减少，生态产值增加
水粮经兼顾 S4	总用水量减少，依赖外部水源	作物规模为保障口粮（小麦+水稻）自给、兼顾经济产出规模，总种植面积小于现状	农田经济产值与生态产值变化较小

资料来源：罗建美，2019

情景一（现状发展趋势 S1）：假设种植结构的优化不受宏观调控管理政策的影响，农作物种植结构按照过去 15 年的趋势自发演变，相当于一种一切照常（business as usual）的情景模式。优化后的种植结构以作物种植结构的现状发展趋势外推的方法进行确定。这种情景的特点是，农作物总种植面积小于现状，总用水量减少，农田经济产值与生态产值变化较小。

情景二（农产品自给 S2）：作物的种植结构以区内主要农产品自给（不包括水稻）的规模来确定，农作物总种植面积减少幅度较大，可以进行适度休耕，总用水量有较大幅度减少，节水效果较好，农田经济产值减少，生态产值增加。该情景也是在兼顾区内消费需求的条件下节水量最大的种植结构优化情景。

情景三（水资源约束下粮食最大产出 S3）：作物的种植结构以区内水资源所能支撑的最大粮食产出规模来确定，其他高耗水作物规模以区内自给进行约束，农作物的总种植面积减少幅度较大，可以进行适度休耕，总用水量减少至区域水资源量以内，农田经济产值减少，生态产值增加。

情景四（水粮经兼顾 S4）：优化的种植结构以保障区内口粮自给（小麦与水稻总量）、兼顾经济产出的规模来确定，农作物的总种植面积小于现状，总用水量减少，农田经济产值与生态产值变化较小。

四种农业发展情景主要是基于未来京津冀地区农业的不同服务目标进行设定的，情景一是现有发展趋势的自然延续，主要受市场需求等因素影响，受政府的政策调控影响不大；情景二主要设定未来农业生产，以满足本区域需求为目标，不考虑向全国其他区域输出农产品，这种情景会节约大量土地和水资源；情景三主要考虑通过农业生产规模的缩减实现区域地下水的采补平衡，但是要尽量保证口粮的自给，这种情景农业种植规模缩减最大，同时可以考察京津冀区域是否可以达到既能满足区内口粮需求，又可实现地下水采补平衡，如果无法同时满足这两个条件，那么需要多少跨流域调水量以解决粮食供给问题；情景四则优先考虑区内口粮的自给，兼顾农业收益来确定合理的粮食作物和经济作物结构比例，这种情景用水量和种植面积均较现状小。通过上述四种情景的设置，对农业种植结构进行优化，并计算分析其耗水总量变化情况，为区域农业结构调整和地下水资源保护提供决策支持。

4.3.3 优化模型及遗传算法

本研究的优化模型构建在前述四种农业发展情景基础上，通过三个目标函数和三个约束条件，应用多目标优化方法——NSGA-Ⅱ，对存在地下水严重超采问题的京津冀平原区进行作物种植结构优化求解，以期实现资源环境的可持续开发利用。多目标优化问题一般是由决策变量、目标函数和约束条件三大要素组成的，其一般表达式为

$$\min F(x)=(f_1(x),\ f_2(x),\ \cdots, f_k(x)) \tag{4-1}$$

$$\text{s.t}\ G_j(x)\leqslant 0 \quad j=1,\ 2,\ \cdots, j \tag{4-2}$$

决策变量即自变量，其数量根据研究对象确定，可以有 n 个决策变量；目标函数是决策变量通过函数关系所要达到的目标，均以最小化的形式表达，可以有 k 个目标函数；约束条件是对决策变量的限制条件，可以有 j 个约束条件，均以小于等于的形式表达。若目标函数和约束条件不符合以上表达式，在求解的过程中可以通过形式转换进行求解。

在遗传算法中，优化模型的决策变量被定义为种群中的染色体，每个染色体代表一种可能解。通过评价染色体的适应度（根据目标函数来进行适应度评价），来确定其存活概率的大小，按照“优胜劣汰、适者生存”的法则，使算法收敛，得到最优解。

遗传算法的主要流程包括编码、生成初始群体、适应度评价、遗传操作（包括选择、交叉和变异三种算子）和算法终止。编码是将求解问题的解变换为字符串的过程，主要有二进制编码和实数编码两种编码方法。初始群体由若干初始解组成，通常设定为优化变量数的 10～15 倍。适应度根据目标函数对染色体适应性的高低进行评价。遗传操作中的选择算子通常根据适应度的评价结果选择适应值大的个体作为父代来繁衍子代；交叉算子是把两个父代个体的部分结构加以替换、重组而生成新个体的操作；变异算子是把某些基因座上的值取反，变异位置是随机选择的。算法终止则根据设定的迭代次数或根据自适应性终止算法并输出最优解。

NSGA-Ⅱ是基于 Pareto 优化的带精英策略的非支配排序遗传算法，由 Srinivas 和 Deb（1994）提出，该算法相对于早期的简单遗传算法更加高效，优化求解也从单目标优化扩展为多目标优化。在算法上的主要改进表现为在“选择”算子之前增加了“非支配排序”的功能，使多目标优化的问题简化为计算适应度函数的问题。Deb 于 2000 年对 NSGA 进行了改进，提出了 NSGA-Ⅱ。该算法的主要改进之处在于选择父代遗传个体之前进行“快速

非支配排序”和“拥挤距离的计算”（图4-3），精英策略在算法的执行速度、收敛性和多样性方面有了很大的提高。

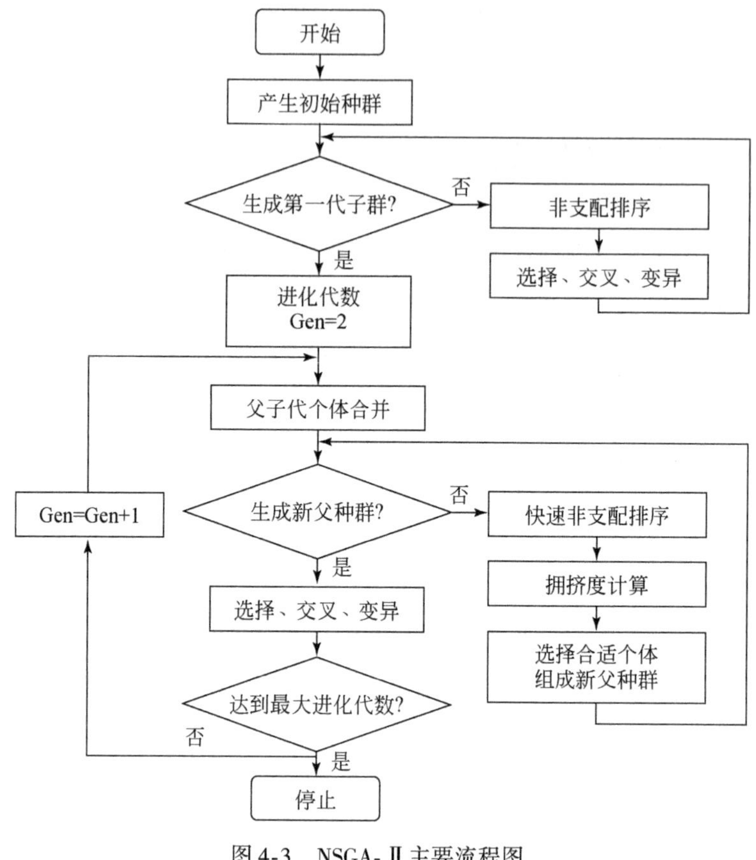

图4-3　NSGA-Ⅱ主要流程图

资料来源：罗建美，2019

4.3.4　未来情景下作物结构优化及用水平衡分析

1. 未来人口和食物需求预测

本研究通过人口自然增长规律，考虑区域城市化发展趋势和雄安新区建设等国家重大政策影响，对2030年京津冀地区人口总量、分年龄段性别组成、城乡分布等进行预测，作为对未来食物需求预测的基础。未来的食物需求通过考虑不同年龄段人口和性别差异、城乡食物消费差异进行估算。

京津冀2016年现状人口总数为1.12亿人，城镇化率为64%，城镇人口数为0.72亿人，乡村人口数为0.40亿人。采用逻辑斯谛（logistic）预测模型和线性预测模型两种方法，对京津冀 2030 年人口增长的阈值范围进行预测，并考虑雄安新区建设对人口机械增长的可能驱动效应。结果显示，到 2030 年京津冀总人口将达到 1.23 亿 ~1.27 亿人。城镇化率按 75% 进行估算（李慧，2014），则在 2030 年人口低增长的情景下，城镇人口为 0.92 亿人，乡村人口为 0.31 亿人；人口高增长情景下，城镇人口为 0.95 亿人，乡村人口为 0.32 亿人。未来随着城镇化进程的加快，城镇人口将增加 28% ~32%，乡村人口将减少 20% ~23%，总人口将增加 10% ~13%（表 4-11）。

表 4-11　2030 年京津冀地区人口变化及城乡结构预测

时段	总人口		城镇人口		乡村人口	
	数量/亿人	变化率/%	数量/亿人	变化率/%	数量/亿人	变化率/%
现状	1.12	—	0.72	—	0.4	—
2030 年（低增长）	1.23	10	0.92	28	0.31	-23
2030 年（高增长）	1.27	13	0.95	32	0.32	-20

资料来源：罗建美，2019

未来的食物需求通过不同年龄段人口数量、性别、城乡等属性，按照人均热量需求，参考国家卫生健康委员会推荐的城乡居民膳食结构表进行估算。随着社会经济的发展，居民膳食消费呈现出消费类型多样化的特征，主要表现为口粮消费需求逐渐减少，肉、蛋、奶、蔬菜和水果等消费需求增加的趋势。本研究假设居民食品消费结构向营养均衡、能量适宜的方向发展，通过推荐的能量需求量、不同食品的能量含量及居民食品消费结构估算居民的人均食品消费量。

在居民推荐能量摄入量的基础上，根据京津冀人口的性别结构、劳动力结构、年龄结构和城乡人口结构，估算了京津冀地区居民推荐的能量摄入量。京津冀城镇居民和乡村居民的推荐能量摄入量平均分别为 2165 kcal/d 和 2017 kcal/d（表 4-12），城镇居民平均的推荐能量摄入量比乡村居民的平均推荐能量摄入量高 148 kcal/d（7%），这主要是由城乡居民在年龄结构方面的差异造成的。在 1 ~13 岁年龄段，城乡居民在此年龄段的推荐能量摄入量差别不大，14 岁及以上年龄段，乡村居民的推荐能量摄入量要高于城镇居民的推荐能量摄入量。由于在 14 ~64 岁年龄段城镇居民相对于乡村居民的比例大，而这一年龄段恰为能量摄入量最高的年龄段，因此，城镇居民平均推荐能量摄入量高于乡村居民。

表 4-12　京津冀居民的推荐能量摄入量　　（单位：kcal/d）

区域	年龄																
	1 岁	2 岁	3 岁	4 岁	5 岁	6 岁	7 岁	8 岁	9 岁	10 岁	11 ~13 岁	14 ~17 岁	18 ~49 岁	50 ~64 岁	65 ~79 岁	80 岁 ~	平均
城镇	843	1052	1227	1276	1353	1529	1631	1781	1908	1981	2210	2379	2182	1975	2013	1825	2165
乡村	850	1049	1227	1277	1354	1531	1630	1780	1910	1981	2211	2475	2285	2153	2151	1973	2017

资料来源：罗建美，2019

食品消费是人类补充自身所需能量的主要途径，根据联合国粮食及农业组织（FAO）数据和《中国食物成分表（2017）》的相关数据，城乡居民消费的主要食品中，以油料作物、坚果和糖类的能量含量较高，分别为 9.00 kcal/g、5.60 kcal/g 和 3.96 kcal/g。粮食作物的能量含量总体比较高，除土豆的能量含量（0.95 kcal/g）较低外，小麦、玉米、大米和大豆等粮食作物的能量含量均较高，为 3.18 ~ 3.78 kcal/g。在肉类中，猪肉的能量含量较高，为 3.53 kcal/g，与粮食作物的能量含量接近；牛肉、羊肉、禽肉的能量含量较低，为 2.01 ~ 2.05 kcal/g；鱼肉、蛋和奶的能量含量较低，分别为 0.95 kcal/g、1.47 kcal/g 和 0.68 kcal/g。蔬菜和水果是各种食品中能量含量较低的类型，其能量含量分别为 0.31 kcal/g 和 0.42 kcal/g。

从京津冀城乡居民的食品消费结构看，口粮作物是居民的最大消费主体，其次是蔬菜和水果。口粮作物中又以小麦的消费量最大，这是京津冀地区居民口粮消费的主要特征之一。通过对比城镇居民与乡村居民的消费结构，可以发现城镇居民的蔬菜、水果和肉蛋奶消费量均高于乡村居民的相应值，城镇居民对口粮作物小麦的消费量低于乡村居民的消费量，对稻谷的消费量略高于乡村居民的消费量。

从居民能量消费结构看，口粮作物（小麦、水稻和玉米）是城乡居民能量消费的主体，分别占总能量摄入量的 50% 和 58%。其次是肉类和油料作物，都可以占到总能量摄入量的 10% 左右。虽然在食品消费中蔬菜和水果的消费量较高，但其所提供的能量并不高，二者提供的总能量分别占城乡居民总能量摄入量的 7% 和 5%。鸡蛋和牛奶消耗的能量也非常少，分别占城乡居民总能量摄入量的 5% 和 3%（图 4-4）。总体来看，京津冀城乡居民的食品消费以小麦、水稻、蔬菜和水果为主，而消耗的能量主要来源于小麦、水稻、油类和猪肉。

依据推荐能量摄入量预测，未来京津冀地区城乡居民的人均能量消费量分别为 2165 kcal/d 和 2017 kcal/d，比当前值分别低 238 kcal/d（10%）和 304 kcal/d（13%）。假设城乡居民能量消费结构相对稳定，则城乡居民的食品消费量也将减少，城乡居民的人均粮食作物消费量将分别减少 14.6 kg 和 21.4 kg，肉类的人均消费量将分别减少 3.3 kg 和 2.6 kg，蔬菜的人均消费总量将分别减少 11.9 kg 和 11.5 kg，水果的人均消费总量分别减少 4.7 kg 和 3.9 kg。

京津冀区域总食物需求量可通过人口和人均食品消费结构估算。2030 年人口将达到 1.23 亿 ~ 1.27 亿人，城镇化率为 75%，城乡居民的人均能量消费量将减少为 2165 kcal/d 和 2017 kcal/d。未来京津冀地区人口的食品需求量主要受人口增长、城镇化率提高和能量摄入量减少三方面因素综合影响。在人口高增长的情景下，粮食作物中小麦的需求量减少 1%，玉米、稻谷、大豆和薯类的需求量分别增加了 6%、4%、6% 和 3%；蔬菜和水果的需求量分别增加 5% 和 6%。肉类、蛋、奶和水产品的食品需求量分别增加 7%、5%、

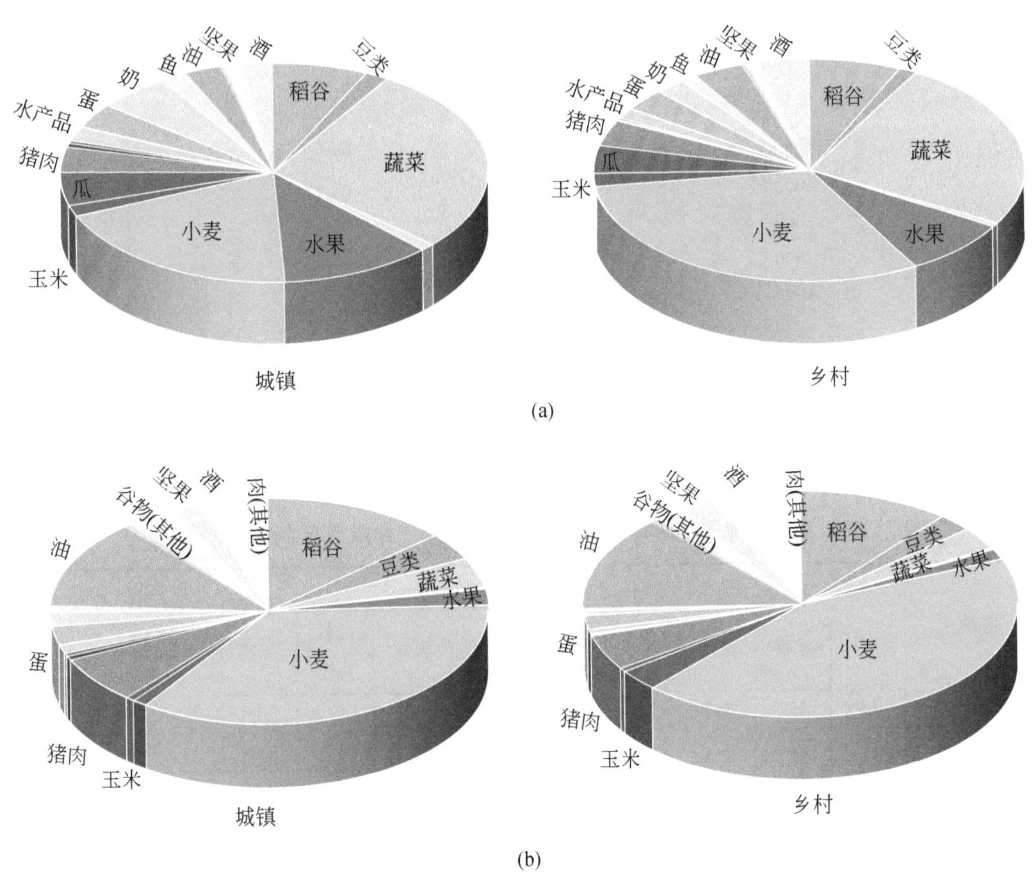

图 4-4 京津冀城乡居民食物消费结构（a）和能量消费结构（b）

资料来源：罗建美，2019

12%和10%。通过将各类农产品的未来需求量和当前生产水平对比后发现，区域主要农产品的供给量不仅可以满足未来人口增长情景下的需求量，而且多数农产品仍有盈余。即使从人口高增长的情景来看，京津冀四种主要农作物小麦、玉米、蔬菜和水果的盈余量分别可达 328 万 t、254 万 t、7226 万 t 和 1614 万 t，分别占相应农作物供应量的 22%、14%、82%和74%（图 4-5）。

2. 不同情景下作物结构优化结果

将未来农产品的区域需求量作为约束条件之一，对前述的四个情景分别进行优化计算，获得各情景条件下的各类农作物种植面积和水资源需求量结果。值得注意的是，这里的优化计算未考虑节水技术进一步提升后的水分利用效率变化，相当于是在现状的水分利用效率水平下的优化，现状和优化后各情景下不同作物种植面积和用水量结果见表 4-13。下面分述各情景的优化结果。

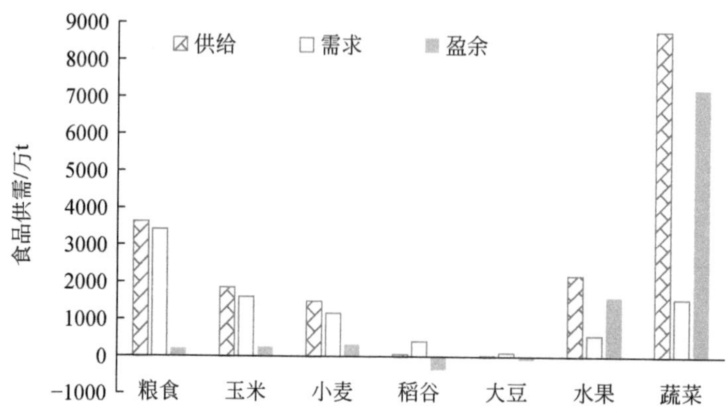

图 4-5　京津冀区域现状生产力水平下 2030 年区域食物供需情况预测

资料来源：罗建美，2019

表 4-13　京津冀不同种植结构优化情景下的作物规模与水分亏缺量

情景		作物规模/万 hm²											用水量/亿 m³
		稻谷	小麦	玉米	谷子	大豆	土豆	棉花	油料作物	蔬菜	水果	合计	
现状		10	252	343	15	18	27	53	47	136	116	1017	123
优化结果	S1	10	223	412	10	5	28	10	33	151	112	994	113
	S2	5	198	330	29	52	9	23	46	25	32	749	66
	S3	7	148	376	20	31	9	42	46	25	32	736	56
	S4	8	233	380	20	31	9	18	46	117	95	957	105

注：S1-现状发展趋势情景；S2-农产品自给情景；S3-水资源约束下粮食最大产出情景；S4-水粮经兼顾情景。

资料来源：罗建美，2019

1）现状发展趋势情景

根据京津冀农作物种植规模的现状发展趋势外延所预测的未来种植结构，是不考虑宏观调控政策影响下种植业结构自发演变的结果。在该情景下，以主要农作物 2005～2015 年的发展趋势作为未来种植结构的预测依据，利用三次指数函数平滑法进行预测。结果表明，京津冀主要农作物的种植面积将比现状减少 2%。其中，小麦种植面积减少 11%，玉米和蔬菜的种植面积分别增加了 20% 和 11%，水果种植面积变化不大，减少了 3%。种植结构的演变趋势反映了农民更多地趋向于种植高附加值的蔬菜和耕作简单、机械化程度高、灌水劳力投入少的玉米，果树的减少大致可以反映过去十年水果整体产量过高、收益下降的市场趋势。

现状发展趋势情景下，未来作物种植的总需水量比现状略少。其中，冬小麦-夏玉米种植系统用水量减少 7 亿 m³，棉花与水果种植分别减少用水量 4 亿 m³ 和 1 亿 m³，蔬菜将增加用水量 3 亿 m³。京津冀地区主要农作物相对于现状合计可以减少用水量 10 亿 m³（表 4-13）。此情景下，京津冀种植业用水总体有所减少，在一定程度上可减少地下水的开采量，但由于节水量较小（不足种植业水分亏缺量的 10%），因此，难以改变京津冀地下水超采的形势。

2）农产品自给情景

农产品自给情景下，作物种植结构以区内主要农产品自给（不包括水稻）的规模来确定，农作物总种植面积减少幅度较大，可以进行适度休耕，总用水量有较大幅度的减少，节水效果良好。该情景是在兼顾区内消费需求的条件下节水量最大的种植结构优化情景。此情景下，京津冀地区主要农作物的种植面积相对于现状将减少 26%。其中，小麦、蔬菜和水果的种植面积分别减少 21%、82% 和 72%；玉米种植面积减少 4%。在该情景下，相对于现状种植面积，京津冀地区蔬菜、水果自给条件下的水分亏缺量均减少至 5 亿 m^3，可分别减少灌溉用水量 23 亿 m^3 和 14 亿 m^3；冬小麦-夏玉米种植系统灌溉水利用量减少至 51 亿 m^3，可实现地下水压采量 13 亿 m^3。主要作物相对于现状种植结构的节水总量可达 57 亿 m^3（表 4-13），是京津冀地区在兼顾区域主产食品消费需求的同时，通过调整结构可能实现较大幅度的节水潜力。

根据国家相关部门关于水资源与用水数据的估算，京津冀平原区多年平均地下水超采量为 67 亿 m^3（2005 ~ 2015 年）。因此，主要农产品自给情景下，仍难以解决全区地下水超采的问题。如果按照农业用水占总用水量的比例 65% 来估算农业用水所导致的超采量，则估算值为 44 亿 m^3。由此可见，该情景可以实现农业用水的采补平衡，较大程度地改善农业对地下水超采问题的不良影响。

3）水资源约束下粮食最大产出情景

水资源约束下粮食最大产出情景设定作物的种植结构以区内水资源实现采补平衡的最大承载能力为限制，在其他主产作物自给的条件下，农作物的总种植面积减少幅度较大；同时又考虑将服务口粮安全作为区域的重要任务，在总用水量减少至区域水资源承载范围内的约束下，使区域发挥所能支撑的最大粮食产出规模。此情景下，对生育期除小麦外存在水分亏缺的其他主要作物（包括蔬菜、水果、棉花、油料作物和薯类）以及京津冀地区食品消费需求进行约束，可以保障有最多的水资源供口粮作物小麦种植所用。

优化结果显示，当蔬菜和水果以满足区内自给为生产目标时，二者的种植面积将分别减少 82% 和 72%，灌溉用水量均为 5 亿 m^3，相对于现状规模（2011 ~ 2015 年平均值）可减少灌溉用水量 37 亿 m^3；此时，区域水资源所能支持的小麦最大种植面积为 148 万 hm^2，大约相当于现状小麦种植面积的 59%，这时的小麦-玉米种植系统灌溉需水量为 38 亿 m^3，可节水 26 亿 m^3。综合各主要作物种植面积和净灌溉需水量可得出，此情景下区域总的灌溉需水量为 56 亿 m^3，可实现平衡区域超采量的目标，但是，小麦口粮仅可满足区域人口需求的 75%，需要从区外进口相应规模的粮食用以平衡口粮缺口。因此，在该情景下，虽然可以实现地下水采补平衡，但是由于生产的农产品难以满足区域需求，仍需要从区外进口小麦来满足人口的食物需求。

4）水粮经兼顾情景

水粮经兼顾情景下，种植结构以保障区内口粮自给（小麦与水稻总量）、兼顾经济产出的规模来确定，农作物的总种植面积小于现状，总用水量较现状会有所减少。该情景以区内口粮自给、地下水采补平衡并兼顾经济效益作为发展的临界条件，对种植结构进行优化调整。口粮自给是按照对稻谷和小麦的口粮需求总量来计算的，水稻不足部分以小麦进行折算。结果显示，该情景相对于现状种植结构而言，作物总种植面积减少 6%（表 4-13）。此种情景下，既可以满足区域口粮需求，又能够较大限度地节水和保障农民的经济收益。小麦、水稻、蔬菜、水果的种植面积与现状大致相当，因此在不考虑水资源限制的情况下，现状种植结构是相对比较合理的种植结构。该优化情景可节水 18 亿 m^3，能够一定程度减缓地下水超采，但节水量远小于水利部门估算的超采量 67 亿 m^3。因此，若要实现地下水的采补平衡，尚需要有 49 亿 m^3其他水源进行补充。如果利用南水北调的水资源来平衡这部分亏缺量，则相当于需要用掉南水北调工程中线一期京津冀年供水量的 86%。

4.3.5 农业种植结构优化与水资源可持续性分析

1. 现状种植结构下的水粮关系

一个区域的农业水资源可持续利用临界值取决于该区域可用于农业生产的总水资源量，除降水和本地可更新的地下水资源外，也取决于外部来水量，如跨流域补水。在研究保持水资源可持续利用目标下的合理农业规模和结构时，可根据研究区的水资源条件，按照用水红线管理的理念，将区域农业水资源的可利用量根据不同管理目标划定三条可持续发展临界线：第一条临界线是在区域现状水资源条件下实现全区水资源供需平衡的农业灌溉用水控制线，即通过农业结构调整和压采，平衡全区域社会经济的地下水超采量；第二条临界线是在区域现状水资源的条件下实现区内农业用水采补平衡的农业灌溉用水控制线，即农业结构调整和压采以满足农业用水的采补平衡为目标，不考虑平衡工业和生活的超采部分；第三条临界线是在区域现状水资源条件下，考虑跨流域调水对区域水资源的补源效应后，为实现水资源可持续利用目标的农业可允许灌溉用水控制线。

图 4-6 显示了根据这种思路划定的京津冀地区三条控制红线及实际农业规模和用水量情况。当农业用水量小于三条临界线数值时，农业用水量可以理解为实现相应目标下的水资源可持续利用的范围，当农业用水量大于三条临界线数值时，则会造成水资源不可持续的问题。

从 2000～2016 年的逐年作物种植面积和净灌溉需水量来看（图 4-6），京津冀地区年际作物总种植面积有一定变化，但总体上变化幅度不大，在 1020 万 hm^2 左右波动；但是，因降水年型的差异，每年的总灌溉需水量却有很大差异，如 2012 年降水量高达 774 mm，因降水补给作用较大，作物年度净消耗灌溉需水量仅 3 亿 m^3；而对于极干旱的 2002 年（年降水量为 359 mm），作物生产的水分亏缺量高达 272 亿 m^3，这些灌溉耗水绝大部分来源于地下水。通过对 2000～2016 年京津冀地区水–粮关系的分析，可以发现多数年份水–粮关系分布图落在水资源可持续利用的临界控制线之外。对于 17 年平均而言，作物总种植面积为 1020 万 hm^2，年均水分亏缺量为 127 亿 m^3。图 4-6 中 17 年的平均值所处的位置处于第三条水资源临界线的右侧，表明即使在目前的外部调水规模下，当前的种植结构耗水量仍超过水资源的承载范围，区域水资源亏缺是常态，要实现水资源的可持续利用，调整种植结构势在必行。

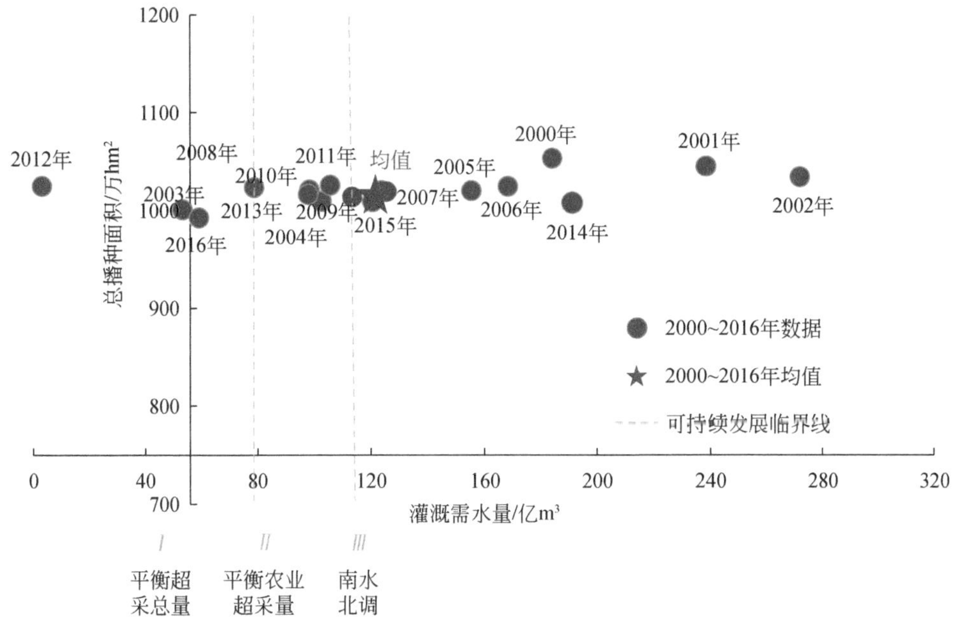

图 4-6　京津冀现状种植结构下水量可持续利用关系图

资料来源：罗建美，2019

2. 种植结构优化情景下的水–粮关系

农业水资源的可持续性与作物种植结构有着密切的关系，四种不同情景下的种植结构优化结果均显示农业水资源的可持续性可以得到增强。下面分述之。

按照种植结构的现状发展趋势情景（S1），水资源向更加可持续的方向发展，但仍然处于水资源可持续利用的第三条临界线之上，农业水资源的可持续性仍然较低，需要依靠跨流域调水维持区域水资源平衡（图 4-7）。

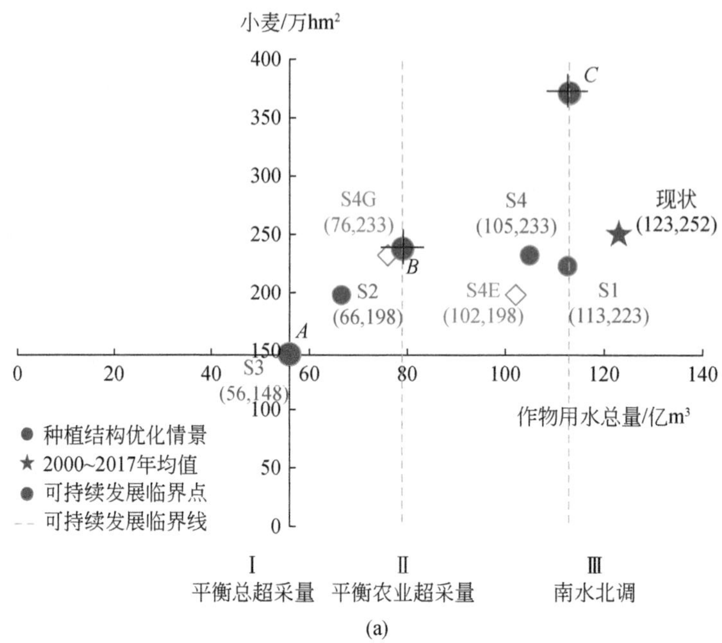

(a)

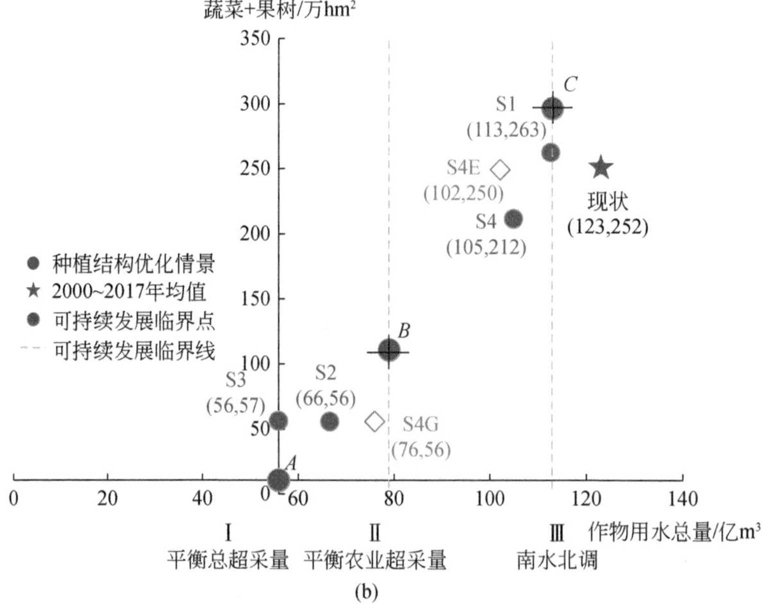

(b)

图 4-7　京津冀种植结构优化情景下农业水资源可持续性分布图

S4E、S4G 分别为 S4 情景下经济优先与粮食优先的结果

资料来源：罗建美，2019

对于水粮经兼顾情景（S4），农业水资源可持续利用的分布点与现状及现状发展趋势情景下的分布特征相近，说明如果在水资源用量不受限制的情况下，现状的种植结构已经是一种能够兼顾粮食生产与经济效益的种植模式。另外，如果要限制水资源的用量，实现水资源的可持续利用，就必然会发生产量或经济损失。

农产品自给情景（S2）就是放弃一部分产量和经济产出时的种植结构优化情景。在该情景下，小麦的种植面积相当于现状的 79%，蔬菜和水果的种植规模分别相当于现状规模的 18% 和 28%，农业水资源可以实现区内农业用水对地下水的采补平衡，但如果要实现区内全行业的地下水采补平衡，还需要使用南水北调来水量的 16% 左右补充。

水资源约束下粮食最大产出情景（S3）是在 S2 的基础上进一步缩减粮食产量的种植结构优化情景，该情景是在其他高耗水作物产量达到区内自给时，区域水资源所能支持最大粮食产出时的种植结构配置。小麦种植面积为当前种植面积的 59%，可实现 75% 的口粮自给率，农业水资源可持续性高，位于三条临界线之内。说明该优化情景可以在不利用外部水源的情况下，既能够实现区内农业用水的采补平衡，又可以实现区内用水总量的采补平衡（图 4-7）。

在三条水资源可持续发展临界线上，如果其他高耗水作物从区内自给缩减至最低规模时，会产生目标作物（本研究中以主要的高耗水作物冬小麦/果蔬进行估算）最大生产规模的三个临界点（点 *A*、点 *B* 和点 *C*，图 4-7）。

小麦与果蔬的分布特征较为相似，均表现为主要农产品自给情景（S2）与水资源约束下最大粮食产出情景（S3）农业水资源可持续性较高，而现状发展趋势情景（S1）与水粮经兼顾情景（S4）农业水资源可持续性较低的特征（图 4-7）。小麦与果蔬分布特征的差异在于，在三个农业水资源可持续利用的临界点上，小麦的最大临界规模是高于果蔬的最大临界规模的。这主要是由于区内小麦自给需求量较大，满足小麦自给时消耗的灌溉水资源量大，剩余的可用水资源量所能支持的果蔬种植面积较小；反之，果蔬自给时，消耗的灌溉水量相对小麦要少得多，因此，能够有较多的水量供小麦进行生产。在区域用水总量采补平衡的临界线上（图 4-7，线Ⅰ），如果不考虑外部调水，小麦在临界点 *A* 的种植规模为当前种植规模的 60% 左右，而蔬菜和水果在临界点 *A* 的种植规模仅为现状种植规模的 20% 左右。由于该临界点是除目标作物之外，其他高耗水作物保持自给时，区域水资源所能支持的目标作物的最大种植规模，因此，果蔬在临界点 *A* 的种植规模较低，表明小麦在维持自给种植规模时消耗的水量较大，为了保障全区地下水的采补平衡，剩余的水资源量仅能支持相对于当前种植规模的 20% 的果蔬种植规模，此时的果蔬难以实现区内自给。即小麦自给时的耗水量已经达到了能够使区内剩余水资源量无法保障蔬菜或水果中任何一种作物自给的情况，二者都要保持较低的种植规模才能不突破区内水资源总量的限制。

总体来看，主要农产品自给情景（S2）与区域水资源约束下粮食最大产出情景（S3）

的水资源的可持续性较高；而现状发展趋势情景（S1）与水粮经兼顾情景（S4）水资源的可持续性较低。在农业水资源可持续性较高的情景下，基本可以实现农业用水的采补平衡。要实现区内用水总量的采补平衡，还需要依赖于外部水源。

在农业水资源可持续性较低的情景下（如情景 S1 和情景 S4），虽然理论上可以实现考虑南水北调外部来水时的采补平衡，但由于需要利用的外部来水量较大，在实际中是难以实现的。因此，未来要兼顾水粮关系，农业种植结构应该向小麦基本自给、果蔬适当盈余的方向调整。

同时，本研究提出的农业水资源可持续利用水-粮关系分析图，为水资源约束下京津冀区域水资源可持续利用目标下的农业规模-结构协同优化调整提供了可参考的阈值范围和理论范式，也为区域水资源红线管理和农业适水发展路径提供了典型研究案例。在生产实践中，可以依据农作物的产出目标、经济产出目标及愿意付出的水资源量代价，在农业水资源的三条临界线范围之内确定种植结构优化的方向。

|第 5 章| 农田减蒸降耗与综合节水管理

冬小麦-夏玉米一年两熟是京津冀地区的优势种植制度，河北冬小麦年产量 1350 万～1400 万 t，年调出量在 400 万 t 左右，在国家粮食安全中占有重要位置。然而，冬小麦-夏玉米取得高产的灌水量为 300～400 mm，给区域水资源带来巨大压力。明确京津冀主要作物冬小麦和夏玉米的农田水分循环过程，对维持粮食生产能力条件下降低农田水分消耗对区域水资源持续利用和灌溉农业持续发展具有重要意义。“让每一滴水生产出更多的粮食”就是通过种植业高效用水，解决粮食生产中的缺水问题。作物水分利用效率的提升可以通过增加生物量、提高收获指数和降低作物蒸腾及棵间蒸发实现。作物生物量和收获指数的增加与作物的遗传特征密切相关，也受大田管理措施和气候条件的影响；作物蒸腾和土壤蒸发的调控可以通过控制土壤含水量以及通过覆盖保墒耕作措施降低土壤蒸发。通过综合措施实现作物耗水过程中蒸腾效率的提升、降低农田无效水分消耗，在维持作物产量的基础上，达到有效减降耗水量的目标，是农田“减蒸降耗”技术体系的核心。本章重点介绍京津冀冬小麦-夏玉米一年两熟农田水分循环过程及节水理论体系，以及实现农田减蒸降耗的主要技术措施、综合调控途径和减蒸降耗潜力等内容。

5.1 农田水分循环过程及节水理论

5.1.1 农田水分循环

广义的水循环或称水文循环，涉及地球大气系统中水的连续循环，最重要的是蒸发、蒸腾、凝结、降水和径流。农田尺度的水分循环包括作物蒸腾、土壤蒸发、降水、灌溉、径流、根层渗漏和地下水通过毛管水上升至根系土壤中的多个过程（图 5-1）。作物蒸腾（T）和土壤蒸发（E）统称为农田蒸散（ET），作物生长期或某个阶段的蒸散量可用农田水量平衡公式进行计算：$\mathrm{ET}=P+I+\mathrm{SWD}-R-D+\mathrm{C}$，式中，$P$ 为降水量、I 为灌水量、SWD 为根层土壤水分的消耗量、R 为径流量、D 为根层土壤水分的渗漏量、C 为毛管水上升到根层土壤的水量。

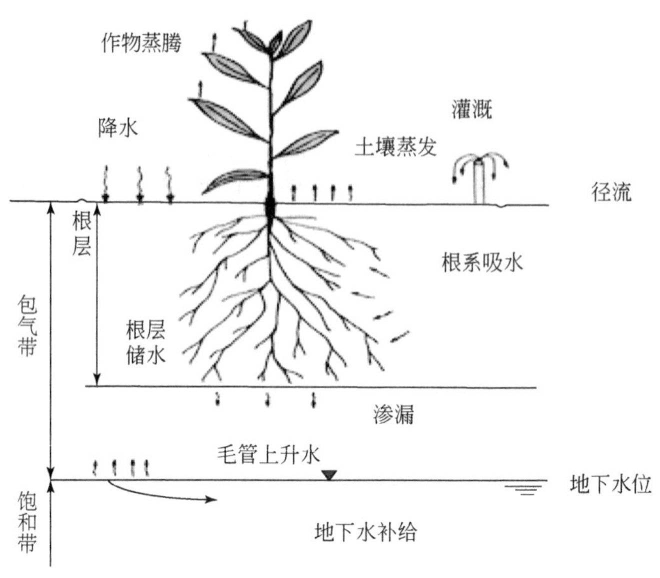

图 5-1　农田水分循环过程示意图

降水是农田水分循环的主要水分补给来源。降落到农田中的水，一部分受作物冠层截留作用而蒸发返回大气，其余大部分通过土壤表面入渗进入作物根系层变成土壤水；如果降水强度超过土壤入渗能力或表层土壤饱和，则还会产生地表径流；进入土壤层的降水量超过根层土壤持水能力时又产生深层渗漏。因此，只有自然降水中实际补充到作物根层土壤的部分才能为作物所利用，这部分降水量一般称为有效降水量。这是农学意义上的有效降水量，与水文学意义上的不同，后者指能够产生径流的部分。因此，农业上的有效降水量为降水量扣除地表径流量和深层渗漏量以及冠层的截留量后的那部分降水量。有效降水量一般与作物冠层大小、主要根系吸水层的深度、土壤持水能力、雨前土壤储水量、降水强度和降水总量等因素有关。

灌溉作为人为提水补充到农田供作物生长的重要水分输入，在农业生产中发挥重要作用。一般根据作物的需水特征、生育阶段、土壤墒情、气候等因素，合理安排灌水量、灌水时间、灌水次数。要做到适时、适量和合理灌溉，需根据水源条件，供给作物生育期的可用水量，选择不同的灌溉模式和制定科学的灌溉制度。灌溉方式一般可分为传统地面灌溉、喷灌以及微灌。传统地面灌溉包括畦灌、沟灌、淹灌和漫灌；喷灌包括固定式、半固定式和移动式喷灌等；微灌包括微喷灌、滴灌、渗灌等。根据灌水量的多少，又可分为充分灌溉、非充分灌溉、调亏灌溉等。

作物蒸腾是水分从植株表面（主要是叶片）以水蒸气状态散失到大气中的过程，作物蒸腾不仅受外界环境条件影响，也受植物本身的调控，是一个复杂的生理过程。气孔是植物进行体内外气体交换的重要门户，气孔蒸腾是植物蒸腾作用的最主要方式。水蒸气

(H_2O)、二氧化碳(CO_2)、氧气(O_2)都要共用气孔这个通道，气孔的开闭会影响植物的蒸腾、光合、呼吸等生理过程。蒸腾过程中，土壤中的水分通过根系吸水进入根内导管，向上传输至茎内导管和叶内导管，通过叶片气孔散失于大气，这样一个完整的水分传输过程形成了 SPAC 系统（图 5-2）。水分在 SPAC 系统中的传输过程主要受不同部位形成的水势梯度所驱动。通常土壤水势在 -0.3 ~ -0.01 MPa 变动，而大气水势在 -100 ~ -1 MPa 变动，形成了巨大的水势梯度，成为叶面蒸腾的驱动力。作物蒸腾受作物冠层大小、大气蒸散力（受大气辐射、温度、风速和湿度等气象条件影响）以及土壤水分等多因素的影响。

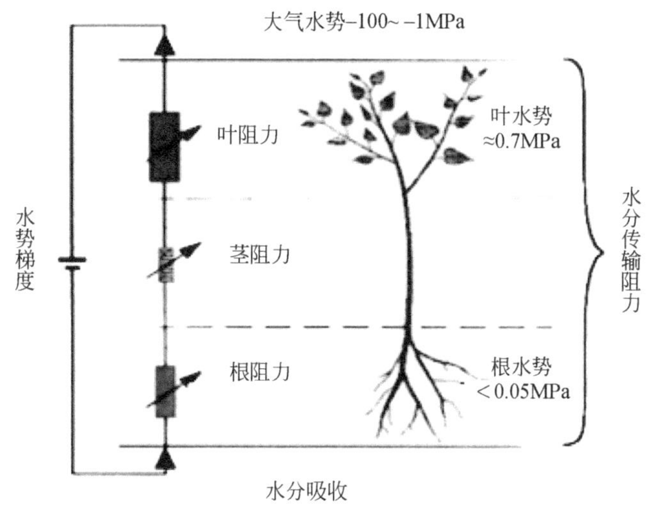

图 5-2　SPAC 系统示意图

土壤蒸发是指土壤中水分汽化进入大气的过程。根据土壤含水量的变化，一般将土壤蒸发分为三个阶段：第一阶段为稳定蒸发阶段，在蒸发的起始阶段，当地表含水量高于某个临界值时，蒸发主要是受大气蒸发能力的影响，土壤蒸发与潜在蒸发相等。此阶段的土壤含水量的下限即临界值的大小与土壤性状及大气蒸发力有关，一般认为该值相当于毛管断裂含水量（约为田间持水量的 70%）。第二阶段为蒸发递减阶段，当表土含水量低于临界含水量时，土壤导水率随含水量的降低而显著减小，土壤供水能力大大下降，蒸发强度随之减弱。第三阶段为水汽扩散阶段，当土壤表面附近水汽压降至与大气水汽压平衡时，土壤表层成为干土层。此时土层内的导水率接近 0，干土层以下的水分不能到达地表，而是先在干土层的底部蒸发气化，然后以水汽扩散的方式穿过干土层而进入大气。此阶段的蒸发强度主要是受干土层内水汽扩散能力控制，并取决于干土层的厚度，其变化速率非常缓慢且比较稳定。土壤蒸发的水分消失于大气，不参与农作物的生产过程，属于非生产性耗水，减少土壤蒸发是农田节水的一个重要途径。

毛管上升水是土体中与地下水有联系的毛管水，存在于接近地下水面的土层中，依靠毛管力直接由地下水面上升而来。毛管上升水所形成的移动界面为毛管上升锋（或称边缘带），其移动速度为毛管上升速度。毛管上升水与地下水位有密切关系，会随地下水位变化而变化，其上升高度为毛管上升水上升高度。毛管上升水上升的高度和速度与土壤孔隙的粗细有关，在一定的孔径范围内，孔径越粗，上升速度越快，但上升高度越低；反之，孔径越细，上升速度越慢，但上升高度越高。地下水位适当时，毛管上升水是作物水分的重要来源；但地下水位很深时，则达不到作物根系分布范围，就不能发挥补充水分的作用；地下水位浅时，如果水中含有盐分，且其上升高度达到表层时，就会引起土壤盐渍化。径流是指降水及冰雪融水或者浇地时在重力作用下沿地表或地下流动的水流。农田径流有不同的类型，按水流来源可分为降水径流和融水径流及浇水径流。

深层渗漏是指由于降水量或灌溉水量过大，使土壤水分向根系活动层以下的土层产生渗漏，从而补给地下含水层或含水系统的过程，通常发生在包气带，其值大小可看作作物根区底部向下运移的水分通量。深层渗漏受气候、植被、土壤和地形地貌等多种因素的影响。一年生农作物和草地的深层渗漏量较林地和灌木大，浅根系植物的深层渗漏量比深根系植物大。在土壤质地方面，质地较粗土壤的深层渗漏量比质地较细土壤大。

土壤水存在于土壤孔隙中，主要来源于大气降水和灌溉水。在地下水位浅的地区，地下水位上升以及大气中水汽的凝结也是土壤水分的来源。土壤水分在满足植物水分需求的同时，大部分植物养分都是溶于水后随水移动运输到植物根系被吸收的。养分吸收的质流、扩散、截获等也是在土壤溶液中进行的。土壤水分在土壤中受到重力、毛管引力、水分子引力、土粒表面分子引力等各种力的作用，形成不同类型的水分，如固态水、气态水、束缚水、自由水、毛管水、重力水等。土壤含水量可以用土壤质量含水量和体积含水量表示，二者之间的关系由土壤容重换算。另一种是以土壤水势表示土壤水分状态，土壤在各种力（吸附力、毛管力、重力和静水压力等）的作用下势（或自由能）的变化（主要是降低），称为土壤水势。土壤水势包括基质势、压力势、溶质势、重力势等。

土壤水分常数是指在不同水分形态下的土壤特征含水量，包括吸湿系数、凋萎系数、最大分子持水量、田间持水量、毛管持水量和饱和含水量等，是灌溉、排水等工程规划的依据。常用的有三个参数：一是土壤饱和含水量，表明土壤最多能含多少水，此时土壤水势为0。二是田间持水量，是土壤饱和含水量减去重力水后土壤所能保持的水分。重力水基本上不能被植物吸收利用，此时土壤水势位在-10 kPa左右。三是凋萎系数，是植物萎蔫时土壤仍能保持的水分。这部分水也不能被植物吸收利用，此时土壤水势在-1500 kPa左右。田间持水量与凋萎系数之间的水为土壤有效水，是植物可以吸收利用的部分。但这部分水对作物并不是等效的，一般小于田间持水量的60%，或土壤水势小于-100 kPa左右时植物就会产生一定的水分亏缺。

土壤水势是比土壤含水量更能反映土壤水对作物有效性的指标，因为土壤水分的运动取决于水势，土壤含水量不能定量地反映水分的有效性及水流方向和通量。仅用土壤含水量的高低无法判断土壤水对作物的有效性，需要结合土壤质地等。例如，在土壤含水量达到田间持水量时，壤土的体积含水量在 37%，沙土只有 17%；在土壤含水量降至凋萎系数时，壤土的体积含水量在 14%，沙土为 4%；田间持水量和凋萎系数两者之间的土壤有效水含量 1 m 土层壤土为 230 mm，沙土为 130 mm。不同质地的土壤对植物的供水能力存在差异，科学的农田水分管理需考虑土壤质地的影响。

京津冀平原区的农业种植模式以冬小麦-夏玉米一年两熟制为主，因土地条件和土壤性质、水源的差异，形成了棉花和果树等相对集中的种植区，蔬菜类作物以城郊为主。京津冀冬小麦-夏玉米一年两熟的种植制度在该区具有悠久的历史，是其优势种植制度，在国家粮食安全中占有重要位置。以河北为例，冬小麦常年种植面积为 226.7 万 ~ 233.3 万 hm^2，总产量为 1350 万 ~ 1400 万 t，除满足当地居民口粮需求外，年调出量在 400 万 t 左右（王慧军和张喜英，2020）。然而，由于冬小麦生长季从每年 10 月到次年 6 月上旬，降水量较少，生育期降水量多年平均在 120 mm，而耗水量为 400 ~ 450 mm，缺水量为 280 ~ 330 mm。夏玉米生育前期降水量较少，为了出苗和群体建立，夏玉米的播种需要灌溉，在干旱年份夏玉米中后期也需要 1 ~ 2 次灌水，给区域水资源带来巨大压力（张喜英，2018）。从农田水分循环来看，这一区域的多年平均降水量在 460 ~ 600 mm，存在较为明显的区域和年际差异。一年两熟的典型农田实际蒸散量（即蒸腾与蒸发之和）高达 700 ~ 800 mm，果树为 760 mm，棉花为 600 mm，多茬蔬菜年耗水量在 900 ~ 1100 mm。不同作物年耗水量虽存在一定的年际差异，几乎除棉花外的所有农作物年耗水量均超过年降水量。京津冀平原的农业高产高度依赖地下水灌溉，通常被认为是本区域地下水位持续下降的主要原因。

因此，开展科学的节水研究，明确主要作物的农田水分循环过程，在维持粮食生产能力条件下降低农田水分消耗对区域水资源持续利用和灌溉农业持续发展具有重要意义。

5.1.2 农田节水理论

随着人口增加带来的粮食需求增加的压力以及淡水资源短缺问题，种植业面临的缺水问题将进一步加剧。如何解决水资源不足和食品生产的矛盾，成为世界范围关注的焦点。"让每一滴水生产出更多的粮食"，也就是通过种植业高效用水，解决粮食生产中的缺水问题（张喜英，2013）。粮食生产中的水分利用效率（WUE）或水分生产力（WP）定义为单位耗水量的经济产量：WUE（WP）= 经济产量/耗水量 = 生物量×收获指数/(作物蒸腾+

土壤蒸发)。WUE (WP) 的提升可以通过增加生物量、收获指数和降低作物蒸腾及土壤棵间蒸发实现。作物生物量和收获指数的增加与作物的遗传特征密切相关，也受到大田管理措施和气候条件的影响；作物蒸腾和土壤蒸发的调控可以通过控制土壤含水量以及通过覆盖保墒耕作措施来实现。

我国在 20 世纪 90 年代开展了深入的 SPAC 系统水分传输与作物水分利用效率研究，提出了 SPAC 系统界面节水调控理论。本章主要阐述位于京津冀中部栾城农业生态系统试验站（简称栾城站）近年来在生物节水、灌溉制度节水、耕作措施节水等方面获得的最新研究成果。田间水平提升水分利用效率的调控机理途径包括生物节水（选用节水高产品种)、优化灌溉制度、土壤覆盖保墒和土壤水分高效利用等方面（图 5-3)，通过上述途径实现作物耗水过程中蒸腾效率的提升、降低农田无效水分消耗，在维持或增加作物产量的基础上，实现农田耗水量的有效减降。

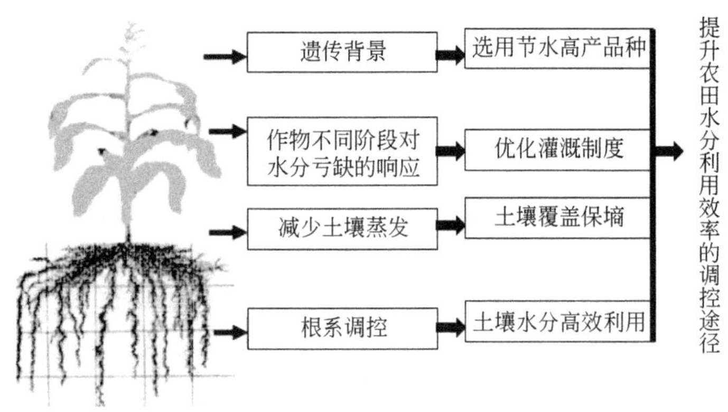

图 5-3　田间水平提升作物水分利用效率的调控机制和途径示意图

1. 生物节水

生物节水是利用生物自身的生理遗传潜力，在相同水分条件下，获得更多的农业产出。不同作物利用相同量水分所生产的干物质可相差数倍，同一作物不同品种之间消耗同样的水，产量差异可达 10% ~20%，选用节水品种是实现作物在限水灌溉下稳产高产的一个重要手段。特别是随着遗传育种技术发展，高产、优质、节水作物新品种不断涌现，为选用适宜节水品种提供了基础。

生物节水的基础在于植物在高效用水方面存在着很大的生理和遗传潜力，即不同基因型和同一基因型不同生育阶段对水分亏缺的敏感性存在差异；产量、耗水量、水分利用效率之间以及水与养分之间存在调节空间；水分亏缺对与产量形成直接有关生理过程的影响程度明显不同，其顺序为：细胞扩张（生长）→气孔运动→蒸腾作用→光合作用→物质运输，为采取灵活节水的对策提供了可能。基本原理为，在适度（有限）水分亏缺下作物可产生生理、水分利用和生长上的补偿效应（山仑，1991）。

不同作物和同一作物不同品种水分利用效率是一个综合性状，一方面与品种基因型对水分代谢反应的遗传差异密切相关（Passioura，2006），另一方面与光合产物的合成和分配的基因型差异有关。节水育种是使生物适应干旱环境，以生物机能提高作物产量和水分利用效率。现代抗旱育种工作发展出多种简易快速识别抗旱品种的筛选方法，比较成熟的如^{13}C 同位素理论（Condon et al.，1987；Wright et al.，1994），利用^{13}C/^{12}C 分辨率作为植物水分利用效率的指示性状，进行分子标记定位，间接地在番茄、大豆、大麦上进行了水分利用效率基因定位。很多研究证明，作物对水分胁迫的响应是多途径的，是由多基因控制的复杂过程，其重要性状水分利用效率具有稳定的遗传性。作为水分胁迫信息传递和调节气孔反应的化学信使脱落酸（ABA），已从小麦上分离得到了 7 个 ABA 的应答基因并且克隆了 150 多个 ABA 的调控基因。近年来发现的渗透胁迫调节基因（OR 基因）、由 C_3途径转变为耐旱性的 CAM（景天酸代谢）途径的光合作用相关基因有抗氧化基因（超氧化物歧化酶 SOD、过氧化氢酶 CAT 等）、跨膜转运体基因等为抗旱育种提供了基础。

栾城站田间试验结果表明，河北平原不同年代大面积推广的冬小麦品种生长在同样条件下，在生育期蒸散量相同条件下，现在的品种产量高于过去品种，而总生物量并没有明显差异。主要表现在现代品种产量提高与其收获指数增加密切相关，收获指数的提高也显著提升了水分利用效率（Zhang et al.，2009，2010）（图 5-4）。栾城站近 30 年的定点试验结果也显示收获指数提高对冬小麦水分利用效率提高贡献 30%，对夏玉米水分利用效率提高贡献 65%（Zhang et al.，2021）。作物收获指数和生物量增加与品种遗传改良和农田作物生长条件改善关系密切。研究也发现现代冬小麦和夏玉米产量高的品种水分利用效率也高，筛选高产品种的过程也是提升水分利用效率的过程，选育高产和高水分利用效率品种是维持缺水地区粮食生产力的重要途径。

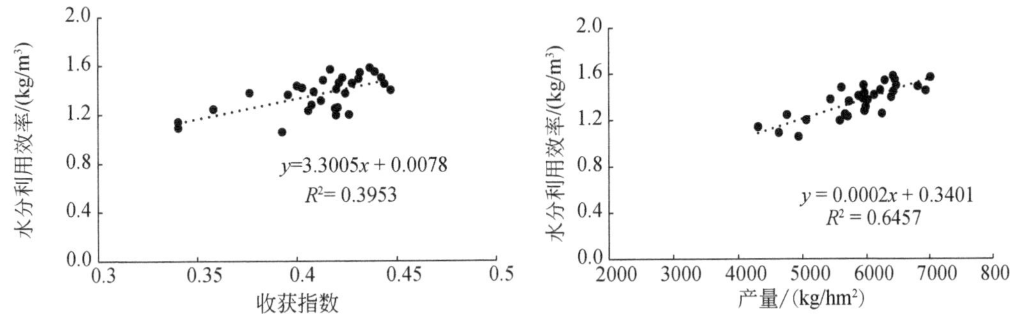

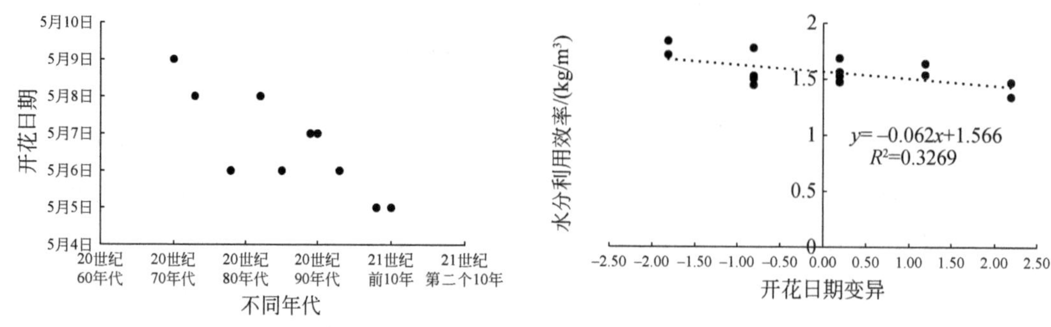

图 5-4 河北平原冬小麦不同年代推广品种与现代品种产量、开花日期和收获指数与水分利用效率相关关系

资料来源：Zhang et al.，2010

2. 优化灌溉制度节水

灌溉是弥补因降水不能满足植物需水要求的重要手段，不合理的灌溉会造成水资源过度开采和浪费，甚至在干旱半干旱区造成次生盐渍化。在世界范围存在着因过度开采地下水用于灌溉而引起地下水位下降的问题，而依赖于这种过度消耗资源的农业生产是不可持续的。灌溉节水是充分有效地利用自然降水和灌溉水资源，通过采用水利、农业、管理等措施，最大限度地减少输水、配水、灌水至作物耗水过程中的无效损失，最大限度地提高单位耗水量的作物产量。通过优化灌溉制度和灌水管理，提高水分利用效率，减少对地下水的过度开采显得尤为迫切（张喜英，2018）。

对于灌溉作物，不仅供水总量对作物生长发育产生影响，而且由于作物不同生育时期对水分亏缺敏感程度不同，因此灌水时间对作物产量和水分利用效率、收获指数等也产生显著影响。根据水与作物生长、发育及产量间的关系，通过有限水量在作物生育期间的最优分配，提高有限灌溉水量向作物根系吸水转化和光合产物向经济产量转化的效率，进而达到高产和高水分利用效率的目的。

1）作物对水分亏缺的响应

土壤水分是作物生命活动的主要基础条件，作物的一切生理过程都与水息息相关。当根系吸水不能满足作物地上部分蒸腾需水要求时，作物就发生了水分亏缺，对作物的生长发育产生影响。很早以来就存在两种观点：一种观点认为在作物生长的各个生育阶段，任何程度的水分亏缺都将造成作物产量的降低；另一种观点是作物生长的某些生育阶段，适当控制水分对于作物的增产更为有效。实际上水分亏缺并不总是造成减产，例如轻度水分亏缺影响叶片扩张生长，但并不影响光合速率；又如在中度水分亏缺条件下，气孔导度降低引起蒸腾速率大幅度下降，而光合速率下降并不明显，这是因为水分散失对气孔开度的依赖大于光合对气孔的依赖。

大量的研究发现根区土壤充分湿润的作物通常其叶气孔开度较大，以至于其单位水分消耗所产生的 CO_2同化物（即水分利用效率）较低。作物叶片的光合作用与蒸腾作用对气孔的反应不同，在一般条件下，光合速率随气孔开度增大而增加，但当气孔开度达到某一值时，光合增加不明显，即达到饱和状态，而蒸腾耗水则随气孔开度增大而线性增加。因此，在充分供水、气孔充分张开的条件下，即使出现气孔开度一定程度上的缩窄，其光合速率不下降或下降较小，则可减少大量奢侈的蒸腾耗水，达到以不牺牲光合产物积累而实现节水的目的。

2）优化灌溉制度

优化灌溉制度制定的目标是在提高农田收益的同时，减少灌溉用水量和灌溉的能耗，增加产量和产出。一般情况下作物产量与总蒸散量之间存在直线或类似于直线的关系，也就是说随着植物蒸腾量的增加，产出也增加，当达到最大蒸腾量时，产量也达到最大。特别是对于以收获整个植物体为经济产出的作物或植物，这个直线关系更明显，如苜蓿，其茎叶均是产出的一部分。而对于粮食作物如小麦，产出主要是籽粒产量，总蒸散量与籽粒产量的关系是一种曲线形式，当总蒸散量较小时，随着总蒸散量增加，产量明显增加，而当总蒸散量增加到一定程度时，产量随总蒸散量增加而增加的幅度放缓，进而产量达到最高水平，而这时的总蒸散量并不是最高，最高总蒸散量并不对应最高产量。因此针对一些植物或作物，为了达到最优产出，供水不一定完全满足其蒸散需要。对于一些蔬菜或果树，具有市场价值的产量与蒸散量的关系曲线可能不同于上述情况。当蒸散量小于一定水平时，生产的产品可能品质太差而不具备市场价值，这时经济效益则为零。

调亏灌溉制度是在作物生长发育某些阶段（主要是营养生长阶段）主动施加一定的水分胁迫，促使作物光合产物的分配向需要的组织器官倾斜，以提高其经济产量的节水灌溉技术。调亏灌溉不仅减少了生育期的总灌溉水量，对产量没有或有很小的影响，在有些情况下产品的品质有一定的改善和提高。除了调亏灌溉外，限水灌溉、非充分灌溉、局部灌溉等都是有别于传统的灌溉概念，使以往的丰水高产型的田间管理向节水优质高产的田间管理转变。

3）灌溉指标

实施优化灌溉制度，需要一套指标体系来表明有限的水如何在作物的生育期分配产量最高和水分利用效率最优。不同作物不同生育期对水分亏缺的敏感程度不同，同样的灌溉次数由于灌水时间的差异，形成水分利用效率和产量的差异。因此，确定不同作物不同生育期对缺水的敏感程度和允许的水分亏缺程度，同时根据作物生育期的降水条件，来制定有限供水条件下的优化供水制度对水资源匮乏地区的农业生产有重要的指导意义。

Vaux 和 Pruitt（1983）提出了一个关系式描述作物蒸散量的变化可能带来的对经济产

量的影响，也就是产量反应系数 k_y：

$$1-\frac{y_a}{y_m}=k_y\times\left(1-\frac{ET_a}{ET_m}\right) \tag{5-1}$$

式中，y_a为实际产量；y_m为最大产量；k_y为产量反应系数；ET_a为实际蒸散量；ET_m为最大蒸散量。式（5-1）可以反映出不同供水水平可能导致的产量降低，也就是作物本身对水分亏缺的忍耐程度。如果水分亏缺发生在作物的不同生育期，作物对水分亏缺的反应与发生水分亏缺的生育期对缺水的敏感性有密切关系，Jensen（1968）提出了一个关系式来描述不同生育期水分亏缺对产量的影响，即水分亏缺指数 λ_i：

$$\frac{y}{y_m}=\prod_{i=1}^{n}\left(\frac{ET_i}{ET_{im}}\right)^{\lambda_i} \tag{5-2}$$

式中，y 为实际产量；y_m为没有水分亏缺时的最大产量；n 为作物的生育期数量；ET_i为在第 i 个生育期的实际蒸散量；ET_{im}为在第 i 个生育期的潜在蒸散量；λ_i为在第 i 个生育期作物对缺水的反应指数。可以利用 λ_i在不同生育期的变化确定作物对水分亏缺最敏感的时期，用于指导灌溉。

根据作物自身对水分的需求特点，建立的作物供水制度可以达到节水、增产和提高水分利用效率的目的，作物水分状态的准确测定是建立这种有效灌溉制度的基础，因此准确确定作物的水分状态显得尤为重要。近年来，人们从不同方面研究作物缺水状况的评价方法，从而制定相应的灌水指标（Alderfasi and Nielsen，2001）。植物的一些生理生态特性能够反映出作物的水分状态，如叶片水势、气孔导度和导水率的变化、叶片伸长速率以及叶片温度（张喜英等，2000）。

3. 根系调控与土壤水有效利用

在水分胁迫条件下，作物一方面调节生理反应、降低水分消耗，此时其正常生长往往受到抑制，另一方面是增加对水分的吸收能力。与前者相比，后者对产量的形成与稳定更有积极意义。发达的根系有利于提高作物吸水效率，减缓旱情，因此根系的发达程度常作为抗旱性鉴定的指标之一。有研究认为，小麦胚根数与苗期反复干旱后存活率有关，胚根多的品种存活率高，抗旱型品种根深、种子根多、根系活力强，但单株总根量少，冠/根比大。根长、根密度大有利于小麦维持较高的叶片水势，更有利于抗旱。

第一次绿色革命通过水肥投入增加和矮秆植物品种的选育实现了产量的提高。随着气候变化和水肥资源匮乏加剧，减少投入增加产量成为未来粮食增产的主要发展方向。作物主要依靠根系从土壤中吸收水分和养分，选育根系形态构型合理和水肥高效利用的农作物新品种已成为国际研究热点，这被认为是第二次绿色革命的重要内容（Gewin，2010）。位于干旱和半干旱气候区的京津冀地区，灌溉水资源短缺现象日益严重，国家实施的地下水压采策略将极大地减少冬小麦灌溉用水量；“麦收隔年墒”的农事谚语进一步说明在灌溉水资源短缺条件下冬小麦播种前的土壤储水对冬小麦稳产高产的重要性，栾城站长期定位研究结果显示，冬小麦取得高产和高水分利用效率的水分消耗构成是 30% ~40% 来源于土壤储水，相当于 120 ~ 180 mm 的蒸散来源于播前土壤储水消耗。进一步研究发现深层根量不足是限制冬小麦充分利用土壤储水的一个重要原因，不同层次土壤水对作物的有效性与根长密度在土壤剖面分布密切相关；上层根系一般不是限制作物利用土壤水分的因素。因此，作物根系所占的空间是影响土壤水对作物有效性的决定因素（Zhang et al., 2004, 2009）。

与作物抗旱能力相联系的根系特征包括：总根长、95% 根系所占的土层深度和深层根系所占的比例。栾城站的研究发现冬小麦根长密度小于 0.8 ~ 1 cm/cm^3 时，根系不足是限制作物充分利用土壤水分的主要因素。一般条件下华北冬小麦 1 m 以下土层的根长密度都小于该值，在调控根系生长增加深层根量的农田措施上，由于一般的耕作、养分、水分等外界管理措施更多地影响到上层土壤根系生长分布，作物深层根系生长能力更多地受遗传条件影响。从 20 世纪 70 年代到 21 世纪初，河北平原大面积应用的不同年代冬小麦品种实验结果表明现在品种的抗旱耐旱能力高于过去品种，现在品种深层根系对土壤水分利用能力更高，从而有更高的抗旱能力（Zhang et al., 2009）。

很多研究认为在未来气候变化和水资源短缺加剧条件下，作物产量提高将依赖于田间农艺节水措施增加降水向土壤水的转化，以及选育能有效利用土壤水的新品种（Zhang et al., 2005）。因此，在水分限制区域选育具有深根特点、能够充分利用深层土壤储水的品种对缺水地区作物种植有重要意义。一些研究发现深层土壤水分对冬小麦的有效性高于其他生育阶段的降水，这是由于深层土壤水分是在冬小麦灌浆期利用，灌浆期水分有效供给对产量形成的影响大丁其他时期（Zhang et al., 2013b）。

作物根系在土层中的分布与不同土层中的土壤水分密切相关。灌水量、灌水时间、灌水次数调控灌溉水在土壤中的再分布，进而影响作物根系分布和土壤水分利用。土壤机械阻力则是作物根系生长中最易遇到的阻力，特别是由机械作业引起的坚实土壤和犁底层的存在都将限制根系的生长和深扎（张喜英，2013）。因此，土壤的耕翻方法会明显改变根系在土层中的生长与分布状况。众多研究表明，深耕打破犁底层，改善土壤通气状况，有利于根系生长，并使深层根比例增加，增加土壤深层储水对作物的有效性，稳定和提高作物产量。

4. 降低土壤蒸发耗水

京津冀主要作物冬小麦和夏玉米生育期有 1/4 ~ 1/3 的农田耗水通过土壤蒸发散失，减少这部分耗水对降低农田水分消耗、提升作物水分利用效率有重要作用。根据影响土壤蒸发的因素，可以利用秸秆覆盖方式，阻隔太阳辐射对土壤照射，降低土壤水分消耗；其他方法包括调控冠层增加土壤覆盖度、尽可能降低表层土壤含水量等。生产上可利用不同种植方式、不同耕作措施以及农田覆盖以降低土壤耗水（Chen et al., 2007；Zhang et al., 2005, 2006）。

耕作措施通过改变土壤界面如土根界面、土气界面的自然结构状态来调控土壤蒸发。土壤耕作措施种类很多，可分为基本耕作和表土耕作，它们对土壤的影响各不相同。传统的耕作方式为翻耕，它能显著改变耕作层的物理性状，后效较长，但连续翻耕容易造成土壤水蚀和风蚀。20 世纪 50 年代，世界各国开始进行少耕和免耕研究。少耕（minimum tillage）和免耕（no-tillage，又称零耕 zero tillage）是具有保持水土和抗旱效应的新型耕作措施。传统耕作（traditional tillage）法是每季作物收获后翻耕土地再种植下季作物。少耕法是指一种缩小土壤耕作面积、减小耕作深度和减少耕作次数的耕作制度。免耕法则是用大量秸秆残茬覆盖地表，将耕作面积减少到只要能保证种子发芽即可。

免耕条件下作物残茬覆盖使土壤水分的蒸发减少。覆盖免耕能够减少土壤侵蚀，提高土壤有机质，增强土壤生物活力，提高土壤水分入渗率，改善土壤结构，为作物取得高产、稳产奠定基础。国外很多研究认为，免耕法之所以能够提高作物产量是由于土壤剖面土壤水分的提高。京津冀冬小麦收获后免耕播种夏玉米，冬小麦秸秆在土壤表层形成一个覆盖层，可有效降低土壤蒸发。栾城站的结果显示冬小麦秸秆覆盖夏玉米可降低生育期土壤蒸发 30 ~ 40 mm，节水保墒效果明显（张喜英等，2002）。

农田水分循环过程中水分损失途径主要包括植物蒸腾（包括冗余蒸腾）、土壤蒸发和深层渗漏，前两项分别占农田总耗水量的 70% 和 30%，在灌溉量较大时才产生深层渗漏损失。因此，降低冗余蒸腾和减少棵间蒸发（即减蒸降耗）是提高农田水分利用效率的有效途径。

5.2 农田减蒸降耗调控途径和潜力

农田减蒸降耗的主要目的是减少土壤无效蒸发损失和降低作物的冗余蒸腾量，以实现土壤水分尽可能多地向生产性耗水转化，从而提高农田水分利用效率。在减少土壤无效蒸发和降低作物冗余蒸腾的研究与实践中，主要有生物措施（节水品种）、农艺措施（覆盖、耕作方式、灌溉制度等）以及工程措施（如灌溉方式）。京津冀地区作为我国农业缺水最为严重的区域之一，节水农业研究有较长的历史，在生物、农艺和工程节水研究方面取得了显著成效。在区域水资源约束进一步趋紧、地下水超采治理等新形势下，要进一步实现深度节水，需要考虑既能够提升水分利用效率，又不至于对粮食产量产生较大影响的减蒸降耗节水调控技术。下面分项阐述不同节水措施的研究进展和节水效果。

5.2.1 覆盖减蒸降耗保墒技术

农田覆盖技术在土壤表面形成物理屏障，阻止土壤与大气层间的水分和能量交换，可有效地抑制土壤蒸发，保墒土壤，提高作物产量和水分利用效率，是一种非常有效的节水措施，已经在干旱半干旱区域广泛推广应用（Muhammad et al., 2019；Li et al., 2018；Chen et al., 2015）。目前农业生产上常用的农田覆盖技术包括地膜覆盖和秸秆覆盖。

1. 地膜覆盖

地膜覆盖具有保温、保水、保肥、改善土壤理化性质等特点，有力地促进了旱作农业区农作物的生长发育，成为干旱半干旱区域农业生产中协调水热资源的重要栽培措施之一。研究表明，地膜覆盖能够提高降雨捕获量、抑制土壤水分无效蒸发、增加作物蒸腾耗水，从而提高作物的产量和水分利用效率（徐佳星等，2020）。利用地膜覆盖种植的玉米比没有地膜覆盖增产 30% ~60%，水分利用效率提高 20% ~30%（Li et al., 2018；梅四卫等，2020；王秀领等，2016）。

但是地膜覆盖对作物产量和水分利用效率的影响却不一定总是正效应。研究表明（高丽娜等，2009），地膜覆盖冬小麦提高了冬小麦灌浆前土壤温度 0.44 ℃，增温效应促进了作物生长，整个生育期的生物量提高 116.0 kg/m^2；开花期后地膜覆盖的地温低于对照，影响了灌浆过程，使得前期积累的大量干物质未转移到籽粒中，最终产量和水分利用效率比对照降低了 1.2% 和 2.9%（表 5-1）。

表 5-1 地膜覆盖冬小麦产量、水分利用效率、干物质向非籽粒的转移率和地上部含氮量向非籽粒的转移率

处理	产量/(kg/hm^2)	WUE/(kg/m^3)	DMRE/%	NRE/%
地膜覆盖	1229.1^a	2.04^a	1.46^a	93.4^a
对照	1244.1^a	2.10^a	0.43^b	94.1^a

注：WUE：水分利用效率；DMRE：干物质向非籽粒的转移率，采用抽穗后第 6 天的生物量进行测量计算；NRE：地上部含氮量向非籽粒的转移率。上角小写字母代表显著性检验结果，相同表示不显著，不同表示在 $P<0.05$ 水平上存在显著性差异。

为了降低地膜对土壤温度的影响，实施膜上覆土，结果表明，雨养冬小麦覆膜覆土平作处理比对照增产 6.51%，覆膜沟播处理比对照增产 10.19%，水分利用效率分别提高 9.74% 和 11.79%（表 5-2）。

地膜覆盖可以显著抑制土壤无效蒸发，增加土壤水分对作物的有效性，在我国干旱和半干旱地区得到大面积推广。但地膜覆盖因作物种类和种植方式的不同而产生不同效果，生产上要根据实际条件而使用。同时，如果没有及时清除废旧薄膜，会造成土壤和环境污染。目前生产上提倡使用 GB 13735—2017 厚度不小于 0.01 mm 的地膜，有利于地膜的回收再利用，减少农田“白色污染”。

表 5-2　不同覆膜处理对旱作冬小麦产量和水分利用效率的影响

覆盖处理	土壤水利用量/mm	降水量/mm	蒸散量/mm	产量/(kg/hm^2)	WUE/(kg/m^3)
覆膜覆土平作	221.9	102.2	324.1	6948.0	2.14
覆膜沟播	227.3	102.2	329.5	7188.0	2.18
不覆膜沟播（CK）	232.6	102.2	334.8	6523.5	1.95

2. 秸秆覆盖

秸秆覆盖已被证明是减少土壤蒸发、增加土壤蓄水量和作物产量及水分利用效率的重要节水措施（Stagnari et al., 2014）。华北平原冬小麦-夏玉米一年两熟种植模式中，冬小麦收割机悬挂的秸秆粉碎机，在冬小麦联合收割时将秸秆直接切碎并抛撒覆盖地表，下茬夏玉米铁茬免耕播种，实现了冬小麦秸秆机械化覆盖夏玉米田。

1）秸秆覆盖夏玉米田的减蒸、保墒和产量效应

夏玉米生育初期降水量不能满足作物需水，如果不能及时灌溉，会影响作物产量潜力的发挥而导致减产。夏玉米生育前期也是大气蒸发力较强的时期，夏玉米播种后灌溉，由于地表无作物覆盖，此期土壤蒸发损失大，这一时期进行秸秆覆盖，会大幅削减土壤无效蒸发，产生显著的节水效应。2018 年和 2019 年两个夏玉米生育期秸秆覆盖试验结果显示（图 5-5），秸秆覆盖处理的土壤含水量均高于不覆盖处理，从播种到七叶期土壤含水量高有利于玉米群体的建立和壮苗。两年覆盖处理的夏玉米产量比不覆盖处理分别提高 9.7% 和 25.1%，水分利用效率分别提高 5.3% 和 25.0%（表 5-3）。

秸秆覆盖影响了玉米生育期水分消耗（图 5-6），改变了营养生长阶段和生殖生长阶段的耗水量，2018 年和 2019 年播种到抽穗秸秆覆盖处理比不覆盖处理作物耗水量分别降低 6.0% 和 19.7%，从籽粒形成期到成熟期作物耗水量提高 10.1% 和 8.9%，籽粒形成期到成熟期是夏玉米生殖生长时期，耗水量的增加有利于提高穗粒数和千粒重，两年覆盖处理的穗粒数提高 7.8% 和 17.9%，千粒重提高 1.6% 和 4.3%（Fang et al., 2021）。

研究表明，覆盖处理较高的植物蒸腾作用改善了玉米的生长（增加了叶面积指数和生物量）和水分利用效率（Tolk et al., 1999; Daryanto et al., 2017; Chen et al., 2019）。秸秆覆盖将更多的水分从非生产性土壤蒸发转化为植物蒸腾作用，这可能是秸秆覆盖下玉米产量和水分利用效率增加的原因之一（Zheng et al., 2019）。秸秆覆盖还提高了土壤肥力和酶活性（Akhtar et al., 2018）。此外，秸秆材料价格便宜、来源方便且对环境友好（Kader et al., 2017）。

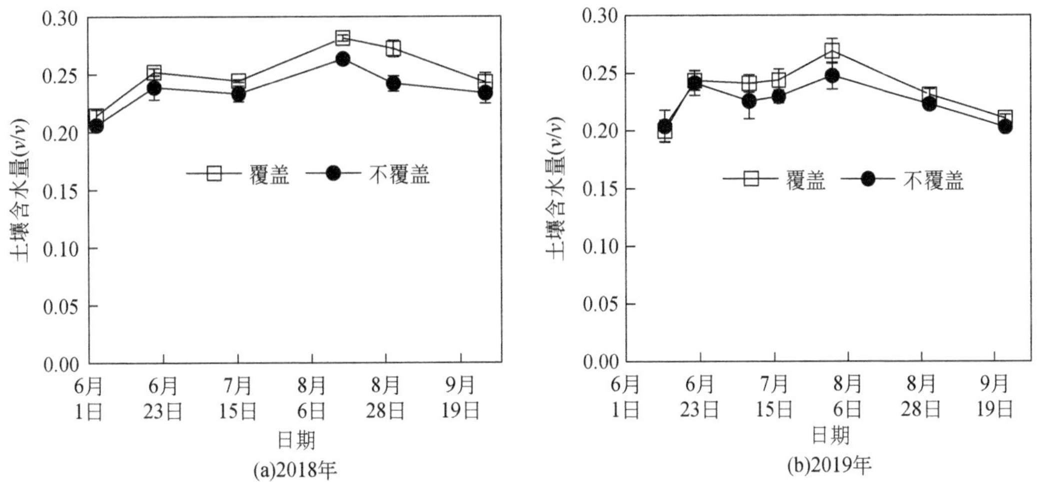

图 5-5 秸秆覆盖与不覆盖夏玉米 2018 年和 2019 年生育期土壤水分变化

资料来源：Fang et al.，2021

表 5-3 秸秆覆盖对夏玉米产量、产量构成和水分利用效率的影响

年份	处理	穗数/(穗/hm²)	穗粒数/(粒/穗)	千粒重/g	产量/(kg/hm²)	WUE/(g/m³)
2018	覆盖	65 000[a]	365.8[a]	324.3[a]	7 710.0[a]	4.0[a]
	不覆盖	64 900[a]	339.2[b]	319.3[b]	7 028.6[b]	3.8[a]
2019	覆盖	71 670[a]	467.0[a]	270.7[a]	8 816.8[a]	3.0[a]
	不覆盖	66 392[b]	396.2[b]	259.6[b]	7 045.4[b]	2.4[b]

注：上角小写字母代表显著性检验结果，相同表示不显著，不同表示在 $P<0.05$ 水平上存在显著性差异。

资料来源：Fang et al.，2021

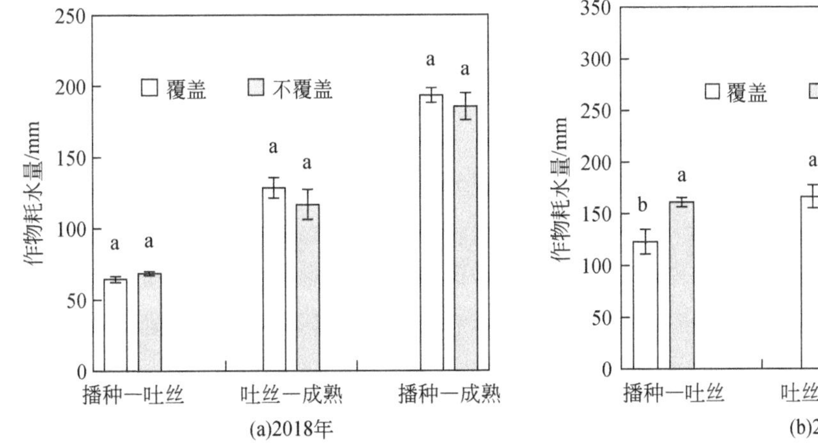

图 5-6 夏玉米 2018 年和 2019 年两个生育期不同阶段和生育期耗水量

小写字母代表显著性检验结果，相同表示不显著，不同表示在 $P<0.05$ 水平上存在显著性差异

资料来源：Fang et al.，2021

2）秸秆覆盖冬小麦田的减蒸、保墒和产量效应

秸秆覆盖对作物产量和水分利用效率的影响不总是正效应。研究表明，秸秆覆盖冬小麦田降低了冬小麦籽粒产量（Chen et al.，2007；Li et al.，2008）。覆盖对冬小麦产量的负面影响归因于土壤表面温度的变化（Muhammad et al.，2019；Balwinder et al.，2011；Liu et al.，2017）。Wang 等（2009）发现与不覆盖处理相比，秸秆覆盖降低了春季土壤温度，推迟了春季生长。Li 等（2008）认为较低的土壤温度阻碍了根系的扩展。Liu 等（2017）研究表明，无论是采用精量种植还是常规栽培种植，秸秆覆盖下的冬小麦产量下降，主要原因是穗数和千粒重减少。

秸秆覆盖的时间和覆盖量影响了冬小麦产量、产量构成和收获指数（表 5-4）。三叶期覆盖下，不同覆盖量的小麦产量、千粒重和穗粒数与对照之间差异不显著，有效穗数随着覆盖量的增加而降低，覆盖提高了收获指数。播种后覆盖的产量、千粒重、有效穗数、收获指数随着覆盖量的增加而降低，全量覆盖处理与对照之间达到显著差异（$P<0.05$），穗粒数则随着覆盖量的增加而呈增加趋势，但均低于对照处理。三叶期覆盖处理的减产效应低于播种后覆盖。播种后覆盖降低了千粒重、穗粒数和收获指数，导致了冬小麦减产，三叶期覆盖减产的主要原因是有效穗数的降低。

表 5-4　不同秸秆覆盖时间和覆盖量对冬小麦产量、产量构成和收获指数的影响

覆盖时间	覆盖量/(kg/hm^2)	产量/(kg/hm^2)	千粒重/g	穗粒数/(粒/穗)	有效穗数/(穗/m^2)	收获指数
对照	无覆盖	7715.7^{a}	43.9^{a}	24.2^{abc}	921.0^{ab}	0.41^{bcd}
播种后覆盖	2450	7479.7^{ab}	43.2^{ab}	21.9^{d}	955.6^{a}	0.41^{d}
	3675	7174.5^{ab}	42.1^{bc}	23.6^{bcd}	900.0^{ab}	0.41^{cd}
	7350	6500.1^{b}	40.9^{c}	22.4^{cd}	907.4^{ab}	0.39^{e}
三叶期覆盖	2450	7473.6^{ab}	43.7^{ab}	24.6^{ab}	940.8^{a}	0.42^{ab}
	3675	7547.8^{ab}	43.4^{ab}	25.6^{ab}	849.4^{ab}	0.42^{abc}
	7350	7673.3^{a}	44.1^{a}	26.1^{a}	812.4^{b}	0.43^{a}

注：上角小写字母代表显著性检验结果，相同表示不显著，不同表示在 $P<0.05$ 水平上存在显著差异。

资料来源：闫宗正等，2017

秸秆覆盖对耕层土壤温度具有调节作用，表现为冬季提升土壤温度，温度越低增温效果越强；小麦返青后，随着气温升高，覆盖处理出现了降低土壤温度的效应，降温效应持续到拔节后；至小麦开花后，由于冠层增大，秸秆覆盖对土壤温度的影响减弱或消失。为了降低秸秆覆盖产生的温度效应对冬小麦的不利影响，可在三叶期实施秸秆覆盖或者减少秸秆覆盖量。

5.2.2　土壤耕作调控作物水分利用技术

土壤耕作节水是一项传统的投资少、见效快、方便简单的措施，在农业栽培实践中，已积累了丰富的保墒经验。例如，耙耱技术可以打碎深耕后形成的土块，平整地表，减少蒸发表面；早春的顶凌耙耱也是很好的保墒措施。在华北平原冬小麦-夏玉米一年两熟种植区，农业生产过程中耕作、播种和收获逐步实现了机械化，秸秆机械化全量还田的普及，冬小麦旋耕后播种，夏玉米免耕播种，由于长期实施单一土壤免耕、旋耕和秸秆还田，加上农业全程机械化生产对土壤的压实作用，导致耕层变浅、犁底层加厚、土壤容重增大、耕层有效土量减少、土壤养分表聚等土壤退化特征突出（Becerra et al., 2010），严重影响了作物根系在深层土壤中的生长（Bengough et al., 2011）以及对土壤中水肥吸收的能力（李潮海等，2005），降低了水肥资源利用效率，限制了作物产量的提高（谢迎新等，2015；赵亚丽等，2018）。通过传统的深耕（松）与保护性耕作少免耕进行科学组配和轮耕，可以构建合理的耕层，实现水肥的高效利用和作物增产（雷友等，2011；宫秀杰等，2009；Cai et al., 2014）。

1. 不同耕作方式对土壤水分动态影响

土壤耕作方式影响了土壤水分的运移，栾城站长期耕作定位试验的观测结果表明，旋耕条件下表层土壤含水量高于其他处理，特别是在夏玉米生长季的雨季，在旋耕条件下降水形成的水分易储存在表层土壤中。而在较深的土壤层次，在夏季降水期间，深耕和深松处理的含水量高于旋耕处理，从冬小麦收获后到夏玉米收获期间，深层土壤水分的变动表明深耕和深松处理比旋耕增加了深层土壤水储量。冬小麦生长期间不同耕作处理的水分变动受到作物地上部分生长和根系对土壤水分吸收利用能力的影响，出现较大的差异。对于 1 m 以上的上层土壤水储量变化，由于深松可以有效增加夏玉米生长季深层土壤水分的蓄积，冬小麦播前水储量高于其他耕作处理，因此冬小麦进入越冬期后，连续深松处理下的土壤水储量最高。至冬小麦生育后期，随着作物对土壤水分吸收利用，各处理土壤水储量都出现显著下降趋势。土壤深松和深耕利于夏季土壤水分向深层运移，增加土壤深层水储量，减少土壤表面的蒸发损失。而在冬小麦生长季，土壤水分的变动既受耕作措施的影响，也受作物对土壤水分吸收利用的影响。深松和深耕对冬小麦生长的促进作用增加了冬小麦对土壤水分的消耗，各处理之间的土壤水储量差异没有明显规律。

2. 不同耕作方式对作物根系分布的影响

研究表明，连续旋耕条件下由于犁底层存在和犁底层形成的土壤紧实度的增加，冬小麦生长期间根系表聚，根系更多地集中在表层；深耕和深松处理打破犁底层和降低土壤紧实度的作用一定程度上促进根系向深层生长，增加下层土壤根系所占比例。栾城站试验表明，在长期旋耕和秸秆全量还田的农田，第一年耕作后（2017 年），旋耕 0 ~ 20 cm 平均根长密度大于深耕和深松，20 cm 以下土壤三个处理没有差异，土壤耕作方式对冬小麦根长密度的影响不显著（图 5-7）。第二年耕作后（2018 年），旋耕、深耕和深松 0 ~ 20 cm 平均根长密度分别为 2.03 cm/cm^3、2.01 cm/cm^{3}和 1.89 cm/cm^3，深松处理略低，但差异不显著。20 ~ 40 cm 根长密度分别为 0.74 cm/cm^3、1.15 cm/cm^3 和 1.14 cm/cm^3，旋耕明显低于深耕和深松处理，差异显著。第三年耕作后（2019 年），连续深耕和深松处理相比于连续旋耕，能够显著增加 0 ~ 30 cm 的根长密度，在 30 cm 以下土壤中深松处理根长密度小于对照处理。说明深耕（松）能增加下层土壤中冬小麦根系生长。Zhang 等（2004）指出当根长密度小于 0.8 ~ 1 cm/cm^{3}时，根系的不足是作物充分吸收利用土壤水分的限制因素，30 ~ 40 cm 土层以下的根长密度都小于该值，因此通过耕作方式促进深层根系生长可提升限水灌溉冬小麦对土壤储水的利用能力。

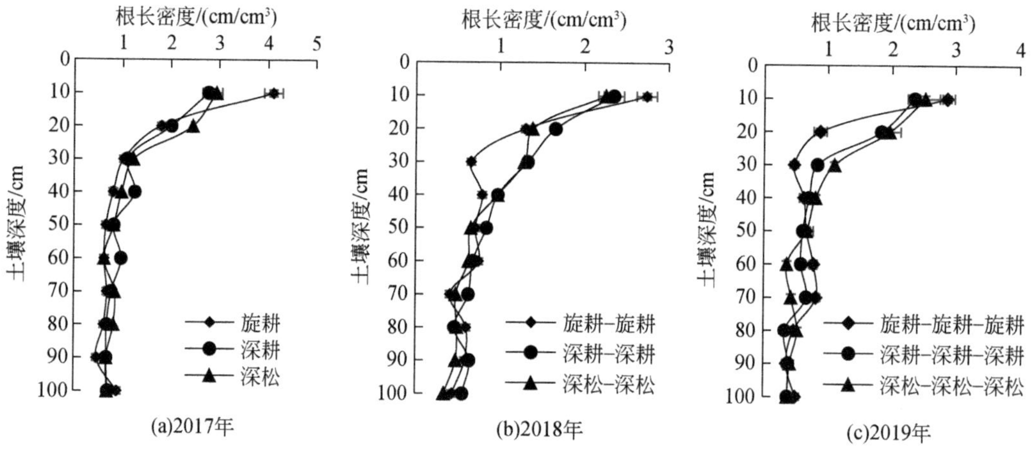

图 5-7　不同耕作处理对冬小麦根长密度的影响（冬小麦成熟期，栾城站）

3. 不同耕作方式对作物水分利用效率影响

土壤耕作方式不仅影响了当季作物的水分利用效率，还影响了下茬作物的水分利用效率（表 5-5）。2016 ~ 2017 年冬小麦水分利用效率各处理之间差异不显著，夏玉米水分利用效率，深耕处理相比 CK 略有提升，不同耕作方式对冬小麦和夏玉米水分利用效率的影响不显著。2017 ~ 2018 年各耕作处理对冬小麦水分利用效率的影响没有差异，但是两年深松处理、深耕处理较对照处理显著提升了夏玉米水分利用效率，分别提升 20.8% 和 21.3% 。其他处理相较于对照处理没有差异。2018 ~ 2019 年除了深松-深松-深松处理之外，其他轮耕处理均能提高冬小麦水分利用效率，而各个处理对夏玉米水分利用效率的影响均不显著。因此，在实行三年轮耕制度条件下，第一年进行深耕或者深松，后两年实行常规旋耕能提高冬小麦的水分利用效率，而对于夏玉米水分利用效率的影响不显著。

表 5-5　不同耕作方式对水分利用效率的影响　　（单位：kg/m^3）

时期	轮耕方式	冬小麦	夏玉米
2016～2017 年（第一年）	旋耕	1.90[a]	2.48[a]
	深耕	1.82[a]	2.64[a]
	深松	1.84[a]	2.43[a]
2017～2018 年（第二年）	旋耕-旋耕	1.94[a]	2.16[b]
	深耕-深耕	2.2[a]	2.31[ab]
	深松-深松	2.33[a]	2.61[a]
	深耕-旋耕	1.95[a]	2.13[b]
2018～2019 年（第三年）	旋耕-旋耕-旋耕	1.9[b]	3.28[a]
	深耕-深耕-深耕	2.44[a]	2.95[a]
	深松-深松-深松	1.71[b]	3.27[a]
	深耕-旋耕-深耕	2.22[ab]	3.02[a]
	深耕-旋耕-旋耕	2.79[a]	3.20[a]
	深松-旋耕-旋耕	2.88[a]	3.02[a]

注：不同小写字母表示在 $P<0.05$ 水平上存在显著性差异。

经过三年轮耕之后，连续深耕或者深松处理的冬小麦虽然早期生长发育高于连续旋耕处理，但冬小麦是在亏缺灌水条件下，在后期水分不能满足作物生长发育时，营养生长时期的耗水量增加反而不利于作物产量的提高，表现在连续旋耕的收获指数略高于其他耕作处理，在连续旋耕处理下作物早期生长量小，对水分的消耗具有保守特性，增加开花后水分消耗。虽然深松和深耕处理下的根系对深层土壤水分利用量大于旋耕，但增加的土壤耗水量没有有效形成经济产量。因此，不同耕作处理对作物产量的影响也受水分供给条件的制约，在亏缺供水条件下深耕和深松形成的作物长势优势不能充分转化为经济产量。虽然土壤深耕和深松对小麦和夏玉米产量的影响不显著，与连续旋耕（CK）相比，连续三年深耕和深松产量优势不显著，一些轮耕模式如深耕-旋耕-旋耕、深松-旋耕-旋耕、深松-旋耕-深松更有助于产量的提升。

5.2.3　冬小麦减蒸降耗灌溉制度

1. 不同灌溉处理对土壤水分动态的影响

在栾城站连续进行了冬小麦生育期从不灌水至灌 5 水（I0、I1、I2、I3、I4、I5）试验，不同灌溉处理的灌溉时间见表 5-6。不同灌水条件下，土壤水分动态差异较大，不同降水年型对土壤水分也产生较大影响。选取三个典型年型下 I0、I2 和 I5 处理的 0～1 m 土壤水分动态变化进行分析（图 5-8）。三年中 2007～2008 年生育期降水量为 176.6 mm，为湿润年型；2013～2014 年生育期降水量为 47.9 mm，为干旱年型；2016～2017 年生育期降水量为 109.4 mm，为平水年。冬小麦在土壤含水量小于田间持水量 60% 时，出现水分亏缺，对应的土壤含水量为 0.22，该值作为水分亏缺的临界值。结果表明，I0 处理的土壤含水量均低于 I2 和 I5 处理。随着生育期的推进，尤其是冬小麦拔节以后，耗水量增加，可以看到 I0 处理的土壤含水量下降明显，而 I5 充分灌水条件下的土壤含水量由于灌水量大，没有明显下降趋势，直到生长后期，随着冬小麦根系对土壤水分利用的增加，土壤含水量开始降低。I2 处理在湿润年型下土壤含水量降低不显著，只有在干旱和平水年型下出现降低趋势。在湿润年型下，I2 和 I5 处理的土壤含水量差异不明显，小麦收获时土壤含水量均较低，I0 低于临界含水量；在干旱年型下，三个水分处理的土壤含水量拔节后均明显下降，I0 和 I2 处理下降较多，后期低于临界值；在平水年，I0 处理的土壤含水量波动明显，I2 和 I5 处理的土壤含水量在冬小麦的灌浆期下降至临界值之下。土壤水分变动情况表明，冬小麦对土壤水分消耗主要发生在生育期的中后期，不同灌水处理显著影响土壤水分，灌水较少情况下，土壤水分存在明显亏缺，特别是在冬小麦生长中后期。

表 5-6　栾城站冬小麦长期灌溉定位试验灌水时间和灌水次数　（单位：mm）

处理代码	灌水次数	灌水时间和灌水量					总灌水量
		越冬前	拔节期	孕穗期	抽穗开花期	灌浆期	
I0	0	—	—	—	—	—	0
I1	1	—	90	—	—	—	90
I2	2	—	90	—	70	—	160
I3	3	70	80	70	—	—	220
I4	4	70	80	—	70	70	290
I5	5	70	80	70	70	70	360

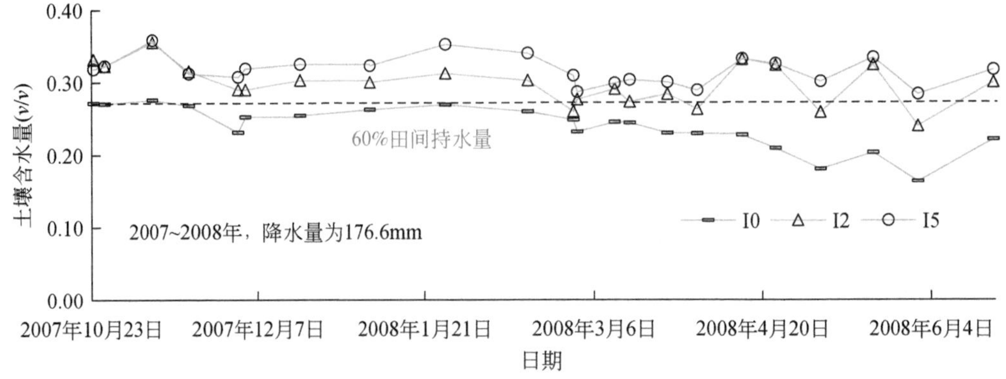

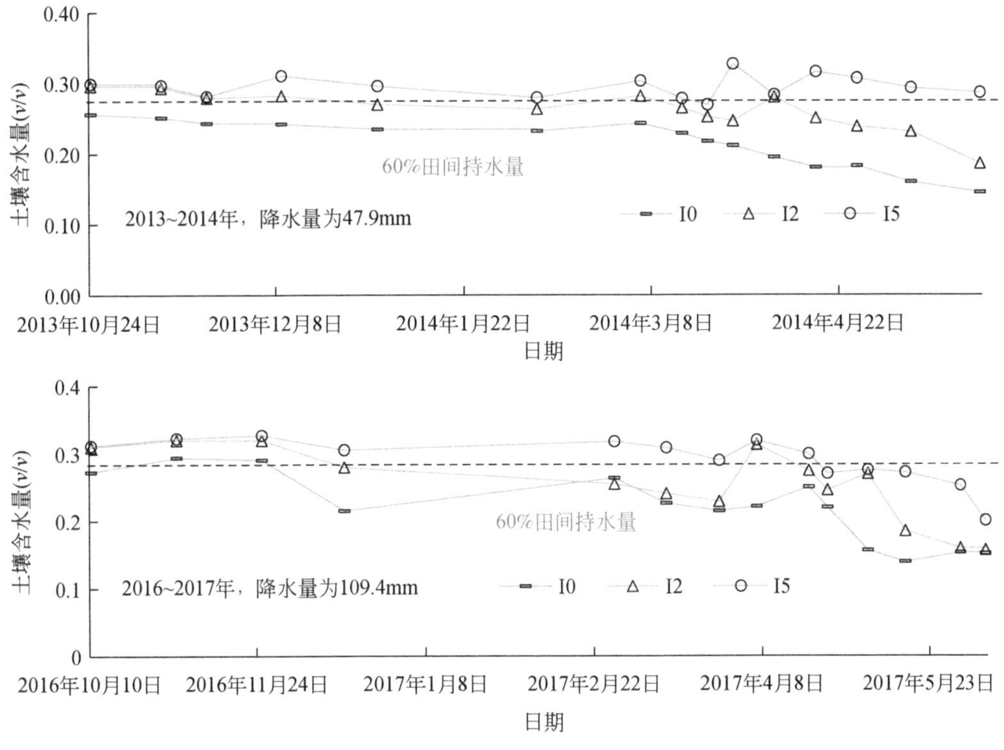

图5-8　不同年型下不同灌溉处理下的土壤水分动态变化

2. 不同水分处理下根系分布和土壤储水消耗

不同水分处理影响了作物根系分布。湿润年型下（2007～2008年）I0、I2、I5三个水分条件0～40 cm表层土壤的根长占总根长的比例分别为62.5%、67.3%和77.7%；干旱年型下（2010～2011年），I0、I2、I5三个水分条件下0～40 cm土壤的根长占总根长的比例分别为45.2%、43%和50.6%，小于湿润年型下的表层土壤根系，I2处理的根系大于0.8 cm/cm^3的深度要高于I0和I5处理，说明干旱条件下利于根系深扎，但所有处理下的根系主要分布在上层土壤（图5-9）。

比较湿润年型（2007～2008年）和干旱年型（2010～2011年）冬小麦播种和收获时2 m土层剖面土壤含水量差异（图5-10），随着土壤深度的增加土壤耗水量降低，这一现象在湿润年型的I5处理尤为明显，说明湿润年型灌水量多的情况下，根系吸水主要在土壤表层。在干旱年型下，土壤耗水深度增加，I0、I2和I5处理的土壤耗水量分别为167.5 mm、196.4 mm和170.1 mm，占总耗水量的比例分别为82.7%、51.5%和30.7%。土壤水分消耗随着土壤深度的增加而降低，与根系在土壤剖面的分布趋势一致，说明深层根系较少限制了作物充分利用深层土壤水分。

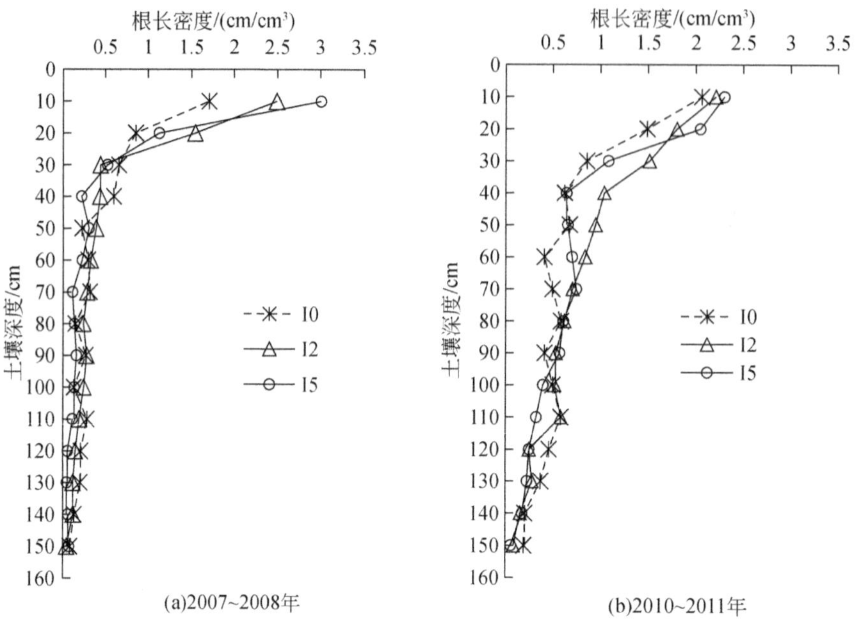

图 5-9 2007～2008 年和 2010～2011 年三个灌溉处理（I0、I2、I5）冬小麦根系在土壤剖面的分布

冬小麦 2007～2018 年共 10 个生育期在三个典型灌水处理（I0、I2 和 I5）生育期蒸散量及其组成见表 5-7～表 5-9，在 I0 处理下，根系对土壤水分利用增加，生育期土壤耗水储水消耗量（SWD）大于 I2 和 I5 处理，充分供水条件下 SWD 最小，在降水量多的年型下出现了负值。说明在不同的年型下，作物对土壤水的消耗量随着灌水量的增加而下降。对于 I0 处理，SWD/ET 为 28.8%～90.6%，受年际变化影响较大，湿润年型的 SWD 低于

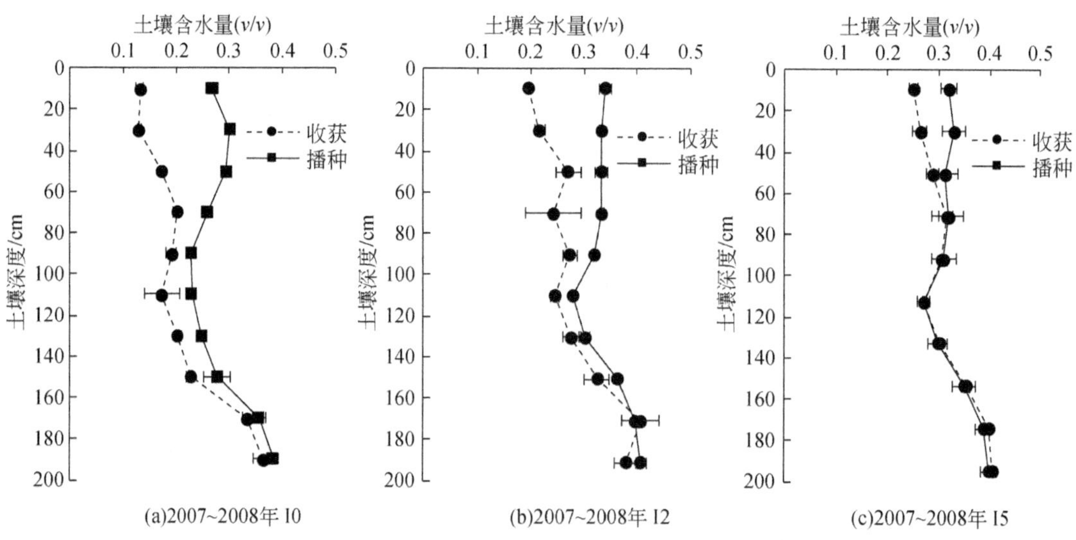

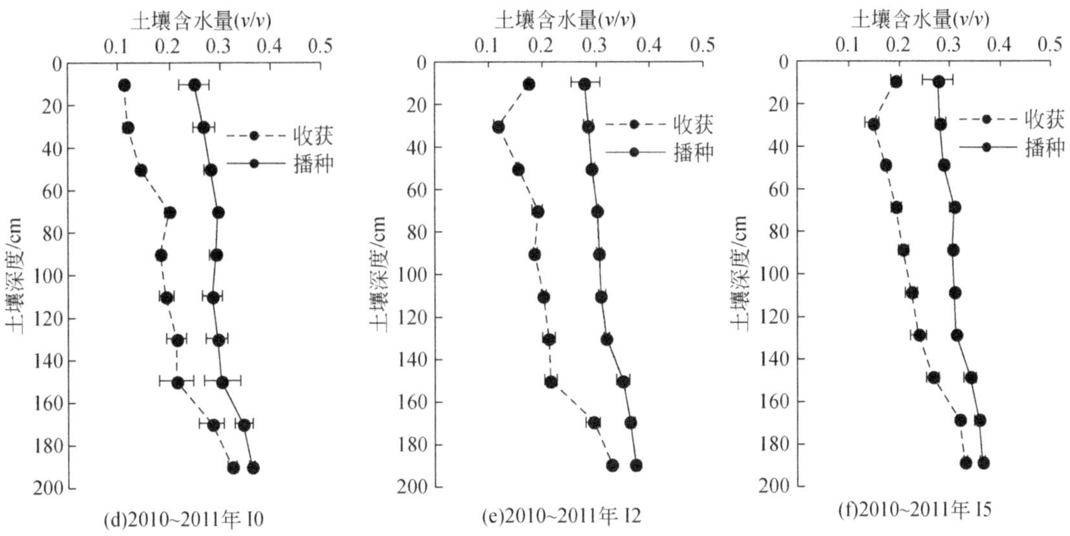

图 5-10 2007 ~2008 年和 2010 ~2011 年生育期三个灌溉处理（I0、I2、I5）冬小麦播种和收获时的土壤剖面水分分布

干旱年型，如2007 ~2008 年湿润年型下 SWD/ET 为28.8%，而在2010 ~2011 年和2013 ~2014 年干旱年型，SWD/ET 的比例高达 82.8% 和 90.6%。在 I2 处理下，SWD/ET 的比例为 10.1% ~54.7%，受年际变化影响较小；I5 充分灌水条件下，SWD/ET 的比例为 -0.4% ~35.5%，降水和灌水满足作物耗水需求，对土壤储水的利用较小。另外，随着灌水量增加，土壤深层渗漏量也相应增多。I0、I2 和 I5 处理年深层渗漏量变化范围分别为 0 ~29.1 mm、1.4 ~58.6 mm 和 35.9 ~131.5 mm，可见随着灌水量增加，根层渗漏量增加，带来养分淋溶和环境污染风险。

表 5-7 2007 ~2018 年冬小麦生育期不灌水（I0）条件下蒸散量及其构成

生育期	土壤储水消耗（SWD）/mm	深层渗漏量/mm	降水量/mm	总耗水量（ET）/mm	SWD/ET/%
2007 ~2008 年	83.7	4.9	212.2	290.9	28.8
2008 ~2009 年	144.1	0.0	80.1	224.2	64.3
2009 ~2010 年	144.5	16.1	65.3	193.7	74.6
2010 ~2011 年	167.5	18.1	53.1	202.4	82.8
2011 ~2012 年	132.8	0.0	82.3	215.1	61.7
2012 ~2013 年	142.3	23.6	122.3	241.1	59.0
2013 ~2014 年	215.2	24.0	46.3	237.5	90.6
2014 ~2015 年	78.4	0.0	70.0	148.4	52.8
2015 ~2016 年	182.2	4.0	87.2	265.4	68.7

续表

生育期	土壤储水消耗（SWD）/mm	深层渗漏量/mm	降水量/mm	总耗水量（ET）/mm	SWD/ET/%
2016～2017 年	246.4	29.1	108.4	325.7	75.7
2017～2018 年	161.6	0.1	150.6	312.1	51.8

表 5-8　2007～2018 年冬小麦生育期灌水两次（I2）蒸散量及其构成

生育期	土壤储水消耗（SWD）/mm	深层渗漏量/mm	降水量/mm	灌水量/mm	总耗水量（ET）/mm	SWD/ET/%
2007～2008 年	47.7	58.6	212.2	165.0	366.3	13.0
2008～2009 年	140.0	25.3	105.7	210.0	430.4	32.5
2009～2010 年	127.3	21.3	65.3	160.0	331.2	38.7
2010～2011 年	196.4	18.0	53.1	150.0	381.5	51.5
2011～2012 年	145.2	10.7	82.3	165.0	381.8	38.0
2012～2013 年	114.2	25.6	122.3	160.0	371.0	30.8
2013～2014 年	224.0	30.4	46.3	170.0	409.8	54.7
2014～2015 年	192.1	18.4	70.0	175.0	418.7	45.9
2015～2016 年	132.4	12.0	87.2	135.0	342.5	38.7
2016～2017 年	200.3	30.4	108.4	140.0	418.3	47.9
2017～2018 年	37.8	1.4	157.5	180.0	373.9	10.1

表 5-9　2007～2018 年冬小麦生育期充分灌水（灌水 5 次，I5）条件下蒸散量及其构成

生育期	土壤储水消耗（SWD）/mm	深层渗漏量/mm	降水量/mm	灌水量/mm	总耗水量（ET）/mm	SWD/ET/%
2007～2008 年	-1.9	104.1	212.2	390.0	496.3	-0.4
2008～2009 年	51.8	131.5	105.7	430.0	456.0	11.4
2009～2010 年	96.3	69.5	65.3	300.0	392.0	24.6
2010～2011 年	170.0	28.7	53.1	360.0	554.4	30.7
2011～2012 年	44.8	45.1	82.3	405.0	487.0	9.2
2012～2013 年	-52.5	35.9	122.3	380.0	414.0	-12.7
2013～2014 年	108.2	44.1	46.3	420.0	530.4	20.4
2014～2015 年	120.4	112.0	70.0	390.0	468.4	25.7
2015～2016 年	61.8	16.5	87.2	270.0	402.5	15.4
2016～2017 年	197.7	69.9	108.4	320.0	556.2	35.5
2017～2018 年	99.4	104.5	157.5	390.0	542.4	18.3

3. 不同灌溉处理对冬小麦干物质积累的影响

不同灌水处理影响了地上部分干物质积累（图 5-11）。随着冬小麦生育期推进，干物质积累速度增加，拔节至开花期是小麦旺盛生长阶段，干物质积累速率最大，随着灌水量增多，干物质积累量也增加，但在湿润年型下，I1 处理成熟期干物质积累量最大，为 16 336.9 kg/hm^2，I3 最小，为 11 982.6 kg/hm^2，可能的原因是当降水量充足的情况下，水分不是小麦生长的限制因素，灌水量少的处理反而干物质积累较高。在降水量较少和适中年份，例如 2016 ~ 2017 年平水年，干物质积累量随着灌水次数增加而增加，I0 ~ I5 处理干物质积累量分别为 9804.6 kg/hm^2、13 741.3 kg/hm^2、13 984.4 kg/hm^2、14 052.4 kg/hm^2、16 338.9 kg/hm^2 和 18 635.0 kg/hm^2。2013 ~ 2014 年干旱年，I0 ~ I5 处理成熟期干物质积累量分别为 6989.9 kg/hm^2、12 874.5 kg/hm^2、14 841.5 kg/hm^2、17 737.1 kg/hm^2、17 721.4 kg/hm^2 和 23 082.6 kg/hm^2，充分灌水处理干物质积累量最大，I3 和 I4 处理在成熟期获得了相同的干物质。从整体来看，干旱年型下 I3 ~ I5 水分处理的干物质积累量要大于其他年型，说明在水分亏缺的年型下灌水量对干物质积累的效果要优于降水量多的年型，可能与干旱年型下光照更充足，利于不缺水作物干物质形成和积累有关。

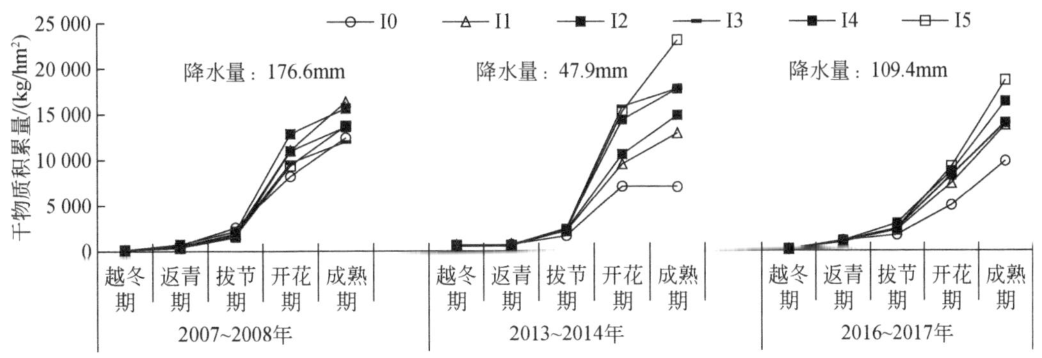

图 5-11　不同年型下不同灌溉处理对冬小麦干物质积累的影响

4. 不同灌溉处理对产量和水分利用效率的影响

冬小麦 2007 ~ 2018 年不同灌水次数 10 年平均产量和水分利用效率结果表明，随着灌水量增多，产量呈先增加后降低的趋势，灌水处理产量显著高于不灌水处理（图 5-12）。I3 处理产量最高，不灌水处理产量最低，与其他处理差异显著，I1 与 I3、I4 和 I5 处理差异显著，I2、I3、I4 和 I5 处理之间差异不显著（$P \leqslant 0.05$）。水分利用效率随着灌溉水量的增多而逐渐降低，I0 处理最高，I5 处理最低。I2 处理比 I0 处理产量提高了 46%，水分利用效率仅下降了 11%，I5 处理比 I0 处理产量提高了 48%，水分利用效率下降了 25%。

从节水高产的角度，冬小麦生育期 I2 处理可以得到较高产量和水分利用效率。

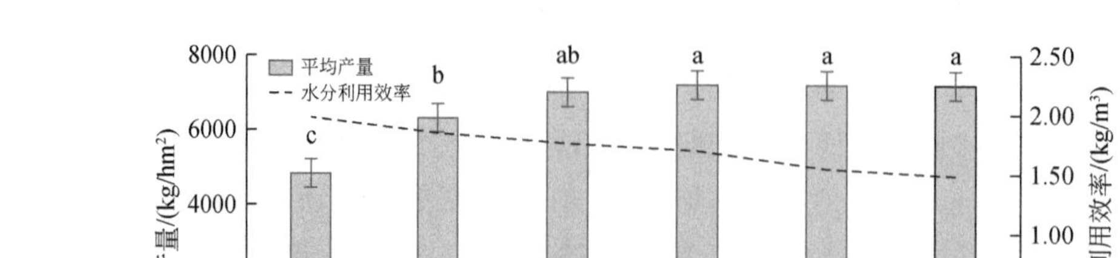

图 5-12　不同灌溉处理 2007 ~ 2018 年冬小麦平均产量与水分利用效率

冬小麦产量水平的水分利用效率（WUE_y）和生物量水平的水分利用效率（WUE_b）之间存在一定的关系（图 5-13）。WUE_y 与 WUE_b 的关系为正相关关系，即随着 WUE_b 的增加 WUE_y 也相应增加。收获指数影响两个水平的水分利用效率的相关性，提升收获指数是增加 WUE_y 的重要途径。

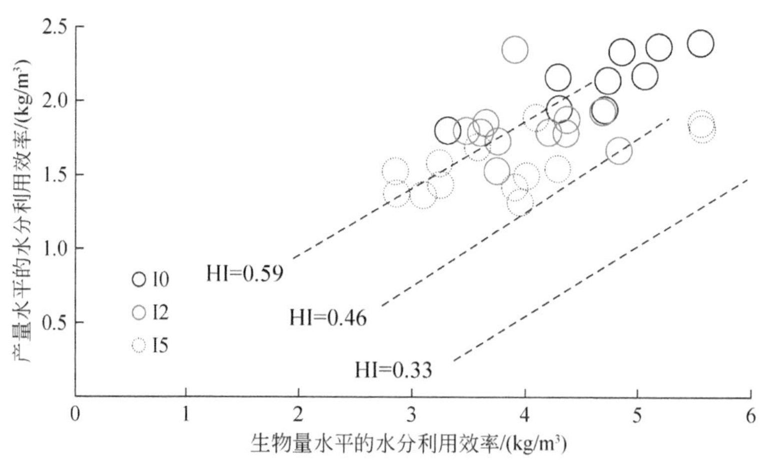

图 5-13　不同灌溉处理冬小麦产量水平的水分利用效率和生物量水平的水分利用效率相关分析（2007 ~ 2018 年）

5. 冬小麦减蒸降耗灌溉制度及灌溉指标的确定

根据以上研究与分析建立了冬小麦主动调亏灌溉制度（表 5-10）：湿润年 1 水、平水年 2 水、干旱年 3 水；冬小麦实施调亏灌溉比当地普遍使用的灌溉制度减少生育期灌水次数 1 ~ 2 水，产量提高 5% ~ 8%，农田耗水量减少 20 ~ 40 mm，水分利用效率提高 8% ~ 10%。并确定了指导灌溉的适宜土壤水分下限指标：越冬前 0 ~ 50 cm 土壤含水量不低于田间持水量的60%；返青到起身期0～50 cm土壤含水量不低于55%，在高于85%时，产量会随着土壤含水量的增加降低；拔节期0～50 cm土壤含水量应高于田间持水量的65%；孕穗期0～80 cm土壤含水量不低于田间持水量的60%；抽穗到灌浆前期应保持0～100 cm的土壤含水量高于田间持水量的60%，而在灌浆后期适度水分亏缺不会造成冬小麦产量明显下降。

表 5-10　冬小麦不同降水年型下调亏灌溉制度

生育期降水量/mm	降水年型	灌水次数	灌水时间	灌水量/mm
<80	干旱年型	3	拔节期、抽穗期和灌浆初期	180～210
90～130	正常年型	2	拔节期和抽穗期	120～140
>130	湿润年型	1	拔节期	60～70

5.2.4　夏玉米减蒸降耗灌溉制度研究

对于华北地区的夏玉米，虽然其生长在雨季，但由于降水分布不稳定，为维持稳产高产，适宜灌水时间和灌水量仍然非常重要。

1. 苗期土壤水分状况对产量和水分利用效率的影响

1）夏玉米播种前的土壤水分状况

冬小麦-夏玉米一年两熟种植制度下，冬小麦收获后立即免耕播种夏玉米，由于冬小麦生育期水分利用量大、降水量较少，冬小麦收获时上层土壤含水量很低，接近萎蔫点，尤其是在I0、I1和I2灌水量较少的处理（图5-14）。在冬小麦季实施有限灌水条件下，冬小麦对土壤水分的有效利用导致夏玉米播种前土壤含水量低，而玉米播种时的灌水量对玉米出苗和苗期生长具有重要意义。

2）土壤初始水分有效性差异对夏玉米产量的影响

冬小麦季不同灌水量和降水量引起土壤含水量的变化对玉米产量影响较大，2016～2019年冬小麦季不同灌水量处理对夏玉米产量影响如图5-15所示。2016年和2017年，冬小麦季I0和I1处理下夏玉米产量没有差异，I0处理的产量分别比I2处理低8.0%和6.6%。2018年和2019年，I0处理的产量分别比I3和I5处理低22.1%和32.1%。玉米播种初期土壤水分状况对产量影响较大，与前茬灌溉管理有关。

玉米播种时的土壤水分在作物发芽、出苗和生根过程中起着重要作用，它受冬小麦季节灌水和降水的影响，也受冬小麦总用水量的影响（Helms et al.，1997；Paolo and Rinaldi，2008；Feng et al.，2018）。研究表明，在有限供水条件下，冬小麦灌水量的减少，导致土

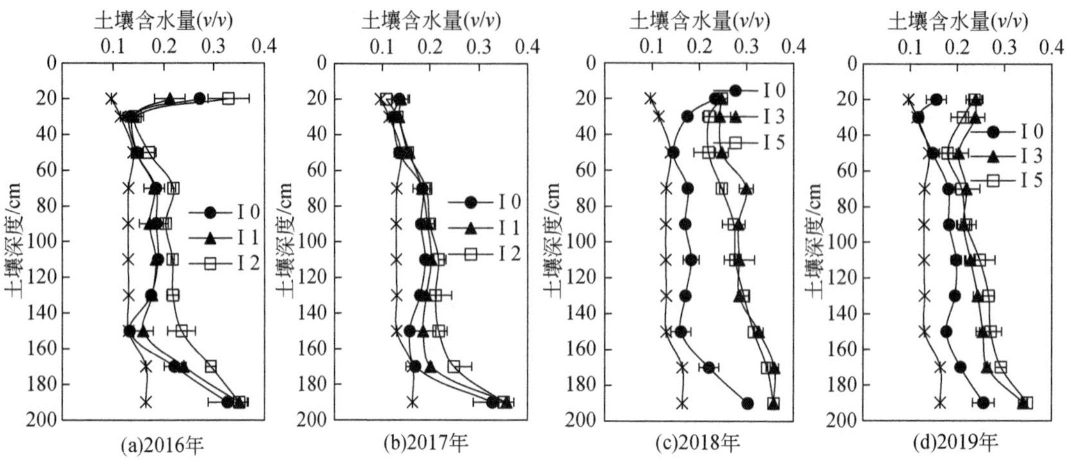

图 5-14　2016～2019 年冬小麦生育期不同灌溉处理对收获期土壤水分影响

资料来源：Fang et al.，2021

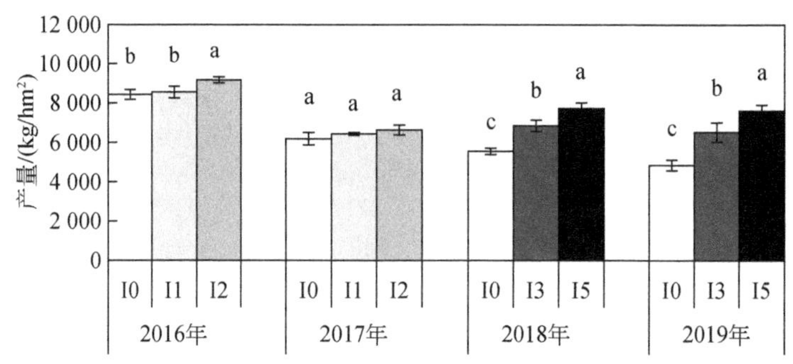

图 5-15　2016～2019 年冬小麦生育期不同灌溉处理对夏玉米产量的影响

小写字母代表显著性检验结果，相同表示不显著，不同表示在 $P<0.05$ 水平上存在显著性差异

资料来源：Fang et al.，2021

壤耗水量增加（Zhang et al.，2008，2013b）。夏玉米播种前土壤含水量很低，虽然在玉米播种时进行了灌水，但灌溉只是补充了表层 0～60cm 的土壤水分。播种至七叶期降水量低于作物需水量，玉米苗期易受水分亏缺的影响。水分亏缺显著降低叶面积指数、叶片叶绿素含量、叶片光合作用，加速叶片衰老，最终限制干物质积累和作物产量（Li et al.，2020）。为了获得较高的作物产量，在营养生长期必须采取措施降低无效耗水量，延长苗期灌水对作物的有效性，以减少水分胁迫对玉米生产的负面影响，并在生殖生长期保持较高的土壤含水量，提高干物质积累和籽粒产量。

2. 不同灌溉处理对夏玉米生育期土壤水分、产量和水分利用效率的影响

1）生育期 0～1 m 土壤含水量变化

2008～2016 年夏玉米季生育期不灌溉（NI）和充分灌溉（FI）处理下 0～1 m 土层的

平均土壤含水量的变化如图 5-16 所示，在降水量较少的年份，如 2010 年和 2014 年，NI 处理发生了水分胁迫。在降水量较多的年份，如 2009 年和 2012 年，NI 处理 0 ~ 1 m 的平均土壤含水量仍能维持在 65% 田间持水量以上。表明在湿润年份，播种前进行一次灌溉就能满足夏玉米整个生育期对水分的需求。

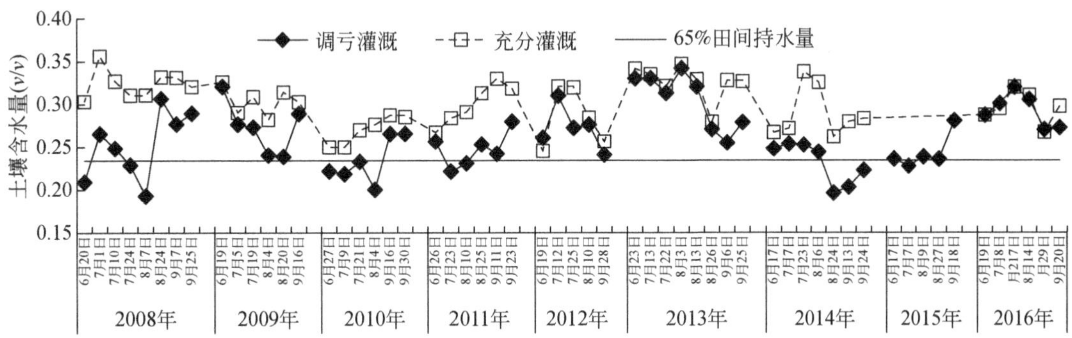

图 5-16　2008 ~ 2016 年夏玉米生长季 0 ~ 1 m 土层在不同灌溉处理下的平均土壤含水量变化

2）夏玉米产量和水分利用效率变化

不同灌溉处理下夏玉米产量存在较大差异（图 5-17），NI 和 FI 处理下，2008 ~ 2016 年产量的变化范围分别为 6426 ~ 9928 kg/hm^2 和 6540 ~ 10 125 kg/hm^2，最高产量与最低产量之间的产量差分别为 3502 kg/hm^2 和 3585 kg/hm^2，产量的年际变异分别达到 47% 和 42%。2014 年是极端干旱年份，夏玉米生育期降水量为 202.4 mm，NI 和 FI 处理下夏玉米产量差达到最大值，为 1397 kg/hm^2，仅为平均产量的 17%，远小于夏玉米产量的年际变异。夏玉米产量在很大程度上受气象条件的影响，降水量通常不是影响夏玉米产量的主要因素。因此，在夏玉米播种前进行一次出苗补充灌溉，一般年份能够获得较稳定的产量。

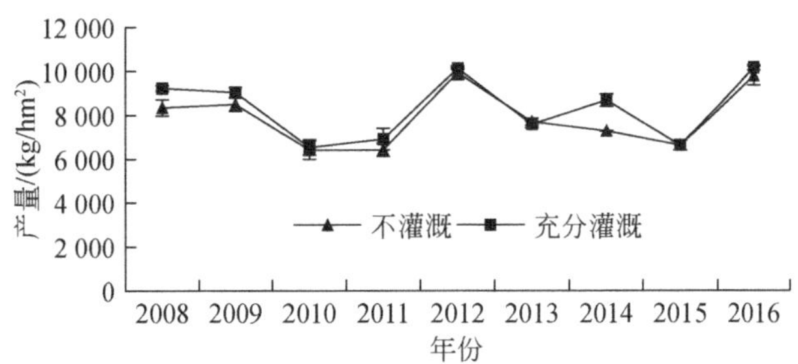

图 5-17　2008 ~ 2016 年生育期不灌溉（NI）和充分灌溉（FI）处理下夏玉米的产量

不同灌溉处理不同年型下夏玉米的水分利用效率也存在较大差异（图 5-18），NI 处理下水分利用效率的变化范围为 2.14 ~ 3.25 kg/m^3，水分利用效率的年际变异为 42%；FI 处理下水分利用效率的变化范围为 1.40 ~ 2.43 kg/m^3，水分利用效率的年际变异为 51%，灌水降低了水分利用效率，同时增加了水分利用效率的年际变异。NI 处理下 2008 ~ 2016 年耗水量和产量呈显著正相关（图 5-19），并且两者之间的相关性大于 FI 处理下，干旱条件下单位耗水量增加带来的产量增加幅度高于湿润条件。但是耗水量的增加会导致水分利用效率的降低，在稳定产量的前提下选择耗水量较少的品种是提高水分利用效率的有效途径。

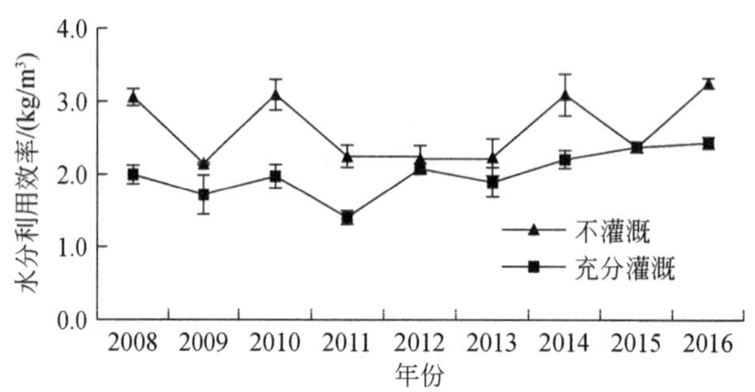

图 5-18　2008 ~ 2016 年生育期不灌溉（NI）和充分灌溉（FI）处理下夏玉米的水分利用效率

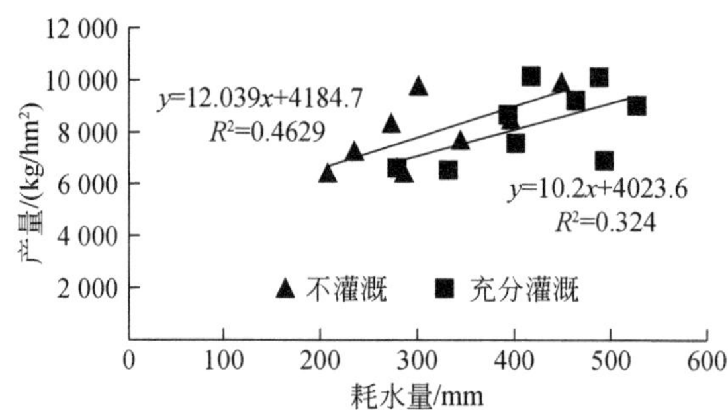

图 5-19　2008 ~ 2016 年生育期不灌溉（NI）和充分灌溉（FI）处理下夏玉米耗水量和产量的相关关系

5.2.5　生物节水降耗调控及潜力

1. 冬小麦品种间产量和水分利用效率差异

2011 ~ 2017 年在栾城站进行了 16 个冬小麦品种在不同灌溉处理下的产量和水分利用效率差异研究，灌溉处理设生育期不灌水（I0）、拔节期灌 1 水（I1）及拔节期和抽穗期各灌 1 水（I2）的三个处理。

1）冬小麦品种间产量差异

不同灌溉处理下不同冬小麦品种的产量存在较大的差异（图 5-20）；同时冬小麦产量也有明显的年际变化，2011 ~ 2012 年和 2012 ~ 2013 年产量较低，2016 ~ 2017 年产量较

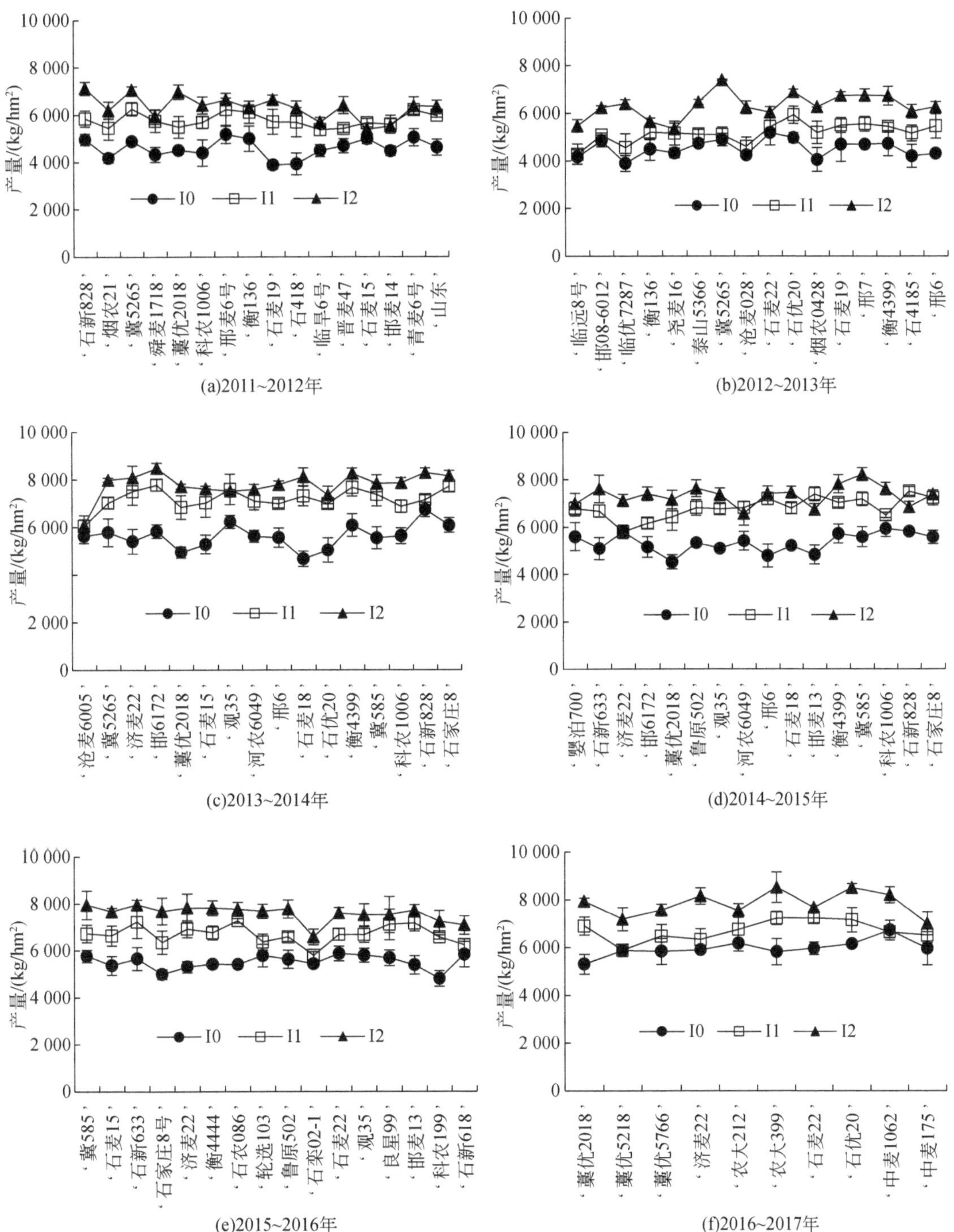

图 5-20　2011 ~ 2017 年三个灌溉处理不同冬小麦品种的产量变化

高。I0、I1 和 I2 平均产量分别为 5272 kg/hm²、6393 kg/hm² 和 7207 kg/hm²。随着灌水量增加，产量逐渐增加。I0 到 I1 产量增加 1121 kg/hm²，I1 到 I2 产量增加 815 kg/hm²。灌 1 水的增产效果大于灌 2 水的增产效果。I0、I1、I2 处理下，16 个品种平均产量的年际变异分别为 26%、25%、27%。I0 处理下，2011 ~ 2017 年获得最高产量品种与最低产量品种的产量差分别为 1294 kg/hm²、1284 kg/hm²、2072 kg/hm²、1415 kg/hm²、1067 kg/hm²、1422 kg/hm²；I1 处理下产量差分别为 888 kg/hm²、1649 kg/hm²、1726 kg/hm²、1717 kg/hm²、1482 kg/hm²、1347 kg/hm²；I2 处理下产量差分别为 1729 kg/hm²、2051 kg/hm²、2386 kg/hm²、1648 kg/hm²、1389 kg/hm²、1522 kg/hm²。结果显示，品种间产量差随着灌水次数增加而增大，表明在高产环境下选择适宜品种的增产作用大于低产环境。

2）品种间水分利用效率差异

2011 ~ 2017 年冬小麦生长季不同灌水处理下的耗水构成和水分利用效率见表 5-11。随着灌水量增加，蒸散量（ET）逐渐增加。并随着灌水量增加土壤储水消耗量（SWD）在 ET 中所占比例逐渐降低，I0、I1 和 I2 处理下 SWD/ET 分别为 76.5%、55.7% 和 39.5%。随着 ET 增加，产量逐渐增加（图 5-21），在一定生育期耗水量条件下，作物产量与耗水量呈直线正相关关系。然而在相同 ET 下，不同年份产量存在较大差异，表明不同年份之间水分利用效率存在不同，天气条件不仅影响作物产量，也影响作物水分生产力。I0 处理下，2011 ~ 2017 年平均水分利用效率分别为 1.42 kg/m³、2.25 kg/m³、2.26 kg/m³、2.40 kg/m³、1.67 kg/m³ 和 1.92 kg/m³。

表 5-11　不同灌水量下 16 个冬小麦品种平均耗水构成、产量及水分利用效率（WUE）

年份	灌水处理	灌水量/mm	降水量/mm	土壤储水消耗量/mm	渗漏量/mm	蒸散量/mm	产量/(kg/hm²)	WUE/(kg/m³)
2011 ~ 2012	I0	0	97.4	234.8[a]	9.0[a]	323.1[c]	4599.9[c]	1.42[a]
	I1	90	97.4	216.2[a]	8.8[a]	394.8[b]	5775.6[b]	1.46[a]
	I2	180	97.4	181.9[b]	9.6[a]	449.8[a]	6324.5[a]	1.41[a]
2012 ~ 2013	I0	0	88.6	155.4[a]	42.4[a]	201.6[c]	4529.9[c]	2.25[a]
	I1	90	88.6	141.3[a]	39.3[a]	280.6[b]	5174.4[b]	1.84[b]
	I2	180	88.6	99.7[b]	16.9[b]	351.4[a]	6308.7[a]	1.80[b]
2013 ~ 2014	I0	0	47.9	229.6[a]	27.8[a]	249.6[c]	5633.1[c]	2.26[a]
	I1	90	47.9	202.3[a]	23.7[a]	316.4[a]	7185.0[b]	2.27[a]
	I2	180	47.9	183.4[b]	30.8[a]	380.4[a]	7791.8[a]	2.05[b]
2014 ~ 2015	I0	0	81.2	158.2[a]	16.8[a]	222.6[c]	5345.6[c]	2.40[a]
	I1	90	81.2	157.5[a]	3.0[b]	325.8[b]	6822.1[b]	2.09[b]
	I2	180	81.2	129.2[a]	9.2[b]	381.2[a]	7339.8[a]	1.93[ab]

续表

年份	灌水处理	灌水量/mm	降水量/mm	土壤储水消耗量/mm	渗漏量/mm	蒸散量/mm	产量/(kg/hm^2)	WUE/(kg/m^3)
2015 ~ 2016	I0	0	107.4	230.3[a]	7.5[a]	330.2[b]	5508.3[c]	1.67[b]
	I1	90	107.4	222.3[a]	4.2[a]	415.6[a]	6689.3[b]	1.61[b]
	I2	165	107.4	157.4[b]	5.5[a]	424.3[a]	7584.6[a]	1.79[a]
2016 ~ 2017	I0	0	109.4	237.6[a]	36.3[a]	310.7[ab]	5969.1[c]	1.92[a]
	I1	80	109.4	225.3[a]	58.2[a]	356.5[a]	6710.1[b]	1.88[a]
	I2	150	109.4	182.2[b]	71.5[a]	370.1[a]	7830.8[a]	2.12[a]

注：不同小写字母表示在 $P<0.05$ 水平上存在显著性差异。

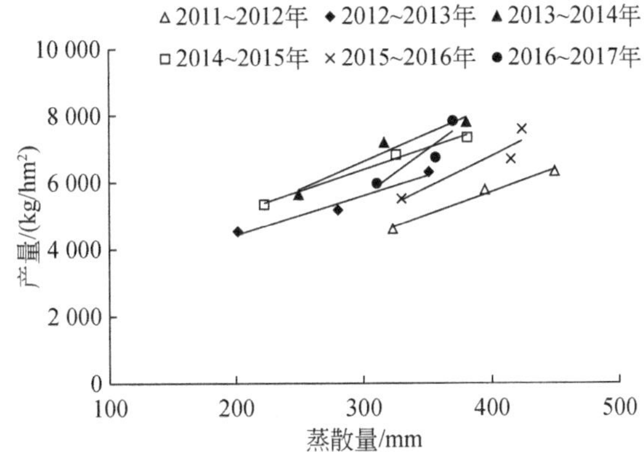

图 5-21　2011 ~ 2017 年 16 个冬小麦品种在三种灌水制度下（不灌水、灌 1 水和灌 2 水）蒸散量与产量的相关关系

2011 ~ 2017 年不同冬小麦品种耗水构成和水分利用效率变化如图 5-22 所示。冬小麦生长季降水量较少且存在较大的年际变化，2011 ~ 2017 年冬小麦生育期降水量分别为 97.4 mm、88.6 mm、47.9 mm、81.2 mm、107.4 mm、109.4 mm、110.9 mm，土壤储水利用量（SWD）是作物耗水的主要来源（尤其是旱作条件下）。2011 ~ 2017 年，随着灌水量的增加，不同冬小麦品种之间 SWD/ET 降低，同一个品种对土壤水分的消耗有下降的趋势。同时也说明，在旱作条件下，播种前的土壤储水对提供作物水分需求具有十分重要的作用。在同一灌水量下，不同冬小麦品种对播种前的土壤储水的吸收利用能力不同，这可能是由不同品种的根系不同造成的。不同冬小麦品种的水分利用效率随着灌水量的增加表现出不同的变化规律，以 2012 ~ 2013 年为例，I0 处理下，'石麦 22'的水分利用效率最高，为 2.17 kg/m^3；而在 I2 处理下，'冀 5265'获得了最高的水分利用效率，为 1.92 kg/m^3，'石麦 22'的水分利用效率为 1.71 kg/m^3，旱作条件下水分利用效率高的品种在灌溉条件下并不一定高。品种水分利用效率受环境的影响较大，同时也证明基因与环境互作的存在。图 5-23 显示冬小麦品种产量和水分利用效率呈正相关，相同生长条件下产量高的品

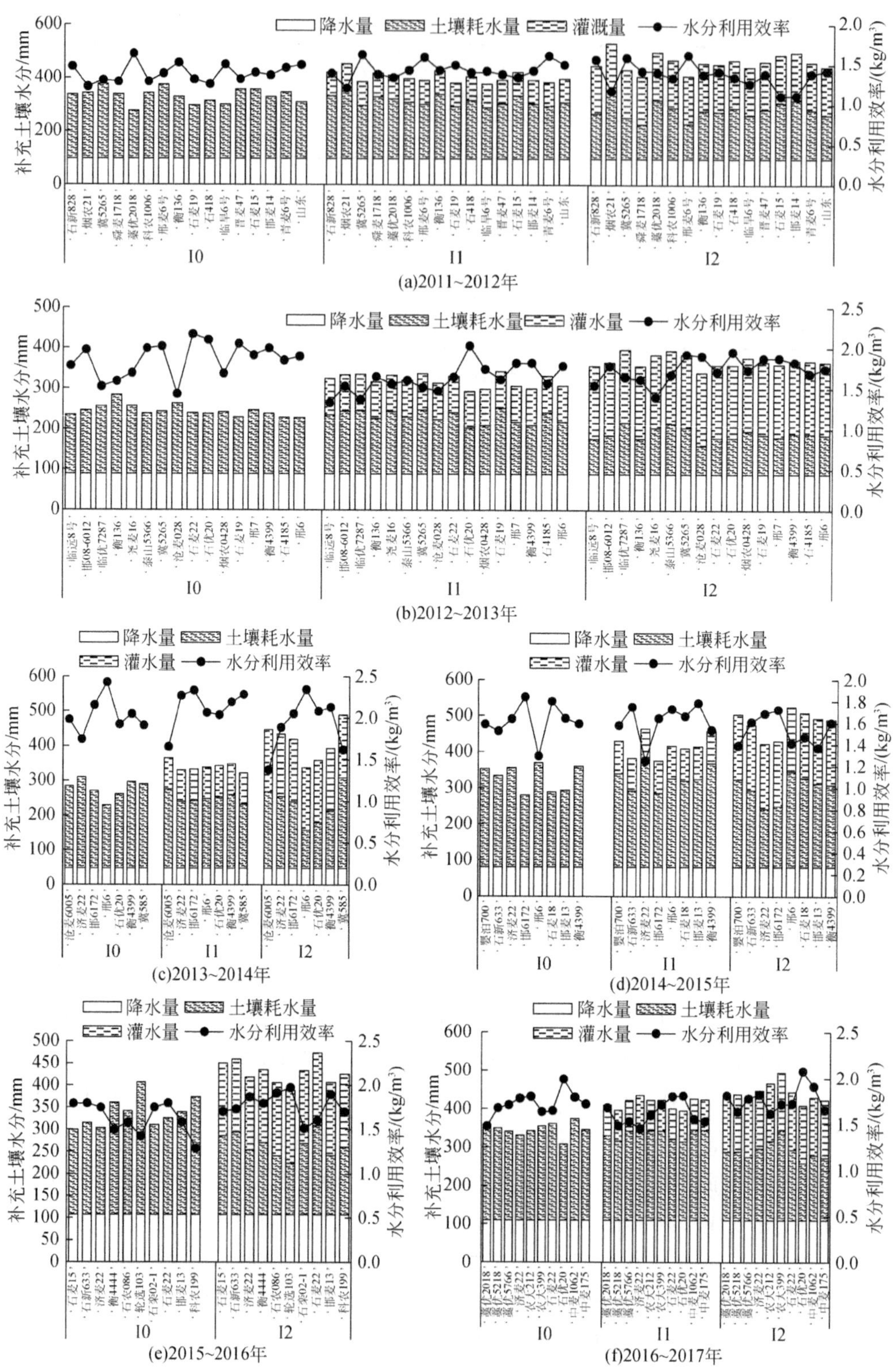

图 5-22 冬小麦不同品种灌溉处理下（I0、I1 和 I2）耗水构成和水分利用效率分析

种水分利用效率也比较高。筛选高产品种的过程也是提升作物水分生产力的过程。

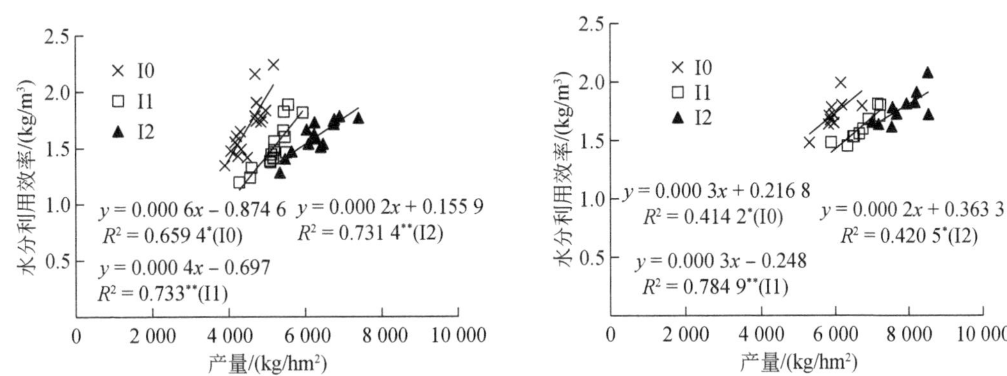

图 5-23　冬小麦不同品种产量和水分利用效率的相关关系

* 表示在 P<0.05 水平上显著相关；* * 表示在 P<0.01 水平上显著相关

2. 夏玉米品种间产量和水分利用效率差异

2010～2016 年在栾城站进行了 16 个夏玉米品种产量和水分利用效率差异试验。不同年型平均夏玉米的产量、产量构成和收获指数（HI）存在较大的变异（表5-12），2015 年产量最低，2016 年产量最高。2010 年、2011 年和 2013 年的 HI 和百粒重较低；2012 年穗粒数较低。夏玉米品种收获时的地上部生物量和产量呈极显著正相关（图 5-24），R^2达到 0.993，表明夏玉米生育期利于干物质形成和积累的年份利于玉米高产，因此气象条件是决定夏玉米产量的重要因素（Fang et al.，2019）。

表 5-12　2010～2016 年不同夏玉米品种平均产量及产量构成、收获指数

年份	产量/(kg/hm²)	穗数/（穗/hm²）	穗粒数/（粒/穗）	百粒重/g	收获指数
2010	6647.1±154	58217.7±1613	535.7±16	24.2±0.3	0.531±0.005
2011	6328.0±190	55454.2±1650	504.4±1	25.4±0.3	0.548±0.005
2012	9089.9±120	65473.2±1643	424.3±12	33.0±0.2	0.560±0.006
2013	6601.9±150	53138.4±932	550.5±16	27.7±0.4	0.548±0.004
2014	8931.3±130	60980.3±1789	526.2±8	30.7±0.04	0.562±0.010
2015	5801.8±85	49363.7±2310	553.4±13	33.2±0.5	0.561±0.005
2016	9447.8±389	60849.9±2284	513.5±13	36.0±0.3	0.556±0.005

夏玉米不同品种之间产量存在较大的差异，2010～2016 年夏玉米不同品种产量的变化范围分别为 5748～6647 kg/hm²、5152～7568 kg/hm²、8099～10303 kg/hm²、5663～7920 kg/hm²、7178～8931 kg/hm²、4158～7721 kg/hm²和 8227～10 587 kg/hm²；变异系数分别

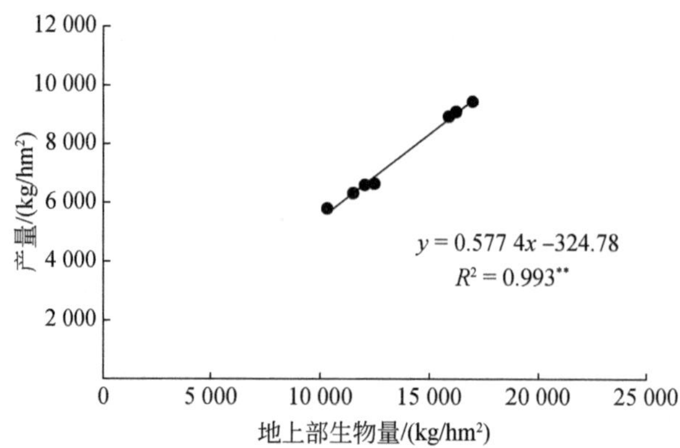

图 5-24　不同品种夏玉米地上部生物量和产量的相关性分析

＊＊表示在 $P<0.01$ 水平上显著相关

资料来源：Fang et al.，2019

为 9.2%、11.7%、8.6%、9.1%、6.9%、16.7% 和 7.4%（图 5-25）。通过选择高产品种，夏玉米年际产量变异系数可以降低 32%。表明选择高产品种能够有效降低不利环境条件对产量的影响。

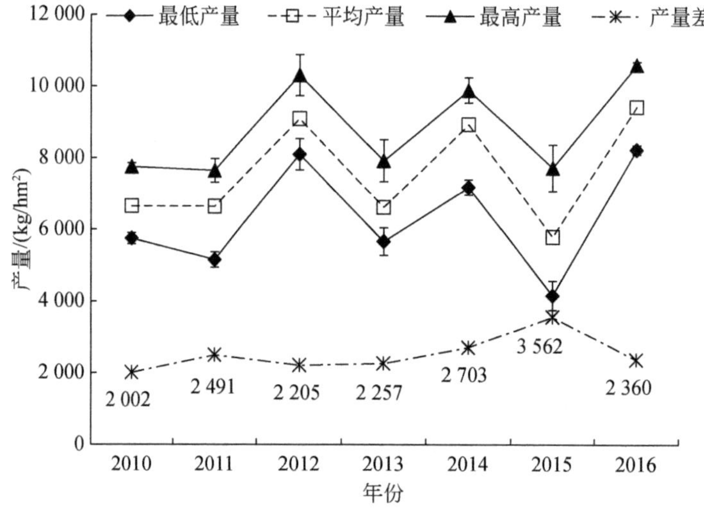

图 5-25　2010～2016 年所有夏玉米品种的平均产量、最高与最低产量以及最高产量与最低产量差

资料来源：Fang et al.，2019

夏玉米 2011～2017 年不同品种间最高和最低水分利用效率的差异分别为 14.1%、15.6%、10.1%、13.2%、9.6% 和 17.7%，选用高水分利用效率品种具有明显的节水潜力。与冬小麦品种产量和水分利用效率关系相似，夏玉米品种产量和水分利用效率呈正相关，高产品种的水分利用效率也较高。因此，可通过选用高产品种实现水分利用效率的提升。

5.3 地下水压采政策实施下的节水栽培模式

随着水资源危机加剧，提高农田用水效率显得尤为重要。农田水分利用效率的提高不能仅靠一种节水技术的应用，也不是众多技术的罗列，而是需要通过多学科交叉和各种单项技术相互渗透避免节水技术相互脱节，将土壤学、农学、栽培学、生物学、遗传学、水利学等学科有机结合在一起，与农业、生物、农业机械、水利工程等行业紧密结合，形成水、土、作物农田综合节水管理系统，充分发挥不同学科和行业的综合节水效应。上述研究表明，农田水分利用效率与作物产量在一定范围内呈正相关，即随着产量的提高水分利用效率提高，因此，提高产量的栽培措施也是提高农田水分利用效率的综合管理措施。

京津冀是我国主要的粮食产地，受水资源短缺影响，农业节水研究和节水技术的推广开展较早，许多农业综合节水管理技术已经普及。在灌溉技术方面，大田作物普遍实行了低压管道+小畦灌溉+调亏灌溉的节水灌溉模式；在地面覆盖和保护性耕作技术方面，冬小麦秸秆覆盖还田，夏玉米免耕播种，夏玉米秸秆结合土壤旋耕还田已经成为常规生产过程；在生物节水技术方面，实行了节水高产品种的优选和应用。栾城站针对冬小麦和夏玉米一年两熟种植模式，开展了一系列农田减蒸降耗的综合节水管理措施研究和推广应用，推动了农田节水技术的发展。

5.3.1 地下水限采下的最小灌溉和关键期补水灌溉模式

河北平原冬小麦-夏玉米有悠久的种植历史，也是耗水量大的作物，冬小麦的需水量在 450mm 左右，而冬小麦生长季平均降水量只有 100mm 左右，必须通过灌溉才能保证冬小麦高产和稳产。在农田实施了综合节水管理关键技术（低压管道输水+小畦灌溉+秸秆覆盖+保护性耕作技术+节水品种等）基础上，进一步降低生育期灌水量是实现地下水压采的重要保证。根据栾城站多年的研究结果提出了最小灌溉模式（Zhang et al., 2006, 2008；Sun et al., 2014）和关键期补水灌溉模式。最小灌溉模式是保证作物出苗，在播前或播后进行一定量的灌溉，而生长期间不再进行灌溉的模式。关键期补水灌溉模式则是在最小灌溉模式的基础上，在作物关键生育期（拔节期）灌水 1 次，其他生育期不进行灌水的模式。

1. 不同灌溉模式下的农田蒸散量、产量和水分利用效率

将在底墒充足的条件下，冬小麦生育期灌水 3～5 次、夏玉米生育期灌水 2～4 次，每次灌水量为 60～70 mm 的充分灌溉模式（FI）作为对照，最小灌溉模式（MI）的次灌水

量为 80～100 mm，关键期补水灌溉模式（CI）的次灌水量为 70～90 mm。连续 10 年试验表明，最小灌溉、关键期补水灌溉和充分灌溉下冬小麦生育期蒸散量（ET）平均值分别为 238 mm、329 mm、419 mm。夏玉米生育期蒸散量（ET）平均值分别为 299 mm、334 mm、408 mm（表 5-13）。三种灌溉模式冬小麦产量变异范围分别为 2947～6249 kg/hm^2、5233～7210 kg/hm^2 和 6211～8432 kg/hm^2，平均值分别为 4840 kg/hm^2、6348 kg/hm^2、7211 kg/hm^2。水分利用效率的变动范围分别为 1.28～2.49 kg/hm^3、1.69～2.23 kg/hm^{3}和 1.44～2.84 kg/m^3。在 10 年中，冬小麦产量 MI 处理比 CI 处理平均减产 24%，MI 处理比 FI 处理平均减产 33%，在 10 中有 2 年较为干旱年份 MI 处理相较于 CI 处理减产大于 40%，相较于 FI 处理减产超过 50%～60%。MI 处理相较于 CI 处理和 FI 处理的 ET 平均分别减少 28%、43%，水分利用效率分别增加 8%、13%（表 5-14）。

表 5-13　冬小麦和夏玉米在三种灌溉模式下的土壤水分消耗与蒸散量

粮食	年份	土壤水分消耗/mm			蒸散量/mm		
		最小灌溉	关键期补水灌溉	充分灌溉	最小灌溉	关键期补水灌溉	充分灌溉
冬小麦	2007～2008	84±5	60±1.2	49±2.0	291±14.6	338±10.1	423±16.9
	2008～2009	144±14.4	183±1.8	125±3.8	224±4.5	365±3.7	450±13.5
	2009～2010	148±10.4	147±10.3	112±1.1	186±7.4	273±13.7	346±10.4
	2010～2011	167±13.4	227±6.8	192±15.4	237±7.1	336±6.7	434±4.3
	2011～2012	133±2.7	149±8.9	118±2.4	215±6.5	321±9.6	412±16.5
	2012～2013	130±3.9	115±2.3	33±1	251±12.6	322±12.9	383±7.7
	2013～2014	215±8.6	212±2.1	185±9.3	238±14.3	324±6.5	447±13.4
	2014～2015	78±4.7	136±12.2	168±5	148±3	306±9.2	423±4.2
	2015～2016	182±3.6	192±5.8	92±2.8	265±15.9	341±10.2	364±3.6
	2016～2017	259±23.3	264±5.3	117±3.5	326±16.3	364±14.6	510±20.4
	平均	154	169	119	238	329	419
夏玉米	2007	-47±4.2	-20±0.8	-45±1.8	209±8.4	274±11	351±3.5
	2008	-27±1.4	-55±5	-119±3.6	273±10.9	339±10.2	454±9.1
	2009	-59±3.5	-40±2	-34±2.0	422±8.4	492±4.9	546±5.5
	2010	-65±1.3	-99±7.9	-113±2.3	300±12	314±15.7	385±11.6
	2011	-87±3.5	-113±1.1	-115±3.5	268±16.1	272±5.4	379±3.8
	2012	-41±2.5	-74±4.4	-114±4.6	448±13.4	488±9.8	524±15.7
	2013	-67±2.7	-57±2.9	-51±2	353±21.2	365±7.3	452±13.6
	2014	-111±7.8	-177±10	-131±10	233±11.7	289±2.9	359±3.6
	2015	-3±1.1	-1±2	-75±1.5	192±1.9	186±3.7	220±4.4
	2016	-156±10	-144±2.9	-207±16	296±11.8	323±12.9	412±4.1
	平均	-66	-78	-100	299	334	408

夏玉米在三种模式下产量变动范围分别为 5110 ~ 10125 kg/hm^2、5588 ~ 9513 kg/hm^2 和 6406 ~ 9899 kg/hm^2。水分利用效率变动范围分别为 2.01 ~ 3.58 kg/hm^3、1.65 ~ 3.00 kg/hm^3、1.44 ~ 2.84 kg/m^3（表 5-14）。MI 处理比 CI、FI 处理平均分别减产 4.8%、5.6%。而 ET 相较 CI 和 FI 处理分别减少了 10%、26%。MI 处理下的水分利用效率分别提高 14%、35%。

表 5-14　三种灌溉模式下冬小麦和夏玉米水分利用效率　（单位：kg/m^3）

年份	冬小麦水分利用效率			夏玉米水分利用效率		
	最小灌溉	关键期补水灌溉	充分灌溉	最小灌溉	关键期补水灌溉	充分灌溉
2007 ~ 2008	2.15±0.13	2.09±0.19	1.92±0.02	3.58±0.18	2.72±0.03	1.63±0.05
2008 ~ 2009	1.93±0.1	1.70±0.07	1.52±0.05	3.06±0.12	2.53±0.05	1.88±0.02
2009 ~ 2010	2.47±0.22	1.92±0.13	1.81±0.09	2.01±0.12	1.65±0.08	1.44±0.04
2010 ~ 2011	1.28±0.12	1.69±0.1	1.71±0.05	2.14±0.06	2.06±0.06	1.78±0.07
2011 ~ 2012	2.14±0.02	1.95±0.16	1.78±0.09	2.40±0.12	2.39±0.02	2.13±0.06
2012 ~ 2013	1.84±0.17	1.79±0.11	1.87±0.07	2.21±0.04	2.08±0.1	1.76±0.07
2013 ~ 2014	2.49±0.15	2.23±0.18	2.04±0.12	2.15±0.02	2.00±0.04	1.79±0.04
2014 ~ 2015	2.32±0.14	2.03±0.14	1.76±0.14	3.51±0.11	3.00±0.12	2.79±0.08
2015 ~ 2016	2.17±0.07	2.07±0.14	2.32±0.07	3.45±0.07	2.75±0.06	2.84±0.06
2016 ~ 2017	2.03±0.2	1.83±0.05	1.68±0.05	2.51±0.15	2.5±0.03	2.41±0.05
平均	2.08	1.93	1.84	2.70	2.37	2.05

比较冬小麦-夏玉米一年两熟生育期总耗水量，连续 10 年最小灌溉、关键期补水灌溉和充分灌溉分别为 340 ~ 774 mm、459 ~ 857 mm 和 266 ~ 1056 mm，平均年耗水量分别为 537 mm、663 mm 和 827 mm。年总耗水量与平均年降水量的差值分别为 120 mm、246 mm 和 410 mm。根据对山前平原地下水年补给量的测算，地下水补给量平均为 195 mm。这样，在最小灌溉条件下灌溉水量与地下水补给量基本维持平衡，如果在山前平原实施最小灌溉方式，有可能保证地下水的持续利用。虽然在最小灌溉条件下，对地下水补给量会比关键期补水灌溉和充分灌溉小，但在这种灌溉方式下，年灌溉水量可缩减 40% ~50%。同时随着灌溉成本增高，这种最小灌溉节省的灌溉费用，对减产也具有一定补偿。

2. 不同灌溉模式下的经济收益

1）投入产出计算依据

冬小麦和夏玉米生产过程中的直接投入包括化肥、种子、农药、灌溉耗电以及上茬玉米秸秆粉碎、耕作、播种和收获的农机费用等（表 5-15、表 5-16）。冬小麦季施用的磷酸二铵和氯化钾为夏玉米季和冬小麦季共用，夏玉米季不再施用。灌水投入包括田间做畦用工、灌溉基础设施折旧、灌水用工和取水电费。冬小麦生长季除去灌水的直接投入费用为

5514 元/hm²，夏玉米为 3945 元/hm²（表 5-16）（闫宗正等，2018）。

表 5-15　冬小麦–夏玉米生长季的直接投入

项目	冬小麦	夏玉米
化肥和种子/（元/hm²）	尿素：540；磷酸二铵：5102；氯化钾：375；种子：450	尿素：450；种子：450
耕作/（元/hm²）	玉米收获后，秸秆粉碎两遍、旋耕两遍总费用 1800	
播种和收获/（元/hm²）	小麦播种 375；小麦收获 600	玉米播种 1350；玉米收获 1350
农药/（元/hm²）	600	600
灌溉/（元/hm²）	灌溉起垄：100；灌溉基础设施：400；每次灌溉消耗劳动力：200；抽水电费 0.22	灌溉起垄：100；灌溉基础设施：400；每次灌溉消耗劳动力：200；抽水电费 0.22

资料来源：闫宗正等，2018

表 5-16　冬小麦–夏玉米生产总投入（不包括灌溉费用）　（单位：元/hm²）

作物	农资			机械				劳动力		总投入
	种子	化肥	农药	播种	收获	秸秆粉碎	旋耕	喷药	追肥	
冬小麦季	446.4	1467.13	300	150	900	900	900	300	150	5514
夏玉米季	750	945	300	150	1350	—	—	300	150	3945

资料来源：闫宗正等，2018

2）典型降水年型下不同灌溉模式的经济收益

根据小麦市场价格 2.2 元/kg、玉米 2 元/kg 计算效益，净收益为总产出减去直接投入和灌水投入（表 5-17）。随着灌水量的增加，总产值不断增加，尤其在枯水年型下灌水带来的效益最高。而净收益随着灌水量的增加而增加，在 MI 处理下净收益平均为 6034 元/hm²；在 CI 处理下净收益平均为 7956 元/hm²；FI 处理下净收益平均为 9668 元/hm²。MI 处理相对于 CI 和 FI 处理净收益损失 24% 和 38%。MI、CI、FI 处理的产出与投入的比值分别为 1.9、2.2、2.4。MI、CI、FI 处理的产出与灌溉投入比分别为 14.1、14.1、13.9，表明 MI 和 CI 处理的产出与灌溉投入比相当，两者灌溉水效益率都大于 FI 的灌溉效益。但总产出与投入比 FI 处理最大，表明在该区域增加灌溉对冬小麦增产和增收起正作用。

表 5-17　不同降水年型下不同灌溉制度小麦收益和支出

降水年型	灌溉制度	产量/(kg/hm²)	产值/(元/hm²)	成本投入/(元/hm²)			净收益/(元/hm²)
				灌溉	其他	合计投入	
湿润年型	MI	6 249	13 748	898	5 514	6 412	7 336
	CI	7 047	15 503	1 063	5 514	6 577	8 926
	FI	7 140	15 707	1 228	5 514	6 742	8 965

续表

降水年型	灌溉制度	产量/(kg/hm²)	产值/(元/hm²)	成本投入/(元/hm²)			净收益/(元/hm²)
				灌溉	其他	合计投入	
平水年型	MI	5 750	12 651	865	5 514	6 379	6 272
	CI	7 071	15 557	997	5 514	6 511	9 046
	FI	7 783	17 122	1 129	5 514	6 643	10 479
干旱年型	MI	4 947	10 884	876	5 514	6 390	4 494
	CI	5 655	12 441	1 030	5 514	6 544	5 897
	FI	7 380	16 236	1 162	5 514	6 676	9 560
平均	MI	5 649	12 428	880	5 514	6 394	6 034
	CI	6 591	14 500	1 030	5 514	6 544	7 956
	FI	7 434	16 355	1 173	5 514	6 687	9 668

玉米的产值随着灌水量的增加而增加（表 5-18），净收益同样也与灌水量有关，平水年型下净收益最高为 FI 处理，而干旱年型下净收益最高为 CI 处理。最小灌溉（MI 处理）处理净收益平均为 11 108 元/hm^2；在 CI 处理下净收益平均为 11 898 元/hm^2；FI 处理下净收益平均为 12 652 元/hm^2。MI 处理相对 CI 和 FI 处理收益损失 7% 和 12%。MI、CI、FI 处理的产出与投入比分别为 3.3、3.4、3.5，可以看出三种模式下投入产出相似。MI、CI、FI 处理的产出与灌溉投入比分别为 17.5、16.2、14.9，表明在灌溉条件下 MI 处理的灌溉收益最高，相对于 CI 和 FI 处理灌溉收益率提高 18% 和 17%。

表 5-18　不同年型下不同灌溉制度玉米的收益和支出

降水年型	灌溉制度	产量/(kg/hm²)	产值/(元/hm²)	成本投入/(元/hm²)			净收益(元/hm²)
				灌溉	其他	合计	
湿润年型	MI	8 349	16 699	898	3 945	4 843	11 856
	CI	8 581	17 162	1 030	3 945	4 975	12 187
	FI	9 097	18 194	1 063	3 945	5 008	13 186
平水年型	MI	7 431	14 863	920	3 945	4 865	9 998
	CI	8 071	16 142	1 052	3 945	4 997	11 145
	FI	9 870	19 739	1 261	3 945	5 206	14 533
干旱年型	MI	8 167	16 335	920	3 945	4 865	11 470
	CI	8 680	17 360	1 052	3 945	4 997	12 363
	FI	7 716	15 431	1 250	3 945	5 195	10 236

续表

降水年型	灌溉制度	产量/(kg/hm²)	产值/(元/hm²)	成本投入/(元/hm²)			净收益
				灌溉	其他	合计	(元/hm²)
平均	MI	7 982	15 966	913	3 945	4 858	11 108
	CI	8 444	16 888	1 045	3 945	4 990	11 898
	FI	8 894	17 788	1 191	3 945	5 136	12 652

综上分析，在河北山前平原冬小麦-夏玉米实施最小灌溉，农田耗水量与降水量和地下水年补给量的和基本相等，但农民收益会受到明显影响，特别是在冬小麦生长季，最小灌溉相对于关键期补水灌溉和充分灌溉在经济效益上会有22%和34%的损失。为了降低农民收益损失，可实施关键期补水灌溉制度，在关键期补水灌水制度下，冬小麦拔节期补水，也是追肥时期，结合这次施肥，只进行一次灌水，冬小麦平均产量比充分灌溉减产17.4%，夏玉米减产5.1%；总耗水量为663 mm，比充分灌溉总耗水量减少19.0%；水分利用效率比充分灌溉提高10.8%。虽然农民收益有所降低，但可显著降低年灌水量，实现在地下水压采条件下的稳产高效。

5.3.2 冬小麦调亏灌溉促早熟，夏玉米早播促发育，周年节水稳产模式

由于河北平原气候条件下冬小麦灌浆时间较短，亏缺灌溉条件下冬小麦生长发育加快，开花期提前（图5-26），这样可适当延长灌浆期，利于干物质向经济产量转移。由于冬小麦开花时间与产量呈负相关关系（图5-27），开花越早，产量越高，随着开花时间的推迟，产量呈降低趋势。灌溉次数适度处理的冬小麦籽粒重较高，千粒重在旱作条件下并没有明显减少，甚至高于充分灌溉处理，灌溉次数过多的处理千粒重反而有下降趋势（图5-28）。一般华北北部冬小麦灌浆期从5月初到6月上旬，持续仅一个月，灌浆后期经常遇到升温过快产生干热风，导致累积的干物质不能充分转移到籽粒，收获指数降低；同时干热风也导致植株早衰，光合产物形成减少，降低粒重。适度水分亏缺可促进冬小麦发育进程加快，开花期提前，利于稳定和增加粒重。因此，通过适度水分亏缺调控作物生育期是提高冬小麦灌溉效率的一个重要方面。

冬小麦-夏玉米一年两熟种植制度中，生育期约束了两种作物对气候资源有效和充分利用，夏玉米的生育期相对较短，但生育期内温度高、降水量多，有利于产量的提升。因此，需要进行冬小麦和夏玉米两茬资源利用率和产量潜力的综合统筹管理，冬小麦生育期实施调亏灌溉促进了提早开花和成熟，为夏玉米适期早播提供条件，夏玉米早播，生育进程提前，提早抽雄、吐丝和授粉，利于避开7月下旬到8月上旬多阴雨天气对授粉的影

响，并延长灌浆时间。夏玉米不同播期试验表明（图 5-29），夏玉米产量随着播种时间的推迟而降低，6 月 10 日播种比 6 月 20 日播种平均增产 17.2%，每提早一天播种增产 1.72%（邵立威等，2016）。通过水分调控冬小麦和夏玉米的播种和收获形成的“双早”模式，配套综合的节水技术，可实现稳夏增秋，周年粮食稳产高产和水资源及光热资源的高效利用。

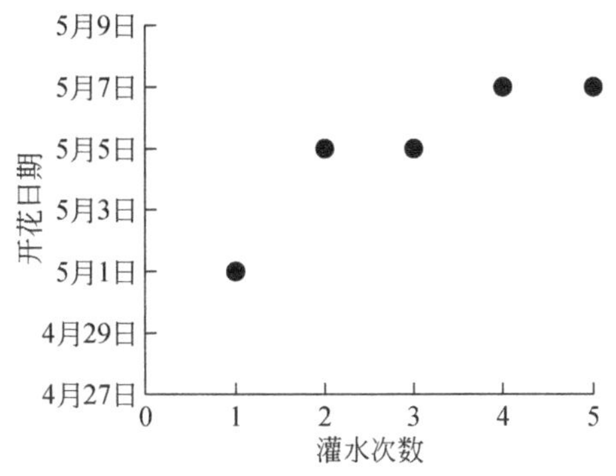

图 5-26　冬小麦灌水次数对开花日期的影响

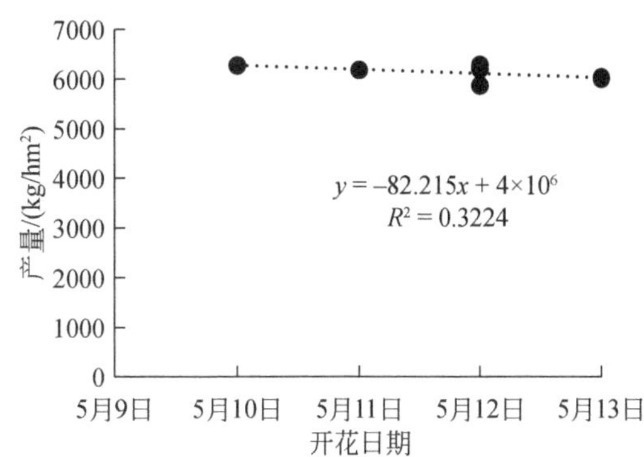

图 5-27　冬小麦开花日期与产量的相关关系

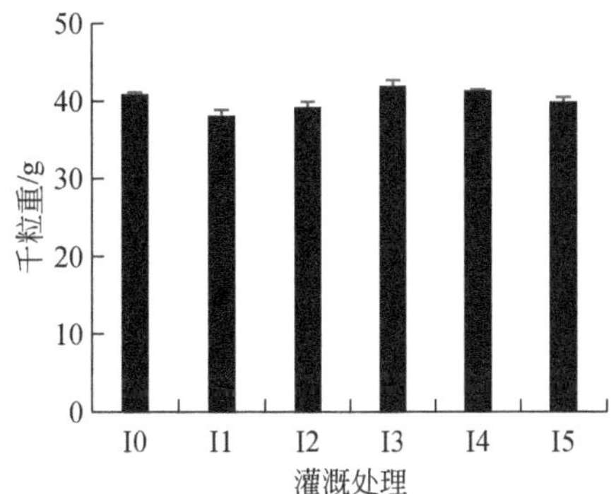

图 5-28　冬小麦灌水次数对千粒重的影响

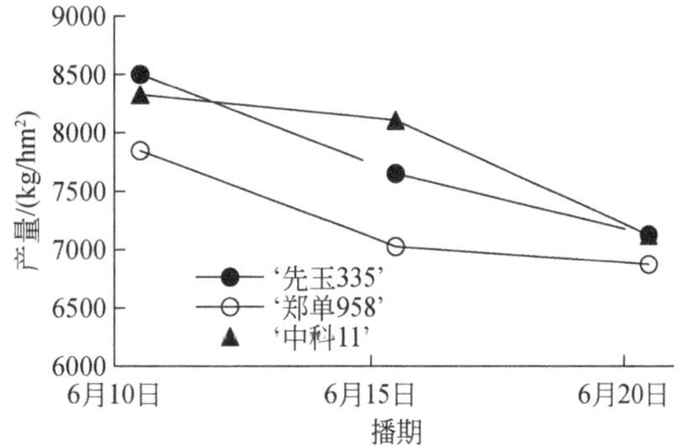

图 5-29　夏玉米播期对三个玉米品种产量的影响

资料来源：邵立威等，2016

第6章 果蔬水肥高效施用管理及资源节水效应

京津冀地区的蔬菜和水果产量约占全国的7.93%和5.83%，长期以来果蔬生产依赖大水大肥的问题十分突出，造成了严重的水资源浪费和农业面源污染问题。过量水肥导致土壤微环境逐渐恶化，使得蔬菜和果树出现减产、降质、病虫害频发等一系列问题。要解决这些问题必须因地制宜地对蔬菜和果树的需水、需肥规律进行深入研究，以充分发挥水肥之间的协同效应，在保证蔬菜和果树增产增质的同时达到水肥高效利用和减轻农业污染的目的，这对农业生态环境良性循环、农业生产和谐可持续发展也具有重要意义（吴现兵等，2019a）。本章首先利用统计数据和调研数据分析京津冀地区蔬菜和果树种植面积的变化趋势及水肥施用现状；其次选择典型蔬菜和果树开展田间对比试验，分析水肥一体化对典型果蔬生长、产量、水氮利用等的影响；再次构建模型，并利用试验数据对模型进行率定和验证，制定水肥施用方案，利用验证的模型开展数值模拟工作，提出典型蔬菜和果树的最优水肥施用制度；最后对典型果蔬水肥一体化技术的资源节约效应进行分析。该研究旨在为京津冀地区蔬菜和果树的水肥高效施用管理、水资源合理开发利用和农业生态环境可持续发展提供有力技术支撑。

6.1 果蔬水肥施用管理现状分析

6.1.1 京津冀地区蔬菜和果树种植规模及变化趋势

京津冀地区种植的蔬菜种类较多，其中叶菜类主要有白菜、甘蓝、芹菜、油菜和菠菜等，茄果类主要有番茄、茄子和辣椒等，瓜菜类主要有黄瓜、南瓜和丝瓜等，菜豆类主要有豇豆、四季豆等，根茎类主要有白萝卜和胡萝卜等，还有葱蒜类和水生菜类等。如图6-1所示，通过分析1990~2018年近30年的统计数据发现，河北蔬菜的种植面积明显大于北京和天津地区，北京和天津地区蔬菜种植规模近些年相差较小，从变化趋势看，京津冀地区1990~2005年，蔬菜的种植面积总体呈逐年增加趋势，其中河北增幅最大，高达282.98%，天津次之，为145.31%，北京增幅为73.27%；之后由于农业结构调整，蔬菜的种植面积出现了大幅降低，自 2010 年之后，京津冀地区蔬菜种植面积基本比较稳定，河北 2010 年后蔬菜种植面积呈缓慢增加趋势，而由于北京城市功能调整，蔬菜的种植面积呈缓慢减少趋势，天津蔬菜的种植面积也呈缓慢减少趋势，但降幅小于北京地区；总体来看，2018 年京津冀地区蔬菜种植面积比 1990 年增加了近 46 万 hm^2，涨幅为 111.06%，其中河北增加了近 50 万 hm^2，涨幅为 173.03%；北京和天津地区分别减少了 3.45 万 hm^2 和 0.51 万 hm^2，降幅分别为 48.90% 和 9.33%。

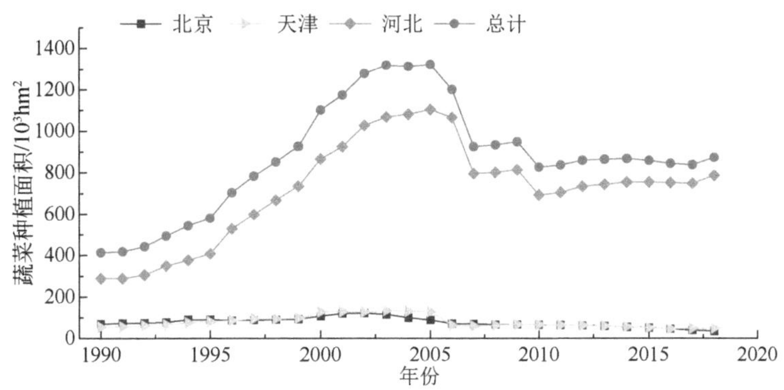

图 6-1　京津冀地区蔬菜种植面积逐年变化

资料来源：国家统计局，https://data.stats.gov.cn/easyquery.htm? cn=C01

京津冀地区果树也具有较大的种植规模，果树的种植种类以苹果、梨和葡萄为主，它们的种植面积超过果树种植面积的 50%。如图 6-2 所示，京津冀地区果树的种植面积以河北为主，北京和天津果树的种植面积在京津冀地区占比较小，通过分析 1990 ~ 2018 近 30 年的统计数据发现，北京和天津地区果树种植面积变化较小，北京在 2002 年之前呈缓慢增加趋势，2002 年之后呈缓慢减少趋势；天津地区近 30 年总体变化不大，种植面积保持

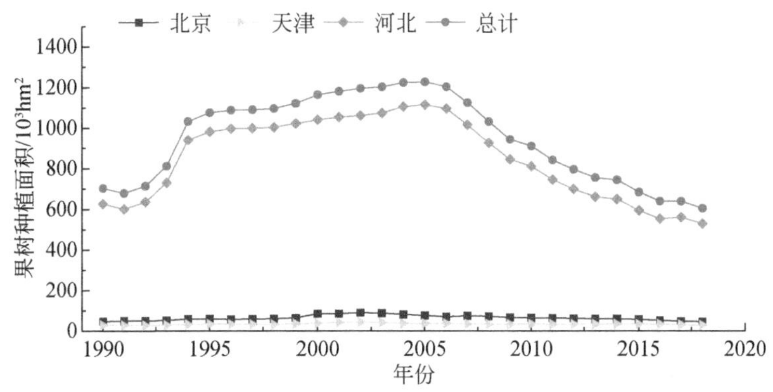

图 6-2　京津冀地区果树种植面积逐年变化

资料来源：国家统计局，https://data.stats.gov.cn/easyquery.htm? cn=C01

在3.0万~4.0万hm^2。而河北地区果树的种植面积在近30年分三个阶段变化：1991~1994年为第一阶段，属于快速增加阶段，4年增加了34.1万hm^2；1995~2005年为第二阶段，属于缓慢增长阶段，11年增加了17.3万hm^2；2006~2018年为第三阶段，属于减少阶段，13年减少了58.5万hm^2。

京津冀地区蔬菜和果树种植面积占农作物种植面积比例的变化如图6-3所示，蔬菜占比2003年之前呈明显增加趋势，2005年之后由于蔬菜种植面积显著减小，使得2005~2010年占比呈明显减少趋势，自2010年之后蔬菜占比又呈缓慢增加趋势，2018年蔬菜占农作物种植面积约10%；果树种植面积占比可划分为两阶段：2004年之前为增加阶段；2004年之后为减少阶段，2018年果树占农作物种植面积约7%。总体来看，与1990年相比，果树种植面积占比减少，但蔬菜种植面积占比增加，蔬菜和果树总种植面积占比从1990年的11.23%增加到2018年的16.93%，其中占比最大在2005年前后，约占农作物种植面积的27%。

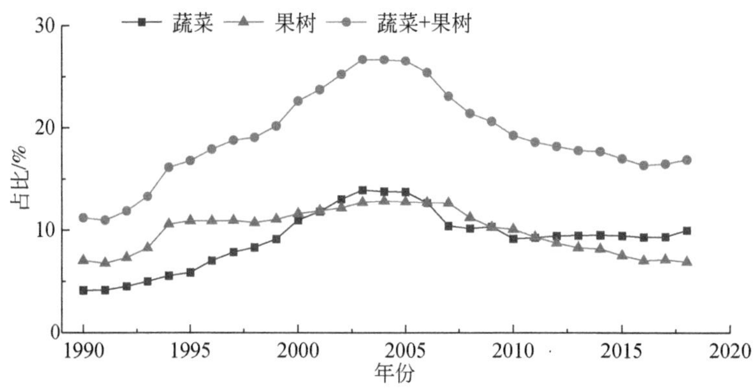

图6-3　蔬菜和果树占主要农作物种植面积的比例逐年变化

资料来源：国家统计局，https://data.stats.gov.cn/easyquery.htm? cn=C01

6.1.2　京津冀地区蔬菜水肥施用现状

蔬菜作为人们生活的必需品，在京津冀地区有较大的种植规模，长期受蔬菜只有“大水大肥”才能高产的传统观念影响，蔬菜过量灌水和施肥现象普遍存在。冯献等（2017）对北京大兴区、房山区、顺义区、昌平区、密云区和怀柔区等地的合作社进行实地调研发现，番茄、黄瓜、茄子和椒类等设施蔬菜常规灌水量平均为896.6 mm，而采用节水灌溉措施灌水量平均为743.6 mm，可节水量为153 mm（表6-1）。苏秋芳（2020）通过分析北京设施农业水肥一体化应用现状，发现北京地区设施农业普遍存在水肥浪费现象，而科学地利用水肥一体化技术，不仅可实现节水、节肥，还可以使蔬菜增产、提质和增加农民收入。另外，天津武清区蔬菜生产基地番茄生育期的灌水量在 616 ~ 660 mm，采用优化的水肥管理方案可节水 250 ~ 278 mm；河北番茄和黄瓜等蔬菜作物传统灌水量也明显大于作物的需水量，灌溉水存在不同程度的浪费现象。

表 6-1　京津冀地区主要蔬菜传统灌水量和可节水量

<table>
<tr><th>序号</th><th>蔬菜种类</th><th>地点</th><th>传统灌水量/mm</th><th>可节水量/mm</th><th>文献来源</th></tr>
<tr><td>1</td><td>番茄、茄子、黄瓜、椒类等</td><td>北京</td><td>896.6（平均值）</td><td>153（平均值）</td><td>冯献等，2017</td></tr>
<tr><td>2</td><td>番茄</td><td>北京</td><td>—</td><td>171.0</td><td rowspan="2">苏秋芳，2020</td></tr>
<tr><td>3</td><td>生菜</td><td>北京</td><td>—</td><td>>67.5</td></tr>
<tr><td>4</td><td>莴苣</td><td>北京</td><td>61.8 ~ 68.0</td><td>13.4 ~ 19.7</td><td>李友丽等，2018</td></tr>
<tr><td>5</td><td>甘蓝</td><td>北京</td><td>260</td><td>135 ~ 145.3</td><td>Wu et al., 2020</td></tr>
<tr><td>6</td><td>番茄</td><td>天津</td><td>616 ~ 660</td><td>250 ~ 278</td><td>梁浩等，2020</td></tr>
<tr><td>7</td><td>黄瓜</td><td>河北</td><td>747</td><td>228</td><td>李银坤等，2010</td></tr>
<tr><td>8</td><td>番茄</td><td>河北</td><td>179 ~ 262（不包括定植水）</td><td>54.8 ~ 86.8</td><td>张芳园等，2018</td></tr>
<tr><td>9</td><td>黄瓜</td><td>河北</td><td>618 ~ 783（不包括定植水）</td><td>183 ~ 240</td><td rowspan="2">李若楠等，2016</td></tr>
<tr><td>10</td><td>番茄</td><td>河北</td><td>207 ~ 234（不包括定植水）</td><td>45 ~ 60</td></tr>
</table>

京津冀地区蔬菜过量施肥现象也普遍存在（表 6-2）。Wu 等（2020）在北京顺义区对甘蓝的研究发现，甘蓝生育期较优的施氮量为 200 kg/hm^2，但当地传统施氮量约 300 kg/hm^2；李银坤等（2010）和李若楠等（2016）在河北通过对黄瓜的研究，得出较优的施氮量比传统施氮量可节氮量 600 kg/hm^2，番茄比传统的施氮量也可节氮 50%；而张怀志等（2018）对天津和河北的 7 个县、共 156 个农户种植的超过 6000 hm^2 的设施蔬菜进行了实地调研，结果发现，各类蔬菜氮、磷（P_2O_5）和钾（K_2O）的施用量平均分别超出推荐量的 2.5 倍、10.4 倍和 2.5 倍，由此可见，没有科学的水肥管理技术进行指导，农户依靠传统观念进行施肥，不仅增加投入，还会造成土壤环境恶化，并引起作物减产、病虫害频发、地下水污染等一系列问题。

表 6-2　京津冀地区主要蔬菜传统施氮量和可节氮量

序号	蔬菜种类	地点	传统施氮量/(kg/hm^2)	可节氮量/(kg/hm^2)	文献来源
1	甘蓝	北京	300	100	Wu et al., 2020
2	番茄	天津	704 ~ 720	500 ~ 524	梁浩等，2020

续表

序号	蔬菜种类	地点	传统施氮量/(kg/hm^2)	可节氮量/(kg/hm^2)	文献来源
3	番茄	天津	1041 *	752	张怀志等，2018
4	黄瓜	天津	880. 5 *	649	
5	菠菜	天津	621 *	407	
6	芹菜	天津	915 *	479	
7	黄瓜	河北	468 ~ 2457 *	317 ~ 1755	
8	番茄	河北	366 ~ 1539 *	84 ~ 1058	
9	茄子	河北	2197. 5 *	1465	
10	黄瓜	河北	1200	600	李银坤等，2010
11	黄瓜	河北	1200	600	李若楠等，2016
12	番茄	河北	900	450	

* 数据为调研数据计算的平均值。

张维理等（1995）对北京、天津和河北 13 个县市进行了调查，发现农田大量施用氮肥，引起地下水硝酸盐污染的问题非常严重，在选取的调查点中有 50% 以上地下水硝酸盐含量超出了饮用水的最大允许量值，其中最高值超过最大允许值的 6 倍。杜连凤等（2009）对京郊地区粮田、菜田和果园 3 种典型农田系统的硝酸盐污染状况进行了调查，发现菜田 0 ~ 30 cm 土层土壤硝态氮含量平均为 46. 2 mg/kg，是粮田的 3. 8 倍，而果园 0 ~ 30 cm 土层土壤硝态氮含量是粮田的 1. 2 倍；菜田地下水硝态氮含量是粮田地下水的 2. 8 倍，地下水硝酸盐含量超标率为 44. 8%，是粮田地下水超标率的 3. 3 倍；果园地下水硝酸盐含量为 9. 3 mg/kg，是粮田的 1. 9 倍，地下水硝酸盐含量超标率为 23. 5%，是粮田的 1. 7 倍。可见，在 3 种典型农田系统中，蔬菜田硝酸盐污染尤为严重，其中叶菜类蔬菜硝酸盐含量最高，其次是根茎类和茄果类。

6. 1. 3 京津冀地区果树水肥施用现状

梨树是我国种植的主要果树之一（于会丽等，2019），其种植面积和产量均位居世界首位。京津冀地区是梨的主要种植地，2011 年仅河北的梨产量就约占世界产量的 15. 5%，在北京果树产业也一直是农业与生态建设的重要组成部分。食用水果是人类获得维生素和其他营养物质的重要途径，随着经济的发展与生活水平的提高，人们对水果的需求量和品质有了更高的需求。但长期不合理的水肥管理，导致梨的单果重较低、产量和果实品质下降等诸多问题，而种植梨树是果农的主要经济来源，但产量低、品质下降严重影响了梨的价格，并且果实品质也成为限制我国果品出口的重要因素。

多年生的果树与粮食和蔬菜作物不同，随着树龄的增长，果树在每年中的同一生育阶段对水分和养分的需求和消耗也在发生着较大变化，但由于缺乏相关理论与技术的支撑，目前果树的灌水和施肥量在不同地区存在较大的差别，而且果树在各龄期和生育期均存在不同程度的水分、养分施用过量现象，造成水分、养分利用率较低和果田水土环境恶化等一系列问题。全国栋等（2016）研究发现，北京地区 8 年生樱桃和桃树在生育期内灌水量均超过了 240 mm，桃树施氮量高达 926 kg/hm^2；张杰等（2019）对河北怀来县葡萄科技园调查发现，15 年生“红地球”鲜食葡萄年灌水量和施氮量分别为 240 mm 和 2708.7 kg/hm^2；也有学者对涿鹿县多年鲜食葡萄调研发现，该地区的经验水、氮投入量分别为 364 mm 和 664 kg/hm^2；对邢台县苹果园水肥投入现状调研发现，氮肥平均投入量高达 825 kg/hm^2，而灌溉方式以漫灌和沟灌为主，且单次灌水量就分别高达 180 mm 和 150 mm；段顺远（2019）对河北赵县、辛集市和深州市三个梨园主产区 250 户梨农梨树种植现状调研结果发现，赵县和辛集市梨园氮平均投入量约为 783 kg/hm^2，而深州市梨园氮平均投入量却高达 1047 kg/hm^2。可见，不同果树品种和树龄，经验灌水和施肥量不同，而同一果树品种在不同地区经验灌水和施肥量也存在较大的差别。

6.2 典型蔬菜水肥高效施用管理

在影响作物生长的诸多因素中，水、肥是能够人为大幅度调控的关键因子。在实际农业生产中人们为了获得可喜产量，过量用水和施肥已成为农业生产常态，这不仅造成了水、肥的严重浪费，还造成了水资源过度开采利用和农业面源污染引起的水土环境恶化。已有研究成果发现，在北方许多农业集约区由于过量施肥造成地下水硝酸盐含量超标，最大超出允许含量的 6 倍，且蔬菜种植区土壤硝酸盐累积量远高于小麦、玉米等粮食作物种植区。

蔬菜作为人们生活的必需品，在京津冀地区有较大的种植规模，通过对该地区蔬菜水肥利用现状进行分析发现，蔬菜的过量灌水和施肥现象仍然比较严重，灌溉水利用效率和肥料利用效率均较低（孔清华等，2010；刘坤雨等，2019；Kiymaz and Ertek，2015）。为了明确京津冀地区蔬菜类作物较优的灌水施肥制度，本研究首先对该地区主要蔬菜的种植面积和产量进行分析，结果发现，对于叶菜类蔬菜，白菜种植面积和产量最高，其次是甘蓝，由于白菜主要于秋冬季在大田中种植，而甘蓝在大田和温室都有较大种植面积，且甘蓝在温室中一年四季都有种植，因此本研究在叶菜类蔬菜中选择甘蓝作为典型蔬菜进行研究。对于茄果类蔬菜，黄瓜种植面积和产量最高，其次是番茄，而温室中则是番茄种植面积最大，因此本研究的另一种蔬菜选择茄果类蔬菜中的番茄作为典型蔬菜开展研究。通过对选择的两种蔬菜开展田间对比试验和数值模拟研究，以提出两种典型蔬菜的水肥高效施用管理制度。

通过查阅甘蓝和番茄水肥用量的相关研究报道，一些学者的研究提出甘蓝较优施氮范围在 150 ~ 450 kg/hm^2（郭熙盛等，2004；刘继培等，2008；张鹏等，2014；周亚婷等，2015；Erdem et al.，2010；Everaarts and de Moel，1998；McKeown et al.，2010），番茄的较优施氮范围在 200 ~ 450 kg/hm^2（陈碧华等，2009；李建明等，2014；邢英英等，2015；虞娜等，2003；袁宇霞等，2013）。然而，由于气候条件和试验方案制定的局限性，不同学者对同种作物的研究结果不尽相同。而在已有研究认为较优的水肥用量基础上，建立不同水肥施用制度方案对作物根系分布和土壤水氮分布的影响等方面的研究却很少报道。为了因地制宜地提出研究作物较为合理的水肥管理制度，探明作物生长、产量、土壤水氮和根系分布对其协同响应规律则是十分必要的（吴现兵等，2019a）。

本研究在已有文献推荐的氮肥用量范围基础上，对甘蓝和番茄分别制定了 3 种水肥一体化方案开展田间对比试验研究，分析作物生长、产量、土壤水氮和甘蓝根系分布对不同试验方案的协同响应规律，并构建模型依据试验数据开展数值模拟工作，提出水肥一体化条件下膜下滴灌甘蓝和番茄水肥高效施用管理方案，为京津冀地区甘蓝和番茄生育期内水肥管理和减轻农业面源污染提供技术参考。

6.2.1 试验方案制定

本研究两种蔬菜的试验地点选择在北京顺义区水利部节水灌溉示范基地的棚室内进行，对于甘蓝，在分析国内外相关研究文献确定的较优水肥用量范围的基础上，制定了 3 个水肥一体化方案，其中，方案 1：当土壤含水量降至 75% θ_f ［θ_f为田间（体积）持水量］时，进行灌水（即灌水下限为 75% θ_f），停止灌水的临界值为 90% θ_f（即灌水上限为 90% θ_f），该方案的施氮量为400 kg/hm^2，与其他两个方案相比，该方案在甘蓝生育期灌水量最小，因此称为低水高肥方案（$L_W H_F$）；方案 2：灌水下限为 85% θ_f，灌水上限为 100% θ_f，施氮量为 200 kg/hm^2，与其他两个方案相比，该方案在甘蓝生育期灌水量最大，因此称为高水低肥方案（$H_W L_F$）；方案 3：灌水下限为 75% θ_f，灌水上限为 100% θ_f，施氮量为 300 kg/hm^2，称为中水中肥方案（$M_W M_F$）。3 个方案的施氮时机、施氮量和灌水上、下限详见表 6-3。

表 6-3　不同水肥一体化方案甘蓝灌水量和施肥量

方案	灌水方案及总灌水量			施氮量/(kg/hm^2)				
	灌水下限	灌水上限	总灌水量/mm	基肥	莲座期	结球初期	结球后期	总计
$L_W H_F$	75% θ_f	90% θ_f	90. 6	160	—	160	80	400
$H_W L_F$	85% θ_f	100% θ_f	125. 0	80	60	60	—	200
$M_W M_F$	75% θ_f	100% θ_f	106. 8	120	—	120	60	300

注：θ_f为田间（体积）持水量。

对于番茄，在分析相关研究文献确定的较优水肥用量范围的基础上，也制定了 3 个水肥一体化方案，其中，方案 1：灌水下限为 75% θ_f，灌水上限为 100% θ_f，施氮量为 215 kg/hm^2，称为中水低肥方案（M_WL_F）；方案 2：灌水下限为 85% θ_f，灌水上限为 100% θ_f，施氮量为 300 kg/hm^2，称为高水中肥方案（H_WM_F）；方案 3：灌水下限为 50% θ_f，灌水上限为 82% θ_f，施氮量为 430 kg/hm^2，称为低水高肥方案（L_WH_F）。3 个方案的施氮时机、施氮量和灌水上、下限详见表 6-4。

表 6-4　不同水肥一体化方案番茄灌水量和施肥量

方案	灌水方案及总灌水量			施氮量/(kg/hm^2)					
	灌水下限	灌水上限	总灌水量/mm	基肥	第一穗果膨大期	第二穗果膨大期	第三穗果膨大期	第四穗果膨大期	总计
M_WL_F	75% θ_f	100% θ_f	147.7	35.83	71.67	71.67	35.83	—	215
H_WM_F	85% θ_f	100% θ_f	171.2	75	90	90	45	—	300
L_WH_F	50% θ_f	82% θ_f	118.8	86	86	86	86	86	430

注：θ_f为田间（体积）持水量。

6.2.2　水肥一体化对典型蔬菜生长和水氮利用的影响

1. 水肥一体化对甘蓝根系和水氮分布的影响

1）不同水肥方案对甘蓝根系生长的影响

作物收获时通过实际挖根发现，3 个方案最大根系深度都不大于 70 cm。表 6-5 给出了不同方案下不同土层根系鲜质量分布情况。由表 6-5 可知，在 60 cm 深土层内根鲜质量 90% 以上集中在 0 ~ 20 cm 土层内，且根总鲜质量 M_WM_F 显著高于 L_WH_F 和 H_WL_F，分别高出 18% 和 21%，且各土层各方案之间根鲜生物量均是 M_WM_F>L_WH_F>H_WL_F，其中 0 ~ 20 cm 土层差异显著，其他土层数值比较接近，未达到显著差异（P>0.05）。

表 6-5　不同方案甘蓝根系鲜质量随土层深度分布

方案	0 ~ 20 cm/g	比例/%	>20 ~ 40 cm/g	比例/%	>40 ~ 60 cm/g	比例/%	根总鲜质量/g	RD/%	最大根深/cm
L_WH_F	66.19^b	92.28	3.70^a	5.15	1.84^a	2.57	71.73^b	0	70
H_WL_F	64.52^b	92.94	3.39^a	4.88	1.51^a	2.18	69.42^b	-3.22	59
M_WM_F	78.18^a	92.38	4.21^a	4.97	2.24^a	2.65	84.63^a	17.98	66

注：同一列中不同字母表示在 P<0.05 存在统计学差异；RD 表示其他方案相对于 L_WH_F 方案根总鲜质量的相对损失百分比。

资料来源：吴现兵等，2019b

由图6-4可知，对于干质量，各土层均是M_WM_F最大，H_WL_F最小，但差异不显著。对于甘蓝根系各土层干质量占总质量的比例，0～20 cm土层H_WL_F方案略大于其他两个方案，而20 cm以下土层H_WL_F方案略小于其他两个方案，但各方案之间均无显著性差异。

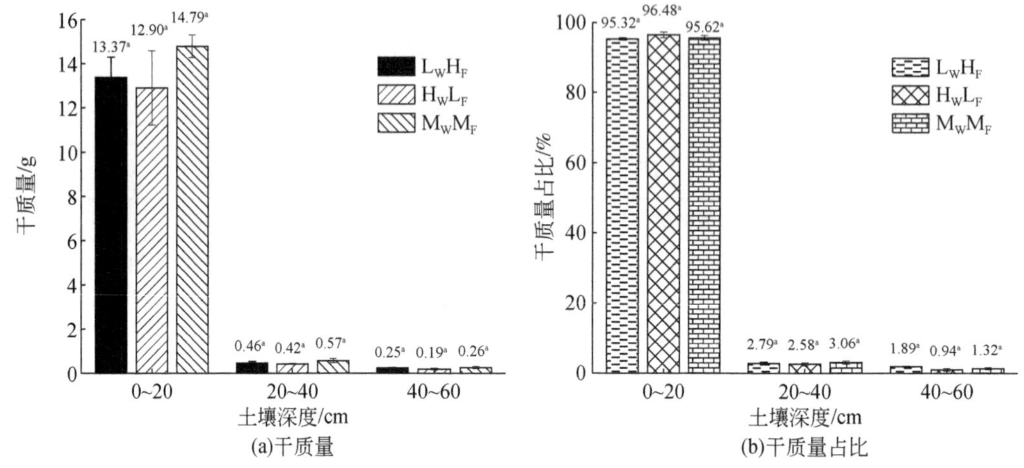

图6-4　不同方案甘蓝根系干质量及干质量占比随土壤深度分布

不同小写字母表示在$P<0.05$水平上存在统计学差异

资料来源：吴现兵等，2019b

综上，根鲜质量和干质量在土层中的分布与水氮施用量之间均存在一定响应关系，H_WL_F灌水下限较高，灌水频次高于L_WH_F和M_WM_F，使得根系分布相对较浅，0～20 cm土层占比较大，而M_WM_F为中水中肥方案，60 cm土层内根总重较大。

2）不同水肥方案对土壤水分分布的影响

图6-5以20 cm为间隔给出了0～60 cm土层土壤（体积）含水量在甘蓝生育期的变化情况，表6-6给出了相应的统计参数。甘蓝移栽时为了保苗一次灌水30 mm，0～60 cm土层均达到了田间持水量，由于苗期甘蓝需水量较小，且采用地膜覆盖，因此从苗期开始土壤含水量虽总体在下降，但下降速度梯度较小，且越往深层土壤下降越慢，进入莲座期后甘蓝耗水量逐渐增加，从莲座中期开始各方案0～20 cm土层土壤含水量逐渐达到灌水

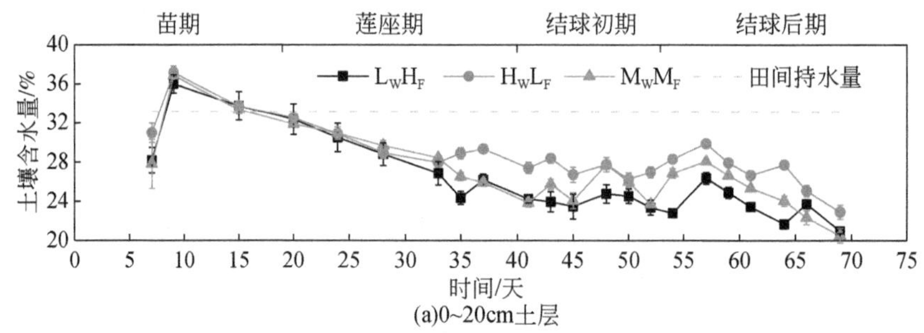

(a)0~20cm土层

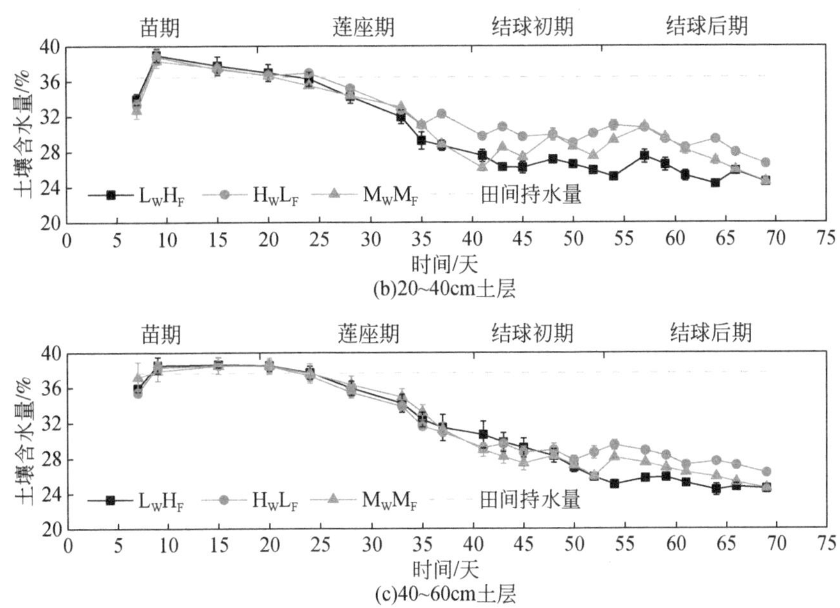

图 6-5 不同水肥方案甘蓝生育期内各土层土壤含水量分布

资料来源：吴现兵等，2019b

下限并进行灌水。总体来看，H_WL_F各层土壤平均含水量较高，M_WM_F次之，L_WH_F最小，尤其在0~20 cm 和 20~40 cm 土层较为明显。

表 6-6 甘蓝生育期 0~60 cm 土壤（体积）含水量均值和变异系数 CV

方案	0~20 cm		20~40 cm		40~60 cm	
	平均值/%	CV	平均值/%	CV	平均值/%	CV
L_WH_F	26.13	0.15	29.40	0.16	30.44	0.17
H_WL_F	28.75	0.10	31.69	0.10	31.28	0.13
M_WM_F	27.11	0.14	30.52	0.13	30.73	0.16

资料来源：吴现兵等，2019b

从土壤含水量在生育期波动情况看，0~20 cm 土层明显较大，随着土壤深度加深波动减小，0~20 cm 土层 M_WM_F明显波动较大，H_WL_F由于灌水下限最高，波动较小。由表 6-6 可看出，H_WL_F各层平均含水量都高于其他两个方案，且变异系数 CV 相比其他两个方案最小，L_WH_F平均含水量最低，CV 最大。

土壤水分在土壤剖面上的分布主要受灌水方式、次灌水量、灌水时间间隔及土壤类型等影响。由以上分析可知，在土壤类型和灌水方式等条件一定的情况下，当灌水上下限相差越小时，次灌水量越小，灌水时间间隔也越小，灌溉水在土壤中的湿润锋有向深层土壤运移的趋势，但速率较慢，土壤水分主要分布在上层土壤；而当灌水上下限相差较大，虽然灌水时间间隔会变长，但由于次灌水量较大，湿润锋向深层土壤运移明显。本研究制定的 3 个灌水方案，$M_W M_F$ 次灌水量大于其他两个方案，灌水后在 60 cm 深土层中测得土壤含水量有明显变化，表明该方案的灌水量有明显向 60 cm 以下土层运移的现象发生。

3）不同水肥方案对土壤硝态氮分布的影响

甘蓝移植前，各方案按量施基肥后对农田进行了翻耕，第 7 天（3 月 29 日）对甘蓝进行了移苗，并浇了定植水 30 mm。由图 6-6 可知，因为施了基肥在第 7 天灌水前取土测得土壤硝态氮含量相比第 1 天 0 ~ 20 cm 土层显著增加，20 ~ 40 cm 土层也有明显增加，40 cm 以下土层硝态氮含量没有明显变化，在甘蓝苗期向莲座期过渡的第 23 天（4 月 14 日）测得 0 ~ 100 cm 土层土壤硝态氮含量均存在不同程度的增加，其中 0 ~ 60 cm 土层增加明显，其原因主要有二：一是定植水灌水量较大，使得基肥中的尿素态氮转化为硝态氮后随灌溉水向深层淋失；二是甘蓝在苗期对氮的需求量较小，基肥施入土壤的氮只有少量被根系吸收利用，剩余大部分在土壤中累积。进入莲座期后，甘蓝株高、茎粗、叶片数及叶面积均开始迅速增加，土壤硝态氮含量开始迅速降低，随着各方案进行追肥，土壤硝态氮含量呈现出波动现象，但由于 $L_W H_F$ 和 $H_W L_F$ 次灌水量较少（两个方案最大次灌水量均为 14.12 mm），硝态氮含量的增加主要表现在 0 ~ 40 cm 土层，40 cm 以下土层变化较小，而

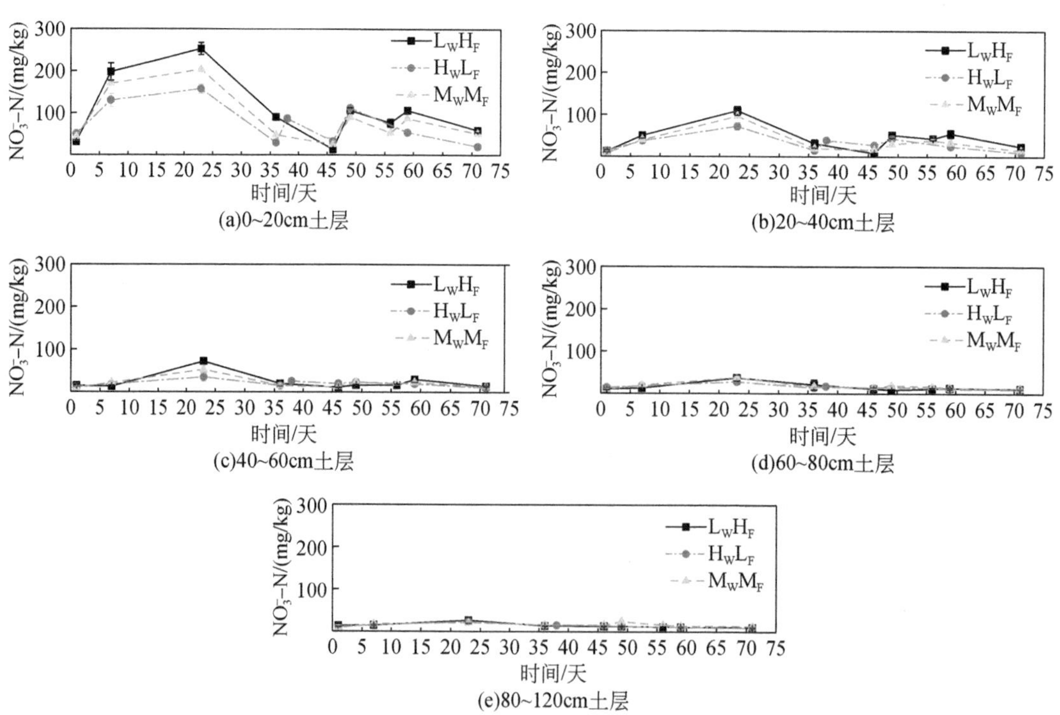

图 6-6 不同水肥方案甘蓝生育期内 0 ~ 100 cm 土层土壤硝态氮（NO_3^--N）分布

资料来源：吴现兵等，2019b

M_WM_F次灌水量较大（次最大灌水量为 23.54 mm），在第 46 天（5 月 7 日）追肥后，在第 49 天测得各土层硝态氮含量均有不同程度增加（与第 46 天追肥前相比），0～40 cm 土层增加最大，40～60 cm 土层增加了 89.20%，60～80 cm 土层增加了 46.83%，80～100 cm 土层增加了 53.04%，由此可见，M_WM_F的灌溉水有部分向深层进行了渗漏，并使得尿素随水向深层淋失，经水解后转化为铵态氮，进而通过土壤中硝化细菌硝化后转变为硝态氮。M_WM_F在第 56 天进行追肥，在 60 cm 以下土层未发现硝态氮含量升高，主要是由于追肥时土壤未达到灌水下限，次灌水量仅为 14.8 mm。

综上，定植水灌水 30 mm 偏大，会造成基肥中硝态氮向深层土壤淋失。M_WM_F（灌水下限 75%θ_f、灌水上限 100%θ_f）次灌水量较大，同时进行施肥则将存在灌溉水渗漏并挟带硝态氮向土壤深层淋失的危险。作物收获后，0～40 cm 土层 L_WH_F和 M_WM_F土壤硝态氮含量明显大于 H_WL_F，尤其是 0～20 cm 土层尤为明显，可见 L_WH_F和 M_WM_F施氮量存在浪费现象，因此，从土壤硝态氮分布结果看，H_WL_F水肥一体化方案较优。

4）不同水肥方案对土壤铵态氮分布的影响

如图 6-7 所示，甘蓝施入基肥后，土壤温度较低，尿素水解后形成铵态氮的速率相对较慢，使得在第 7 天（3 月 29 日）测得各方案土壤 0～20 cm 土层铵态氮含量最高，20～40 cm 土层铵态氮含量也有较明显增加，40 cm 以下增加不明显。之后随着作物吸收利用和铵态氮在土壤中经硝化细菌硝化后转变为硝态氮，铵态氮含量开始明显降低，硝态氮含量逐渐增加。甘蓝进入莲座期后随着追肥土壤中的铵态氮含量呈波动曲线，但主要发生在 0～20 cm 土层，在第 46 天（5 月 7 日）追肥后，L_WH_F和 H_WL_F铵态氮含量增加发生在 0～60 cm 土层，而 M_WM_F由于灌水量较大，随水施入土壤的尿素随水淋失到 1 m 土层深度，之后水解形成铵态氮，60～80 cm 土层铵态氮含量（第 49 天）相比追肥前（第 46 天）增加了 79.16%，80～100 cm 土层增加了 98.63%。

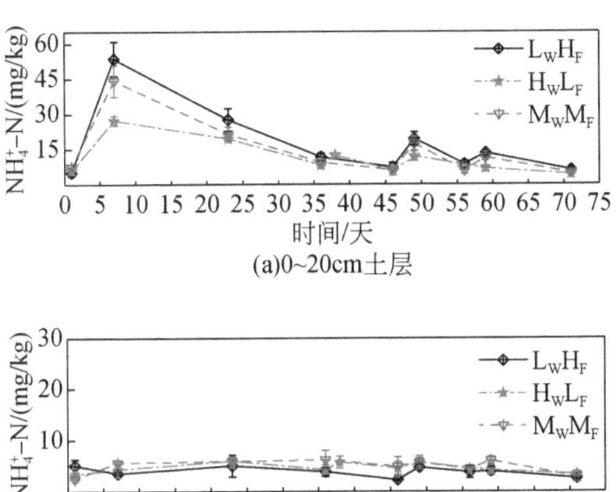

(a)0~20cm土层

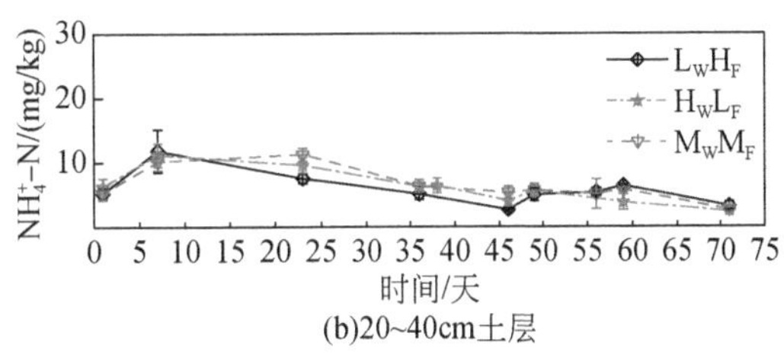

(b)20~40cm土层

(c)40~60cm土层

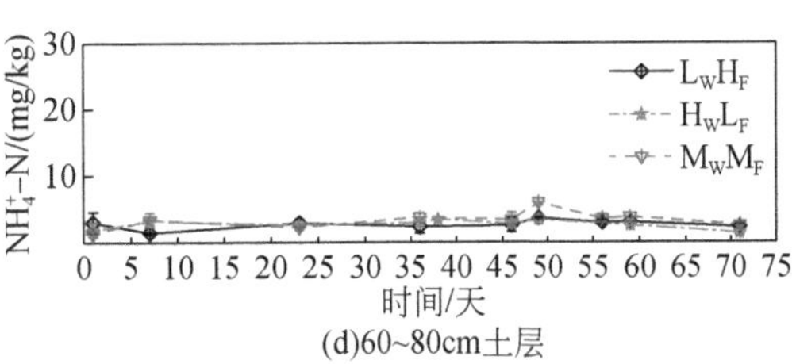

(d)60~80cm土层

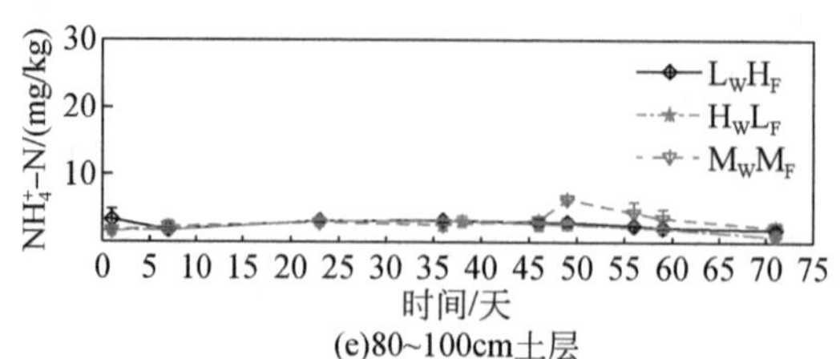

(e)80~100cm土层

图 6-7 不同水肥方案甘蓝生育期内 0～100 cm 土层土壤铵态氮（NH_4^+-N）分布

资料来源：吴现兵等，2019b

综上，定植水虽然灌水量较大造成了硝态氮的深层淋失，但造成铵态氮的深层淋失量较小，主要原因是定植水灌溉时间比施基肥时间晚 7 天左右，这时土壤中大部分尿素已转化为铵态氮和硝态氮，铵态氮与土壤吸附不易随水流失。作物收获后 3 个方案各土层土壤中铵态氮含量均较小且各方案之间差异不显著。

5）土壤水氮和根系分布对水氮施用制度协同响应规律分析

次灌水量和施肥量多少会使得土壤剖面上土壤含水量和氮含量分布存在差异，从而对作物根系分布造成一定影响，进而也会影响作物的生长、产量及水氮利用效率。通过以上分析发现，本研究制定的 3 个方案，H_WL_F相比其他两个方案，虽然总灌水量最大，但灌水下限定得较高，使得次灌水量较小，土壤中 0～40 cm 在甘蓝生育期内均保持较高的含水量，硝态氮和铵态氮向 60 cm 以下土层淋失不明显，根鲜质量和干质量在 0～20 cm 土层的分布比例相对较高，最大根深比其他两个方案小 7～12 cm。L_WH_F总灌水量最少，为了获得更多的水分和养分，使得根系埋深明显大于 H_WL_F，0～20 cm 根鲜质量和干质量分布比例均小于 H_WL_F，20～40 cm 和 40～60 cm 根质量分布比例均大于 H_WL_F；虽然 L_WH_F施氮量在 3 个方案中最大，由于次灌水量与 H_WL_F相同，土壤中氮素向 60 cm 以下土层淋失不明显，但春季和秋季甘蓝收获后 0～20 cm 土层硝态氮残留量却明显大于 H_WL_F。M_WM_F次灌水量最大，使得 0～60 cm 土层土壤含水量相比其他两个方案波动幅度最大，这也造成土壤氮素随灌溉水向深层淋失的危险；而且根系最大埋深也明显大于 H_WL_F，根系总质量在 3 个方案中最大，40～60 cm 土层根质量的分布比例也大于其他两个方案。因此，通过比较 3 个方案对根系和土壤水氮分布的影响可知，H_WL_F根系和土壤水氮分布均相对较浅，可提高作物对水氮的利用效率。

因此，通过田间对比试验和分析，本研究认为京津冀地区温室大棚种植甘蓝，采用膜下滴灌一体化施肥时，高水低肥（H_WL_F）方案较优，而且较好的施肥时机应选择在莲座期和结球初期。

2. 水肥一体化对甘蓝生长和产量的影响

1）不同水肥方案对甘蓝生长的影响

不同水肥方案对甘蓝各生长指标阶段增长量的对比分析如图 6-8 所示，甘蓝不同水肥方案对株高的影响主要表现在莲座期和结球后期，其中莲座期是 $M_W M_F > H_W L_F > L_W H_F$，且结球后期甘蓝 $L_W H_F$ 显著小于 $H_W L_F$；甘蓝的茎粗、叶面积从进入莲座期阶段增长量就显现出差别，各阶段均是 $L_W H_F$ 增长量最低，$H_W L_F$ 和 $M_W M_F$ 数值接近；叶片数在苗期增长最快，进入结球初期随着叶片的逐渐衰老开始出现负增长，各方案之间对比差异主要在结球初期，$M_W M_F$ 显著大于 $L_W H_F$，其他各阶段不同方案之间阶段增长量差异较小；对比叶面积阶段增长量也是从进入莲座期开始出现差别，各阶段 $L_W H_F$ 最小，且两季甘蓝的结球初期 $M_W M_F$ 显著大于 $L_W H_F$；不同水肥方案对甘蓝的展度影响较小，各阶段各方案之间均未达到显著差异；不同水肥方案对 LAI 阶段增长量影响，主要表现在结球初期，主要是 $L_W H_F$ 显著小于 $M_W M_F$。

不同水肥方案对各生长指标阶段增长量和累积增长量进行单因素方差分析见表 6-7，甘蓝不同水肥方案对各生长指标阶段增长量影响中只有茎粗在结球后期达到显著性差异，其他均未达到显著性差异，而对累积增长量的影响中株高、茎粗和 LAI 在 $P<0.05$ 水平上达到显著性差异，叶片数和叶面积在 $P<0.01$ 水平上达到显著性差异。

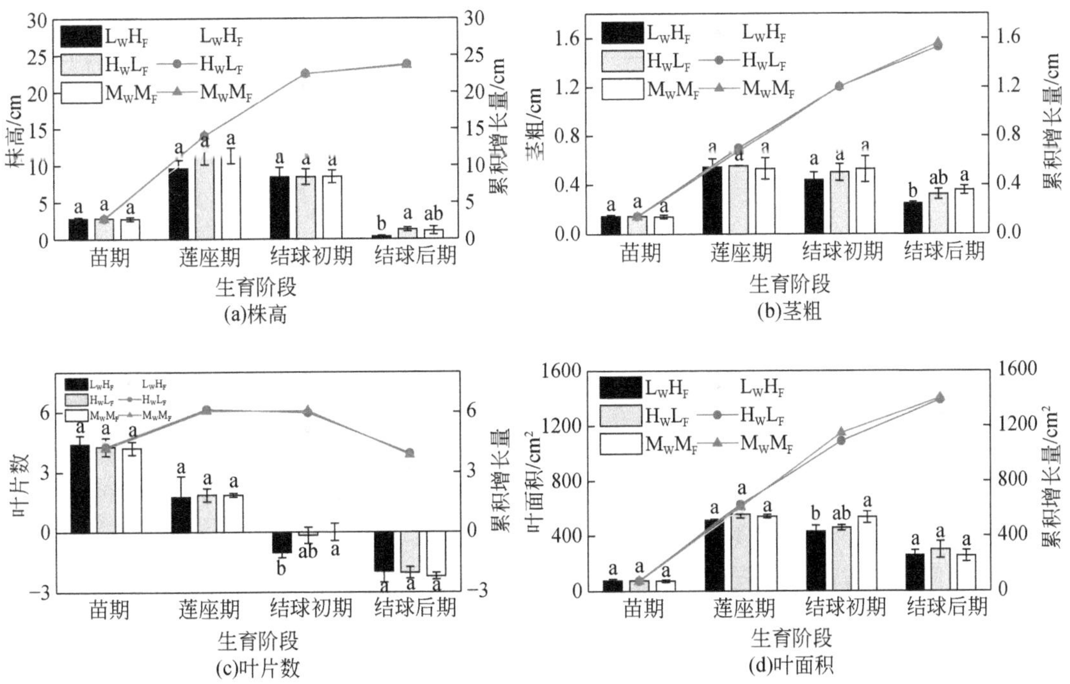

(a)株高

(b)茎粗

(c)叶片数

(d)叶面积

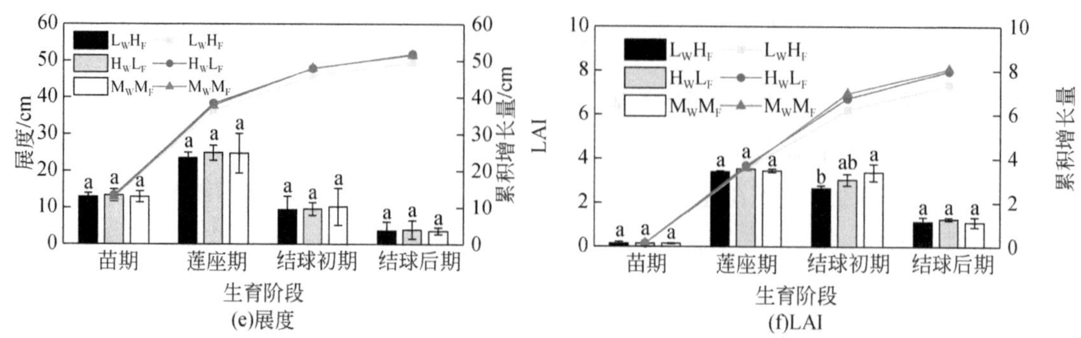

图 6-8 不同方案甘蓝株高、茎粗、叶片数、叶面积、展度和 LAI 阶段增长量对比图

不同小写字母表示同一生育阶段在 $P<0.05$ 水平上存在显著性差异

资料来源：Wu et al., 2020

表 6-7 不同水肥方案对甘蓝各生长指标阶段增长量和累积增长量影响的方差分析

生长阶段	苗期	莲座期	结球早期	结球后期	累积增长量
株高	NS	NS	NS	NS	*
茎粗	NS	NS	NS	*	*
叶片数	NS	NS	NS	NS	**
叶面积	NS	NS	NS	NS	**
展度	NS	NS	NS	NS	NS
LAI	NS	NS	NS	NS	*

注：NS 表示不同方案之间没有显著性差异；* 表示不同方案之间在 $P<0.05$ 水平上存在显著性差异；** 表示不同方案之间在 $P<0.01$ 水平上存在显著性差异。

资料来源：Wu et al., 2020

通过以上分析可知，不同方案对各生长指标阶段增长量的影响主要表现在莲座期、结球初期、结球后期和累积增长量上，且各生长指标总体增长量均是 L_WH_F 小于 H_WL_F 和 M_WM_F，而 H_WL_F 和 M_WM_F 之间差异较小，由此可见，水对甘蓝生长的影响比氮肥更为明显，在灌水量较少的情况下，即使增加施肥量，甘蓝各生长指标的阶段增长量也不会较大。因此可得出结论灌水量和施肥量虽然均会对生长指标产生一定的影响，但制定合适的水肥施用方案能更多地促进甘蓝植株的生长。

2）不同水肥方案对甘蓝生物量的影响

甘蓝植株可分为地下部分和地上部分，其中，地下部分主要组成为根系，地上部分分为茎、叶和球 3 部分，不同水肥方案各部分生物量及分配比例见表 6-8。从方差分析发现，不同水肥方案对甘蓝的茎生物量、叶生物量和总生物量均未达到显著差异水平，但对根生物量影响达到了显著差异（P<0.05），表现为 M_WM_F 显著大于 L_WH_F。不同水肥方案对球生物量影响显著，而且 H_WL_F 显著高于其他两个方案。

就总生物量在各部分之间的分配比例看，球和叶生物量所占比例较大，二者均在40%~50%；其次是根生物量所占比例，在5.42%~6.17%；茎生物量所占比例最小，甘蓝的叶生物量所占比例较大主要与该甘蓝的品种有关。综合分析，H_WL_F 与 M_WM_F 方案对甘蓝植株生物量的影响要优于 L_WH_F。

表 6-8　不同方案甘蓝植株各部分生物量及分配比例

方案	地下部分		地上部分						总生物量/(kg/hm²)
	根生物量/(kg/hm²)	比例/%	茎生物量/(kg/hm²)	比例/%	叶生物量/(kg/hm²)	比例/%	球生物量/(kg/hm²)	比例/%	
L_WH_F	522.38[b]	5.42	467.60[ab]	4.85	4322.11[a]	44.84	4327.26[b]	44.89	9 639.35[a]
H_WL_F	577.27[ab]	5.59	567.39[a]	5.50	4562.98[a]	44.22	4611.72[a]	44.69	10 319.36[a]
M_WM_F	617.64[a]	6.17	446.87[b]	4.47	4 905.68[a]	49.00	4 040.74[c]	40.36	10 010.92[a]
单因素方差分析	*	—	NS	—	NS	—	**	—	NS

注：同一列中不同字母表示在 P<0.05 水平上存在统计学差异；NS 表示不同方案之间没有显著性差异；* 表示不同方案之间在 P<0.05 水平上存在显著性差异；** 表示不同方案之间在 P<0.01 水平上存在显著性差异。

资料来源：Wu et al., 2020

3）不同水肥方案对甘蓝产量的影响

由表6-9数据可知，市场产量（Y）3个方案中最大的是 H_WL_F，为78371.43 kg。最大球重、最小球重、平均球重、地上部分产量（Y_G）也是 H_WL_F 最大，最大球重和最小球重 M_WM_F 最小，地上部分产量和市场产量 L_WH_F 最小。通过方差分析不同水氮施用制度对最大球重、地上部分产量和市场产量影响均未达到显著性差异水平，但对最小球重在 P<0.05 水平上达到显著性差异，对平均球重在 P<0.01 水平上达到了显著性差异水平。另外，从变异系数 CV 看 H_WL_F 单株产量相对于均值的离散程度最小，其次是 L_WH_F，M_WM_F 最大，由偏态系数 C_S 可知 H_WL_F 相比 L_WH_F 和 M_WM_F 单株产量在均值两边分布最为对称，M_WM_F 不对称程度最大。市场产量占地上部分产量比例在61.80%~64.21%，其中 L_WH_F 占比最大，M_WM_F 占比最小。

表 6-9　不同方案甘蓝最大球重、最小球重、平均球重、CV、C_S、地上部分产量（Y_G）、市场产量（Y）和市场产量占地上部分产量比例

方案	最大球重/kg	最小球重/kg	平均球重/kg	CV	C_S	Y_G/(kg/hm²)	Y/(kg/hm²)	Y 占 Y_G 比例/%
L_WH_F	1.99[a]	0.71[b]	1.43[b]	0.176	−0.417	114 266.67[a]	73 368.25[a]	64.21

续表

方案	最大球重/kg	最小球重/kg	平均球重/kg	CV	C_S	Y_G/(kg/hm^2)	Y/(kg/hm^2)	Y占Y_G比例/%
H_WL_F	2.05[a]	0.94[a]	1.53[a]	0.144	-0.217	122 358.73[a]	78 371.43[a]	64.05
M_WM_F	1.92[a]	0.69[b]	1.43[b]	0.198	-0.723	118 863.49[a]	73 460.32[a]	61.80
单因素方差分析	NS	*	**	—	—	NS	NS	—

注：同一列中不同字母表示在 $P<0.05$ 水平上存在统计学差异；NS 表示不同方案之间没有显著性差异；* 表示不同方案之间在 $P<0.05$ 存在显著性差异；** 表示不同方案之间在 $P<0.01$ 存在显著性差异。

资料来源：Wu et al.，2020

由此可见，不同水肥施用制度对甘蓝最大球重、最小球重、平均球重、地上部分产量和市场产量产生一定的影响，综合分析 H_WL_F方案产量最高，L_WH_F方案产量最低，从 CV 和 C_S看，M_WM_F方案单株产量离散程度最大，且在均值两侧分布最为不对称，因此从产量数据分析可知 H_WL_F相比其他两个方案较优。

4）不同水肥方案对水分生产力的影响

由表 6-10 分析数据可知，基于产量的水分生产力（WP_Y）和基于生物量的水分生产力（WP_B）随着灌水量减少而增加，不同水肥方案对 WP_Y的影响在 $P<0.05$ 水平上达到了显著性差异，对 WP_B的影响在 $P<0.01$ 水平上达到了显著性差异。从各方案 2 个参数的大小对比分析，H_WL_F的 WP_Y和 WP_B比 L_WH_F分别小 13.77% 和 13.59%，M_WM_F的 WP_Y和 WP_B比L_WH_F小 11.72% 和 8.27%。从收获指数（HI）来看，不同水肥方案对 HI 未达到显著性差异。

表 6-10　不同方案甘蓝基于产量水分生产力（WP_Y）、基于生物量水分生产力（WP_B）和收获指数（HI）

方案	WP_Y（kg/m^3）	YD（%）	WP_B（kg/m^3）	BD（%）	HI
L_WH_F	51.55[a]	0	6.77[a]	0	7.62[a]
H_WL_F	44.45[b]	-13.77	5.85[b]	-13.56	7.60[a]
M_WM_F	45.51[b]	-11.70	6.21[b]	-8.32	7.34[a]
单因素方差分析	*	—	**	—	NS

注：YD 表示其他方案的基于产量水分生产力与 L_WH_F 相比相对损失百分比；BD 表示其他方案的基于生物量水分生产力与 L_WH_F 相比相对损失百分比。同一列中不同字母表示在 $P<0.05$ 水平上存在统计学差异；NS 表示不同方案之间没有显著性差异；* 表示不同方案之间在 $P<0.05$ 水平上存在显著性差异；** 表示不同方案之间在 $P<0.01$ 水平上存在显著性差异。

资料来源：Wu et al.，2020

综合分析，$L_W H_F$方案可以获得最大的 WP_Y和 WP_B，但其氮肥用量显著高于其他两个方案，其用量是 $H_W L_F$施氮量的 2 倍。虽然 $H_W L_F$方案的 WP_Y和 WP_B数值都显著小于 $L_W H_F$，但 HI 与 $L_W H_F$近似相等。另外，$M_W M_F$的 WP_Y、WP_B和 HI 均与 $H_W L_F$无显著差异。

5）不同水肥方案对氮素利用的影响

通过方差分析得知不同水肥方案对甘蓝的总吸氮量（TN_U）、氮素利用效率（NUE）的影响均达到了显著性差异水平（$P<0.05$），其中对于 TN_U，$M_W M_F$和 $H_W L_F$显著高于 $L_W H_F$，对于 NUE，$L_W H_F$和 $H_W L_F$显著高于 $M_W M_F$。不同水肥方案对甘蓝的氮肥偏生产力（NPFP）产生极显著影响（$P<0.001$），$H_W L_F$最大，$L_W H_F$最小，而且对于氮肥偏生产力的数值 $H_W L_F$分别高出 $L_W H_F$和 $M_W M_F$113.64% 和 60.03%，详见表 6-11。

表 6-11　甘蓝总吸氮量（TN_U）、氮素利用效率（NUE）、氮素收获指数（HI_N）和氮肥偏生产力（NPFP）指标

方案	TN_U/(kg/hm^2)	NUE/(kg/kg)	HI_N	NPFP/(kg/kg)
$L_W H_F$	344.27[b]	213.29[a]	0.46[a]	183.42[c]
$H_W L_F$	386.75[a]	202.64[a]	0.47[a]	391.86[a]
$M_W M_F$	392.27[a]	187.25[b]	0.43[b]	244.87[b]
单因素方差分析	*	*	NS	***

注：同一列中不同字母表示在 $P<0.05$ 水平上存在统计学差异；NS 表示不同方案之间没有显著性差异；* 表示不同方案之间在 $P<0.05$ 水平上存在显著性差异；*** 表示不同方案之间在 $P<0.001$ 存在显著性差异。

资料来源：Wu et al.，2020

由此可见，增加施氮量与植株最终总吸氮量并不成正比，$L_W H_F$施氮量最高，而植株吸氮量与其他方案相比并不是最高，反而还较低，由此可以推断，单考虑施氮量对甘蓝生长发育影响方面，合理的施氮量应在 200 ~ 300 kg/hm^2；另外，$H_W L_F$施氮量是 $L_W H_F$的 50%、$M_W M_F$的 66.7%，但 $H_W L_F$方案植株总吸氮量仅比 $M_W M_F$方案低 1.41%，这说明增加灌水量可增加甘蓝对养分的吸收量，从而增加对氮素的利用效率，因此，合适的水氮施用制度可提高植株吸氮量和氮素利用效率，氮肥偏生产力也会显著提高。

通过以上分析，从本研究所制定的 3 个水肥一体化方案对各指标的影响看，$H_W L_F$与 $M_W M_F$要优于 $L_W H_F$。而 $H_W L_F$与 $M_W M_F$对比，$H_W L_F$的灌水量比 $M_W M_F$增加了 17% 左右，而 $M_W M_F$的施氮量比 $H_W L_F$增加了 50%，因此，本研究认为 3 个方案中 $H_W L_F$要优于 $M_W M_F$与 $L_W H_F$，即灌水下限为 85% θ_f，灌水上限为 100% θ_f，施氮量在 200 kg/hm^2 左右时有利于甘蓝高产。

3. 水肥一体化对番茄根系和水氮分布的影响

1）不同水肥方案对番茄根系生长的影响

表6-12给出了不同方案下不同土层根系鲜质量的分布情况。由表6-12可知，在80 cm深土层内根鲜质量75%以上集中在0～20 cm土层内，90%左右集中在0～40 cm土层内，且0～20 cm土层根质量和总质量均是H_WM_F和M_WL_F显著高于L_WH_F，40～60cm和60～80 cm土层均是H_WM_F显著小于L_WH_F和M_WL_F。可见，H_WM_F的根系分布相对较浅。

表6-12　不同方案番茄根系鲜质量随土壤深度分布

方案	0～20 cm/g	比例/%	>20～40 cm/g	比例/%	40～60 cm/g	比例/%	60～80 cm/g	比例/%	总质量/g
M_WL_F	104.47[a]	77.27	15.22[a]	11.26	9.03[a]	6.68	6.47[a]	4.79	135.19[a]
H_WM_F	117.05[a]	82.05	14.59[a]	10.23	6.30[b]	4.42	4.71[b]	3.30	142.65[a]
L_WH_F	89.34[b]	75.39	13.94[a]	11.76	8.41[a]	7.10	6.82[a]	5.75	118.51[b]

注：同一列中不同字母表示在$P<0.05$水平上存在统计学差异。

由图6-9可知，对于干质量，0～20 cm土层L_WH_F显著小于H_WM_F，20～40cm和40～60 cm土层不同方案之间无显著差异，但60～80 cm土层H_WM_F显著小于其他两个方案。对于番茄根系各土层干质量占总质量的比例，0～20 cm土层H_WM_F略大于其他两个方案，而20 cm以下土层H_WM_F略小于其他两个方案，且在60～80 cm土层达到了显著差异水平。

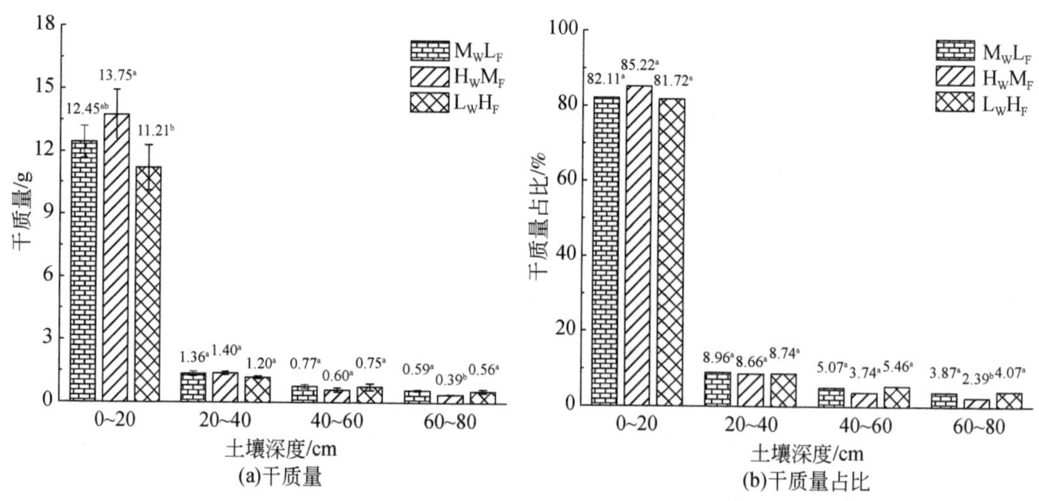

图6-9　不同方案番茄根系干质量及干质量占比随土层深度分布

不同字母表示在$P<0.05$水平上存在统计学差异

综上，根鲜质量和干质量在土层中的分布与水氮施用量之间均存在一定响应关系，$H_W M_F$由于灌水下限较高，灌水频次高于 $L_W H_F$ 和 $M_W L_F$，使得根系分布相对较浅，0 ~ 20 cm土层占比较大，且根总质量也是 $H_W M_F$最大。

2）不同水肥方案对土壤水分分布的影响

番茄移栽后，为了保苗各处理统一灌水 30mm，之后根据当地种植经验进行管理，通过对土壤水分的观测发现，坐果期之前 40 cm 以下土层的土壤含水量变化较小，0 ~ 30 cm 土层有明显减小的趋势，但由于初期土壤含水量大，番茄需水量小，因此在进入坐果期之前各方案基本未达到灌水下限。从进入果实膨大期，番茄耗水量明显增加，从图 6-10 可知，由于方案 2（$H_W M_F$）次灌水量 14. 12mm，灌水量较小，所以主要造成 0 ~ 60 cm 深土层的土壤含水量发生变化，而方案 1（$M_W L_F$）次灌水量 23. 54mm、方案 3（$L_W H_F$）次灌水量 30. 13mm，都会引起 100cm 深土层的土壤含水量的波动。从土层土壤含水量波动看，表层土壤含水量大于深层土壤含水量，次灌水量越大各层土壤含水量波动相比也越大。从进入果实膨大中后期开始，由于番茄根系向深层发展，各方案 100 cm 深土层的土壤含水量开始减小，方案 3 最为明显，其次是方案 1。

不同方案对各土层土壤含水量均值和 CV 的影响见表 6-13。由于 $H_W M_F$灌水上限较高、总灌水量较大，因此该方案各层土壤含水量的均值总体最大，CV 最小；而 $M_W L_F$和 $L_W H_F$ 相比较，在 0 ~ 60 cm 土层内规律比较明显，各土层土壤含水量均值 $M_W L_F > L_W H_F$，CV 是$M_W L_F < L_W H_F$。

由此可见，从灌水量角度看，次灌水量较大会造成土壤水分向深层渗漏流失，使其利用率降低，而且灌水时间间隔较大而造成根系层土壤含水量的 CV 较大，也就是土壤含水量在番茄生育期内波动幅度较大。从养分利用率来看，次灌水量较大必然会将表层土壤中一些养分淋洗至深层土壤而损失掉，从而降低养分利用率，同时也带来农业面源污染的威胁。因此，3 个水肥方案中，$H_W M_F$明显优于其他两个方案。

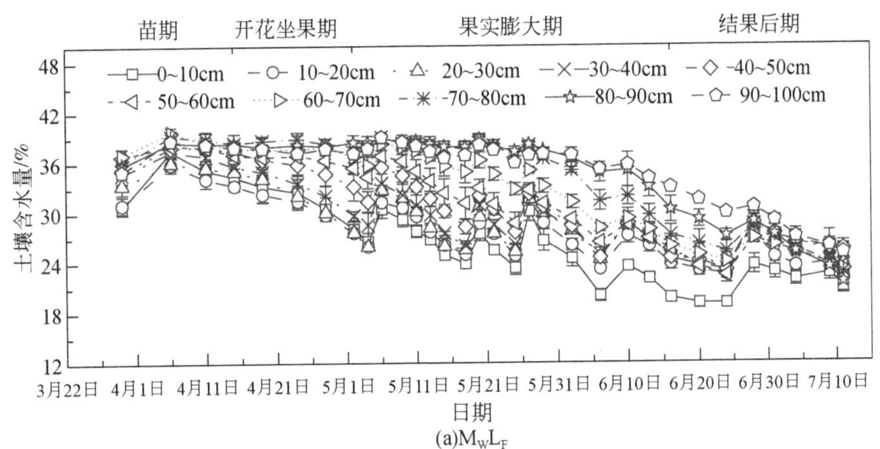

(a)$M_W L_F$

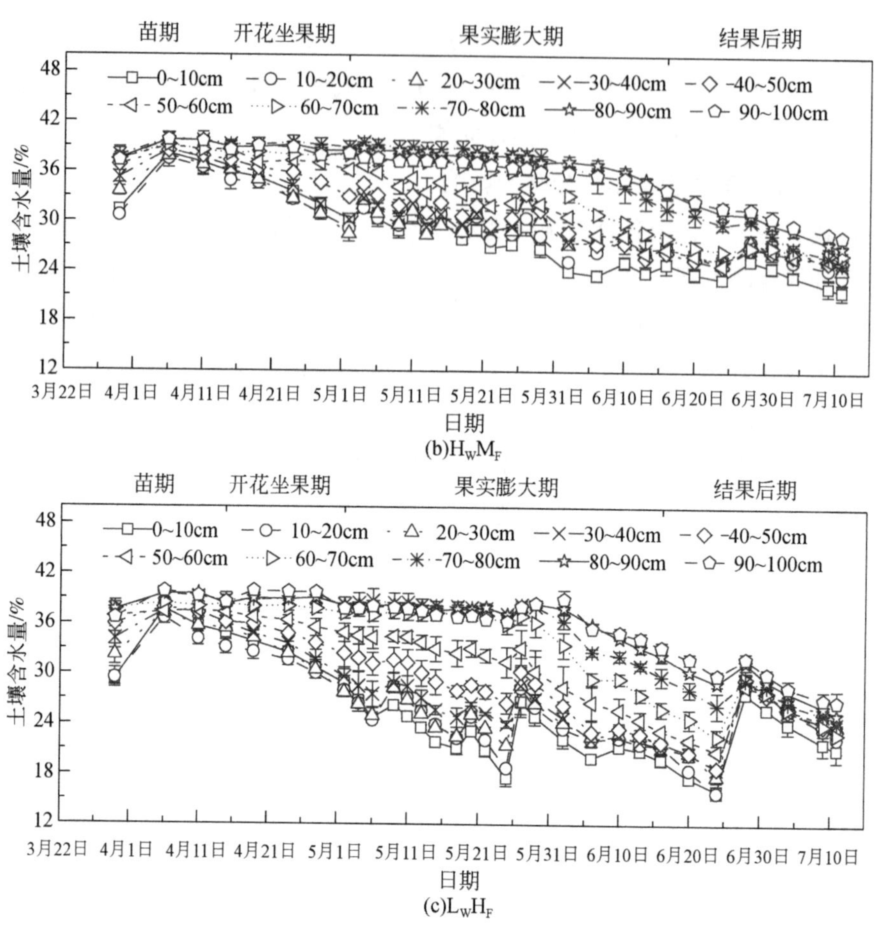

图6-10 不同处理番茄生育期内土壤含水量分布

表6-13 番茄生育期0～100 cm土壤（体积）含水量均值和变差系数CV

方案	指标	0～10cm	10～20cm	20～30cm	30～40cm	40～50cm	50～60cm	60～70cm	70～80cm	80～90cm	90～100cm
M_WL_F	土壤含水量均值/%	25.80	26.78	27.70	28.44	29.78	30.82	32.33	34.00	34.89	35.16
	CV	0.193	0.143	0.136	0.146	0.155	0.167	0.167	0.157	0.135	0.105
H_WM_F	土壤含水量均值/%	28.25	29.10	29.54	30.17	30.82	32.18	33.98	35.81	36.13	35.73
	CV	0.157	0.120	0.119	0.123	0.137	0.145	0.139	0.127	0.101	0.087
L_WH_F	土壤含水量均值/%	24.42	24.95	25.79	26.85	28.44	30.70	33.35	35.02	35.71	35.96
	CV	0.229	0.196	0.190	0.188	0.182	0.171	0.162	0.135	0.110	0.092

3）不同水肥方案对土壤硝态氮分布的影响

如图 6-11 所示，在番茄生育期内，各水肥方案土壤硝态氮含量均随着追肥而发生一定的波动，波峰和波谷主要出现在施肥前后，且峰谷差异与施氮量有关，施氮量越大峰谷差越大；从土壤剖面看，0 ~ 60c m 土层波动较明显，且土层越浅波动幅度越大，值也越大，而 60 ~ 100 cm 土层变化不明显。不同方案之间追肥时施氮量不同、灌水量不同，使得土壤硝态氮含量波动幅度也不同，$M_W L_F$由于追肥量最小，因此波动幅度相对小于其他两个方案，但该方案追肥时灌水量较大，使得 100 cm 深土层内硝态氮含量也出现一定的波动变化，原因是灌溉水挟带尿素淋洗至深层土壤；$H_W M_F$由于次追肥量较大，因此土壤硝态氮含量波动幅度也较大，但该方案追肥时灌水量较小，使得土壤硝态氮主要分布在 0 ~ 60 cm 土层内，而向 60cm 以下土层淋失不明显；$L_W H_F$次追肥量略小于 $H_W M_F$，因此土壤硝态氮含量波动幅度也较大，该方案生育期内共进行了 4 次追肥，其中在第 1 次、第 2 次和第 4 次追肥时由于表层土壤含水量未达到灌水下限，因此为了施肥仅进行了少量灌水，这使得土层硝态氮主要分布在 0 ~ 40 cm 土层，但该方案第 3 次施肥时土壤含水量达到了灌水下限，此次施肥灌水达 30. 13mm，由于淋洗作用使得表层土壤硝态氮含量相比其他几次追肥数值要小，但深层土壤（包括 100 cm 深处）却都有不同程度的增加。另外，在生育期结束时，$L_W H_F$表层土壤硝态氮含量相比其他两个方案较大，0 ~ 20 cm 土层硝态氮含量分别为 $M_W L_F$和 $H_W M_F$的 1. 9 ~ 2. 5 倍和 1. 7 ~ 1. 8 倍，有一定的残留损失。

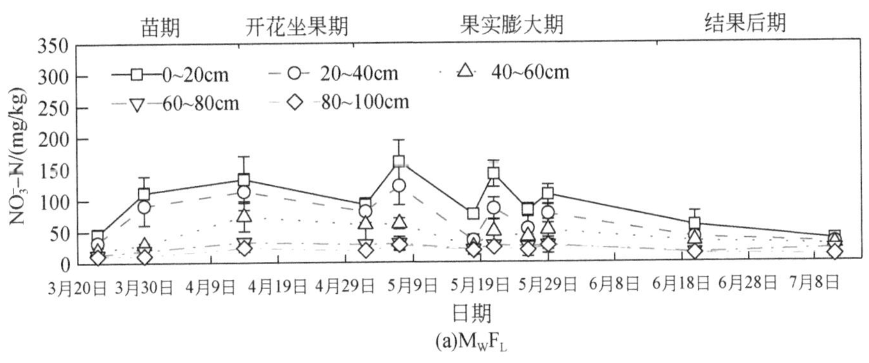

(a)$M_W F_L$

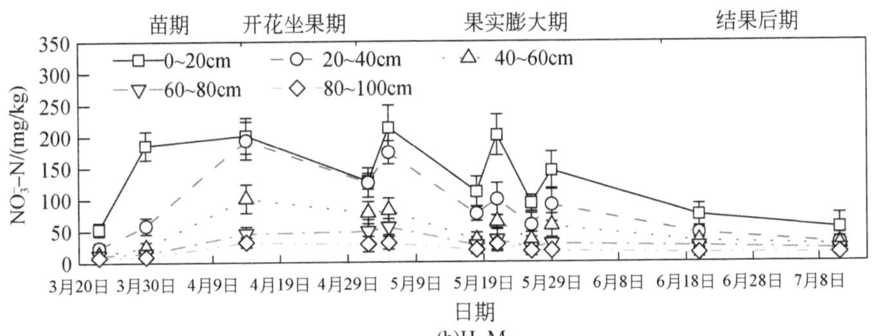

(b)$H_W M_F$

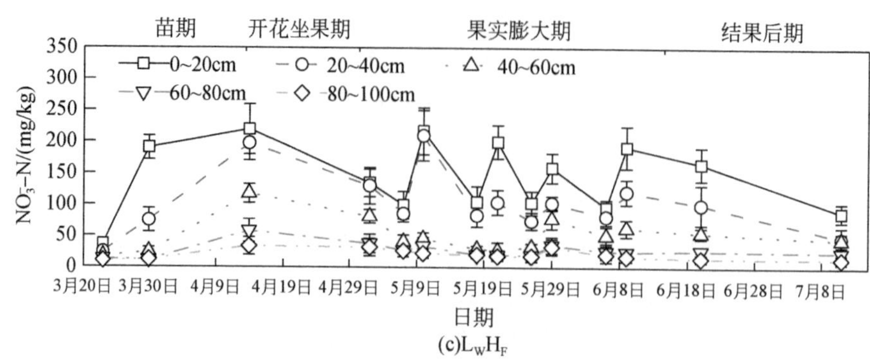

(c)L_WH_F

图 6-11　不同处理番茄生育期内土壤硝态氮分布

综上，由于 H_WM_F 相比其他两个水肥方案追肥时灌水量较小，没有明显造成 60 cm 以下土层土壤硝态氮含量增加，另外由于番茄 94% 以上的根系在 0～60 cm 土层分布，可以大大增加根系对肥料的吸收利用效率，因此 H_WM_F 明显优于其他两个方案。

4）不同水肥方案对土壤铵态氮分布的影响

由图 6-12 所示，不同水肥方案土壤铵态氮含量的分布和变化与土壤硝态氮类似，所不同的是 M_WL_F 每次追肥后和 L_WH_F 第三次追肥后，由于灌水量较大，60 cm 以下土层铵态氮含量变化比土壤硝态氮含量更加明显，这是因为土样都是在施肥后的第 3 天提取的，而尿素要首先水解为铵态氮，尿素完全水解一般需要 3 天左右时间，所以提取的土样铵态氮含量较大，这也说明较大的灌水将部分尿素淋洗到了深层土壤。H_WM_F 生育期内 60 cm 以下土层铵态氮含量变化相对较小，这说明 H_WM_F 次灌水量较小，尿素基本未被灌溉水淋洗到深层土壤之中。因此，从土壤铵态氮分布看也是 H_WM_F 方案较优。

5）土壤水氮和根系分布对水氮施用制度协同响应规律分析

当灌水上限一定的情况下，灌水下限制定得越低，灌水间隔时间就越长、次灌水量就越大，L_WH_F 方案次灌水量最大、灌水间隔时间最长，这使得表层土壤含水量发生较大变化，根系由于不能从表层土壤获得生长所需的全部水分就会向深层土壤发展，通过挖根发

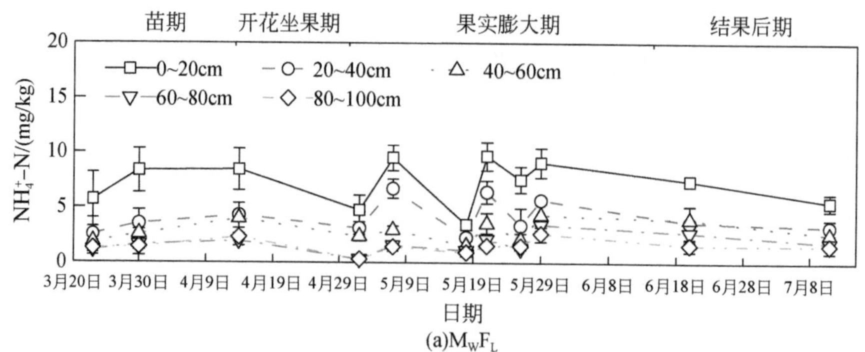

(a)M_WF_L

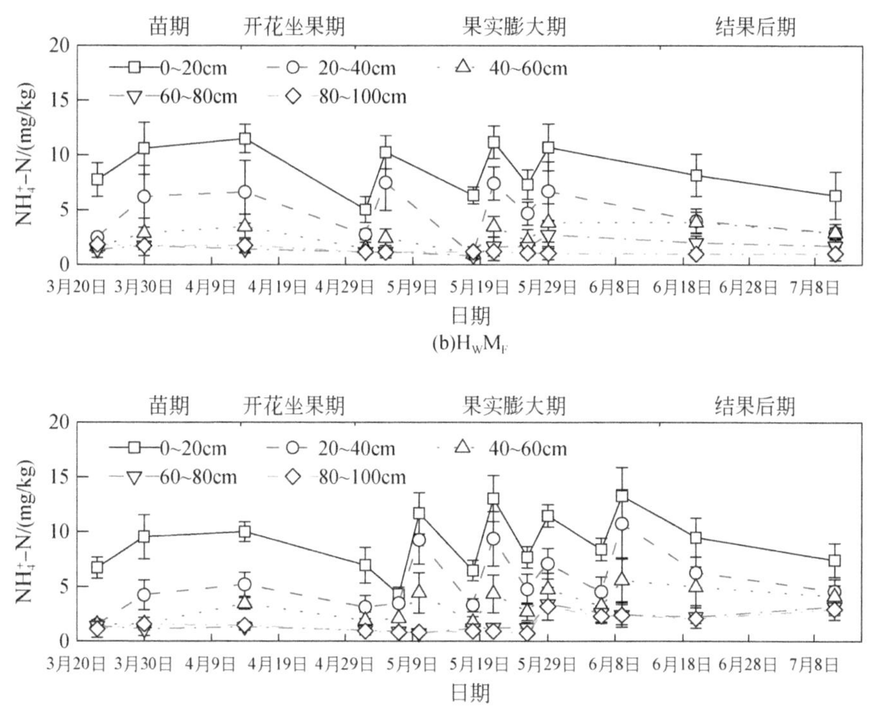

图 6-12　不同处理番茄生育期内土壤硝态氮分布

现，该处理的根系扎深已超过 1 m，而且 60 cm 以下土层根系质量 3 个方案中最大，并显著大于 H_WM_F。相反，H_WM_F方案由于灌水下限较高，使得灌水间隔较短、次灌水量较小，根系在 0～40 cm 土层分布比例在 3 个方案中最大，根系总质量也最大。

不同水肥处理对土壤含水量的影响主要是从进入果实膨大期开始的，灌水间隔时间越长、次灌水量越大，表层土壤含水量波动就越大，而且 M_WL_F和 L_WH_F两个方案由于次灌水量较大会有部分灌溉水产生渗漏而不能被作物利用，因此从灌溉水充分利用的角度看，当灌水上限为田间持水量（θ_f）时，灌水下限应设定在 75% θ_f以上。

不同水肥处理对土壤硝态氮和铵态氮分布的影响主要表现在两方面：一是次施氮量的大小，二是施肥时灌水量的多少。次施氮量越大，土壤硝态氮和铵态氮含量波动就越大；施肥时灌水量越大，硝态氮和铵态氮在深层土壤分布量就越大。M_WL_F和 L_WH_F两个方案由于次灌水量较大，都会出现氮素向深层土壤淋洗的现象；而 H_WM_F施氮后氮素向深层淋洗不明显，土壤硝态氮和铵态氮集中在 0～60 cm 土层中，而番茄根系近 90% 集中在 0～40 cm土层，这可有效提高作物对氮素的吸收利用程度。

从追肥时间和次数分析，M_WL_F和 H_WM_F分别在第一穗果、第二穗果、第三穗果膨大期进行了追肥，而 L_WH_F除了前 3 次追肥与其他两个方案同步外，还在第四穗果膨大期进行了追肥，该方案在第 4 次追施时，第一穗果已开始成熟，第二穗果已进入转色期，因此植株对养分的需求量已开始显著降低，使得本次追肥被作物吸收利用量较少，且该水肥方案在生育期结束时测得表层土壤硝态氮出现较高的残留量，而其他两个方案在生育期结束土壤未明显出现硝态氮残留。因此，从施肥制度优化、节肥减污等方面考虑，对只留四穗果的番茄可省去第 4 次追肥。

因此，通过田间对比试验和分析，本研究认为京津冀地区温室大棚种植番茄，采用膜下滴灌一体化施肥时，H_WM_F方案较优，而且较好的施肥时机应选择在第一穗果、第二穗果和第三穗果膨大期。

4. 水肥一体化对番茄生长和产量的影响

1）不同水肥方案对番茄生长的影响

不同水肥方案对番茄各生长指标阶段增长量的对比分析见图 6-13 所示，番茄留 4 穗果，在 5 月 17 日打顶后，株高、叶片数和叶面积停止生长，但茎粗和 LAI 还存在一定的变化。对于株高，从苗期开始，不同水肥方案对番茄就产生了一定的影响，从累积增长量看，H_WM_F>M_WL_F>L_WH_F；番茄茎粗的差别主要表现在开花坐果期和果实膨大期，L_WH_F方案在开花坐果期增长较快，但在果实膨大期增长较慢，累积增长量各方案之间相差较小；叶片数从进入开花坐果期阶段增长量就显现出明显的差别，各阶段均是 L_WH_F 增长量最低，其他两个方案数值接近；L_WH_F 的叶面积在开花坐果期增长最快，但进入果实膨大期后增长缓慢，而其他两个方案在各阶段差别较小；不同水肥方案对 LAI 的阶段增长量影响，主要表现在开花坐果期之后，尤其在果实膨大期，L_WH_F显著小于其他两个方案。

就不同水肥方案对各生长指标阶段增长量和累积增长量进行单因素方差分析，结果见表 6-14，不同水肥方案对番茄各生长指标阶段增长量影响主要是叶片数、叶面积在开花坐果期均达到了显著差异水平（$P<0.05$），叶面积和 LAI 在果实膨大期达到极显著水平（$P<0.01$），其他均未达到显著性差异，而对累积增长量的影响中只有叶片数和 LAI 在 $P<0.05$ 水平上达到显著性差异。

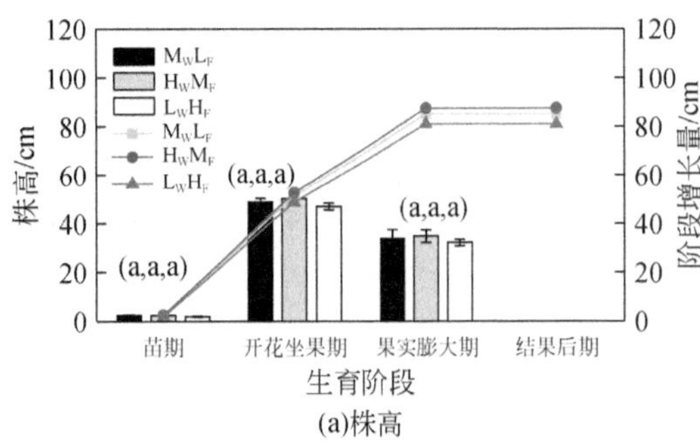

(a)株高

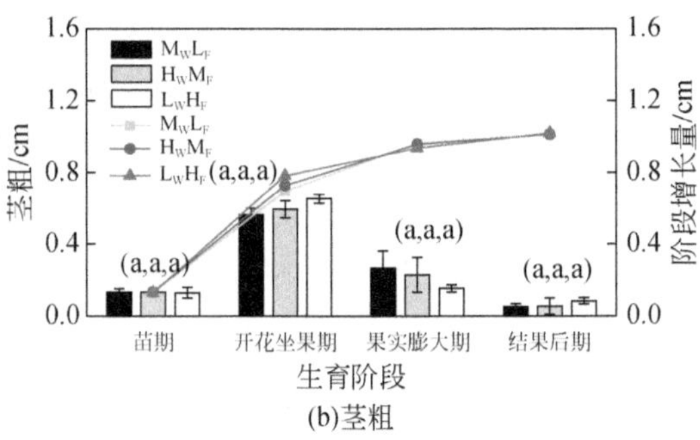

(b)茎粗

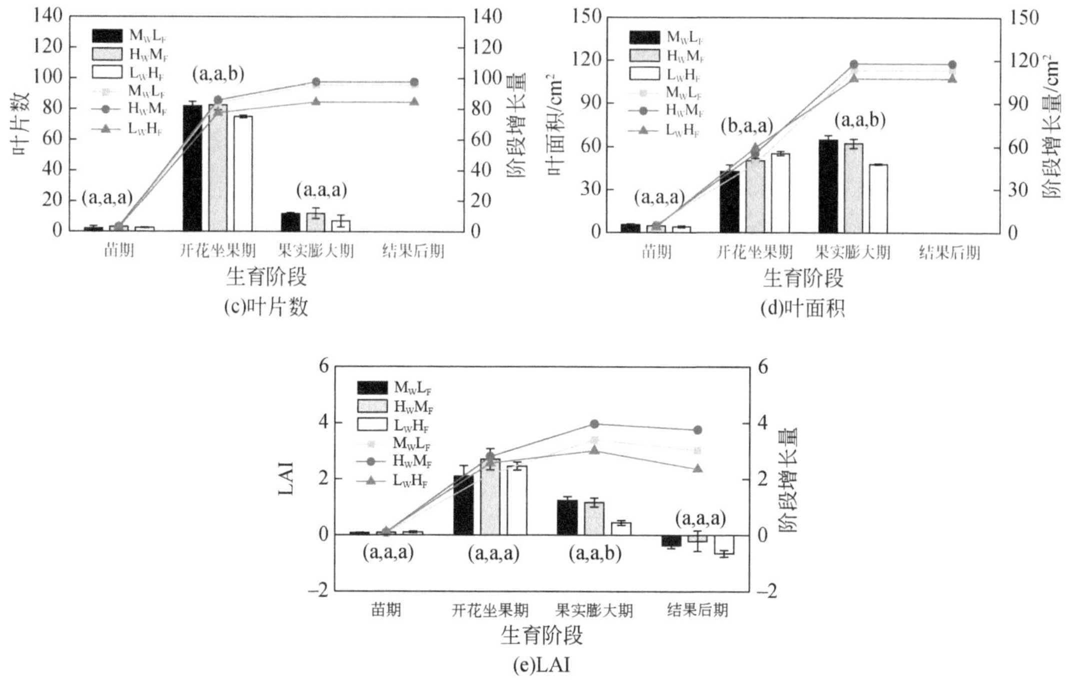

图 6-13　不同方案番茄株高、茎粗、叶片数、叶面积和 LAI 阶段增长量对比图

括号内不同字母表示在同一生育阶段在 $P<0.05$ 水平上存在统计学差异

表 6-14　不同水肥方案对番茄各生长指标阶段增长量和累积增长量影响的方差分析

生长阶段	苗期	开花坐果期	果实膨大期	结果后期	累积增长量
株高	NS	NS	NS	—	NS
茎粗	NS	NS	NS	NS	NS
叶片数	NS	*	NS	—	*
叶面积	NS	*	**	—	NS
LAI	NS	NS	**	NS	*

注：NS 表示不同方案之间没有显著性差异；* 表示不同方案之间在 $P<0.05$ 水平上存在显著性差异；** 表示不同方案之间在 $P<0.01$ 水平上存在显著性差异。

通过以上分析可知，不同方案对各生长指标阶段增长量的影响主要表现在开花坐果期之后，且各生长指标总体增长量均是 L_WH_F 小于 H_WM_F 和 M_WL_F，而 H_WM_F 和 M_WL_F 之间差异较小，由此可见，水对番茄生长的影响比氮肥更为明显，在灌水量较小的情况下，即使增加施肥量，番茄各生长指标的阶段增长量也不会较大，该结论与甘蓝类似。因此，虽然灌水量和施肥量均会对生长指标产生一定的影响，但制定合适的水肥施用方案能更多地促进番茄植株的生长。

2）不同水肥方案对番茄生物量的影响

番茄植株可分为地下部分和地上部分，其中，地下部分主要组成为根系，地上部分分为茎、叶和果实3部分，不同水肥方案各部分生物量及分配比例见表6-15。从方差分析发现，不同水肥方案对番茄的根生物量未达到显著差异水平，但对果生物量达到了显著差异水平（$P<0.05$），对茎生物量、叶生物量和总生物量的影响均达到了极显著差异水平（$P<0.01$），而且M_WL_F和H_WM_F显著大于L_WH_F。

表6-15　不同方案番茄植株各部分生物量及分配比例

方案	地下部分		地上部分						总生物量/(kg/hm²)
	根生物量/(kg/hm²)	比例/%	茎生物量/(kg/hm²)	比例/%	叶生物量/(kg/hm²)	比例/%	果生物量/(kg/hm²)	比例/%	
M_WL_F	909.51[a]	5.95	2789.66[a]	18.24	5174.31[a]	33.83	6420.46[a]	41.98	15293.94[a]
H_WM_F	968.43[a]	6.26	2845.23[a]	18.40	5200.79[a]	33.63	6449.33[a]	41.71	15463.78[a]
L_WH_F	822.93[a]	6.12	2449.64[b]	18.23	4496.59[b]	33.46	5669.04[b]	42.19	13438.20[b]
单因素方差分析	NS	—	**	—	**	—	*	—	**

注：同一列中不同字母表示在$P<0.05$水平上存在统计学差异；NS表示不同方案之间没有显著性差异；*表示不同方案之间在$P<0.05$水平上存在显著性差异；**表示不同方案之间在$P<0.01$水平上存在显著性差异。

就总生物量在各部分之间的分配比例看，果生物量所占比例最大，在42%左右，其次是叶生物量占比，在33.5%左右；根生物量占比最小。综合分析，M_WL_F和H_WM_F方案对番茄植株生物量的影响要优于L_WH_F。

3）不同水肥方案对番茄产量的影响

由表6-16数据可知，产量（Y）3个方案中最大的是H_WM_F，为127.88 t/hm²，分别高出M_WL_F和L_WH_F 3.17 t/hm²和19.64 t/hm²。最大单果重、最小单果重、平均单果重也是H_WM_F最大，而L_WH_F最小。通过方差分析不同水氮施用方案对最大单果重在$P<0.05$水平上达到显著性差异，对最小果重、平均单果重和产量在$P<0.01$水平上达到了显著性差异水平。另外，从变异系数CV看，H_WM_F的单果重相对于均值的离散程度最小，M_WL_F与H_WM_F接近，L_WH_F最大，由偏态系数CS可知H_WM_F和M_WL_F相比L_WH_F单果重在均值两边分布较为对称。

由此可见，不同水肥施用制度对番茄最大单果重、最小单果重、平均单果重和产量均产生了显著的影响，综合分析H_WM_F方案产量最高，L_WH_F方案产量最低，从CV和CS看，L_WH_F方案单果重离散程度最大，且在均值两侧分布最为不对称，因此，从产量数据分析可知H_WM_F优于M_WL_F，M_WL_F优于L_WH_F。

表 6-16　不同方案番茄最大单果重、最小单果重、平均单果重、CV、CS 和产量（Y）

方案	最大单果重/g	最小单果重/g	平均单果重/g	CV	CS	Y /(t/hm²)
M_WL_F	480.47[b]	33.63[a]	182.69[b]	0.457	0.865	124.71[a]
H_WM_F	531.13[a]	37.18[a]	196.57[a]	0.453	0.857	127.88[a]
L_WH_F	456.57[b]	22.72[b]	173.50[b]	0.476	0.999	108.24[b]
单因素方差分析	*	**	**	—	—	**

注：同一列中不同字母表示在 $P<0.05$ 水平上存在统计学差异；* 表示不同方案之间在 $P<0.05$ 水平上存在显著性差异；** 表示不同方案之间在 $P<0.01$ 水平上存在显著性差异。

4）不同水肥方案对水分生产力的影响

由表 6-17 分析数据可知，基于产量的水分生产力（WP_Y）和基于生物量的水分生产力（WP_B）基本是随着灌水量减少而增加，不同水肥方案对 WP_Y 和 WP_B 的影响均未达到显著差异水平。从各方案两个参数的大小对比分析，H_WM_F的 WP_Y 和 WP_B 比 L_WH_F分别小 1.25% 和 3.76%，M_WL_F的 WP_Y 比 L_WH_F大 0.78%，而 WP_B 比 L_WH_F小 0.46%。从收获指数（HI）来看，不同水肥方案对 HI 也未达到显著差异水平。

表 6-17　不同方案番茄基于产量水分生产力（WP_Y）、基于生物量水分生产力（WP_B）和收获指数（HI）

方案	WP_Y /(kg/m³)	YD /%	WP_B /(kg/m³)	BD /%	HI
M_WL_F	47.68[a]	0.78	58.46[a]	-0.45	8.15[a]
H_WM_F	46.72[a]	-1.24	56.52[a]	-3.77	8.27[a]
L_WH_F	47.31[a]	0	58.73[a]	0	8.05[a]
单因素方差分析	NS	—	NS	—	NS

注：YD 表示其他方案的基于产量水分生产力与 L_WH_F 相比相对损失百分比；BD 表示其他方案的基于生物量水分生产力与 L_WH_F 相比相对损失百分比；同一列中不同字母表示在 $P<0.05$ 水平上存在统计学差异；NS 表示不同方案之间没有显著性差异。

综合分析，L_WH_F方案可以获得较大的 WP_Y 和 WP_B，但其氮肥用量显著高于其他两个方案，其用量是 H_WM_F施氮量的 1.43 倍。虽然 H_WM_F的 WP_Y 和 WP_B 数值都小于 L_WH_F，但 HI 却大于 L_WH_F方案。另外，M_WL_F的 WP_Y、WP_B 和 HI 均与 H_WM_F无显著差异。

5）不同水肥方案对氮素利用的影响

通过方差分析不同水肥方案对番茄总吸氮量（TN_U）的影响在 $P<0.01$ 水平上达到了

显著性差异水平，其中 TN_U 是 H_WM_F 和 M_WL_F 显著高于 L_WH_F；不同水肥方案对番茄氮素利用效率（NUE）和氮素收获指数（HI_N）未产生显著影响。不同水肥方案对番茄的氮肥偏生产力（NPFP）产生极为显著影响（$P<0.001$），M_WL_F 最大，L_WH_F 最小，详见表 6-18。

表 6-18　番茄植株总吸氮量（TN_U）、氮素利用效率（NUE）、氮素收获指数（HI_N）和氮肥偏生产力（NPFP）指标

方案	TN_U /(kg/hm²)	NUE /(kg/kg)	HI_N	NPFP /(kg/kg)
M_WL_F	360.50ᵃ	345.93ᵃ	0.46ᵃ	580.06ᵃ
H_WM_F	380.73ᵃ	336.26ᵃ	0.45ᵃ	426.27ᵇ
L_WH_F	332.64ᵇ	325.51ᵃ	0.46ᵃ	251.72ᶜ
单因素方差分析	**	NS	NS	***

注：同一列中不同字母表示在 $P<0.05$ 水平上存在统计学差异；NS 表示不同方案之间没有显著性差异；** 表示不同方案之间在 $P<0.01$ 水平上存在显著性差异；*** 表示不同方案之间在 $P<0.001$ 水平上存在显著性差异。

由此可见，增加施氮量与植株最终总吸氮量并不成正比，L_WH_F 施氮量最高，而植株吸氮量与其他方案相比并不是最高，反而还较低，由此可以推断，单考虑施氮量对番茄生长发育影响方面，合理的施氮量应在 300 kg/hm² 左右；另外，H_WM_F 施氮量是 L_WH_F 施氮量的 70%，但 H_WM_F 的植株总吸氮量却显著高于 L_WH_F，这说明增加灌水量可增加番茄对养分的吸收量，从而增加对氮素的利用效率，因此，合适的水氮施用制度可提高植株吸氮量和氮素利用效率。

通过以上分析，从本研究所制定的 3 个方案对各指标的影响看，H_WM_F 与 M_WL_F 要优于 L_WH_F。而 H_WM_F 与 M_WL_F 对比，虽然 H_WM_F 的灌水量和施氮量均高于 M_WM_F，但产量却高出 M_WM_F 3.17 t/hm²。因此，本研究认为 3 个方案中 H_WM_F 要优于 M_WL_F 与 L_WH_F，即灌水下限为 85% θ_f，灌水上限为 100% θ_f，施氮量在 300 kg/hm² 左右时有利于番茄高产。

6.2.3　典型蔬菜水肥施用制度优选

目前，已有较多的模型可用于对作物的生长进行模拟，但适用于地膜覆盖条件下作物生长模拟的模型还较少。DNDC 模型（Li et al.，1992a，1992b；李长生，2015）是目前既可以对蔬菜和果树等经济作物的生长进行模拟，又可以对地膜覆盖条件下作物的生长进行模拟的较为成熟的模型之一（Gilhespy et al.，2014；Han et al.，2014；Li et al.，2017a），而且 DNDC 模型在土壤养分方面，尤其是氮素对作物生长的影响方面考虑得比较充分（Li et al.，2014；Zhang et al.，2015；Zhang et al.，2018b），但也有研究表明，DNDC 模型对土壤水分的时空变化和分布模拟精度较低，其原因是该模型在模拟土壤水分垂向运移时采用的方法比较简单（Li et al., 2017b）。另外，通过模型率定和验证发现，DNDC 模型对 LAI 模拟精度较低、误差较大，对 ET 模拟数值偏低，因此本研究首先对 DNDC 模型进行了改进，在此基础上利用 HYDRUS-2D（Šimůnek and Van Genuchten, 1994；Šimůnek et al., 2012, 2018）与改进的 DNDC 模型进行耦合构建土壤水肥运移与作物生长的耦合模型，其中，利用 HYDRUS-2D 模拟土壤水分的时空变化和分布以及水分挟带养分在根区的运移（Azad et al., 2018），利用改进的 DNDC 模拟土壤氮素的转化和被作物的吸收利用量以及作物的生长过程。本研究首先利用试验方案对耦合模型的参数进行率定和验证，然后利用验证后的模型对典型果蔬的水肥施用制度进行数值模拟，从而确定典型果蔬的最优水肥用量和施肥时间。

1. 甘蓝水肥施用制度优选

1）模型参数的率定和验证

在甘蓝的 3 个水肥一体化方案中，选用 $H_W L_F$ 对模型参数进行率定，用其他两个方案对模型进行验证，耦合模型率定后的主要参数见表 6-19。

表 6-19　模型率定后的主要参数

参数	单位	率定值
籽粒（果实）最大生物量（含 C 量）	kg/hm^2	1850
生物量在籽粒、叶、茎和根中的分配比例	—	0.45、0.44、0.06、0.05
籽粒、叶、茎和根中的 C/N 值	—	25、19、18、20
作物生育期总需氮量	kg/hm^2	194.5
生育期总积温	℃	1250
作物需水量（指生产 1g 干物质量所需水的质量）	g/g	190
生物固氮指数（指作物含氮量与从土壤吸氮量的比值）	—	1
最佳生长温度	℃	27.5

A. 甘蓝生物量

不同水肥方案甘蓝根、茎叶和球生物量测量值和模拟值的对比见表 6-20。各部分生物量模拟值相对于测量值相对误差绝对值最小的是 $H_W L_F$ 处理，根、茎叶和球的相对误差分别仅有-4.08%、-0.81%和-0.05%，可见模型经参数率定后对该方案的生物量模拟结果与测量值非常接近；$L_W H_F$ 方案各部分生物量的模拟也具有较小的相对误差绝对值；而对于 $M_W M_F$ 方案模型高估了球生物量，却低估了茎叶和根生物量，其相对误差分别达-

24.98%和-20.40%。总体来看，对根、茎叶和球生物量所计算的 9 项相对误差中，有 7 项的相对误差绝对值在 10%以内，尤其是球生物量的模拟相对误差范围在-2.16%~6.82%，其相对误差绝对值均在 7%以内，因此，虽然模型对甘蓝生物量模拟存在一定的相对误差，但相对误差较小，可认为经参数率定后的模型能够较好地模拟甘蓝各部分生物量，尤其是对球生物量的模拟精度较高。

表 6-20　甘蓝根、茎叶和球最终生物量的测量值和模拟值对比

方案	根			茎叶			球		
	O/(kg/hm²)	P/(kg/hm²)	R-E/%	O/(kg/hm²)	P/(kg/hm²)	R-E/%	O/(kg/hm²)	P/(kg/hm²)	R-E/%
$H_W L_F$	577.27	553.70	-4.08	5130.37	5089.00	-0.81	4611.72	4609.55	-0.05
$L_W H_F$	522.38	495.28	-5.19	4789.70	4517.93	-5.67	4327.26	4234.00	-2.16
$M_W M_F$	617.64	491.63	-20.40	5352.54	4015.43	-24.98	4040.74	4316.13	6.82

注：$H_W L_F$为模型参数率定选择的水肥方案，O 为测量值；P 为模拟值；R-E 为相对误差。

B. 甘蓝产量

模型模拟作物的产量直接输出值为作物果实中的 C 含量，然后利用换算系数可分别计算得到作物的生物量和产量。从模拟结果换算得到的甘蓝市场产量和地上部分产量的模拟值和测量值的对比见表 6-21。由表 6-21 数据可知，模型对市场产量的模拟相对误差绝对值较小，在 0.16%~2.09%，对于地上部分产量，$H_W L_F$和 $L_W H_F$处理的模拟值与实测值非常接近，相对误差绝对值均不大于 2%；而对于 $M_W M_F$处理，模型较大地低估了根和茎叶的生物量值，使得地上部分产量的模拟值也明显低于测量值。总体来看，对市场产量和地上部分产量所计算的 6 项相对误差中，全部的相对误差绝对值在 10%以内，有 5 项相对误差绝对值在 5%以内，因此，可认为经参数率定后的模型能够很好地模拟甘蓝的市场产量和地上部分产量，模型对甘蓝产量的模拟精度较高。

表 6-21　甘蓝市场产量（Y）和地上部分产量（Y_G）测量值和模拟值对比

方案	Y			Y_G		
	O/(kg/hm²)	P/(kg/hm²)	R-E/%	O/(kg/hm²)	P/(kg/hm²)	R-E/%
$H_W L_F$	78.37	80.01	2.09	122.36	123.41	0.86
$L_W H_F$	73.37	73.49	0.16	114.27	111.99	-2.00
$M_W M_F$	73.46	74.92	1.99	118.86	109.05	-8.25

注：$H_W L_F$为模型参数率定选择的水肥方案；O 为测量值；P 为模拟值；R-E 为相对误差。

2）水肥施用制度模拟优化

根据甘蓝的田间试验结果可知，在水肥一体化条件下，甘蓝的最优灌水下限在 85% θ_f

左右，灌水上限为田间持水量，施氮量在 200 kg/hm^2 左右，因此，本研究制定了 70% θ_f、75% θ_f、80% θ_f、85% θ_f 和 90% θ_f 共 5 个灌水下限，施氮量制定了 150 kg/hm^2、200 kg/hm^2、250 kg/hm^2、300 kg/hm^2 和 350 kg/hm^2 共 5 个施氮量，结合为 25 个水肥一体化方案，并假定土壤表层（0～10 cm）初始硝态氮含量分别在 1 mg/kg、10 mg/kg、20 mg/kg、30 mg/kg、40 mg/kg 和 50 mg/kg 共 6 种地力条件下，利用耦合模型分别对 25 个水肥一体化方案开展数值模拟，并将每种地力条件下典型水肥一体化方案的模拟结果列于表 6-22。

表 6-22　典型水肥一体化方案下甘蓝产量的模拟结果　（单位：t/hm^2）

土壤表层初始硝态氮含量（mg/kg）	施氮量（kg/hm^2）	灌水下限				
		70% θ_f	75% θ_f	80% θ_f	85% θ_f	90% θ_f
1	250	55.08	63.96	70.47	75.62	78.21
	300	67.03	75.12	78.70	80.01	80.01
	350	71.25	75.69	80.01	80.01	80.01
10	250	64.68	70.61	78.28	80.01	80.01
	300	71.25	75.69	80.01	80.01	80.01
	350	71.25	75.69	80.01	80.01	80.01
20	200	58.47	68.36	75.51	80.01	80.01
	250	68.91	72.31	80.01	80.01	80.01
	300	71.25	75.69	80.01	80.01	80.01
30	200	62.32	69.71	78.40	80.01	80.01
	250	70.13	73.05	80.01	80.01	80.01
	300	71.97	76.46	80.01	80.01	80.01
40	150	51.63	58.41	63.05	66.79	66.33
	200	61.22	69.95	80.01	80.01	80.01
	250	68.06	73.16	80.01	80.01	80.01
50	150	53.87	62.67	69.50	76.28	78.53
	200	65.17	72.36	80.01	80.01	80.01
	250	71.97	76.46	80.01	80.01	80.01

注：阴影单元格对应的方案表示为较优的水肥一体化方案。

由表 6-22 模拟结果可知，甘蓝的最优灌水下限在 80% θ_f～85% θ_f，虽然 90% θ_f 的灌水下限也可获得较高的产量，但甘蓝生育期灌水量比 80% θ_f 和 85% θ_f 分别高 15% 和 8% 左右，灌水下限超过 80% θ_f 最高产量均可达到 80.01 t/hm^2，而 70% θ_f 的灌水下限最高产量为 71.97 t/hm^2，75% θ_f 的灌水下限最高产量为 76.46 t/hm^2，比 80% θ_f 以上的灌水下限的最高产量分别低 8.04 t/hm^2 和 3.55 t/hm^2。甘蓝的最优施氮量随土壤初始硝态氮含量的增大总体呈降低趋势，在土壤初始硝态氮含量为 1 mg/kg 时，最优施氮量需达到 300 kg/hm^2 才可获得较高的产量；在土壤初始硝态氮含量为 10 mg/kg 时，最优施氮量需达到250 kg/hm^{2}才可获得较高的产量；在土壤初始硝态氮含量为 20 ~ 50 mg/kg 时，最优施氮量需达到 200 kg/hm^2 才可获得较高的产量。从节水、节肥和高产的角度分析，建议在土壤初始硝态氮含量为 1 ~ 30 mg/kg 时，选择 85% θ_f的灌水下限与不同土壤初始硝态氮含量下对应的较优施氮量的临界值进行组合，形成最优的水肥一体化方案；在土壤初始硝态氮含量为 40 ~ 50 mg/kg 时，选择 80% θ_f的灌水下限与 200 kg/hm^2 的施氮量进行组合，形成最优的水肥一体化方案。

2. 番茄水肥施用制度优选

1）模型参数的率定和验证

在番茄的 3 个水肥一体化方案中，选用 H_WM_F对模型参数进行率定，用其他两个方案对模型进行验证，耦合模型率定后的主要参数见表 6-23。

表 6-23　模型率定后的主要参数

参数	单位	率定值
籽粒（果实）最大生物量（含 C 量）	kg/hm^2	2580
生物量在籽粒、叶、茎和根中的分配比例	—	0. 42、0. 34、0. 18、0. 06
籽粒、叶、茎和根中的 C/N 值	—	32、21、20、20
作物生育期总需氮量	kg/hm^2	253. 8
生育期总积温	℃	2350
作物需水量（指生产 1g 干物质量所需水的质量）	g/g	220
生物固氮指数（指作物含氮量与从土壤吸氮量的比值）	—	1
最佳生长温度	℃	31. 8

A. 番茄生物量

不同水肥方案番茄根、茎叶和果生物量测量值和模拟值的对比见表 6-24。模拟结果最好的是 H_WM_F处理，根、茎叶和果的相对误差分别仅有−3. 34%、0. 15%和−0. 03%，可见模型经参数率定后对该方案的生物量模拟结果与测量值非常接近；M_WL_F和 L_WH_F方案各部分生物量的模拟也具有很小的相对误差绝对值，但模拟值比测量值普遍偏小。总体来看，对于根、茎叶和果生物量所计算的 9 项相对误差中，全部的误差相对绝对值在 10% 以内，尤其是果生物量的模拟相对误差范围在−2. 88% ~ −0. 03%，其相对误差相对绝对值均在 3% 以内，因此，虽然模型对番茄生物量模拟存在一定的相对误差，但相对误差较小，可认为经参数率定后的模型能够较好地模拟番茄各部分的生物量，尤其是对果生物量的模拟精度较高。

表 6-24　番茄根、茎叶和果最终生物量的测量值和模拟值对比

方案	根			茎叶			果		
	O/(kg/hm^2)	P/(kg/hm^2)	R-E/%	O/(kg/hm^2)	P/(kg/hm^2)	R-E/%	O/(kg/hm^2)	P/(kg/hm^2)	R-E/%
$H_W M_F$	968.43	936.10	-3.34	7963.97	7975.98	0.15	6449.33	6447.30	-0.03
$M_W L_F$	909.51	903.75	-0.63	8046.02	7700.40	-4.30	6420.46	6409.38	-0.17
$L_W H_F$	822.93	777.98	-5.46	6946.23	6628.58	-4.57	5669.04	5505.53	-2.88

注：$H_W M_F$ 为模型参数率定选择的水肥方案；O 为测量值；P 为模拟值；R-E 为相对误差。

B. 番茄产量

从模拟结果换算得到的番茄产量和单位面积植株地上部分质量的模拟值和测量值的对比见表 6-25。由表 6-25 数据可知，3 个方案模型对产量和地上部分质量的模拟相对误差分别在-2.90%~-0.04%和-3.45%~-0.30%，对产量和地上部分质量的模拟相对误差绝对值最小的是 $H_W M_F$处理，最大的是 $L_W H_F$处理。总体来看，模拟值比测量值偏小，但对产量和地上部分质量所计算的 6 项相对误差中，全部的相对误差绝对值在 3.5%以内，因此，可认为经参数率定后的模型能够很好地模拟番茄的产量，模型对番茄产量的模拟精度较高。

表 6-25　番茄产量（Y）和地上部分质量（Y_G）测量值和模拟值对比

方案	Y			Y_G		
	O/(t/hm^2)	P/(t/hm^2)	R-E/%	O/(t/hm^2)	P/(t/hm^2)	R-E/%
$H_W M_F$	127.88	127.83	-0.04	186.89	186.32	-0.30
$M_W L_F$	124.71	124.53	-0.14	182.46	180.32	-1.17
$L_W H_F$	108.24	105.10	-2.90	158.09	152.63	-3.45

注：$H_W M_F$为模型参数率定选择的水肥方案；O 为测量值；P 为模拟值；R-E 为相对误差。

2）水肥施用制度模拟优化

由番茄的田间试验结果可知，在水肥一体化条件下，番茄的最优灌水下限在 85% θ_f左右，灌水上限为田间持水量，施氮量在 300 kg/hm^2 左右，因此，本研究制定了 70% θ_f、75% θ_f、80% θ_f、85% θ_f和 90% θ_f共 5 个灌水下限，施氮量制定了 150 kg/hm^2、200 kg/hm^2、250 kg/hm^2、300 kg/hm^2、350 kg/hm^2 和 400 kg/hm^2 共 6 个施氮量，结合 30 个水肥一体化方案，并假定土壤表层初始硝态氮含量分别在 1 mg/kg、10 mg/kg、20 mg/kg、30 mg/kg、40 mg/kg 和 50 mg/kg 共 6 种地力条件下，利用耦合模型分别对 30 个水肥一体化方案开展数值模拟，并将每种地力条件下典型水肥一体化方案的模拟结果列于表 6-26。

表 6-26　典型水肥一体化方案下番茄产量的模拟结果　　（单位：t/hm²）

土壤表层初始硝态氮含量（mg/kg）	施氮量（kg/hm²）	灌水下限				
		70% θ_f	75% θ_f	80% θ_f	85% θ_f	90% θ_f
1	300	97.55	112.30	113.61	120.82	123.75
	350	106.81	118.21	123.27	127.83	127.83
	400	115.06	118.21	126.36	127.83	127.83
10	250	96.91	102.81	110.65	115.39	117.92
	300	102.22	118.21	122.26	127.83	127.83
	350	113.60	118.21	127.83	127.83	127.83
20	250	103.65	111.67	116.13	122.51	123.68
	300	112.26	120.53	125.83	127.83	127.83
	350	115.06	120.53	127.83	127.83	127.83
30	200	103.33	95.72	105.76	112.28	115.70
	250	112.06	118.53	127.83	127.83	127.83
	300	116.86	120.53	127.83	127.83	127.83
40	200	109.02	101.12	111.10	117.39	119.65
	250	116.86	120.53	127.83	127.83	127.83
	300	116.86	120.53	127.83	127.83	127.83
50	200	112.71	105.10	118.12	121.55	122.57
	250	116.86	120.53	127.83	127.83	127.83
	300	116.86	120.53	127.83	127.83	127.83

注：阴影单元格对应的方案表示为较优的水肥一体化方案。

由表 6-26 模拟结果可知，番茄的最优灌水下限在 80% θ_f ~ 85% θ_f，虽然 90% θ_f的灌水下限也可获得较高的产量，但番茄生育期灌水量比 80% θ_f和 85% θ_f分别高 14% 和 8% 左右，灌水下限超过 80% θ_f最高产量均可达到 127.83 t/hm²，而 70% θ_f的灌水下限最高产量为 116.86 t/hm²，75% θ_f的灌水下限最高产量为 120.53 t/hm²，比 80% θ_f以上的灌水下限的最高产量分别低 10.97 t/hm² 和 7.30 t/hm²。番茄的最优施氮量随土壤初始硝态氮含量的增大总体呈降低趋势，在土壤初始硝态氮含量为 1 mg/kg 时，最优施氮量需达到 350 kg/hm² 才可获得较高的产量；在土壤初始硝态氮含量为 10 ~ 20 mg/kg 时，最优施氮量需达到 300 kg/hm² 才可获得较高的产量；在土壤初始硝态氮含量为 30 ~ 50 mg/kg 时，最优施氮量需达到 250 kg/hm² 才可获得较高的产量。从节水、节肥和高产的角度分析，建议在土壤初始硝态氮含量为 1 ~ 20 mg/kg 时，选择 85% θ_f的灌水下限与不同土壤初始硝态氮含量下对应的较优施氮量的临界值进行组合，形成最优的水肥一体化方案；在土壤初始硝态氮含量为 30～50 mg/kg 时，选择 80% θ_f的灌水下限与 250 kg/hm^2 的施氮量进行组合，形成最优的水肥一体化方案。

6.2.4 典型蔬菜水肥高效施用管理方案

1. 甘蓝水肥高效施用管理方案

京津冀地区种植春甘蓝，若采用棚室种植可在 3 月底或 4 月初进行移植，若大田种植则需推迟至 4 月下旬进行移植，对于早熟或早中熟品种，生育期为 55～60 天。从节水、节肥和高产的角度，蔬菜宜采用高效的水肥一体化灌水施肥方式，如膜下滴灌等方式，并结合科学的水肥管理制度，以达到科学用水、用肥以及农业生态环境良性循环和可持续发展的目的。本研究以膜下滴灌为例，根据田间试验和数值模拟结果，制定棚室种植春甘蓝的水肥高效施用管理方案，详见表 6-27。

表 6-27 春甘蓝的水肥高效施用管理方案

阶段	灌水方案		施肥方案/(kg/hm^2)			
	灌水下限	灌水上限	N	K_2O	P_2O_5	腐熟农家肥
移植前	—	—	施氮量的 40%	60	100	50 000～60 000
移植时	灌水 25～30 mm		—	—	—	—
苗期	—	—	—	—	—	—
莲座期	80% θ_f	100% θ_f	施氮量的 30%	45	—	—
结球初期	80% θ_f	100% θ_f	施氮量的 30%	45	—	—
结球后期	80% θ_f	100% θ_f	—	—	—	—

注：施氮量根据土壤地力情况由表 6-22 确定。

甘蓝移植前 7～10 天，施腐熟农家肥 50～60 t/hm^2，并根据土壤地力情况确定甘蓝生育期的施氮量，将施氮量中的 40% 和 60 kg/hm^2 K_2O、100 kg/hm^2 P_2O_5作为基肥施入农田，之后对农田土壤进行翻耕（20 cm）和平整，然后进行铺（滴灌）管和覆膜。在 3 月底或 4 月初选择阴天或晴天下午 4：00 后对甘蓝进行移植，移植完成后灌定植水 25～30 mm；甘蓝在苗期一般无须灌水和施肥，进入莲座期后，甘蓝的日需水量逐渐增加，按制定的灌水下限，当土壤含水量达到 80% θ_f时进行灌水，计划次灌水量用式（6-1）进行计算

$$M=0.1ph\theta_f(K_1-K_2)/\eta \tag{6-1}$$

式中，M 为计划次灌水量，mm；p 为土壤湿润比，取 0.85；h 为土壤计划湿润层深度，cm；θ_f为土壤计划湿润层（体积）田间持水量；K_1和 K_2 分别为设定的灌水上限和下限占田间持水量的比例,%；η 为灌溉水利用系数，取 0.95。

甘蓝生育期内追肥两次，一次是在莲座中期将施氮量中的30%和45 kg/hm²K_2O随灌溉水施入甘蓝根区，另一次是在结球初期将剩余的30%的N和45 kg/hm²K_2O随灌溉水施入甘蓝根区。为了保护甘蓝的外观品质，甘蓝在采收前1周停止灌水。

2. 番茄水肥高效施用管理方案

京津冀地区种植春夏季番茄，若采用棚室种植可在3月底或4月初进行移植，若采用大田种植则需推迟至4月下旬进行移植，番茄的生育期长度与品种和留的穗果数有关，对于留四穗果的番茄来说，生育期为100～110天。从节水、节肥和高产的角度，蔬菜宜采用高效的水肥一体化灌水施肥方式，如膜下滴灌等方式，并结合科学的水肥管理制度，以达到科学用水、用肥以及农业生态环境良性循环和可持续发展的目的。本研究以膜下滴灌为例，根据田间试验和数值模拟结果，制定棚室种植番茄（留四穗果）的水肥高效施用管理方案，详见表6-28。

表6-28 番茄的水肥高效施用管理方案

阶段	灌水方案		施肥方案/(kg/hm²)			
	灌水下限	灌水上限	N	K_2O	P_2O_5	腐熟农家肥
移植前	—	—	施氮量的25%	87.5	150	50 000～60 000
移植时	灌水25～30 mm		—	—	—	—
苗期	—	—	—	—	—	—
开花坐果期	—	—	—	—	—	—
第一穗果膨大期	80% θ_f	100% θ_f	施氮量的30%	105	—	—
第二穗果膨大期	80% θ_f	100% θ_f	施氮量的30%	105	—	—
第三穗果膨大期	80% θ_f	100% θ_f	施氮量的15%	52.5	—	—
第四穗果膨大期	80% θ_f	100% θ_f	—	—	—	—
结果后期	80% θ_f	100% θ_f	—	—	—	—

注：施氮量根据土壤地力情况由表6-26确定。

番茄移植前7～10天，施腐熟农家肥50～60 t/hm²，并根据土壤地力情况确定番茄生育期的施氮量，将施氮量中的25%和87.5 kg/hm²K_2O、150 kg/hm² P_2O_5作为基肥施入农田，之后对农田土壤进行翻耕（20 cm）和平整，然后进行铺（滴灌）管和覆膜。在3月底或4月初选择阴天或晴天下午4：00后对番茄进行移植，移植完成后灌定植水25～30 mm；为了促进番茄的根系生长和深扎，在苗期和开花期一般无须灌水和施肥，进入第一穗果膨大期后，番茄的日需水量明显增加，按制定的灌水下限，当土壤含水量达到80% θ_f时进行灌水，计划次灌水量用式（6-1）计算确定。番茄生育期内追肥3次，第一次是在第一穗果膨大期将施氮量中的 30% 和 105 kg/hm^2 K_2O 随灌溉水施入番茄根区，第二次是在第二穗果膨大期将施氮量中的 30% 和 105 kg/hm^2 K_2O 随灌溉水施入番茄根区，第三次是在第三穗果膨大期将剩余的 15% 的 N 和 52.5 kg/hm^2 K_2O 随灌溉水施入番茄根区。第四穗果膨大期和结果后期仅进行灌水，而不须施肥。

6.3 典型果树水肥高效施用管理

可供农业使用水资源的质与量和降水的时空分布是影响果树种植业及其产业发展的重要因素（刘钰等，2009），而土壤肥力状况是果树生长与生产的重要物质基础。研究表明，适时灌溉缓解了果树水分亏缺造成的生长抑制，并能增加叶片面积和促进果实体积膨大；合理施用化肥对提高果树产量具有重要促进作用（赵佐平等，2016），并有助于果树营养生长与养分储藏和叶片叶绿素含量的提高（曲桂敏等，2000；刘亚南等，2023），而不合理施用化肥不仅会造成果树春梢疯长、徒长、降低冠层透光率、影响水果产量（沈荣开等，2001）和果实品质（Parvi et al.，2014；周罕觅等，2015），而且可能破坏土壤结构、影响果树正常生长、造成农业面源污染等（董彩霞等，2012）。因此，制定合理的水肥方案和施用制度是确保果树提质增效、节水减污的有效措施（Hebbar et al.，2004；马小川等，2018）。

京津冀地区有较大的果树种植面积，本研究首先分析了该地区主要果树的种植面积和产量等数据，结果发现，苹果的种植面积最大，而梨树的产量最高，其产量为苹果的 1.36 倍，因此，本研究选择产量最高的梨树作为典型果树开展田间对比试验研究，提出梨树的水肥高效施用管理制度。通过查阅有关梨树水肥用量的已有文献发现，不同品种、树龄和种植地区，梨树的水肥推荐用量不同，本研究在参考已有文献推荐的氮肥用量范围基础上，对梨树制定了不同水肥施用方案开展田间对比试验研究，分析梨树生长、产量、品质和水肥生产力对不同试验处理的协同响应规律，提出滴灌水肥一体化条件下梨树的水肥高效施用管理方案，为京津冀地区梨树的水肥管理和减轻农业面源污染提供技术参考。

6.3.1 试验方案制定

京津冀地区是梨果的主产区，制定合理的滴灌水肥一体化方案对该地区梨果产业发展、水资源优化配置和改善农业生态环境具有重要意义。本研究通过实地调研，选取北京市大兴区典型果树 10 年生黄金梨树作为试材开展田间对比试验研究，通过分析已有研究成果与当地常规水、氮管理制度，设定灌水量和施氮量两因素，制定了 3 个灌溉水平：H_W（灌水下/上限：75% θ_f/100% θ_f，θ_f为田间持水量）、M_W（65% θ_f/100% θ_f）、L_W（55% θ_f/

100% θ_f)；3 个施氮水平：H_F（486 kg N/hm²）、M_F（324 kg N/hm²）、L_F（162 kg N/hm²），通过正交组合确定了 9 个水氮耦合处理，即低水高肥（L_WH_F）、低水中肥（L_WM_F）、低水低肥（L_WL_F）、中水高肥（M_WH_F）、中水中肥（M_wM_F）、中水低肥（M_WL_F）、高水高肥（H_WH_F）、高水中肥（H_WM_F）、高水低肥（H_WL_F），再设定 1 个常规处理（C），常规处理不施肥，灌水制度由园区依经验来管理，每个处理设定 3 次重复，共 30 个试验小区，具体水肥处理方案详见表 6-29。每个试验小区包括 5 株黄金梨树。

表 6-29　不同水肥处理下灌溉施肥制度

试验方案	灌溉				施氮				
	灌水下限	灌水上限	灌水总量/mm	灌水次数	施氮次数	花展叶期施氮量/(kg/hm²)	幼果期施氮量/(kg/hm²)	果实膨大期施氮量/(kg/hm²)	施氮总量/(kg/hm²)
C	—	—	304	6	—	0	0	0	0
L_WH_F	55% θ_f	100% θ_f	79	5	3	194.4	97.2	194.4	486
L_WM_F	55% θ_f	100% θ_f	79	5	3	129.6	64.8	129.6	324
L_WL_F	55% θ_f	100% θ_f	79	5	3	64.8	32.4	64.8	162
M_WH_F	65% θ_f	100% θ_f	86	6	3	194.4	97.2	194.4	486
M_WM_F	65% θ_f	100% θ_f	86	6	3	129.6	64.8	129.6	324
M_WLF	65% θ_f	100% θ_f	86	6	3	64.8	32.4	64.8	162
H_WH_F	75% θ_f	100% θ_f	114	7	3	194.4	97.2	194.4	486
H_WM_F	75% θ_f	100% θ_f	114	7	3	129.6	64.8	129.6	324
H_WL_F	75% θ_f	100% θ_f	114	7	3	64.8	32.4	64.8	162

注：θ_f为田间持水量；常规处理的灌水由园区依经验完成。

6.3.2　水肥一体化对典型果树生理生长和水氮利用的影响

1. 水肥一体化对梨树春梢长度和基径生长的影响

适宜的水分和养分供应是保障果树生理生长和果实膨大的重要因素。生理生长是梨树生长发育和生产的关键。春梢生长量是表征生理生长的重要指标之一。生育期内梨树春梢长度和基径的阶段变化以及生长曲线见图 6-14，梨树的春梢长度阶段增长量表现为在幼叶期和幼果期增长迅速，进入果实膨大期后增长变缓；而春梢基径的变化从幼叶期到果实膨大期呈现“快速—慢速—快速”的变化趋势；春梢长度和基径在进入果实成熟期后基本不再变化。春梢长度和基径终值见表 6-30，对于春梢长度，除 $L_W L_F$ 外，其余水肥处理的春梢长度终值均较 C 显著提高（$P<0.05$），春梢基径值是 $L_W M_F$ 与 C 差异不显著，其余水肥处理均与 C 差异显著（$P<0.05$），而且不同水肥处理对春梢长度和基径的影响也存在较大差别，总体上高水处理高于中水处理，中水处理高于低水处理，高肥处理高于低肥处理，

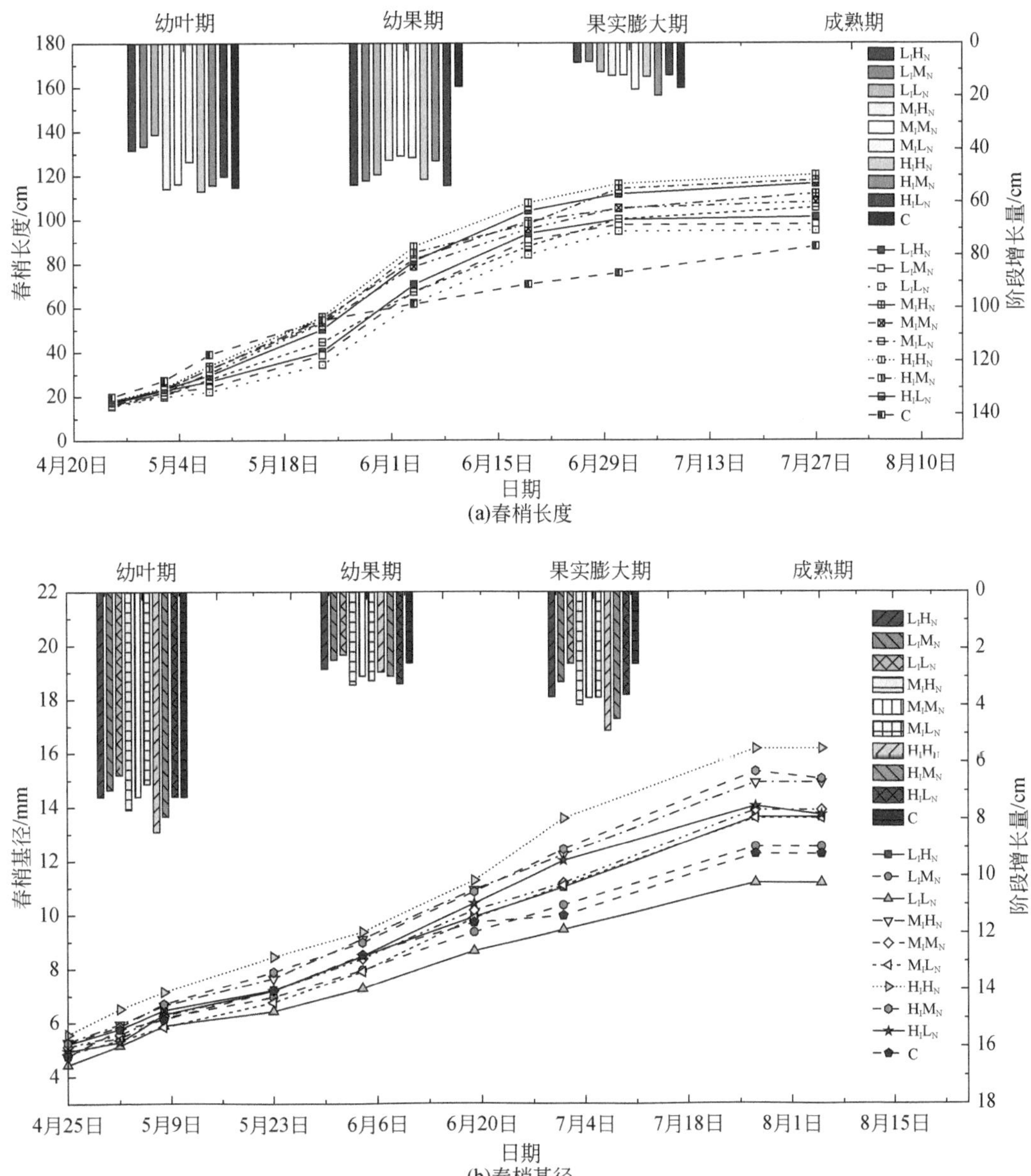

图 6-14　春梢长度和基径的阶段增长量和累积增长量

资料来源：Liu et al.，2023

在同一灌水处理下，提高氮肥施用量对春梢基径增长比对春梢长度的增长影响要大。由此可见，适宜的水肥一体化处理能促进春梢的生长，且在本研究制定的水肥用量范围内，随水肥用量的增大春梢长度和基径在增大（Liu et al.，2023），其中，H_WH_F处理的春梢长度和基径最大，分别为 120.17 cm 和 16.16 mm。

表 6-30　春梢长度和基径值表

试验指标	L_WH_F	L_WM_F	L_WL_F	M_WH_F	M_WM_F	M_WL_F	H_WH_F	H_WM_F	H_WL_F	C
春梢长度/cm	101.12^{cd}	97.66^{d}	94.98^{de}	115.49^{a}	107.87^{b}	105.32^{bc}	120.17^{a}	117.88^{a}	116.19^{a}	87.86^{e}
春梢基径/mm	13.62^{b}	12.49^{c}	11.17^{d}	15.20^{a}	13.88^{b}	13.59^{b}	16.16^{a}	15.32^{a}	14.03^{b}	12.25^{c}

注：同一行数字后不同字母表示不同处理之间在 $P<0.05$ 水平上存在显著差异。

资料来源：Liu et al.，2023

2. 水肥一体化对梨树叶片面积和叶绿素含量的影响

叶片面积和叶绿素含量（SPAD）是表征梨树养分状况的重要指标，也是影响果实生长和品质的重要基础。如图 6-15 所示，不同处理对梨树叶片面积和叶绿素含量均会产生一定的影响，10 个处理中，M_WL_F处理的叶片面积最大，其值高达 74.86 cm^2，而 L_WM_F处理最小，为 66.53 cm^2，二者差值达 8.33 cm^2；而叶绿素含量是 H_WH_F处理最大，L_WL_F处理最小，且 H_WH_F处理较 L_WL_F处理高出 13.60%。

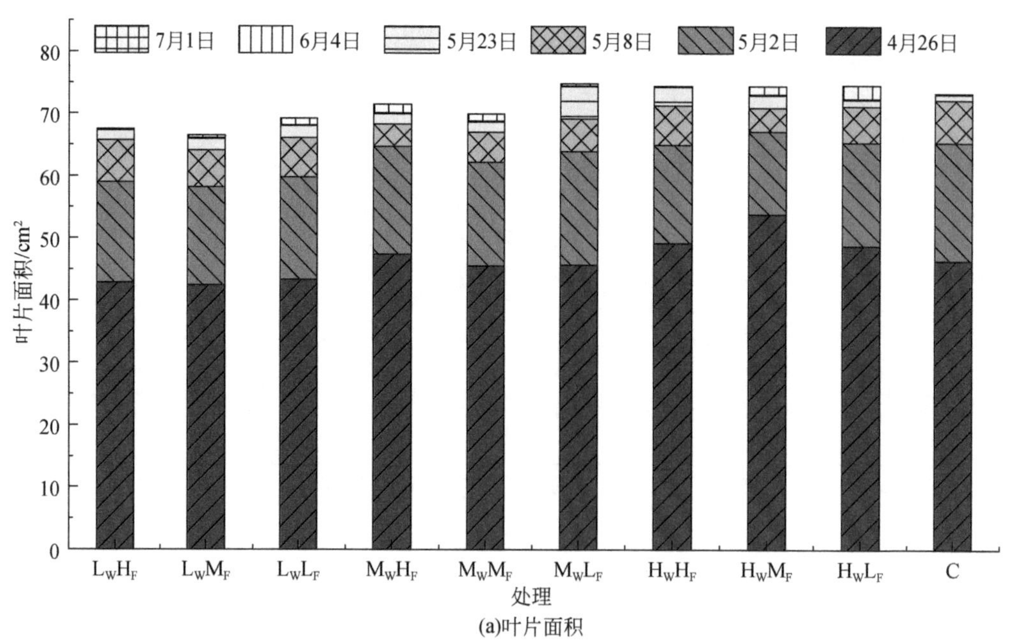

(a)叶片面积

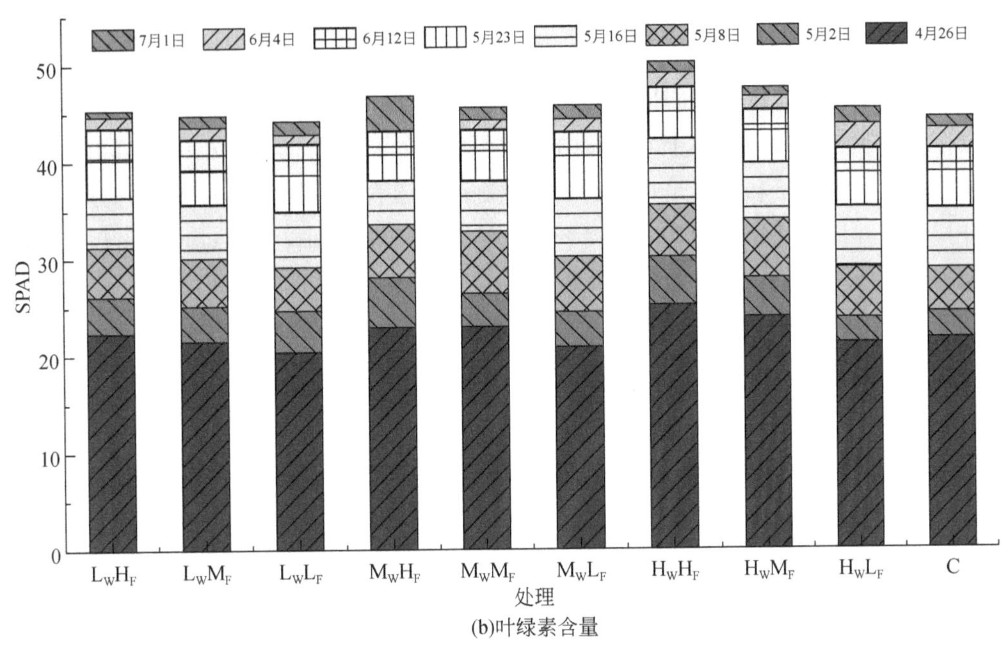

(b)叶绿素含量

图 6-15　不同处理下梨树叶片面积和叶绿素含量对比

资料来源：Liu et al.，2023

从增长过程看，叶片面积在 5 月中旬（幼果初期）之前增长速度较快，5 月中旬之后叶片面积增长速度变缓，在 5 月底基本达到最大值。不同水肥一体化处理对叶面积大小影响不同，与 C 处理相比，一些水肥处理能显著提高梨树叶片面积，也有一些水肥处理的叶片面积低于常规处理，如 M_WH_F、M_WM_F、L_WL_F、L_WH_F、L_WM_F处理分别比 C 处理降低了 2.46%、4.49%、5.51%、7.81%、9.21%，且 L_WH_F处理和 L_WM_F处理与 C 处理差异达到显著水平（$P<0.05$）。由实验结果可知，提高灌水下限（即增加生育期灌水量）能促进叶片生长，提高叶片面积，与提高氮肥投入量相比，提高灌水下限对叶片生长的影响更大。

生育期内叶绿素含量增长呈“慢—快—慢”的变化趋势，快速增长期发生在幼果期，进入果实膨大期后增长变缓，生育期内各处理值的对比为 $H_WH_F>H_WM_F>M_WH_F>M_WL_F>M_WM_F>L_WH_F>H_WL_F>L_WM_F>C>L_WL_F$，分别比 C 处理提高 12.91%、6.92%、5.38%、2.95%、2.55%、2.10%、2.05%、0.88%、-0.50%，L_WL_F处理较 C 处理略有降低但差异不显著，L_WL_F、L_WM_F、L_WH_F和 H_WL_F处理虽然值均高于 C 处理，但也未达到显著差异，而其余方案均显著高于 C 处理（$P<0.05$），由此可见，适宜的水肥一体化方案有助于提高叶片叶绿素含量。

叶片生长状况对评价梨树营养器官尤为重要，叶片面积大小与叶绿素含量能直接反映出叶片的生长状况；同样叶片面积大小和叶绿素含量多寡与作物光合作用具有显著相关性

（郝福玲等，2018），本研究结果表明，提高灌水下限对叶片面积的影响比增加施氮量更为显著，增加灌水量有助于增大叶片面积，但增加施氮量对其影响不明显，相比而言 M_WL_F 处理下叶片面积最大，但与 H_WH_F、H_WM_F、H_WL_F 处理和 C 处理基本接近；叶绿素含量与水、氮投入量呈正相关，总体上水肥耦合方案要优于 C 处理下的值，相比而言 H_WH_F 处理下最大，较大的灌水量和施氮量耦合有助于提高叶绿素含量。因此，水肥耦合方案可促进梨树叶片生长并提高叶片面积和叶绿素含量，综合本研究中耦合方案对叶片面积和叶绿素含量的影响规律，H_WH_F 处理更有利于叶片生长。

3. 水肥一体化对果实生长的影响

由图 6-16 所示，果实体积变化曲线呈“S”形，在幼叶期及幼果期生长缓慢，果实膨大期快速生长，进入成熟期生长逐渐变缓。从各处理对比看，在幼叶期及幼果期各处理间差异不明显，从进入果实膨大期开始，C 处理下果实体积开始明显低于各水肥一体化处理，最终 H_WH_F处理单果体积最大，为 308. 46 cm^3。实验结果表明，不仅 C 处理的最终果实体积显著低于各水肥一体化处理，而且部分水肥一体化处理之间也达到了显著差异水平（$P<0.05$）；通过分析水、氮投入量对果实体积的影响发现，提高灌水下限比增加施氮量对果实体积的提高作用更显著。

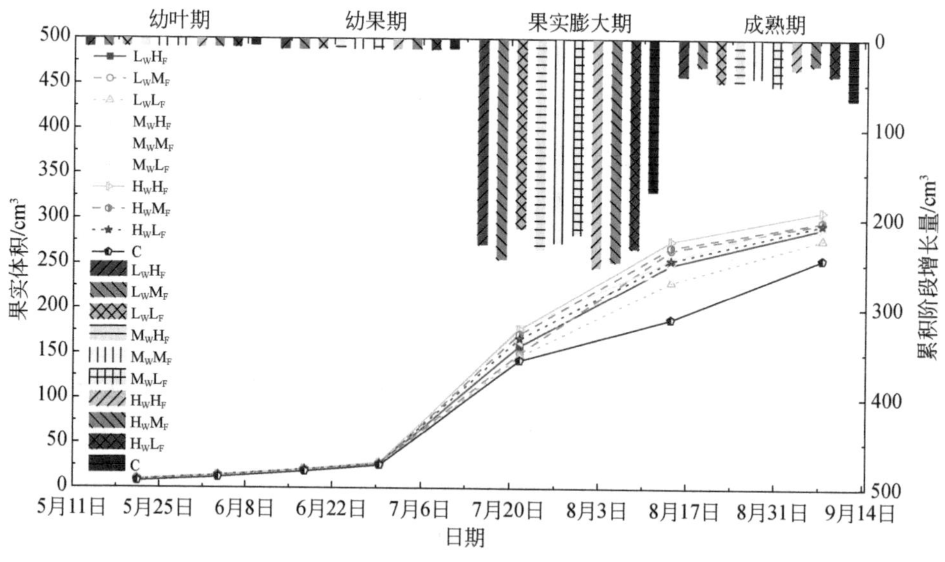

图 6-16　梨果实体积阶段生长量和累积增长量

资料来源：Liu et al.，2023

图 6-17 为梨单果质量随灌水量、施氮量的变化趋势，总体来看，单果质量较小值出现在灌水量小于 850 m^3/hm^2 且施氮量在 275 kg/hm^2 左右半圆域；较大值出现在灌水量在

950 m^3/hm^2 且施氮量高于 450 kg/hm^2 半圆域。单果质量随灌水量增加表现为逐渐增加趋势，随施氮量变化受灌水量影响，当灌水量低于 900 m^3/hm^2 时，随施氮量增加而呈先减少后增加趋势；但当灌水量高于 900 m^3/hm^2 时，与施氮量呈正相关变化。随施氮量增加总体来看在灌水量小于 1500 m^3/hm^2 时和施氮量小于 250 kg/hm^2 的区域，随着灌水量的增加可滴定酸含量降低，施氮量的影响总体趋势是施氮量越大可滴定酸含量越低，但在灌水量大于 1500 m^3/hm^2 的情况下，施氮量高于 200 kg/hm^2 后，随施氮量的变化不明显。

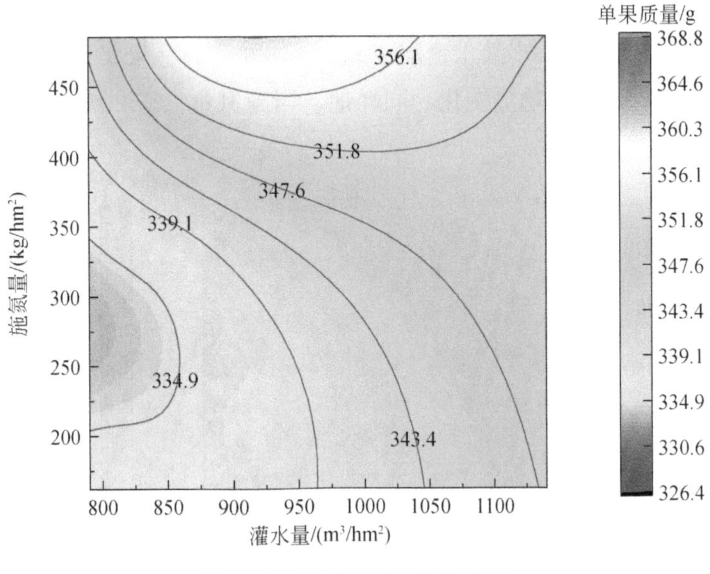

图 6-17 梨单果质量等值线图

资料来源：Liu et al., 2023

综上，单果体积和质量均是水肥一体化处理下的值高于 C 处理，可见水肥一体化技术有助于梨树的增产，而且水肥一体化处理对果实体积和质量的影响规律也基本一致。但在施氮量适宜的情况下，灌水量太大会造成养分随水分向下淋失，降低果实养分保证率，使得土壤中养分含量无法满足果实的正常生长需求，而施氮量越大果实生长所需养分得到满足的概率就越高，但超过果实生长需求的部分会造成浪费甚至加重农业面源污染，也不会使果实体积和单果质量增加；在适宜灌水范围内，增加灌水量有助于促进果实膨大，提高果实体积及单果质量，但过量水分投入会导致果实脱落和水分向土壤深层渗漏，造成减产和灌溉水分生产率降低。因此，能满足果实生长所需的水分和养分，又不引起深层渗漏和过多残留的水肥耦合处理则是最适宜的。本研究结果表明，生育期适宜的灌水量应不超过 1500 m^3/hm^2，综合考虑，M_WH_F 处理可获得最佳的单果体积和质量。

4. 水肥一体化对果实品质的影响

果实品质是制约我国果品出口的重要因素，也是影响果实在市场中价格的重要指标。

果实品质主要包括营养物质含量和口感等方面，本研究选取可溶性固形物量、还原性 VC 含量及果实可滴定酸含量 3 个指标对黄金梨果实品质进行描述。

图 6-18 为 3 个果实品质指标随灌水量、施氮量变化的等值线图。可溶性固形物含量多寡是表征果实品质的重要因素，且果实内部该物质的含量影响着风味品质、营养含量与储藏性质。总体上，当灌水量低于 975 m^3/hm^2 时，果实可溶性固形物含量呈“V”形变化，当施氮量高于 300 kg/hm^2 时，随施氮量的提高加而逐渐增加，而低于该值时，随施氮量的增加而逐渐降低；当灌水量高于 975 m^3/hm^2 且不超过 1100 m^3/hm^2 时，可溶性固形物含量与施氮量呈正相关；当灌水量高于 1100 m^3/hm^2 时，果实可溶性固形物含量随施氮量的增加表现为“^”形的趋势变化。同样地，当施氮量低于 200 kg/hm^2 时，果实可溶

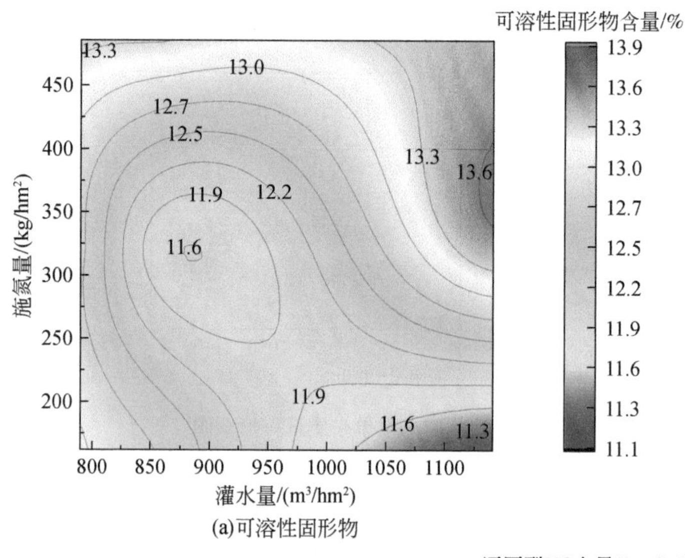

(a)可溶性固形物

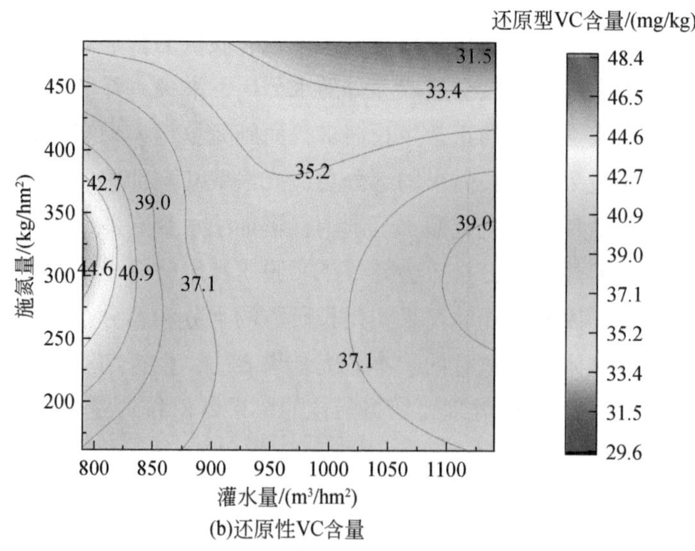

(b)还原性VC含量

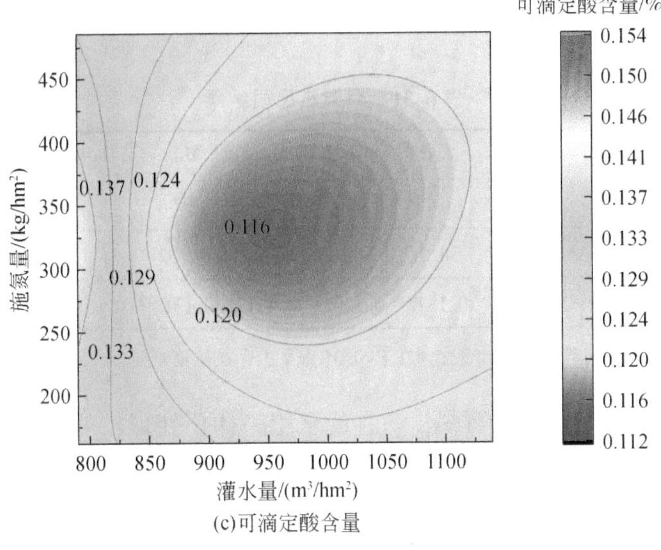

(c)可滴定酸含量

图 6-18 果实品质等值线图

资料来源：Liu et al., 2023

性固形物含量随灌水量的增加而逐渐降低。整体上，可溶性固形物含量最低值出现在施氮量低于 200 kg/hm^2 且灌水量高于 1025 m^3/hm^2 区域，这是因为由于灌水量过大且施肥量过低，在促进果实体积膨大的同时，由于梨树根系吸收层内的养分含量不足，果实内转化为可溶性固形物含量降低；该值第 2 个较低的区域为灌水量 900 m^3/hm^2、施氮量324 kg/hm^2 区域，此时由于不适宜的水肥一体化处理，二者耦合作用抑制了梨树可溶性固形物的形成，进而造成可溶性固形物含量在此区域较低。对比本研究设定的 9 种水肥耦合方案，除 M_WM_F和 H_WL_F处理外，其余 7 种水肥一体化处理下均高于 C 处理，且以 H_WM_F最高，为 13. 50%，较 C 处理提高了 10. 20%。

表 6-31 给出了 3 个品质指标在不同水肥一体化处理之间的显著性差异水平，对于可溶性固形物含量，整体上，除 M_WM_F处理和 H_WL_F处理外，其余水肥一体化处理均高于 C 处理，且 L_WH_F、L_WM_F、L_WL_F、M_WH_F、H_WH_F、H_WM_F和 H_WL_F 处理与 C 处理差异显著（$P<0.05$）。各处理相应值为 $H_WM_F > H_WH_F > L_WH_F > M_WH_F > L_WL_F > L_WM_F > M_WL_F > C > M_WM_F > H_WL_F$，各处理较 C 处理提高了 10. 20%、9. 71%、9. 06%、8. 65%、6. 53%、4. 49%、3. 67%、-4. 49%和-8. 82%。对于还原型 VC 含量，各处理值的范围为 31. 15 ~ 45. 73 mg/kg，其中 L_WM_F处理含量最高，该处理的值显著高于其他处理（$P<0.05$），与 C 处理相比高出 30. 84%，而 H_WH_F的值最小，较 C 处理降低了 10. 87%。对于可滴定酸含量，各处理的可滴定酸含量分布在 0. 1213% ~ 0. 1413%，除 L_WM_F处理外，其余水肥一体化处理下，梨果实内可滴定酸含量均较 C 处理有所降低，且以 H_WM_F处理下，该值最低，为 0. 1213%。由

此可见，适宜的水肥耦合方案能降低可滴定酸含量，而方案不适宜时将导致果实可滴定酸含量提高。

表 6-31　梨果实品质结果

试验处理	L_WH_F	L_WM_F	L_WL_F	M_WH_F	M_WM_F	M_WL_F	H_WH_F	H_WM_F	H_WL_F	C
可溶性固形物含量/%	13.36^{ab}	12.80^{bc}	13.05^{abc}	13.31^{abc}	11.70^{e}	12.70^{cd}	13.44^{a}	13.50^{a}	11.17^{f}	12.25^{de}
还原性 VC 含量/(mg/kg)	34.85^{c}	45.73^{a}	38.91^{b}	34.30^{cd}	38.20^{bc}	37.37^{bc}	31.15^{d}	39.60^{b}	37.23^{bc}	34.95^{c}
可滴定酸含量/%	0.1329^{ab}	0.1413^{a}	0.1347^{ab}	0.1293^{ab}	0.1217^{b}	0.1313^{ab}	0.1215^{b}	0.1213^{b}	0.1270^{ab}	0.1395^{a}

注：同一行数字后不同字母表示不同处理之间在 $P<0.05$ 水平上存在显著差异。

综上，从 3 个品质指标分析可知，适宜的水肥一体化处理较 C 处理能提高果实品质，但不适宜的水肥一体化处理会产生拮抗作用，降低果实品质。

5. 水肥一体化对梨树产量的影响

不同处理下黄金梨产量及水肥利用率见表 6-32。与 C 处理相比，除 L_WL_F处理低于 C 处理外，其他处理的产量均高于 C 处理，且 H_WH_F处理梨树产量最高，为31 522.5 kg/hm^2。各处理梨果产量排序为 $H_WH_F>M_WH_F>H_WM_F>M_WM_F>H_WL_F>L_WH_F>M_WL_F>L_WM_F>C>L_WL_F$，按产量由高到低的顺序，各处理相对 C 处理分别提高了 31.92%、30.55%、24.51%、20.08%、11.89%、9.36%、9.28%、7.04%、-4.80%；且 $M_W M_F$、$M_W H_F$、$H_W M_F$、H_WL_F和 H_WH_F处理与 C 处理差异显著（$P<0.05$）。灌水量和施氮量对梨树产量的影响达到极显著水平（$P<0.001$），但水肥交互作用对产量的影响不显著（$P>0.05$）。

表 6-32　黄金梨产量、IWUE 和 NPFP 及差异性显著检验结果

处理	产量/(kg/hm^2)	IWUE/(kg/m^3)	NPFP/(kg/kg)
C	$23\,895.0\pm1677.2^{de}$	7.86 ± 0.55^{g}	—
L_WH_F	$26\,130.6\pm1786.5^{cd}$	33.07 ± 2.26^{bc}	53.77 ± 3.67^{e}
L_WM_F	$25\,577.4\pm1266.6^{d}$	32.37 ± 1.60^{bc}	78.94 ± 3.91^{d}
L_WL_F	$22\,747.5\pm1417.9^{e}$	28.79 ± 1.80^{de}	140.42 ± 8.75^{b}
M_WH_F	$31\,195.8\pm438.4^{ab}$	36.28 ± 0.51^{a}	64.19 ± 0.90^{e}
M_WM_F	$28\,692.9\pm625.8^{bc}$	33.37 ± 0.73^{b}	88.56 ± 1.93^{cd}
M_WL_F	$26\,111.7\pm2301.0^{cd}$	30.36 ± 2.68^{cd}	161.18 ± 14.20^{a}
H_WH_F	$31\,522.5\pm1539.8^{a}$	27.65 ± 1.35^{de}	64.86 ± 3.17^{e}
H_WM_F	$29\,750.5\pm2484.7^{ab}$	26.09 ± 2.18^{ef}	91.79 ± 7.67^{c}
H_WL_F	$26\,735.4\pm1051.0^{c}$	23.45 ± 0.92^{f}	165.03 ± 6.49^{a}

续表

处理	产量/(kg/hm²)	IWUE/(kg/m³)	NPFP/(kg/kg)
	P 值检验		
灌水量	***	***	***
施氮量	***	***	***
水×氮	NS	NS	NS

注：数值为“平均值±标准偏差”；同列数字后不同字母表示在 $P<0.05$ 水平上差异显著；NS 表示无显著性差异；*** 表示在 $P<0.001$ 水平上差异显著。

资料来源：刘亚南等，2020

由实验数据分析可知，在适宜的水、肥施用量范围内，梨树产量随水、肥用量的增加而增加，但产量对灌水量和施肥量的响应程度不尽相同。在相同灌水量下，产量对施肥量的响应基本呈单调递增趋势；在灌水量为中等水平时，产量随施肥量均匀递增；当灌水量较低时，中、高施肥水平下产量明显优于低肥水平，且中、高肥之间差异不大；在灌水量较高时，产量随施肥量的变化较大，且中、高施肥水平明显优于低肥水平。产量受水的影响与肥不同，在施肥量相同时，灌水量为中、高水平时产量显著高于低水平，但中、高水平之间产量相差不大，这表明在一定灌水量区间内，增加灌水量对梨树产量增加具有显著促进作用，当灌水量超过该区间时，增产效果不显著，甚至还可能对梨树产量产生抑制作用，由此可见，制定适宜的水肥耦合方案有助于提高梨的产量（刘亚南等，2020）。

6. 水肥一体化对黄金梨树灌溉水分生产率和氮肥偏生产力的影响

由表 6-32 可知，水肥一体化处理下灌溉水分生产效率（IWUE）较 C 处理显著提高（$P<0.05$），各处理的 IWUE 排序为 $M_WH_F>M_WM_F>L_WH_F>L_WM_F>M_WL_F>L_WL_F>H_WH_F>H_WM_F>H_WL_F>C$，按 IWUE 从高到低，各耦合方案较 C 处理分别提高了 361.58%、324.55%、320.74%、311.83%、286.26%、266.28%、251.78%、231.93%、198.35%，其中M_WH_F处理 IWUE 最大，为 36.28 kg/m³，较 C 处理下的 7.86 kg/m³ 高出了 28.42 kg/m³。水肥一体化处理之间显著性检验结果表明，IWUE 不仅在水肥一体化处理与 C 处理之间显著差异（$P<0.05$），而且在部分水肥一体化处理之间也达到了显著性差异（$P<0.05$）。另外，灌水量和施氮量对 IWUE 的影响达到了极显著水平（$P<0.001$），但水氮交互作用对 IWUE 的影响不显著（$P>0.05$）。

氮肥偏生产力（NPFP）随着施氮量增加而降低，但随着灌水量增加而增加，只是在灌水量超过中等灌水量水平后增加幅度变缓。各水肥一体化处理下 NPFP 的排序为 $H_WL_F>M_WL_F>L_WL_F>H_WM_F>M_WM_F>L_WM_F>H_WH_F>M_WH_F>L_WH_F$，其中 H_WL_F处理的值最大，为 165.03 kg/kg，L_WH_F处理的值最小，为 53.77 kg/kg，两处理的值相差 111.26 kg/kg。在同一灌水量水平下，不同施肥处理之间 NPFP 差异显著（P<0.05），且灌水量和施氮量对 NPFP 的影响达到了极显著水平（P<0.001），但水氮交互作用对 NPFP 的影响不显著（P>0.05）。另外，在施肥量相同时，高灌水量水平的值高于中灌水量水平的值，中灌水量水平的值高于低灌水量水平的值；但同一灌水量水平下，高肥与中肥水平之间的差值远低于中肥与低肥水平之间的差值。由此可见，在灌水量适宜的条件下，适当减少施氮量有助于显著提高氮肥偏生产力。

通过以上分析，从本研究制定的水肥耦合方案对各指标影响看，$H_W H_F$处理春梢生长量、叶片面积、叶绿素相对含量和产量最高，可溶性固形物含量和可滴定酸含量在 $H_W M_F$处理分别取得最大值和最小值，而 VC 含量则是在 $L_W M_F$处理最高。根据研究所得结果，结合产量、品质、树势和生态效益，综合确定在滴灌水肥一体化条件下，梨树的灌水下限为 75% θ_f，灌水上限为 100% θ_f，生长期追施氮肥量为中等水平，在 250 ~ 324 kg/hm^{2}为宜。

6.4 果蔬水肥一体化技术的资源节约效应

6.4.1 典型蔬菜水肥一体化技术的资源节约效应

1. 甘蓝水肥一体化技术的资源节约效应

根据数值模拟结果，在水肥一体化条件下，不同的土壤表层初始硝态氮含量对应的最优灌水下限和生育期施氮量不同，总体来看，甘蓝最优灌水下限在 80% θ_f ~ 85% θ_f，生育期灌水量在 117.21 ~ 125.00 mm，生育期耗水量在 178 mm 左右，基于产量的水分生产力在 45 kg/m^{3}左右。与当地传统灌水量相比，甘蓝生育期的最优灌水量减少 135 ~ 142.79 mm，可见，在膜下滴灌条件下采用最优的水肥一体化技术，甘蓝生育期的节水量在52% ~ 55%，节水效果明显。

基于数值模拟结果，甘蓝生育期施氮量与幼苗移植前农田表层土壤初始硝态氮含量有关，具体详见表 6-33，通常情况下，表层土壤初始硝态氮含量在 10 ~ 40 mg/kg，假如表层土壤初始硝态氮含量为 10 mg/kg，则甘蓝生育期施氮量为 250 kg/hm^2，与传统施氮量相比，可至少减少 50 kg/hm^2，节氮在 16.6% 以上；若表层土壤初始硝态氮含量在 20 ~ 40 mg/kg，则甘蓝生育期最优施氮量应为 200 kg/hm^2，与传统施氮量相比，可至少减少 100 kg/hm^2，节氮约 33%。可见，在膜下滴灌条件下采用最优的水肥一体化技术，节氮效果也非常明显。

表 6-33 甘蓝生育期最优灌水下限和施氮量

项目	表层土壤初始硝态氮含量/（mg/kg）					
	1	10	20	30	40	50
灌水下限	85% θ_f	85% θ_f	85% θ_f	85% θ_f	80% θ_f	80% θ_f
施氮量/(kg/hm²)	300	250	200	200	200	200

2. 番茄水肥一体化技术的资源节约效应

根据数值模拟结果，在水肥一体化条件下，不同的土壤表层初始硝态氮含量对应的最优灌水下限和生育期施氮量不同，总体来看，番茄最优灌水下限在 80% θ_f ~ 85% θ_f，生育期灌水量在 161.81 ~ 171.20 mm，生育期耗水量在 272 mm 左右，基于产量的水分生产力在 47 kg/m^{3}左右。与当地传统灌水量相比，番茄生育期的最优灌水量至少减少 75 mm，可见，在膜下滴灌条件下采用最优的水肥一体化技术，番茄生育期的节水量在 30% 以上，节水效果也非常明显。

基于数值模拟结果，番茄生育期施氮量也与幼苗移植前农田表层土壤初始硝态氮含量有关，具体详见表 6-34，通常情况下，表层土壤初始硝态氮含量在 10 ~ 40 mg/kg，因此，番茄生育期最优施氮量应在 250 ~ 300 kg/hm^2。假如表层土壤初始硝态氮含量为 10 ~ 20 mg/kg，则番茄生育期施氮量为 300 kg/hm^2，与传统施氮量相比，可至少减少 66 kg/hm^2，节氮在 18% 以上；若表层土壤初始硝态氮含量为 30 ~ 40 mg/kg，则番茄生育期施氮量为 250 kg/hm^2，与传统施氮量相比，可至少减少 116 kg/hm^2，节氮在 31% 以上。可见，在膜下滴灌条件下采用最优的水肥一体化技术，节氮效果也非常明显。

表 6-34 番茄生育期最优施氮量

项目	表层土壤初始硝态氮含量/（mg/kg）					
	1	10	20	30	40	50
灌水下限	85% θ_f	85% θ_f	85% θ_f	80% θ_f	80% θ_f	80% θ_f
施氮量/(kg/hm²)	350	300	300	250	250	250

由此可见，在膜下滴灌水肥一体化条件下，通过田间对比试验和数值模拟确定的甘蓝和番茄水肥高效施用管理方案与传统水肥管理相比，其水肥资源的节约效应明显。因此，本研究确定的水肥高效施用管理方案可为典型蔬菜在实际生产中的水肥科学管理提供技术支撑，通过科学灌水和施肥，可达到节水、节肥、省工、增产等目的，同时对农业生态环境良性循环、防止农业面源污染也具有重要意义。

6.4.2 典型果树水肥一体化技术的资源节约效应

基于试验年生育期气候条件（其中生育期有效降水量为346.9 mm），在滴灌水肥一体化条件下，综合考虑梨树产量、IWUE、NPFP、经济和生态环境等因素的影响，确定黄金梨树较优的灌水下限约为69% θ_f，灌水上限为100% θ_f（在试验年的气候条件下对应灌水量为101.6 mm），最优施氮量为324 kg/hm^2，通过优化确定的灌水量比常规园区灌水量降低了202.4 mm，灌水量减少了66.58%。

通过田间对比试验发现，施肥处理比不施肥处理会明显增加梨的产量，而且在试验制定的施氮量范围内随着施氮量的增加，产量逐渐增大。随着施氮量的增加，产量呈现先快速增长后慢速增长的趋势，其中施氮量324 kg/hm^{2}是产量增长趋势变化的拐点，当施氮量超过324 kg/hm^{2}时，产量增长明显趋缓，因此，从节约资源、提高氮肥利用率的角度，综合考虑梨树的营养生长、产量和品质等因素，确定梨树较优的施氮量为324 kg/hm^2，比传统施氮量节约55%以上。

将田间对比试验结果与传统水肥用量对比，在滴灌水肥一体化条件下优化的水肥用量显著低于传统用量，而且还可以促进树体营养生长、生殖生长和果实品质的改善。由此可见，根据果树的种类和树龄，结合气候条件，对果树制定科学合理的水肥施用制度，可为京津冀地区水资源合理调配、节约水肥资源和科学地进行果园田间管理提供技术支撑，对改善农业生态环境和防止农业面源污染等具有重要意义。

第7章 园林绿地耗水特征及节水灌溉技术

伴随近几十年的经济社会发展，京津冀地区的大型城市集群规模快速扩张。与城市扩张同步，为满足城市景观和居民休憩等需求，城市建成区内的园林绿地规模不断扩大，绿化用林草植物种类组成也发生了显著变化。与传统农作物相比，园林绿地建设以发挥其景观价值为主，其灌溉强度、灌水频率、需耗水规律与农作物均有显著差异。目前，国内外对于农作物耗水规律已有大量研究，建立了农作物节水灌溉管理理论和技术体系，而对于园林绿地植物耗水的研究相对较少。本章重点介绍园林绿地典型草坪草及景观乔木植被耗水规律研究结果、园林绿地节水灌溉技术，并以北京为例分析了园林绿地的节水潜力管理体系。

7.1 典型园林绿地植被耗水特征

园林绿地是城市景观的重要组成部分，根据《中国环境统计年鉴》的统计，我国人均公园绿地面积和城市建成区绿化覆盖率逐年上升。2018 年北京绿化覆盖率为 48.4%，已建立起庞大的绿地系统，有效地改善了城市景观（李黎明，2020）。园林绿地景观效果的维持，不仅需要精细化的管护，更与良好灌溉条件密不可分，查明典型园林绿地的耗水特征，配置相应的高效节水灌溉设施，合理高效地开展再生水、雨洪水等非常规水资源利用，是确保绿地发挥正常的生态、景观功能的同时实现水资源集约利用的重要途径。

乔灌草等不同园林绿地植物的耗水强度与季节特征具有显著差异（胡锦娟等，2019）。研究发现，冷季型草坪草的蒸散量普遍高于暖季型草坪草（Beard，1988；韩建国等，2001）；草坪蒸散量与土壤含水量之间呈正相关，且蒸散量在一天内的变化与环境温度变化基本一致，呈现单峰变化趋势（高凯等，2008）。园林树木的耗水过程更为复杂，树种、种植密度、乔灌的冠层配置等因素均对林分耗水量产生影响，在相同条件下，密度对耗水量的影响最大，密度大林分耗水量大（王华田，2003）。复合绿地系统将乔木、灌木和草本植物进行综合配置，可以增大绿化量，提升景观效果。相较于乔草组合和纯草坪，灌草组合的平均蒸散量最高（李子忠等，2009；赖娜娜等，2010）。

7.1.1 研究方案

1. 研究概况

本研究分别在北京市通州区永乐店镇北京市灌溉试验中心站草坪草试验区内开展了5种北京地区园林绿地种植典型草坪草耗水规律及灌溉决策技术试验研究，在北京市大兴区念坛公园开展了3种典型乔木的耗水特征监测。

2. 材料与方法

1）草坪草耗水规律及灌溉决策技术试验

（1）试验概况。北京市灌溉试验中心站位于北京市通州区永乐店镇的南部，地处39°20′N、116°20′E，海拔为12 m。本地区属暖温带大陆季风性气候，多年平均气温大约为11.5℃，年平均风速为2.6 m/s，年平均日照总时数为2730 h，无霜期为185天，最大冻土深度为0.56 m，多年平均降水量为565 mm，多年平均水面蒸发量为1140 mm，降水集中在7~9月，占全年降水量的60%~70%。常年地下水位埋深在9 m左右。土壤容重为1.36 g/cm^3，田间持水量为28%。

（2）试验设计。试验草种设置是依据北京城市绿地主要种植草坪的调查结果，结合试验目的与现有条件，具体选择了5种草坪草，并将其分别铺设为结缕草、剪股颖、早熟禾、高羊茅、高羊茅早熟禾混播，其中混播草播种的比例为高羊茅：早熟禾=7：3。试验草坪采用草皮铺设的方式，于2018年5月24日铺设完毕。草坪采用微喷灌方式进行灌溉。每种草坪草设置4个处理，即处理1（W1：0.945 m^3）、处理2（W2：0.735 m^3）、处理3（W3：0.525 m^3）、处理4（W4：0.315 m^3）。其中，L：结缕草，J：剪股颖，H：高羊茅早熟禾混播，Z：早熟禾，G：高羊茅；处理编号L-W1表示次灌水量为0.945 m^{3}的结缕草，其他同理。8月每周灌溉两次，9~10月每周灌溉一次，每周灌水量按照上述处理方式进行。每个处理设置2个重复，共40个小区，每个小区面积为5 m×5 m，每个小区布设1个土壤含水量监测点。灌溉水源采用地下水，每个小区装有独立的单侧旋转微喷头4个，分别布置在小区的四角，工作压力为350 kPa，流量为48 L/h。

（3）测定项目与方法。草坪采用小区水量平衡法监测耗水量；土壤含水量：采用Trime-IPH剖面土壤水分测量系统，按不同深度进行定点观测，每3天监测一次，在每次降雨和灌水前后加测，40个试验小区每处布置1个监测点，每个监测点监测深度为1 m，每10 cm一层。气象监测：采用ENVIdata-Thies科研级生态气象站监测每天降雨、气温、相对湿度、风速、辐射等气象信息。

（4）耗水量计算。绿地草坪的耗水量是指草坪在生长过程中植株实际的蒸腾、蒸发量与组成作物体的水量之和，由于组成作物体的水量较少，一般忽略不计，因此草坪的耗水量采用水量平衡法计算，水量平衡方程如下：

$$W_t - W_0 = W_r + P_0 + K + M - \mathrm{ET} \tag{7-1}$$

式中，W_0、W_t分别为时段初和任一时间 t 时的土壤计划湿润层储水量，mm；W_r为由于计划湿润层增加而增加的水量，如计划湿润层在时段内无变化则无此项，mm；P_0为保存在土壤计划湿润层内的有效雨量，mm；K 为时段 t 内的地下水补给量，mm，试验区地下水位较深，作物无法吸收利用，可以忽略；M 为时段 t 内的灌溉水量，mm；ET 为时段 t 内的作物田间需水量，mm。试验计划湿润层为 30 cm 保持不变。

降雨入渗量（P_0）是指降水量（P）减去地面径流损失（$P_{地}$）后的水量，在本研究中用降雨入渗系数来表示：

$$P_0 = \alpha P \tag{7-2}$$

式中，α 为降雨入渗系数，其值与一次降水量、降雨强度、降雨延续时间、土壤性质、地面覆盖及地形等因素有关。一般认为一次降水量<5 mm 时，α 为 0；当一次降水量在 5 ~ 50 mm 时，α 为 0.8 ~ 1.0；当次降水量>50 mm 时，α = 0.7 ~ 0.8。

2）乔木耗水监测试验

（1）试验概况。北京市大兴区念坛公园城市景观绿地节水灌溉关键技术示范区位于北京市大兴区念坛村新源大街，占地 2500 亩，其中核心示范区占地 200 亩，主要开展常规灌溉条件下乔木的耗水特征研究。

（2）试验设计。试验选取北京地区 3 种常见乔木开展常规灌溉条件下乔木的耗水特征，分别为栾树、松树、柿子树，每种乔木选取 9 棵，分别安装土壤水分监测系统、插针式茎流计、气象站等监测设备，试验不设置灌水处理，灌水量由公园内养护人员视情况而定，同时记录灌水量，分析常规灌溉条件下乔木的耗水特征。

（3）监测项目与方法。环境因子监测：利用 HoBo 系列小型自动气象站监测每天降雨、气温、相对湿度、风速、辐射等气象信息。土壤含水量：采用 ATP100-12 土壤水分测量系统测定不同土层深度土壤含水量，每个监测点监测深度为 120 cm，每 10 cm 一层，设定监测频率，定期采集观测数据。植株茎流测定：采用 TDP30 插针式茎流计测定典型乔木植株茎液流速率，设定监测频率，定期采集观测数据。灌溉水量观测：在各灌溉分区内安装水表进行灌溉水量的控制和测定。

（4）计算与分析方法。耗水量计算：采用水量平衡法计算，同式（7-1）。乔木液流通量计算：

$$F_s = 3.6 A_s \cdot V \tag{7-3}$$

式中，F_s为液流通量；A_s为边材面积，cm^2；V 为边材液流速率，$V = 0.0119K^{1.231}$，cm/s，

其中 K 为无量纲参数，$K=(dT_{max}-dT)/dT$，dT 为两个探针之间的瞬时温差,℃，dT_{max} 为测定期间的最高探针温差。

7.1.2 典型草坪草耗水特征

1. 典型草坪草耗水特征

1）典型草坪草耗水量

利用水量平衡法计算五种典型草坪草的耗水量结果如表 7-1 所示。试验阶段 5 种草坪草实测蒸散值变化，同种草坪草各处理间的蒸散值略有差异。在试验期间，即 8 月中旬至 11 月上旬，结缕草总蒸散值变化为 198.70～334.80 mm，剪股颖总蒸散值变化为 203.83～319.04 mm，高羊茅早熟禾混播总蒸散值变化为 218.12～291.55 mm，早熟禾总蒸散值变化为 224.47～284.02 mm，高羊茅总蒸散值变化为 217.93～328.22 mm。在试验期内，草坪草的平均日蒸散量值受灌溉水量影响显著，与灌溉水量呈正相关关系，剪股颖与高羊茅较高水分处理的平均日蒸散量高于高水分处理。

表 7-1　五种草坪草实测蒸散

草种	处理	灌水量/mm	蒸散值/mm							日蒸散量/mm
			总量	8 月 17 日～30 日	8 月 30 日～9 月 13 日	9 月 13 日～28 日	9 月 28 日～10 月 11 日	10 月 11 日～26 日	10 月 26 日～11 月 8 日	
结缕草	L-W1	263.00	334.80	55.31	42.19	122.97	55.02	45.13	14.18	4.03
	L-W2	205.66	292.22	92.16	-34.18	153.86	15.50	52.70	12.17	3.52
	L-W3	149.95	247.88	84.50	-29.28	116.28	21.44	49.92	5.03	2.99
	L-W4	92.60	198.70	47.96	8.49	76.17	14.03	38.18	13.86	2.39
剪股颖	J-W1	266.17	283.64	38.72	42.28	86.27	52.29	50.83	13.26	3.42
	J-W2	200.19	319.04	51.20	46.37	136.21	13.57	43.52	28.18	3.84
	J-W3	151.01	247.85	40.24	38.88	55.37	63.39	34.54	15.44	2.99
	J-W4	88.15	203.83	36.21	20.49	53.59	28.97	40.67	23.91	2.46
高羊茅早熟禾混播	H-W1	225.91	291.55	76.52	41.10	58.91	46.85	37.90	30.27	3.51
	H-W2	177.31	236.57	68.81	29.33	53.94	39.10	30.54	14.86	2.85
	H-W3	128.17	274.58	120.73	17.48	42.45	31.49	36.92	25.52	3.31
	H-W4	77.70	218.12	34.40	28.47	37.70	47.47	33.81	36.28	2.63

续表

草种	处理	灌水量/mm	蒸散值/mm							日蒸散量/mm
			总量	8 月 17 日～30 日	8 月 30 日～9 月 13 日	9 月 13 日～28 日	9 月 28 日～10 月 11 日	10 月 11 日～26 日	10 月 26 日～11 月 8 日	
早熟禾	Z-W1	264.00	284.02	39.04	46.33	136.20	36.79	19.91	5.76	3.42
	Z-W2	206.16	270.06	36.38	43.27	109.29	45.60	25.50	10.02	3.25
	Z-W3	147.82	269.48	49.44	30.55	126.26	16.82	17.25	29.16	3.25
	Z-W4	92.94	224.47	53.67	30.55	63.14	23.91	25.20	27.99	2.70
高羊茅	G-W1	259.85	301.98	40.74	102.16	55.10	72.80	20.88	10.30	3.64
	G-W2	198.93	328.22	65.79	77.12	25.22	89.56	43.10	27.42	3.95
	G-W3	147.62	241.51	57.06	38.93	46.19	60.77	21.84	16.72	2.91
	G-W4	93.93	217.93	68.80	18.63	47.47	43.39	27.51	12.12	2.63

2）草坪草日蒸散量动态变化

5 种草坪草日蒸散量动态变化如图 7-1 所示，其中结缕草不同处理 L-W1、L-W2、L-W3、L-W4 日蒸散量的平均值分别为 3.97 mm、3.42 mm、2.92 mm、2.34 mm，峰值出现在 9 月下旬的较高水分处理，最大值为 10.26 mm；最小值出现在温度较低的 10 月末，日蒸散量的变化受温度影响较明显，10 月之后总体呈下降趋势；剪股颖 J-W1、J-W2、J-W3、J-W4 处理日蒸散量分别为 3.36 mm、3.74 mm、2.99 mm、2.43 mm。试验期内，剪股颖在 9 月下旬出现了一个耗水高峰期，其日蒸散量峰值为 9.08 mm；剪股颖在该时段的生长速度较快，耗水量较大，其日蒸散量的较小值出现在降水量较多的时段。比较剪股颖 4 个处理之间的日蒸散量变化，总体变化规律相似；高羊茅早熟禾混播草不同水分处理的日蒸散量差异不显著，混播草的 H-W1、H-W2、H-W3、H-W4 处理日蒸散量分别为 3.53 mm、2.86 mm、3.37 mm、2.65 mm，在 8 月末出现高峰，峰值出现在较低水分处理，为 9.29 mm；早熟禾 Z-W1、Z-W2、Z-W3、Z-W4 处理日蒸散量分别为 3.33 mm、3.19 mm、3.50 mm、2.70 mm，日蒸散量变化与剪股颖变化规律相似，早熟禾的日蒸散量的较高值出现在 9 月下旬，峰值出现在早熟禾的高水分处理，为 9.08 mm，并且在同一时段 W2、W3 处理的日蒸散量均较大，通过与气象因素对比，9 月下旬天气晴朗，温度较高。这种变化符合早熟禾的生长规律，早熟禾属于冷季型草坪草，冷季型草坪草生长的适宜温度在 20～30 ℃，9 月的气象因素符合早熟禾生长旺盛期的环境需求，因此在该阶段出现较大的峰值；高羊茅的 G-W1、G-W2、G-W3、G-W4 处理日蒸散量分别为 3.65 mm、4.02 mm、2.94 mm、2.65 mm，各处理整体变化趋势相近，出现了两次波动峰值，分别为 9 月初与 10 月初，其余时段的日蒸散量变化比较稳定，进入 10 月中旬以后高羊茅生长缓慢，日蒸散量逐渐降低。与早熟禾、结缕草相似，其日蒸散量的较小值均出现在草坪生长缓慢的阶段。

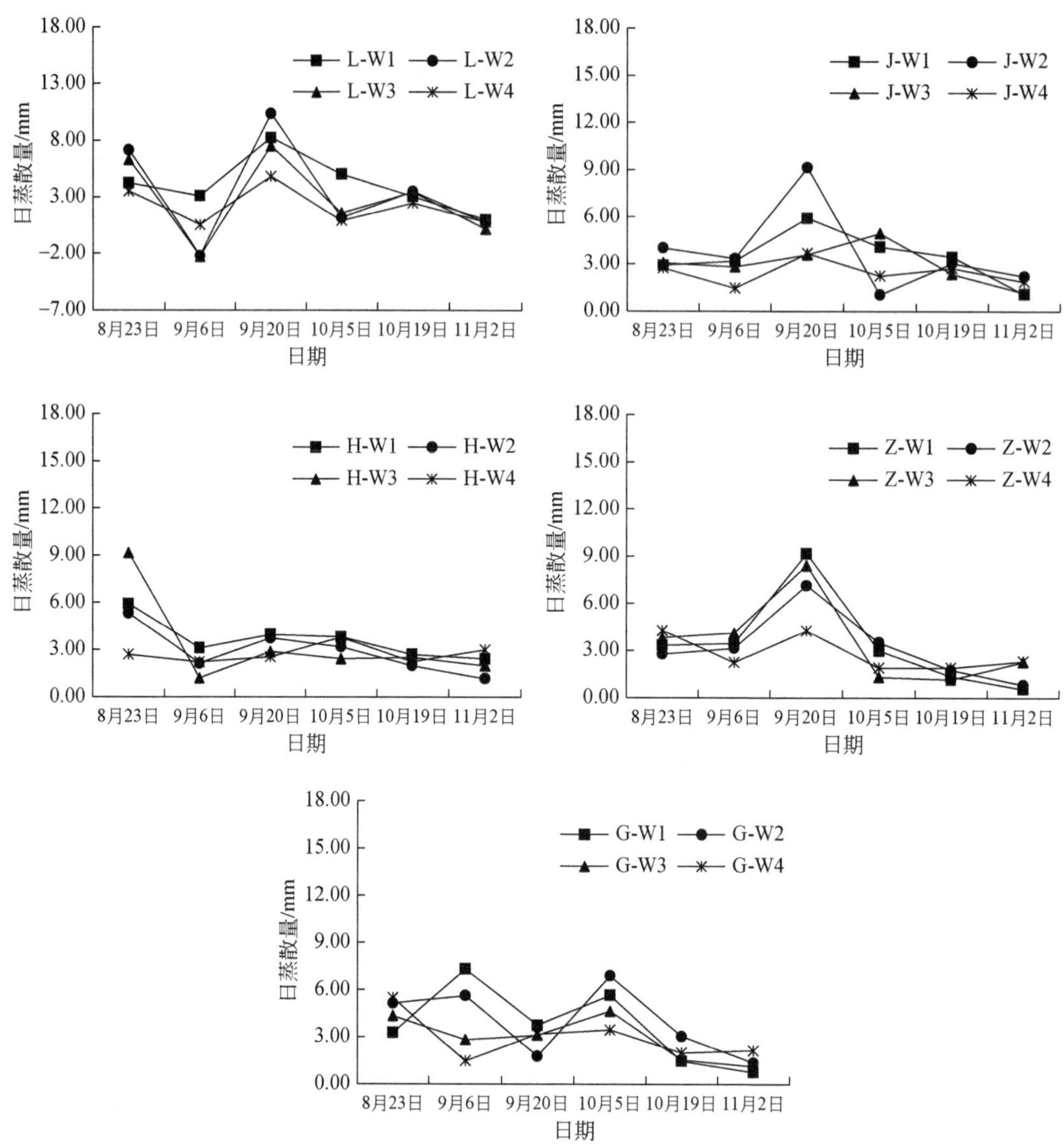

图 7-1 典型草坪草典型日蒸散量动态变化

2. 典型草坪草最优灌溉方案研究

1）层次分析法的基本理论

为了准确客观地筛选出草坪草灌溉最优方案，本研究以草种结缕草为例，运用层次分析（analysis hierarchy process，AHP）法，对受灌溉方案影响的多项生长及生理指标构建层次分析结构，进而得出最适宜北京地区的草坪灌溉方案。

层次分析法是由美国著名运筹学家、匹兹堡大学教授 A. L. Saaty 在 20 世纪 70 年代提出的，随后在能源、经济分析、医学诊断、科研管理、农业资源等领域得到了广泛的应用（郭金玉等，2008）。该方法主要是对各影响因素进行两两比较分析，构造基于全指标的判断矩阵，计算判断矩阵的特征值和特征向量，并得出同一标度下的比较结果（即权重分配），是一种将定量与定性分析相结合的一致矩阵法。层次分析法中，判断矩阵表示将该层次中各影响因素进行两两比较，并采用 1 ~ 9 标度法标度两因素之间相对重要程度，具体标度方式如表 7-2 所示。

表 7-2 判断矩阵标度值及含义

标度值	含义
1	两个因素同等重要
3	一个因素比另一个因素稍微重要
5	一个因素比另一个因素明显重要
7	一个因素比另一个因素强烈重要
9	一个因素比另一个因素绝对重要
2、4、6、8	一个因素较另一个因素介于上述标度值中间状态
倒数	因素 i 与 j 比较的标度 A_{ij}，则因素 j 与 i 比较的标度 $A_{ji}=1/A_{ij}$

为得到可靠的判断矩阵，需对判断矩阵进行一致性检验。

一致性判断指标计算公式如式（7-4）所示：

$$\mathrm{CI}=\frac{\lambda-n}{n-1} \tag{7-4}$$

式中，CI 为一致性指标；λ 为最大特征值；n 为因素个数。

当 CI=0 时，则表示判断矩阵具有完全的一致性；当 CI>0 时，则 CI 越大，表示判断矩阵不一致性越强，权重向量不符合此时的思维主观判断。将一致性指标 CI 与随机一致性指标 RI 之比作为矩阵是否具有满意的一致性判断标准，记为检验系数 CR。一般认为，当 CR=CI/RI<0. 1 时，判断矩阵的一致性满意。其中，随机一致性指标值与因素个数有关，具体取值见表 7-3。

表 7-3 1 ~ 9 标度法的随机一致性指标

n	1	2	3	4	5	6	7	8	9
IR	0. 00	0. 00	0. 58	0. 90	1. 12	1. 24	1. 32	1. 41	1. 45

2）基于层次分析法的典型草坪草最优灌溉方案确定

（1）评价体系构建及权重确定。在最优灌溉指标的选取上考虑耗水量、土壤含水量、光合速率、蒸腾速率、冠气温差、草坪质量 6 个因素，建立评价指标体系。依照 1 ~ 9 标度法构造判断矩阵，计算各指标权重值。通过层次分析法，得到评价指标体系的权重向量为 $\boldsymbol{W}=(X_1, X_2, X_3, X_4, X_5, X_6)^{\mathrm{T}}=(0.08, 0.27, 0.22, 0.05, 0.12, 0.26)^{\mathrm{T}}$。

（2）评价因素分级。根据研究内容及统计结果对最优灌溉方案筛选涉及的各项指标进行平均值系统分类，结缕草试验期内各小区评价指标的数据汇总见表 7-4。

表 7-4　不同灌水方案下结缕草各小区参评指标数据汇总表

小区	耗水量 /mm	土壤含水量 /%	光合速率 /[μmol/(m² · s)]	蒸腾速率 /[mmol/(m² · s)]	冠气温差 /℃	草坪质量 /分
1#	365.3	19.77	14.072	9.03	−3.72	3.08
2#	304.3	21.02	13.31	10.22	−3.18	3.08
3#	302.2	20.941	12.40	7.56	−3.77	3.39
4#	305.5	21.00	13.18	8.55	−3.67	3.05
5#	271.3	20.48	14.10	9.55	−3.93	3.33
6#	231.6	22.81	11.56	6.35	−2.25	3.09
7#	208.4	21.22	10.92	4.13	−1.07	3.15
8#	189.0	21.59	10.17	5.94	−0.98	3.04
9#	277.8	22.12	12.80	7.03	0.12	2.98
10#	283.4	21.70	11.16	7.60	0.35	3.16
11#	242.2	21.55	7.95	3.16	1.94	3.18
12#	246.5	20.99	6.47	1.445	2.36	3.19

将结缕草各项统计结果按照 5 分制进行分级，分数越高越优，标准分级的标定方法按照结缕草在不同灌水方案下各项指标的最高值和最低值之间的数差，按 1 ~ 5 的标度确定分值等级。结缕草试验期内各项参评指标的分级标准范围见表 7-5。

表 7-5　结缕草参评指标分级标准

分级	耗水量/mm	土壤含水量 /%	光合速率 /[μmol/(m² · s)]	蒸腾速率 /[mmol/(m² · s)]	冠气温差 /℃
1	300.00 ~ 340.00	20.0 ~ 20.3	9.00 ~ 10.00	4.20 ~ 5.40	0.40 ~ −0.50
2	260.00 ~ 300.00	20.3 ~ 20.6	10.00 ~ 11.00	5.40 ~ 6.60	−0.50 ~ −1.40
3	220.00 ~ 260.00	20.6 ~ 20.9	11.00 ~ 12.00	6.60 ~ 7.80	−1.40 ~ −2.30
4	180.00 ~ 220.00	20.9 ~ 21.2	12.00 ~ 13.00	7.80 ~ 9.00	−2.30 ~ −3.20
5	140.00 ~ 180.00	21.2 ~ 21.5	13.00 ~ 14.00	9.00 ~ 10.20	−3.20 ~ −4.10

（3）综合评价。将结缕草各小区参评指标数据按照 4 种灌水处理方式分类汇总，并结

合参评指标分级标准，将结缕草在不同灌水方案下各参评指标进行评分，得到各指标最终得分。根据每个指标的权重值及其最终得分进行结缕草最优灌溉方案筛选的综合评价。评价公式如式（7-5）所示：

$$N = \sum_{i=1}^{6} W_i R_i \tag{7-5}$$

式中，N 为不同灌水处理下结缕草的综合得分；W_i 为各项指标权重值；R_i 为各项指标不同灌水处理下评分值。

表 7-6 为结缕草在四种不同灌水方式处理下的综合评分。由表 7-6 可知，结缕草 L-W_2 较高水分处理的综合评分值最高，其次为 L-W_1 的高水分处理和 L-W_4 的低水分处理，较低水分处理 L-W_3 的评分值最低。L-W_2 处理中，结缕草的土壤含水量、光合速率、草坪质量 3 个指标的表现都较为突出，蒸腾速率、冠气温差也处于较好的水平，综合表现最优，可以作为参考依据进行绿地草坪灌溉方案的制定。L-W_1 处理的冠气温差与其他 3 种处理相比表现最为突出，与该处理方式的灌溉水量较多有关，则植株通过蒸腾作用、水分蒸发带走的热量也越多，这有效地降低了草坪植株冠层温度，在冠层上方温度相同的情况下，该处理的冠气温差自然越低，评分越高；但该种处理方式下草坪耗水量过高，致使该项评分较低，整体评价受到影响。L-W_3 和 L-W_4 处理中耗水量、土壤含水量及草坪质量指标表现尚可，其光合速率、蒸腾速率和冠气温差变化明显，对水分胁迫表现出了较强的敏感性。

表 7-6　结缕草不同灌水方案综合评分

处理	耗水量	土壤含水量	光合速率	蒸腾速率	冠气温差	草坪质量	总评分	排序
L-W_1	0.13	1.30	4.69	4.53	4.28	3.08	2.95	2
L-W_2	1.19	4.80	3.39	2.90	2.38	3.15	3.38	1
L-W_3	2.30	4.87	1.02	0.77	0.98	3.20	2.70	4
L-W_4	3.53	4.70	1.55	0.69	1.59	3.10	2.91	3
权重	0.08	0.27	0.22	0.05	0.12	0.26	—	—

7.1.3　典型乔木耗水特征

1. 树干边材液流的时空变化特征

树干边材液流的时空变化特征反映的是树木的蒸腾耗水特性（王华等，2010；赵春彦等，2015）。在同一环境条件下，对 3 个树种蒸腾耗水的测定结果进行分析比较，能够直接看出树种之间耗水规律、耗水能力及现实耗水量的差异，了解不同树种的耗水特性。

边材液流特征通常用液流启动时间、达到峰值时间和达到的高度、日均液流速率、低谷出现的时间等特征表示，其日周期变化、连日变化和季节变化节律实际上是环境因子如太阳辐射强度、空气温湿度、土壤温湿度变化节律和树木生长节律共同作用的结果。不同树种、不同天气条件下、不同土壤水分环境下以及同一树种不同树干直径的边材液流特征差异很大。由于本研究土壤水分供应充足，因此不考虑不同土壤水分条件下各树种边材液流的变化规律，仅研究充分供水条件下各树种树干边材液流的时空变化规律。

1）树干边材液流的日变化及连日变化规律与比较

A. 树干边材液流速率的日变化及连日变化规律与比较

液流速率是指水分单位时间向上运输的速度，其单位是 cm/s，图 7-2 是生长在同一环境条件下的栾树、柿子树、松树 3 个树种在整个生长季（4～10 月）中各月树干边材液流速率的日变化和连日变化图。从图 7-2 可以看出，各树种边材液流速率的日变化曲线各日峰形和变化趋势基本一致，只是峰值大小和峰形宽窄存在差异。

从图 7-2 可以看到，柿子树、栾树边材液流速率的日变化基本呈单峰形曲线，即液流速率到达峰值后迅速下降至低谷，有明显的昼夜变化；而松树边材液流速率的日变化呈宽峰形曲线，即液流速率达到峰值后并不是不再变动，而是呈缓慢下降趋势，没有明显的液

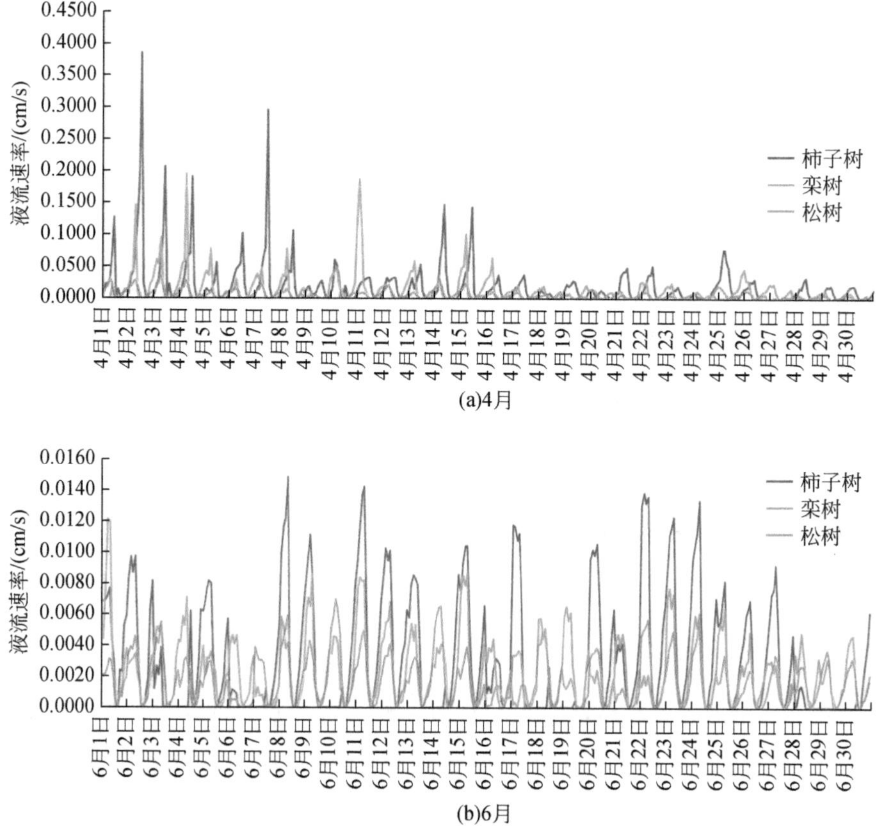

(a)4月

(b)6月

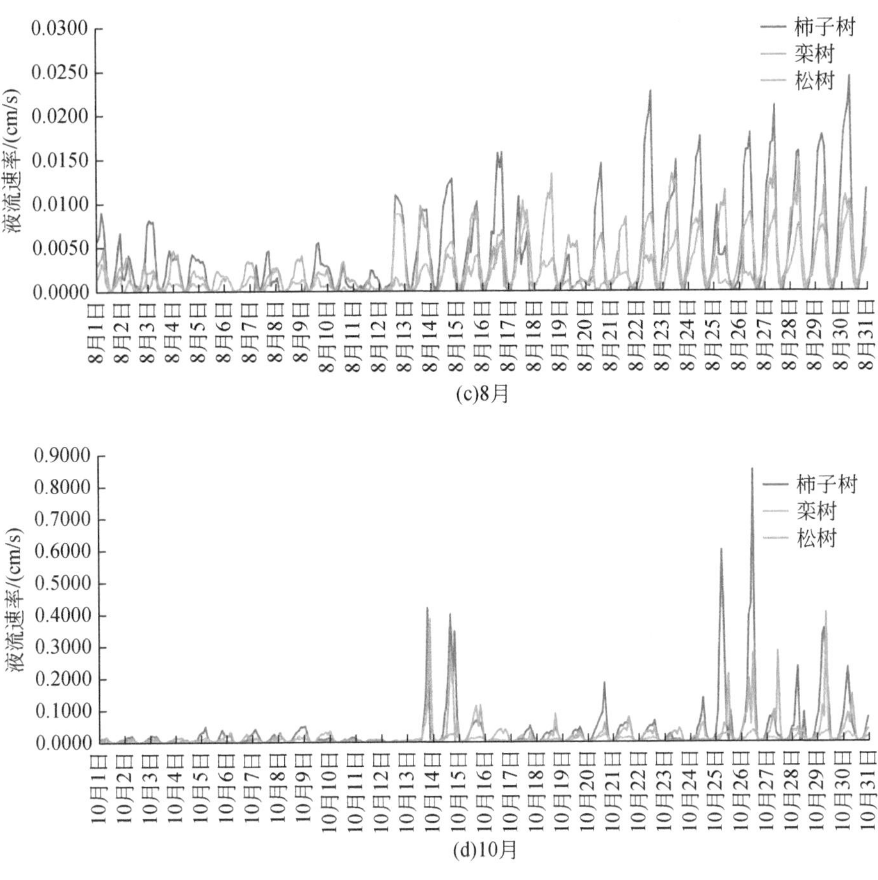

(c)8月

(d)10月

图 7-2　3 个树种生长季内各月边材液流速率日变化规律

流停止界限，夜间仍有液流存在，这主要是由根压引起的。根压使水分以主动吸收的方式进入树木体内，补充白天蒸腾丢失的大量水分，恢复树木体内的水分平衡。栾树、柿子树、松树 3 个树种边材液流速率的连日变化曲线峰值差异较大，其表现特征变化规律与同步监测的环境因子如太阳辐射、空气温度、空气相对湿度等变化规律相吻合。

B. 单株耗水量的日变化及连日变化规律与比较

栾树、柿子树、松树 3 个树种分别在 5 月 20 ~ 22 日 3 个连续晴天中各时段耗水量的平均值如图 7-3 所示，从日周期内耗水量的阶段分布特征上看，栾树、柿子树各时段的耗水量波动最大，前期耗水量上升缓慢，后期大量耗水持续的时间短，一天中耗水最多的时段是 10:00 ~ 16:00；松树各时段耗水量的波动相对较小，前期耗水量上升缓慢，后期大量耗水持续的时间长，耗水最多的时段是 10:00 ~ 18:00。

3 个树种在 5 月 20 ~ 22 日单株耗水量和连日累计单株耗水量如图 7-4 所示，不同树种的耗水量存在着较大的差异。

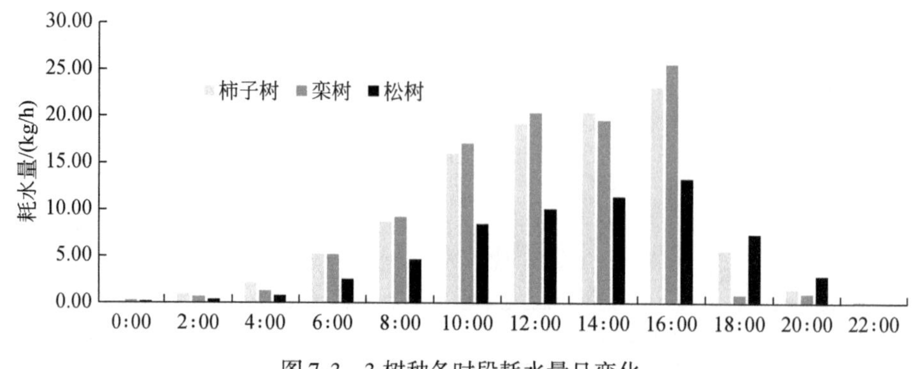

图 7-3　3 树种各时段耗水量日变化

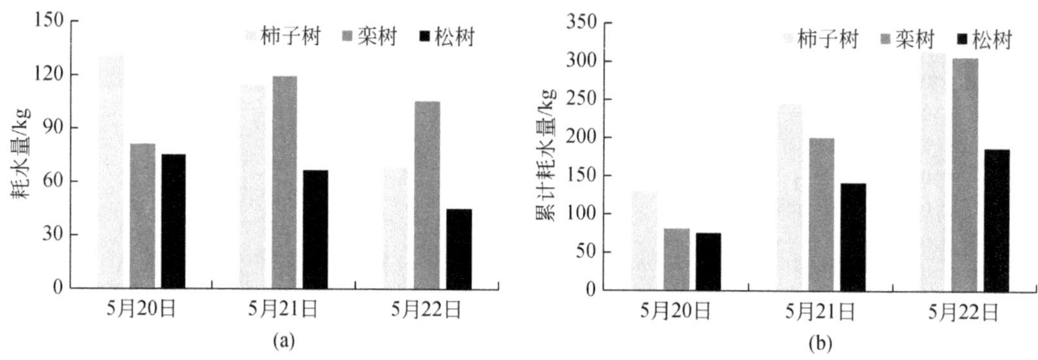

图 7-4　3 个树种连日单株耗水量（a）与累计单株耗水量（b）

从 3 个树种在所选观测日单株日耗水量和连日累计单株耗水量来看，柿子树各日单株耗水量分别为 130.78 kg、114.39 kg、68.52 kg，平均为 104.56 kg，3 日累计耗水量为 313.69 kg，栾树各日单株耗水量分别为 81.18 kg、119.36 kg、105.35 kg，平均为 101.96 kg，3 日累计耗水量为 305.89 kg，松树各日单株耗水量分别为 75.18 kg、66.50 kg、45.20 kg，平均为 62.29 kg，3 日累计耗水量为 186.88 kg。松树 3 日中各日单株耗水量、平均日耗水量以及累计耗水量均最小，柿子树与栾树单株 3 日平均日耗水量和 3 日累计耗水量相近，但是各日单株耗水量大小不一，这主要是由柿子树和栾树的边材液流特征和边材面积之间的差异造成的。栾树、柿子树、松树 3 个树种现实耗水量的大小并不能说明树种耗水能力的大小，这是由于树种直径相差较大，所以比较 3 个树种的耗水量仅能了解所选样木之间现实耗水量的差异。

2）树干边材液流的月变化及季节变化规律与比较

A. 树干边材液流速率的月变化及季节变化规律与比较

为了更好地观察和比较栾树、柿子树、松树 3 个树种树干边材液流速率的月变化和季节变化规律，从 2019 年 4～10 月分别选择各月中所有的典型晴天进行分析。每月所选各日 3 个树种树干液流速率观测数据的平均值如表 7-7 所示。

表 7-7 树种边材液流速率月变化及季节变化动态

树种	季节	观测月份	日期	峰值/(cm/s)	平均液流速率/(cm/s)
柿子树	春	4 月	4 月 20 日	0.0485	0.0169
		5 月	5 月 20 日	0.0431	0.0152
	夏	6 月	6 月 20 日	0.0106	0.0048
		7 月	7 月 20 日	0.0023	0.0013
		8 月	8 月 17 日	0.0159	0.0067
	秋	9 月	9 月 20 日	0.0252	0.0108
		10 月	10 月 20 日	0.0456	0.0176
栾树	春	4 月	4 月 20 日	0.0213	0.0092
		5 月	5 月 20 日	0.0156	0.0048
	夏	6 月	6 月 20 日	0.0037	0.0014
		7 月	7 月 20 日	0.0018	0.0009
		8 月	8 月 17 日	0.0057	0.0028
	秋	9 月	9 月 20 日	0.0155	0.0077
		10 月	10 月 20 日	0.0250	0.0114
松树	春	4 月	4 月 20 日	0.0123	0.0047
		5 月	5 月 20 日	0.0159	0.0061
	夏	6 月	6 月 20 日	0.0039	0.0018
		7 月	7 月 20 日	0.0004	0.0002
		8 月	8 月 17 日	0.0069	0.0033
	秋	9 月	9 月 20 日	0.0056	0.0028
		10 月	10 月 20 日	0.0327	0.0084

栾树、柿子树、松树 3 个树种夏季（6～8 月）液流速率的曲线峰形明显宽于春（4～5 月）、秋（9～10 月）季。从峰值和日均液流速率来看，柿子树的峰值 4 月最大，为 0.0485 cm/s，7 月最小，为 0.0023 cm/s，日均液流速率 10 月最大，为 0.0176 cm/s，7 月最小，为 0.0013 cm/s；栾树的峰值 10 月最大，为 0.0250 cm/s，7 月最小，为 0.0018 cm/s，日均液流速率 10 月最大，为 0.0144 cm/s，7 月最小，为 0.0009 cm/s；松树的峰值和日均液流速率都是 10 月最大，分别为 0.0327 cm/s、0.0084 cm/s，7 月最小，分别为 0.0004 cm/s、0.0002 cm/s；按季节比较，柿子树春、夏、秋季的峰值和日均液流速率分别为 0.0485 cm/s、0.0159 cm/s、0.0456cm/s 和 0.0161 cm/s、0.0043 cm/s、0.0142 cm/s，从值的大小看，峰值及日均液流速率均呈现：春季>秋季>夏季；栾树春、夏、秋季的峰值和日均液流速率分别为 0.0213 cm/s、0.0057cm/s、0.0250 cm/s 和 0.0070cm/s、0.0017 cm/s、0.0096 cm/s，峰值和日均液流速率均呈现：秋季>春季 >夏季；松树春、夏、秋季的峰值

和日均液流速率分别为0.0159 cm/s、0.0069 cm/s、0.0327 cm/s 和0.0054 cm/s、0.0018 cm/s 和0.0056 cm/s，峰值和日均液流速率均为秋季>春季>夏季。3 个树种总的变化趋势是夏季的峰值和日均液流速率小于春、秋季。

B. 平均液流通量的月变化及季节变化规律与比较

液流通量是指单位面积边材单位时间内通过液流的体积，用 $cm^3/(h \cdot cm^2)$ 表示。它能较好地反映树木耗水能力的大小，具有较强的可比性。将 2019 年 4 月 1 日 ~10 月 31 日连续观测到的 3 个树种的液流速率分别按月统计平均数，计算平均液流通量，如图 7-5 及表 7-8 所示。

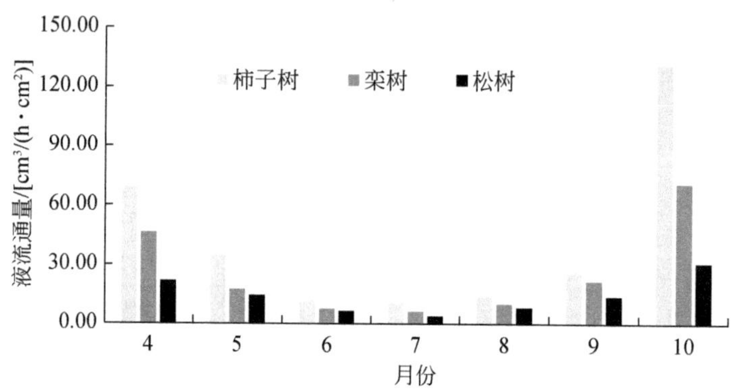

图 7-5　3 个树种液流通量的月变化及季节变化

表 7-8　3 个树种各月均液流通量

树种	液流通量/[cm³/(h·cm²)]							平均液流通量/[cm³/(h·cm²)]	耗水量/kg
	4 月	5 月	6 月	7 月	8 月	9 月	10 月		
柿子树	70.828	35.305	11.318	11.575	14.545	27.223	130.966	43.109	44 068.400
栾树	46.086	17.866	8.280	6.514	10.209	21.817	71.406	26.025	52 147.208
松树	21.654	14.629	6.245	4.737	7.874	13.737	30.036	14.130	20 800.747

由表7-8 可知，柿子树的平均液流通量10 月最大，为130.966 $cm^3/(h \cdot cm^2)$，6 月最小，为11.318 $cm^3/(h \cdot cm^2)$；栾树的平均液流通量 10 月最大，为 71.406 $cm^3/(h \cdot cm^2)$，7 月最小，为 6.514 $cm^3/(h \cdot cm^2)$；松树的平均液流通量也是 10 月最大，为 30.036 $cm^3/(h \cdot cm^2)$，7 月最小，为 4.737 $cm^3/(h \cdot cm^2)$。按季节比较，柿子树春、夏、秋季的平均液流通量分别为 53.067 $cm^3/(h \cdot cm^2)$、12.479 $cm^3/(h \cdot cm^2)$、79.095 $cm^3/(h \cdot cm^2)$，呈现秋季>春季>夏季；栾树春、夏、秋季的平均液流通量分别为 31.976 $cm^3/(h \cdot cm^2)$、8.334 $cm^3/(h \cdot cm^2)$、46.612 $cm^3/(h \cdot cm^2)$，呈现秋季>春季>夏季；松树春、夏、秋季的平均液流通量分别为 18.142 $cm^3/(h \cdot cm^2)$、6.258 $cm^3/(h \cdot cm^2)$、

21.887 $cm^3/(h \cdot cm^2)$，呈现秋季>春季>夏季。总的来看，3 个树种的平均液流通量均呈现秋季>春季>夏季。

从整个生长季的平均液流通量来看，柿子树为 43.109 $cm^3/(h \cdot cm^2)$，栾树为 26.025 $cm^3/(h \cdot cm^2)$，松树为 14.130 $cm^3/(h \cdot cm^2)$，柿子树最大，松树最小，栾树居中，栾树和松树整个生长季的平均液流通量分别相当于柿子树的 60.4% 和 32.8%。因平均液流通量的大小能较好地反映树种耗水能力的大小，故柿子树、栾树、松树的耗水能力从大到小依次为柿子树>栾树>松树；从整个生长季的耗水量来看，柿子树耗水量为 44 068.400 kg，栾树耗水量为 52 147.208 kg，松树耗水量为 20 800.747 kg，通过比较可知 3 个树种整个生长季的实际耗水量大小依次为栾树>柿子树>松树。由此可知，3 个树种整个生长季的平均液流通量大小和实际耗水量大小存在着差异，这种差异主要是由各树种边材液流特征和边材面积的差异造成的。

2. 环境因子对树干边材液流的影响

1）树干边材液流速率与环境因子的关系

树木的树干边材液流速率除了受树木本身的生物学结构影响外，周围的环境因子对其制约也很重要，某一时刻液流速率的高低与环境因子的影响密切相关（李少宁等，2019；赵梦炯等，2020）。3 个树种树干边材液流速率与主要环境因子的日进程如图 7-6 所示。

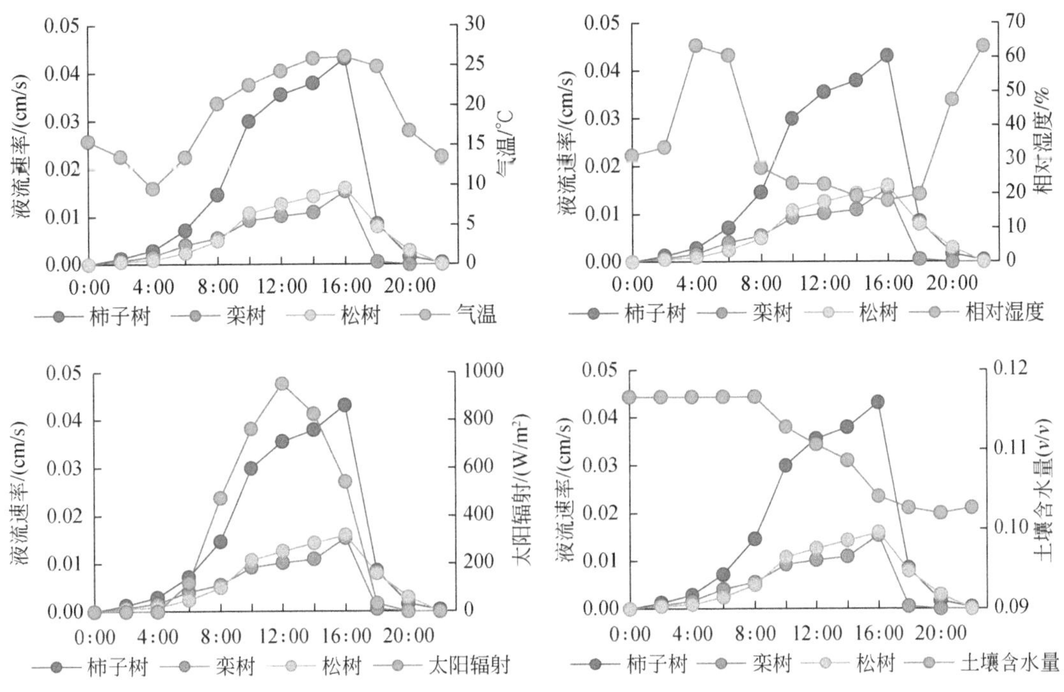

图 7-6　3 个树种树干边材液流速率与主要环境因子的日进程

由图7-6可知，太阳辐射、空气温度与树干液流速率有相同的变化趋势，这是因为太阳辐射对树干液流速率的影响主要是通过其引起空气温度的变化使树木蒸腾作用改变，树干液流速率便相应出现明显的日变化规律，这个过程造成了树木的木质部水分上升速率与太阳辐射、空气温度具有较好的生态学同步性；而空气相对湿度与树干液流速率呈相反趋势，空气湿度的增加会降低液流速率，因为相对湿度越大，其蒸气压就越大，叶内外蒸气压差就变小，气孔下腔的水蒸气不易扩散出去，蒸腾减弱，反之，大气湿度较低，则蒸腾速度加快（王忠，2000）；土壤含水量对树干液流的变化节律影响不明显。

总体来看，太阳辐射、空气温度和空气相对湿度对3个树种的树干液流速率具有明显影响。即在清晨太阳辐射弱，气温低，空气相对湿度高，3个树种的液流速率均上升缓慢，随着太阳辐射的逐渐增加，气温逐渐升高，空气相对湿度下降，气孔导度随之升高，树干液流速率增大的趋势也更加明显，峰值多出现在12:00～16:00，之后，随着光照强度的减弱，空气温度降低，相对湿度升高，叶内外水汽压差减小，树干液流速率表现出下降趋势。

2）树干边材液流速率与环境因子的相关性分析

分别在春、夏、秋季选取3个连续晴天对3个树种树干液流速率与同步测定的环境因子进行相关性分析，如表7-9所示。

表7-9　3个树种边材液流速率与环境因子的相关性分析

树种		液流速率	空气温度	相对湿度	太阳辐射	土壤含水量	风速
春季	柿子树	1	0.643**	-0.703**	0.837**	0.256	0.743**
	栾树	1	0.783**	-0.668**	0.882**	0.077	0.385*
	松树	1	0.739**	-0.784**	0.774**	0.151	0.748**
夏季	柿子树	1	0.765**	-0.737**	0.791**	-0.067	0.360*
	栾树	1	0.834**	-0.776**	0.830**	-0.01	0.288
	松树	1	0.871**	-0.903**	0.712**	-0.108	0.18
秋季	柿子树	1	0.733**	-0.709**	0.712**	-0.007	0.201
	栾树	1	0.619**	-0.629**	0.606**	0.042	0.205
	松树	1	0.582**	-0.650**	0.533**	-0.141	0.235

*0.05水平上显著相关；**0.01水平上显著相关。

由表7-9可知，无论春、夏季还是秋季，空气温度、太阳辐射均与各树种的树干液流速率呈正相关，且均达到显著水平；空气相对湿度对各树种的树干液流速率的影响表现为负相关，且达到显著水平；风速与各树种树干液流速率除春季3个树种及夏季柿子树外，其他均未达到显著水平；土壤含水量与各树种树干液流速率未达到显著水平。虽然树干液流速率与土壤含水量的相关性未达到显著水平，表明相关性很弱，但这并不代表土壤含水量对树干液流速率没有影响，事实上，土壤水分是决定树木蒸腾作用大小的主要因素，之所以相关性很弱，主要是由于该地区土壤水分供应充足。Gardner 和 Ehlig（1963）认为，当土壤水分充足时，蒸腾作用主要由气象因子调节，而当土壤水分降低到某一临界水平时，蒸腾作用更多受控于土壤水分，所以土壤湿度此时不是限制树木吸收土壤水分的因子。由树干液流速率与环境因子的相关性分析可知，在所观测的环境因子中，与树干边材液流相关性较强的环境因子为空气温度、空气相对湿度、太阳辐射。

7.2 园林绿地节水灌溉技术

园林绿地灌溉常采用地埋式喷灌、微喷灌、滴灌、小管出流、微喷带等灌溉技术。喷灌、微喷灌、微喷带等灌溉方式在灌水同时可营造良好的景观效果，近年来发展较快，灌水设备类型及组合配置较为多样；滴灌、小管出流等灌溉方式是直接将水送到灌溉作物根区，灌水效率高但景观效果相对较差，多用于景观树木灌溉。在园林绿地节水灌溉工程具体实施过程中，应根据草、灌、乔等景观植物种植结构特点选取相应的节水灌溉技术。

7.2.1 园林绿地喷灌技术

喷灌系统适用于植物集中连片的种植条件，按管道敷设方式可以分为固定式喷灌和移动式喷灌系统，喷灌系统一般包括水源首部枢纽、管网系统、喷灌灌水器等。根据水源条件，因地制宜配套建设水源首部枢纽；根据绿地种植类型筛选出适宜的喷灌设备类型。

1. 首部系统选型配套

首部系统包括过滤系统、变频与安全防护系统、信息化监控系统等。

1）过滤系统

现阶段，园林绿地灌溉水源以地下水、河湖再生水、坑塘雨水、地表水为主，园林绿地灌溉机井通常抽取浅层地下水，存在含沙量高、含盐量高等问题；再生水、坑塘雨水、地表水等水源主要是有机物、悬浮物含量高，需根据水质特点配置相应的过滤系统。由于地表水、地下水盐碱性比较高，对于一些喜酸性花卉作物需要配置必要的脱盐装置。

主要过滤器类型在过滤要求达到 120 目的情况下，不同尺寸适宜的流量范围及对应的压力损失如表 7-10 所示。

首部过滤系统选型配套方案如表 7-11 所示，当水源为地下水时，若水中泥沙含量较大，特别是细沙或面沙含量较大时，首部一般安装离心+碟片或筛网过滤器等设备；水源为再生水、坑塘雨水、地表水时，首部可修建沉砂池、拦污栅，配备砂石过滤器+碟片或筛网过滤器等设备。

表 7-10　四种过滤器不同尺寸下的流量及其压力损失

规格	砂石（流量）	砂石（压损/m）	离心（流量）	离心（压损/m）	叠片（流量）	叠片（压损/m）	网式（流量）	网式（压损/m）
3/4 英寸	—	—	—	—	0～3	1～3	0～3	0～2
1 英寸	—	—	—	—	3～5	2～4	3～7	1～3
1.5 英寸	0～10	0～2	0～8	0～3	4～12	2～5	5～15	2～4
2 英寸	10～18	1～3	5～20	1～4	15～20	3～6	15～25	3～5
3 英寸	15～40	2～4	10～40	2～5	20～40	4～8	25～45	2～6
4 英寸	40～60	4～8	30～70	3～6	2×3 *	5～10	40～60	3～8

注：1 英寸≈25.4 mm。

* 两个 3 英寸并联。

表 7-11　灌溉系统首部系统选型配套方案

分类	分项	设计流量	首部关键设备选型					
			沉淀池、拦污栅	砂石过滤器	离心过滤器	碟片或筛网过滤器	脱盐装置	
							喜酸性花卉	其他作物
控制面积	0～100 亩	0～25		3 寸	3 寸	2 寸		
	100～200 亩	25～50		2×3 寸	2×3 寸	3 寸		
水源类型	地下水				●	●	●	
	再生水、坑塘雨水、地表水		○	●		●	●	

注：●表示必须选用；○表示根据情况备选。

2）变频与安全防护系统

首部配置变频系统控制水泵。考虑到电压不稳定等因素，在首部配置稳压电源。为了防止雷电损坏控制器，在泵房内配置防雷电避雷系统。

3）信息化监控系统

首部安装远程监测流量、压力和水泵运行状况的信息化监测系统，包括流量传感器、压力传感器、首部系统监测摄像头等。

2. 管网系统

对于固定式喷灌系统，其干管、分干管、支管布置应相互垂直，避免穿越道路、林地、建筑物等，管径通过严格的水力学计算，力求压力分布满足要求且投资和水头损失造成的运行成本之和最小。

对于移动式喷灌系统，管网布置要在考虑投资费用和运行费用经济性的同时，尽量不破坏已建成道路、场地和建筑物。各级管道都要通过严格的水力学计算设计。干管、分干管埋到冻土层以下。同一条支管上任意两个喷头之间的工作压力差应在设计喷头工作压力的 20% 以内。尽量使安装出水栓的管道沿路旁、田边布置，以便用水和管理。在垄作田内，应使支管与作物种植方向一致；在丘陵区，应使支管沿等高线布置；在可能的条件下，支管宜垂直主风向。在连接地埋管和地面移动管的出地管上，下端应设柔性连接，上端应设给水栓；在地埋管道的阀门处应建阀门井；在管道起伏的低处及管道末端应设泄水装置。

3. 喷灌灌水器

1）喷头类型

园林绿地常见的喷灌灌水器大致可分为折射式升降喷头和旋转式升降喷头两大类。折射式升降喷头射程较小，适合于面积较小或不规则的地块。喷嘴类型较多，可以喷射出不同形状，具有良好的景观效果；旋转式升降喷头射程较大，适合灌溉面积大的地块。

2）喷头选型与布置

考虑灌区大小和地形、土壤入渗率、植物类型、水源流量和水压、当地气象条件等因素，根据设计选择的喷灌系统类型与喷头技术参数，选用符合喷灌系统要求的喷头。

（1）喷头性能参数选择：选择喷头时明确喷头的喷嘴直径、额定流量、压力、射程（喷洒半径）、喷洒图形等性能参数。

（2）喷头工作压力：水源的压力和流量是选择喷头时首要考虑的因素。采用市政水源的水压满足所选喷头的工作压力要求时，可不用水泵加压。炎热干旱地区宜采用低压大流量的喷头，尽量选用工作压力低的喷头。

（3）多风地区喷头布置：多风地区灌溉时应减小喷头布置间距或选用低仰角喷头。

（4）喷头保护：地埋式伸缩喷头只有在开启阀门灌溉时，喷头才在水压力的作用下伸出地面达到设定高度进行喷洒灌溉。灌溉完成阀门关闭后，喷头在内设弹簧或在重力作用下缩回地面以下。园林绿地宜采用地埋弹出或升降式喷头，喷头顶部应配备橡胶保护盖，采用再生水灌溉时，喷头顶部应配紫色的橡胶警示盖。

（5）喷头止溢要求：布置在管路高程最低处的喷头应带止溢装置。

（6）同一灌水小区喷头要求：在同一灌水小区或同一阀门控制的管道上宜选用同一型号的喷头。

（7）喷头喷洒强度：所选喷头强度不宜大于当地土壤的入渗速率。

（8）喷洒均匀性：灌水设备的选择和灌水小区的设计应达到或超过最小灌水均匀性要求。灌溉系统的最小灌水喷洒均匀性不小于表 7-12 的规定值。

表 7-12　各种灌溉方式的最小喷洒均匀性

灌溉方式	均匀性类型	最小喷洒均匀性/%
固定式喷灌	低 1/4 分布均匀性（DU）	55
旋转式喷灌	低 1/4 分布均匀性（DU）	70
微灌	喷洒均匀性（EU）	80

（9）灌水器布置原则：灌水器的布置应满足喷洒均匀性的要求；应避免绿地乔、灌木对喷水效果的影响；在无风或微风的情况下水量不应喷洒到公共道路、便道、停车区、建筑物、围栏或邻近财务上，在有风的情况下也不宜产生过量的超界喷洒。应根据灌区地形、水力条件以及正常灌溉期内典型的风速和主风向按直线、三角形、方形和矩形等形式等间距、等密度布置喷头，喷头布置应充分考虑风对水量分布的影响，当设计风速在 1.5 ~2.0 m/s 且喷头呈方形布置时，喷头的布置间距应等于喷头的射程，当设计风速大于 2.0 m/s 时，喷头的布置间距应按制造商的建议减小。

（10）边角区域喷头布置原则：地块的边角区域，因喷头往往是以半圆、90°或扇形角度喷洒，若选配与地块中间全圆喷洒相同的喷嘴进行喷洒，则边角区域势必大大超过地块中间区域的喷灌强度。因此，在绿地的边角区域，应按与地块中间区域的喷灌强度相同的原则选配小级别的喷头。

（11）同一灌水小区喷头喷洒强度要求：在同一灌水小区或有一个阀门控制的灌溉管网系统内，不应布置不同类型、喷洒强度不同的灌水器，否则，将难以控制全区的喷洒质量。由于将乔、灌、草进行空间配置以获得最佳景观绿化效果，在同一小区内有时需针对不同植物布设不同的灌水器进行灌溉，但小区内的喷头等灌水器不能仅由一个闸阀控制灌溉运行，而须根据不同灌水器的运行要求，分别设置闸阀进行独立控制。同一阀门控制管网或灌水小区内应布置具有相同喷洒强度的灌水器。

7.2.2　园林绿地微灌技术

微灌系统一般包括首部系统、管网系统、灌水器、控制系统等部分。微灌可分为滴灌、微喷等方式，不同灌溉方式对土壤的湿润方式有所不同，滴灌将水直接输送至土壤，可直接将灌溉水送至每株绿化植物；而微喷是将水喷入空中一定距离后再以雨滴形式落到土壤上。

1. 首部系统选型配套

首部系统包括过滤系统、变频与安全防护系统、信息化监控系统等。首部配置同喷灌。

2. 管网系统布置形式

对于乔木灌木可采用单行毛管绕树或单行小管出流布置（图 7-7），出水点个数由单出水口流量决定。

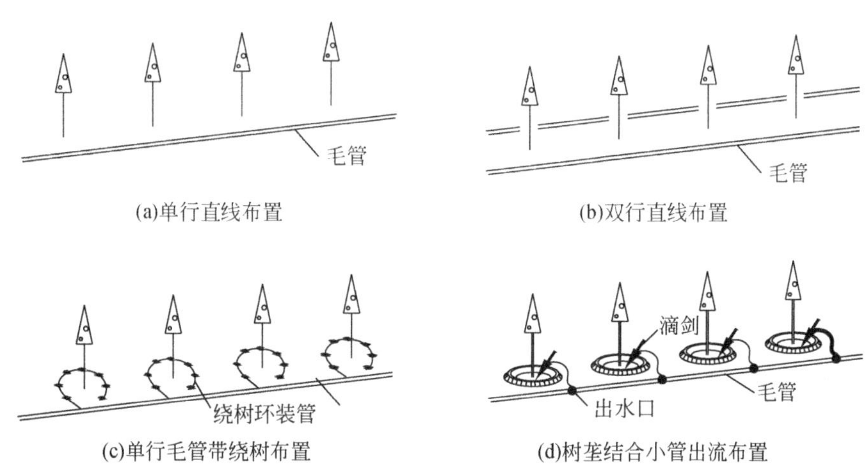

图 7-7　毛管典型布置形式

1）滴灌灌水模式

单行滴灌（带）管布置形式：一般情况下灌木等密植或株距较小的树木均采用此形式，在灌木幼龄时其耗水强度小，可采用单行毛管布置，待灌木经过幼龄期后，可改用双行直线布置，以满足其水分需求。

双行滴灌（带）管布置形式：对于乔木，根系分布较广，可以采用双行毛管平行布置的形式，即沿树行在两侧布置两条毛管，每棵树两边可以安装多个灌水器，其个数需要根据当地土壤入渗能力来确定，但这种布置方式需要使用较多的毛管，离树干距离 40 ~ 60 cm。

单行滴灌灌水器环状布置形式：灌溉毛管围绕树干，可以对根部均匀供水，环状灌水器与树干的距离通常为树冠半径的 2/3。

2）涌泉灌–树畦结合模式

涌泉灌–树畦结合模式可以实现畦内土壤水分均匀入渗，由于涌泉灌灌水器设计流量较大，因此设计灌水周期较短，同时，对于渗透性强的土壤，其灌水均匀度要高于小流量滴头。

3. 灌水器

1）滴灌灌水器

（1）滴头分类。滴灌系统的灌水器称为滴头。滴头是滴灌系统最关键的设备之一，滴头的灌水均匀度与抗堵塞性能直接关系到滴灌系统的灌水效果与寿命。根据不同的分类方式，滴头可分为不同类型（表7-13）。

表7-13　滴头分类及特点

分类依据	类型	主要特点
按滴头与毛管连接方式分类	管上式滴头	毛管上直接打孔，并安装此类滴头
	管间式滴头	此滴头安装于毛管之间，已很少见
	滴灌带（管）	制造过程中将管状或片状灌水器直接与毛管连为一体，壁厚较薄（一般0.4mm）、卷盘后压扁呈带状的称为滴灌带；壁厚较厚（一般大于0.4mm）、卷盘后仍呈管状的称为滴灌管
按滴头流态分类	层流式滴头	层流式滴头流态指数一般为0.8～1.0，滴头流量变幅压力变化较大
	紊流式滴头	紊流式滴头流态指数一般在0.5左右，滴头流量变幅随压力变化较小
按消能方式分类	长流式滴头	靠流道壁的沿程阻力消除能量，一般流道较长
	孔口式滴头	以孔口出流造成的局部水头损失来消能
	涡流式滴头	水流进入滴头的涡室形成涡流
	迷宫式滴头	迷宫流道具有扰动效能作用，流道一般较长
	压力补偿式滴头	借助水流压力使弹性部件或流道变形，使过水面变化实现稳定出流
	自冲洗滴头	分为打开或关闭自冲洗滴头和自冲洗滴头
按出水个数分类	单出水口	大部分滴头为单出水口
	多出水口	此类滴头一般有2～6个出水口或者更多，可以同时给多个作物园艺植物供水

（2）滴头的选择布置。滴头的选择要考虑园林植物根系活动层深度、水源条件、土壤特性等，综合不同要素确定滴头的流量与工作压力。两种滴头湿润体的宽度、深度随流量增加而增加；同一流量不同土壤条件下湿润体也有显著差异，黏土条件下湿润体宽度大于深度，砂土条件下湿润体宽度小于深度。

园林植物为带状连续分布的乔灌木，间距较小时可以选择滴灌带，不连续种植且间距较大时可以选择管上式滴头，为不同园林植物组合条件下，滴灌系统毛管布置与滴头安装方式，对于乔木或者较大的灌木一般需要安装4个滴头，较小的灌木安装1个滴头，具体布置根据实地情况确定。

2）微喷灌灌水器

（1）微喷头分类与组成。微喷灌灌水器又称微喷头，目前市场上微喷头种类较多，根据水流路径与喷洒方式的不同，可以将微喷头分为以下四种类型：①折射式微喷头。此类微喷头设有转动部件，具有一个固定结构，起到改变水流路径、喷洒水滴的作用，改变水流路径后，按照一定的角度且呈不连续水滴喷洒进入空中，降落到园林植物上，主要特点是雾化程度较高、射程小、降雨强度大、结构简单、价格便宜。②旋转式微喷头。此类微喷头具有一个旋转机构，起到改变水流路径、喷洒水滴的作用，旋转机构在水流反作用力的驱动下，旋转向空中均匀抛洒水滴，降落到园林植物上，主要特点是射程较远、雾化程度较高，降雨强度较小。③离心式微喷头。此类微喷头水流从切线方向进入离心室，绕垂直轴旋转后，从离心室中心射出，在空气阻力作用下粉碎成水滴洒灌在微喷头四周。这种微喷头的特点是工作压力低、雾化程度高。④缝隙式微喷头。此类微喷头的出水口为一条缝隙，出水口与入水口连为一体，在空气阻力下粉碎散成水滴，主要特点是价格便宜、射程较小、降雨强度较大。

（2）微喷头性能及选型。①微喷头流量与工作压力。按照流量的大小、可以将其分为小流量微喷头（20 ~ 40 L/h）、中流量微喷头（50 ~ 90 L/h）和大流量微喷头（100 ~ 240 L/h）。微喷头射程一般为 1 ~ 7 m，工作压力一般为 0.1 ~ 0.2 MPa。②喷洒强度。两种喷头和喷洒强度各不相同。这些结果表明，微喷头的喷洒水量分布越均匀，越可以降低土壤水分张力，越有可能采用较长的灌水时间。同一定额灌水量，旋转式微喷头由于水量分布均匀，灌水利用率较高；旋转式微喷头的有效喷洒面积占湿润面积的比例最大；使用旋转式微喷头可使灌水时间延长，需要劳力较少。③微喷头选型。微喷头主要适用于园林绿地的局部灌溉，微喷头选择主要依据土壤渗透速率、管网工作压力、湿润比等来确定微喷头流量与压力参数，同时，根据土壤渗透速率确定适宜的降雨强度与微灌灌水器类型，避免地表积水或渗层渗漏。

3）微灌设备选型与配套

（1）微灌灌水器选型。微灌工程所选用的灌水器是否合适，直接影响到工程投资、灌水质量和管理工作的难易。对于密植行种植物，选用滴灌管可达到条带湿润土壤的要求；对于乔灌等植物，选用多孔出水毛管、细流灌水器和微喷灌水器均能满足微灌要求。轻质土壤宜选用流量较大的滴头或微喷灌水器，以增大灌溉水的横向扩散范围；黏性土壤宜选用流量较小的灌水器，以避免产生地表径流。干旱地区选用滴水或渗水灌水器，目的是减少地面蒸发损失，应综合考虑灌区土壤、植物、气象条件等因素，选择能满足设计灌水方式要求的灌水器。

（2）因滴灌/微灌系统不易受蒸发、风、地表径流等影响，故应将滴灌/微灌系统与其他灌水方式控制的灌溉面积区分开来，以便根据实际情况分别进行灌溉。

（3）城市绿地灌溉通常采用市政供水系统作为水源，但由于市政供水的水源压力随机波动，有可能损害微灌系统的灌水器，而带有压力补偿装置的灌水器只能调节出水量，对因水源系统的压力波动而对灌水器结构本身造成的损害不起作用，故只有在确知水源的可能最大压力小于微灌系统灌水器的最大允许压力时，才能忽略压力对调节装置的影响。

（4）将单个毛管的末端连接起来，可以使微灌系统压力均衡，改进微灌系统的灌水均匀性，同时有助于冲洗滴灌管内的碎物，当滴灌管损坏时也可减少堵塞。

（5）设空气阀后可减少被吸入管内的垃圾，也可防止其他污物进入灌水器。

7.3 园林绿地节水潜力及管理对策

城市绿地节水包括工程、农艺、生物等综合措施，随着城市雨洪利用技术、再生水灌溉技术、高效节水灌溉设备的发展，园林绿地的节水管理体系也需相应调整。本节利用园林绿地节水理论框架，通过政策与规划、管理机制建设和管理手段三方面分析管理政策制定、用水需求控制和非传统水源开发利用方面存在的问题，进而以北京市为例，分析北京市绿地节水管理现状，从园林绿地耗水和工程节水方面分析北京市园林绿地的节水潜力，提出建立高效的水管理体系和统筹利用多种水源的建议。

7.3.1 城市园林绿地节水潜力分析

城市园林绿地节水潜力的准确估算，不仅对园林绿地节水灌溉规划有科学的指导意义，而且对区域水资源的优化配置乃至区域经济发展等都有着十分重要的现实意义（陈建耀和刘昌明，1998；杨丹丹等，2012；金松，2014）。目前，对园林绿地灌溉节水潜力的研究通常采用农作物灌溉节水潜力的评估方法开展（欧玉民等，2021）。农作物节水潜力的计算一般从作物需水量出发，考虑充分利用有效降水量和通过节水工程措施来提高灌溉水利用系数后计算出农业灌溉需水量，然后再与现状灌溉用水比较，两者之差便是节水潜力。张艳妮等（2007）、高传昌和类维蒙（2009）从作物需水量出发考虑有效降水、输水损失、田间损失等因素后，构造了一个理论节水潜力的计算公式，并根据水资源利用管理水平、大众的节水意识、水的价格、有关水的法规的制定和执行情况，以及水利投资等得到现实调节因子，分别求得了山东省的农业节水潜力和河南省中牟县杨桥灌区的节水潜力。段爱旺等（2002）认为农业节水潜力由狭义节水潜力和广义节水潜力两部分组成，狭义节水潜力是指通过一定的节水技术措施直接减少农业用水过程中的水量损失，从而减少对水资源的直接消耗所节约出来的水量；广义节水潜力是指通过农艺措施提高作物用水向社会需求的农产品的转化效率，从而通过提高单位土地的农产品生产能力来减少区域内对水资源的总需求量所节约的水量，因此在农业节水潜力的开发过程中，需要工程节水措施、管理节水措施和农艺节水措施共同发挥作用。现有的农业节水潜力研究是以现状灌溉用水量为基准，充分考虑用水管理制度的条件下，与作物需水量相比较所得出的水量。园林绿地的节水潜力分析与农业节水潜力类似，可通过工程、管理、农艺等措施来提升节水潜力。

1. 节水潜力的研究与计算方法

1）研究方法

灌溉节水的途径主要包括降低灌溉定额、提高灌溉水利用系数、覆盖保墒、非常规水源利用等措施。所谓降低灌溉定额是指用现状实际灌溉定额减去作物生育期内有效降水量和直接耗用的地下水，也就是得到净灌溉定额；提高灌溉水利用系数可以通过改善节水工程设施和提高管理措施等手段实现；覆盖保墒是指园林绿地中对于乔木、灌木等种植结构的绿地，通过覆盖石子、松针或树皮等材料，减少无效蒸发；非常规水源利用是指对于满足再生水或雨水等非常规水源供水需求的园林绿地，可通过再生水或雨水灌溉的方式置换地下水，减少清水消耗。本研究以北京市为例评估上述措施的节水潜力。

2）区域毛灌溉需水量的计算

毛灌溉需水量的计算包括现状计算毛灌溉需水量、降低灌溉定额后的毛灌溉需水量、提高灌溉水利用系数后的毛灌溉需水量、覆盖保墒等农艺节水措施实施后的毛灌溉需水量、非常规水源置换的灌溉水量等，计算公式分别如下：

$$W_1 = \mathrm{ET} - P_\theta \tag{7-6}$$

$$W_2 = \sum_{i=1}^{n} A_{0i}\, w_{净i} / \eta_1 \tag{7-7}$$

$$W_3 = \sum_{i=1}^{n} A_{0i}\, w_{净i} / \eta_2 \tag{7-8}$$

$$W_4 = \sum_{i=1}^{n} A_{1i}(1 - \beta_i)\, w_{净i} / \eta_2 \tag{7-9}$$

$$W_5 = \sum_{i=1}^{n} A_{2i}\, w_{净i} / \eta_2 \tag{7-10}$$

式中，W_1为现状计算毛灌溉需水量，通过水量平衡法计算得到，其中 ET 为园林绿地耗水量，通过遥感影像资料估算；P_θ为有效降水量，$P_\theta = \alpha P$，α 为降雨入渗系数，其值与一次降水量、降雨强度、降雨延续时间、土壤质地、地面覆盖及地形因素有关。一般认为当一次降水量<5 mm 时，α 为 0；当一次降水量在 5 ~ 50 mm 时，α 为 0.8 ~ 1.0；当一次降雨量>50 mm 时，$\alpha = 0.7 \sim 0.8$。W_2 为降低灌溉定额后的毛灌溉需水量；W_3为提高灌溉水利用系数后的毛灌溉需水量；W_4为覆盖保墒等农艺节水措施实施后的毛灌溉需水量；W_5为非常规水源置换的灌溉水量；A_{0i}、A_{1i}、A_{2i}分别为现状各植被类型的种植面积、实施农业措施的各植被类型种植面积、可实施非常规水源置换的各植被类型种植面积；$w_{净i}$为作物的净灌溉定额；η_1、η_2 分别为现状灌溉水利用系数和提高后的灌溉水利用系数；β_i 为现状各植被类型的节水率；n 为植被种类。

3）节水潜力计算公式

节水潜力由四部分组成，其计算公式如下：

$$\Delta W = \Delta W_1 + \Delta W_2 + \Delta W_3 + \Delta W_4 \tag{7-11}$$

式中，ΔW 为节水潜力；ΔW_1 为由灌溉定额降低产生的节水量；ΔW_2 为由灌溉水利用系数的提高而产生的节水量；ΔW_3 为由覆盖保墒等农艺节水措施而产生的节水量；ΔW_4 为非常规水源置换而产生的节水量。

2. 北京市园林绿地节水潜力估算

本研究以 2016 年的遥感影像资料、气象数据、园林绿地面积等为基础，估算了北京市园林绿地的节水潜力。北京市山区为生态涵养区，年有效降水量即可满足山区林草地的需水，无须灌溉，本研究的节水潜力估算仅考虑北京市平原区园林绿地用水。

1）现状计算毛灌溉需水量 W_1

采用 SEBAL 模型反演的北京市区域平均蒸发为 1.213 mm/d，结合北京市土地利用数据，分别计算得到林地、草地逐月蒸散发量，全年草地蒸散发量为 576.6 mm，林地蒸散发量为 555.4 mm（表 7-14）。

表 7-14　北京市园林绿地全年逐月 ET 值　（单位：mm）

植被类型	1月	2月	3月	4月	5月	6月	7月	8月	9月	10月	11月	12月	合计
草地	3.8	10.9	17.9	33.7	69.3	85.9	99.7	110.7	85.1	46.9	8.9	3.8	576.6
林地	4.5	12.6	19.9	38.5	64.4	75.7	100.1	106.7	83.6	42.6	5.2	1.6	555.4

依据 2016 年北京市各气象站降水量数据，计算各区逐月有效降水量，2016 年北京市平均降水量为 680.6 mm，有效降水量为 482.2 mm。

由水量平衡法计算现状毛灌溉需水量（表 7-15），林地、草地的现状毛灌溉需水量分别为11 821.15 万 m^3、4070.92 万 m^3，2016 年园林绿地的现状毛灌溉用水量为 15 892.07 万 m^3，与李嘉仝（2018）对北京市区绿地灌溉用水量的计算结果基本一致。

表 7-15　现状毛灌溉需水量计算表

植被类型	面积/万 hm^2	ET/mm	有效降水量/mm	净灌溉定额/mm	W_1/万 m^3
林地	16.15	555.4	482.2	73.2	11 821.15
草地	4.31	576.6	482.2	94.4	4 070.92
合计	20.46				15 892.07

2）降低灌溉定额后的毛灌溉需水量 W_2

北京市林地、草地的净灌溉定额分别为 50 mm、75 mm；依据北京市灌溉水有效利用系数测算结果，2016 年全市的灌溉水有效利用系数为 0.723，林地、草地降低灌溉定额后的毛灌溉需水量分别为 11 168.13 万 m^3 和 4473.46 万 m^3，园林绿地的毛灌溉需水量为 15 641.59 万 m^3（表 7-16）。

表 7-16　降低灌溉定额后的毛灌溉需水量计算表

植被类型	面积/万 hm^2	净灌溉定额/mm	η_1	W_2/万 m^3
林地	16.15	50	0.723	11 168.13
草地	4.31	75	0.723	4 473.46
合计	20.46			15 641.59

3）提高灌溉水有效利用系数后的毛灌溉需水量 W_3

2016 年北京市的灌溉水有效利用系数为 0.723，通过高效节水灌溉工程建设及农艺节水措施等，灌溉水有效利用系数可提高到 0.75；林地、草地提高灌溉水有效利用系数后的毛灌溉需水量分别为 10 766.08 万 m^3 和 4312.41 万 m^3，园林绿地降低灌溉定额后的毛灌溉需水量为 15 078.49 万 m^3（表 7-17）。

表 7-17　提高灌溉水有效利用系数后的毛灌溉需水量计算表

植被类型	面积/万 hm^2	净灌溉定额/mm	η_2	W_3/万 m^3
林地	16.15	50	0.75	10 766.08
草地	4.31	75	0.75	4 312.41
合计	20.46			15 078.49

4）覆盖保墒等农艺节水措施实施后的毛灌溉需水量 W_4

实施覆盖保墒等农艺节水措施可节水 10%~30%，本研究取 20%，对于草地，不具备实施覆盖保墒等农艺节水措施的条件，对于林地，平原区的林地具备实施覆盖保墒等农艺节水措施的条件，林地、草地实施农艺节水措施后的毛灌溉需水量分别为 8613.33 万 m^3 和 4312.41 万 m^3，园林绿地实施农艺节水措施后的毛灌溉需水量为 12 925.74 万 m^3（表 7-18）。

5）非常规水源置换的灌溉水量 W_5

经现状调查，北京市三环以内公园及街旁绿地等不具备再生水接入条件，且再生水管线未覆盖到六环外园林绿地，因此本研究仅针对三环至六环之间的园林绿地采用再生水置换，再生水置换的灌溉水量如表 7-19 所示，林地、草地再生水置换水量分别为 3813.33 万 m^3 和 1540.00 万 m^3，园林绿地可置换水量为 5353.33 万 m^3（表 7-19）。

表 7-18　农艺节水措施实施后的毛灌溉需水量计算表

植被类型	面积/万 hm^2		净灌溉定额/mm	η_2	β/%	W_4/万 m^3
	实施农艺节水措施	不具备实施农艺节水措施				
林地	16.15	—	50	0.75	20	8 613.33
草地	—	4.31	75	0.75	—	4 312.41
合计	—	4.31	—	—	—	12 925.74

表 7-19　再生水置换的灌溉水量计算表

植被类型	三环至六环间面积/万 hm^2	净灌溉定额/mm	η_2	W_5/万 m^3
林地	5.72	50	0.75	3813.33
草地	1.54	75	0.75	1540.00
合计	7.26			5353.33

6）北京市园林绿地节水潜力计算

北京市园林绿地的节水潜力如表 7-20 所示，全市园林绿地节水潜力为 8319.66 万 m^3。

表 7-20　北京市园林绿地节水潜力计算表

名称	计算公式	节水潜力/万 m^3
ΔW_1	W_1-W_2	250.48
ΔW_2	W_2-W_3	563.10
ΔW_3	W_3-W_4	2152.75
ΔW_4	W_5	5353.33
ΔW	$\Delta W_1+\Delta W_2+\Delta W_3+\Delta W_4$	8319.66

7.3.2　园林绿地节水管理对策建议

针对计算得出的园林绿地节水潜力，提出相应的节水对策与建议。具体如下：

一是摸清园林绿地各种植类型作物的耗水规律，制定适宜园林绿地科学灌溉的高效节水灌溉定额，提高水资源利用效率。

二是加大高效节水灌溉工程投入，推广喷灌、微灌等高效节水灌溉方式，提高园林绿地高效节水灌溉面积比例，结合园林绿地各植被类型的灌溉制度科学合理灌溉，提升高效节水灌溉设施的使用率，从而提高园林绿地的灌溉水有效利用系数。

三是推广城市绿地非工程节水技术，包括节水抗旱型观赏植物筛选、节水抗旱制剂使用、覆盖保墒、建植方案优化等。可有效的蓄热、减少杂草生长、改良土壤、蓄水保墒、减少侵蚀。

四是积极推动非常规水利用。充分利用已收集雨水、再生水等非常规水进行灌溉，尽量减少新水使用。在再生水符合园林使用标准和管网可及的前提下，积极开展再生水灌溉工程建设。加强排水集团与用水管理单位的合作交流，开展再生水管网建设与完善工作，制定再生水使用计划，逐步加大再生水在园林绿地灌溉中的应用。

第 8 章 非常规水资源收集与安全利用技术

非常规水资源也称非传统水资源、边缘水等。非常规水资源是指区别于一般意义上的地表水、地下水的水资源类型，包括污水处理后的再生水、微咸水、雨洪水、海水等。对于缺水地区，非常规水的资源化处理、收集存蓄与安全利用既是对常规水资源的重要补充，又是水资源开发利用先进水平的重要标志。农业是京津冀地区特别是河北省最大的水资源消费部门，灌溉是区域农业丰产稳产的基本保障条件，非常规水资源开发利用已成为补充农业用水量不足和发展高效节水农业的重要课题。随着京津冀地区世界级城市群的崛起，非农业部门的水资源需求量激增进一步加剧了农业水资源困境，即使考虑南水北调工程等域外调水潜力，京津冀地区现有淡水资源仍难以充分满足农业用水的需求。加大非常规水资源的农业利用，对于缓解水资源供需矛盾，提高区域水资源配置效率和利用效益等方面具有重要作用。本章重点介绍京津冀地区非常规水资源开发利用现状、农业利用潜力及主要利用技术。

8.1 区域非常规水资源开发利用现状

8.1.1 主要的非常规水资源类型

1. 雨洪水资源

雨洪水资源是指在保证流域防洪和生态环境安全的条件下，利用各类工程技术措施和调度管理手段，对雨水径流和洪水实施拦蓄与调节，将雨水和洪水转化为可利用的水资源（王银堂等，2009）。雨洪水资源利用包括雨水资源利用和洪水资源利用，如山区集雨工程和城市雨水集蓄利用等雨水资源利用；水库、河系沟渠的洪水调度、引蓄等洪水资源利用；流域下游及滨海平原的本地暴雨集蓄与过境洪水（沥水）调蓄等雨洪水综合利用。

各类工程技术措施是雨洪水资源化的基本保障条件。洪水资源利用涉及水库、河道、拦河闸坝、蓄滞洪区以及自然和人工坑塘、淀洼，不仅包括各级各类水利工程，也包括农田渠系灌溉工程和山区生态治理工程和水土保持工程等。依托各类水利工程对雨洪资源的蓄、滞功能，通过科学调度，对雨洪水资源进行利用，一方面满足工农业用水需求，另一方面通过延长雨洪水在河道、坑塘的停滞时间，从而补充回灌地下水，提高雨洪水的资源转化效率和生态效益（毛慧慧和李木山，2009）。

2. 微咸水/咸水资源

微咸水/咸水通常指的是矿化度较高的地下水。根据《水文地质术语》(GB/T 14157—1993)，将总矿化度 1 ~ 3 g/L 的地下水定义为微咸水，总矿化度 3 ~ 5 g/L 的地下水定义为半咸水，总矿化度>5 g/L 的地下水定义为咸水。

地下微咸水/咸水主要用于农业灌溉，农业利用地下咸水量占咸水总开采量的 90% 以上。微咸水/咸水灌溉方式包括微咸水直接灌溉、咸淡水混灌和咸淡水轮灌。矿化度为 1 ~ 3 g/L 的微咸水可直接用于农业灌溉，利用小于 3 g/L 的微咸水灌溉小麦、棉花、玉米等作物，产量与用淡水灌溉相近。在滨海地区，利用地下咸水养殖海蟹、鱼和对虾，可避免海水污染对养殖业造成的影响，提升品质。此外，滨海港口、化工、电力等工业的冷却用水及城镇的环卫用水等也可以利用地下咸水，从而减少对淡水资源的消耗（郜洪强等，2010）。

3. 再生水资源

再生水是指工业或生活废水、雨水经适当处理后，达到一定的水质指标，可以进行重复利用的水资源。不同地区再生水水质标准有所不同，北京市、天津市的污水处理厂再生水出水指标可满足《地表水环境质量标准》（GB/T 3838—2002）Ⅳ类标准，石家庄市再生水水质指标达到《城镇污水处理厂污染物排放标准》（GB 18918—2002）一级标准的 A 标准，可作为城镇景观用水利用。根据《再生水水质标准》（SL 368—2006），再生水应用于工业冷却、农林灌溉、市政冲洗和景观环境等不同用途时，需满足相应的水质标准要求。

再生水总量大、水质稳定、受季节和气候影响小，是一种“二次水源”，利用再生水进行农田和景观绿地灌溉在国内外已得到广泛应用（崔丙健等，2019）。达标再生水含有一定量的氮磷等养分，重金属污染物等毒理指标量低，利用其灌溉农田既能实现污水资源化，又能利用土壤自身特性净化水质，减少环境污染。

8.1.2 非常规水资源在农业中的利用

1. 非常规水农业利用的重要性

农业是全球水资源消耗的最主要部门，农业用水占全世界总用水量约 70%。灌溉在提高耕地生产力方面发挥了巨大作用，具备灌溉条件的耕地面积占总耕地面积的20%，却生产了世界约40%的粮食（Sauer et al., 2010）。但世界各国都面临着水资源枯竭和淡水需求量急剧增加的压力，尤其是干旱半干旱地区的国家，由于气候变化和人口增加等因素影响，农业灌溉用水需求增加，但可用于农业的水资源却呈减少趋势。传统的淡水资源难以充分满足农业用水的需求，灌溉水源的减少一方面提高了农业用水成本，另一方面也增大了农业生产的不稳定性。再生水、微咸水、雨洪水等非常规水资源作为可靠的水源，其开发利用不仅对于提升区域水资源、水生态、水环境承载能力，促进水资源均衡开发与利用有重要意义，而且已成为农业用水的替代性资源以及缓解农业用水危机的重要应对策略，是现代农业节水技术研发的重要领域之一。

京津冀地处半干旱气候区，是典型的资源型缺水区域，降水和光热资源不匹配，自然降水年均500～650 mm，水资源不足已经成为京津冀地区生态环境安全和水安全的核心制约，成为京津冀协同发展的“最短板”。长期以来，农业灌溉用水占本地区地下水消耗总量的75%以上，是造成地下水严重超采的最主要原因（张光辉等，2011）。本地区最典型的小麦-玉米一年两熟模式的年度水分需求高达750～800 mm（Shen et al., 2013），自然降水不能满足作物需水。大规模高强度的农业灌溉对区域地下水快速下降产生了决定性影响，是华北平原地下水超采区形成的主要原因。长期超量开采引起地下水位持续下降，已给区内的生态环境、社会经济发展和农业生产带来巨大的影响。以地下水为主的常规水资源，已无法保障京津冀地区农业稳定生产的灌溉用水需求。因此，作为可利用水资源量的重要部分，再生水、微咸水、雨洪水等非常规水资源的有效利用不仅可缓解农业灌溉对传统水资源的依赖，更对稳定本地区农业生产规模，支撑农业可持续发展具有重要作用。

2. 国内外非常规水的农业利用情况

国外非常规水灌溉历史较长，美国、以色列等农业技术先进的发达国家在非常规水灌溉技术及标准规范等方面均比较成熟。加利福尼亚州是美国再生水利用率最高的地区，再生水计划年利用量占规划新增水源的40%左右，包括农业和城市绿地在内的再生水灌溉量约占再生水总量的70%（陈卫平，2011）。尽管欧洲水资源较为丰富，但为了应对水资源需求增加和水质恶化等问题，20世纪90年代以来，半干旱的南欧各国逐步建立了再生水利用体系，约3/4的再生水被用于农业灌溉（李昆等，2014）。以色列是再生水利用技术研发和应用的先进典型，其再生水回用量约为其总处理污水量的83%，基本全部用于农业灌溉，可占到农业灌溉用水总量的40%。

开发地下咸水资源是解决农业灌溉淡水资源缺乏的重要途径，研究表明，合理利用微咸水不会造成作物减产（Jiang et al., 2013）。美国、澳大利亚、以色列等国已建立起较完善的微咸水灌溉利用体系。美国西南部干旱地区，利用地下微咸水灌溉棉花、苜蓿等耐盐经济作物取得较好的产量；澳大利亚利用微咸水灌溉苹果树也获得较好效果。以色列农业生产中微咸水灌溉占有很高比例，微咸水喷灌和滴灌技术处于领先水平；埃及地中海沿岸地区有超过 40 万 hm^2 的耕地采取微咸水灌溉，每年消耗 3 亿 ~5 亿 m^3 微咸水。

雨洪水通过河道、湿地消纳增加对地下水的补给，以调蓄河道径流的方式间接增加农业可用水资源，也可以利用坑塘、水窖等设施进行集蓄利用。日本采取雨洪就地消化的利用方式，在原渠道化的河道上人为造滩、营造湿地，提高了雨洪水的资源转化效率。美国与澳大利亚对市区雨水进行集蓄调度，并用于城郊农业，替代了 18%~21% 的灌溉用水量（Lundy et al., 2018）。20 世纪 80 年代以来，联合国开发计划署和世界银行在非洲推进雨水集蓄项目，利用 10 ~100m^3 的储存池收集雨水径流用于补充灌溉或者生活用水，技术推广范围涵盖肯尼亚、博茨瓦纳、纳米比亚、埃塞俄比亚等国，其中埃塞俄比亚约 350 万 hm^2 雨养耕地因此满足一定的灌溉条件，成为缓解旱季粮食生产和生活用水短缺的重要措施之一（Ngigi et al., 2005）。

我国非常规水的农业利用也有较长历史。我国自 20 世纪 50 年代开始采用污水灌溉，先后形成了北京污灌区、天津武宝宁污灌区、辽宁沈抚污灌区、山西惠明污灌区及新疆石河子污灌区共五大污灌区，全国污灌面积达到 300 万 hm^2（代志远和高玉珠，2014）。到 2015 年，全国再生水资源量为 366.5 亿 m^3，其中 110 亿 m^3 用于农田灌溉，再生水已成为我国农业的重要灌溉水源之一。京津冀、内蒙古、陕西、山西等地，再生水已在农田灌溉、绿地灌溉、景观补水等方面得到规模化利用。北京是我国再生水利用率最高的城市之一，先后建设了新河灌区、南红门灌区等再生水灌区，灌溉面积超过 4 万 hm^2，2010 年再生水灌溉量达到 3 亿 m^3（潘兴瑶等，2012）。

我国地下微咸水资源广泛分布在华北、西北以及沿海地带，特别是盐渍土地区，埋深较浅，易开发，据统计，我国微咸水总资源量为 277 亿 m^3，其中华北平原地区矿化度为 2 ~5 g/L 的浅层微咸水资源量约 75 亿 m^3，西北地区地下微咸水资源量为 88.6 亿 m^3，农业灌溉利用潜力较大（王全九和单鱼洋，2015）。从 20 世纪 60 年代开始，我国开始微咸水安全灌溉技术研发，通过开展粮食作物、经济作物和蔬菜微咸水灌溉的试验研究，建立了适用不同地区和作物生产条件的微咸水灌溉技术体系，包括微咸水直接灌溉、咸淡混灌、咸淡轮灌、冬季结冰灌溉等，宁夏、内蒙古、甘肃、新疆等地微咸水灌溉均取得了超过传统旱作的产量。不适宜的长期咸水灌溉可导致土壤退化，造成作物减产及环境问题，针对长期微咸水安全灌溉的技术体系和田间调控措施也日趋成熟。微咸水灌溉结合雨水资源利用，通过种植耐盐植物品种、增施微生物肥和土壤调理剂提高土壤缓冲能力；地膜覆盖、秸秆还田降低土壤蒸发，提高土壤蓄雨能力，抑制盐分表层积聚；集成微咸水安全高效的灌溉技术，制定规范的技术规程，可有效控制咸水和微咸水灌区土壤次生盐渍化，达到咸水资源的高效安全可持续利用（牛君仿等，2016）。

集蓄雨水、拦蓄调控洪水补充农业灌溉水资源，能够缓解干旱地区和季节性缺水地区农业水资源不足的矛盾。我国北方干旱半干旱地区对雨洪水的农业利用具有悠久的历史，甘肃会宁清朝末年修筑的水窖至今仍可使用。20 世纪 80 年代起，西北地区开展了大规模的雨水收集和补充灌溉技术研发与示范，水窖、水池和小型塘坝等各类因地制宜的农业集雨示范工程在西北干旱区得到推广，如甘肃“121”雨水集流工程、宁夏“窑窖工程”、内蒙古“112”集雨节水灌溉工程和陕西“甘露工程”等，雨水集蓄和节水灌溉技术相结合，为各地农业稳产增产提供了支撑（He et al., 2007）。除坡面降雨集蓄和小流域集水工程外，北方平原地区可通过山区水库、平原河道和坑塘淀洼的连通工程进行联合调度，将山区径流、城市建成区形成的雨洪水进行梯级拦蓄，将雨季形成的洪水资源用于旱季的农业灌溉，替代地下水资源开采（毛慧慧和李木山，2009）。

3. 非常规水农业利用的问题与前景

与传统水资源相比，非常规水的农业利用仍存在一定障碍，主要包括：再生水和微咸水中污染物、盐分的富集与安全性问题，雨洪水灌溉利用的输送调度、集蓄存储和跨季节利用的工程与成本问题。

水质是决定再生水和微咸水灌溉利用风险大小的最主要因素，为保障农业灌溉的可持续性，相应的灌溉技术和配套作物生产技术需要综合考虑以下几方面：①长期咸水灌溉导致土壤盐碱化、土地生产力退化以及对作物的盐胁迫问题；②再生水灌溉的水质安全标准以及长期灌溉导致的土壤重金属、污染物积累问题；③重金属及污染物在作物和农产品中的富集与健康风险问题；④再生水、微咸水灌溉对地下水中含盐量、污染物扩散的不利影响问题。美国、欧盟、澳大利亚和日本等发达国家和地区均建立了相对规范的再生水水质和回用标准，我国也颁布实施了《城镇污水处理厂污染物排放标准》（GB 18918—2002）和《城市污水再生利用农田灌溉用水水质》（GB 20922—2007）。受污水水源和处理技术、成本等多种因素的影响，现有污水处理技术不能完全去除重金属和各类有机污染物，并且多数污染物短期内在土壤和作物中不会表现出明显的污染特征，需要长期定位监测研究。再生水农业利用会使污染物进入土壤，进而转移至植物体内，三氯卡班、三氯生在块茎类蔬菜中有较高的生物富集水平，而卡马西平、双氯芬酸和三氯生等在叶菜类蔬菜的茎叶中也有累积趋势（Wu et al., 2015）。再生水地表滴灌不会导致病原微生物向作物中迁移，但土壤养分越高越有利于粪大肠菌群生长繁殖，因此再生水灌溉引发疾病传播的潜在风险始终存在（韩洋等，2018）。城镇生活污水处理后的再生水氮含量较高，灌溉可造成地下水的硝酸盐污染，地下水埋深越浅，再生水灌溉导致的氮素淋溶与迁移造成的浅层地下水污染风险越大。

咸水代替部分淡水进行农业灌溉，一定程度上可缓解淡水资源不足，但咸水灌溉带来的土壤积盐和作物减产等问题是困扰咸水长期安全利用的关键。咸水灌溉会增加土壤的次生盐渍化风险，土壤溶液中过量的盐可对作物生产造成多种负面影响：土壤结构稳定性破坏、土壤水力学性质恶化、作物产量下降、微生物生物量和土壤酶活性降低等。不适宜的长期咸水灌溉导致土壤永久退化，破坏土壤生产力。而土壤健康对于农业和环境的可持续性至关重要，是作物稳定生产的前提，如果不采取有效措施，长期咸水灌溉将会导致作物产量显著下降并破坏耕地资源（牛君仿等，2016）。

雨洪水的集蓄存储工程成本高，空间上存在城镇收集、农田利用的问题，时间上存在雨季收集、旱季利用的问题。城镇道路是雨水径流的主要污染源，一定条件下雨水灌溉可导致蔬菜食用部分重金属超标，从而引发食品安全问题和健康风险（Ng et al., 2018）。雨水经过地面和渠系汇流，雨水中氮磷等营养物质含量明显提高，可能导致储存过程中水质发生变化，藻类生长和细菌增殖是雨水和再生水共同存在的问题。雨洪水的资源化依赖于各类工程措施和调度管理等非工程措施的前期投入和高效协同，在保证防洪安全的前提下，科学合理地拦蓄洪水资源。雨洪水资源利用的非工程措施包括水利工程调度与管理的大多数措施，如水库分期洪水调度技术、洪水预测预报技术、水库预泄与水系河网联调技术、蓄滞洪区主动运用等。雨洪水的资源化工程体系和管理体系仍需进一步健全（毛慧慧和李木山，2009）。

淡水资源的短缺和居民生活、工业用水的竞争，使农业生产对再生水、微咸水和雨洪水等非常规水资源利用的重要性日益增加。为保障非常规水资源的长期、安全利用，应进一步研发配套的灌溉技术、作物配置及田间管理措施，完善非常规水资源长期灌溉生态安全综合评价指标和标准规范体系。为了进一步促进非常规水资源农业利用的可持续性，降低灌溉的环境及健康风险，应做好非常规水资源农业利用规划、高效灌水技术、适宜作物配置、灌溉风险和区域非常规水利用监测与管理等工作，集成综合应用模式，提高非常规水资源利用效率和安全性。通过进一步完善农业非常规水资源利用的标准规范体系，加强农业非常规水资源灌溉技术研究、推广，以及制定农业非常规水资源开发利用激励政策，因地制宜地建立适合区域气候特点和资源禀赋、产业特点的农业非常规水资源利用技术体系，推进农业非常规水资源的开发与安全利用。

8.1.3 京津冀地区非常规水资源开发利用状况

京津冀地区利用较多的非常规水资源包括：再生水资源、微咸水/咸水资源和雨洪水资源。海水淡化技术尽管比较成熟，但由于成本较高，目前淡化的海水尚不能大规模应用于农业生产中。

1. 再生水利用状况

京津冀地区水资源匮乏，再生水是重要的非常规水源，其利用量连年增长。2015 年的污水处理总量和再生水利用总量分别是 2005 年的 2. 4 倍和 4. 1 倍。2018 年京津冀再生水利用量增加到 20. 16 亿 m^3，为 2005 年的 6. 7 倍，其中北京市再生水利用量为 10. 76 亿 m^3，天津市为 4. 14 亿 m^3，河北省为 5. 26 亿 m^3。北京市的再生水利用量最大，利用范围最广，2018 年度再生水利用量已经占到全市总供水量（39. 3 亿 m^3）的 27. 4%，显著高于天津市和河北省的水平（水利部海河流域水利委员会，2019）。

随着再生水循环利用的发展，北京市颁布了城市污水再生利用的相关标准，初步构建了再生水相关标准体系，对再生水的循环利用和可持续发展起到了有效的推动作用。北京市地方标准《再生水农业灌溉技术导则》（DB11/T 740—2010）规定了农业利用再生水灌溉规划、设计的基本原则、要求和方法以及再生水灌区监测与管理，并要求有条件的地区优先选用再生水作为灌溉水源，并依据相关标准建立再生水水质、灌区排水水质、地下水水质、土壤质量和农产品质量监测与评价制度。“十二五”期间，北京市制定《北京市加快污水处理和再生水利用设施建设三年行动方案》，全市共新建再生水厂 41 座，年利用再生水能力提高到 9. 5 亿 m^3；“十三五”期间新建再生水厂 18 座，升级改造污水处理厂 8 座，通过工程利用高品质再生水 12 亿 m^3，再生水成为南水北调通水后北京市的“第二水源”。

2. 咸水/微咸水开发利用状况

京津冀地区地下微咸水的分布和利用集中于京津以南的河北平原东南部低平原地区。河北平原平均深度小于 30 m 的咸水体被称为浅层（微）咸水，大体与该区域的第一含水组底界面相当。矿化度大于 5 g/L 的咸水主要分布在滨海平原及冲洪积扇前缘洼地地区；矿化度为 3 ~5 g/L 的半咸水分布在毗邻滨海平原地区和扇前古洼地边缘；矿化度为 1 ~3 g/L 的微咸水主要分布于古河道间带，呈条带状分布。

河北平原区咸水资源总储量约为 1700 亿 m^3，且矿化度为 2 ~5 g/L 的咸水/微咸水储量达 900 亿 m^3，主要分布在内陆区。根据海河流域第二次水资源评价调查的结果，京津冀地区矿化度>2 g/L 咸水/微咸水区平均地下水资源量（降水入渗补给量与地表水体补给量之和）为 26. 97 亿 m^3，主要分布在天津市南部、河北省东部。其中在河北省矿化度 2 ~3 g/L 的地下水资源量为 12. 69 亿 m^3，矿化度 3 ~5 g/L 地下水资源量为 6. 93 亿 m^3，矿化度>5 g/L 的地下水资源量为 4. 99 亿 m^3。区内矿化度为 1 ~2 g/L 微咸水开采多用于农业灌溉，以补充区内淡水不足。农业利用地下微咸水量占咸水总利用量的 90% 以上。矿化度 1 ~2 g/L 的微咸水开采量大于 20% 的有沧州、衡水；矿化度 2 ~3 g/L 的微咸水开采量占

8.6%；矿化度大于 5 g/L 的咸水开采量所占比例较小，仅为 0.38%。如果对微咸水进行合理的开发利用，在河北平原每年可增加约 10 亿 m^3 的地下水资源量，相应可减少深层淡水开采量，缓解地下水超采导致的一系列环境、生态和水文地质问题。2010 年以来，河北省在黑龙港地区推广咸淡混浇与管道一体化灌溉技术模式，其中沧州市已建成的咸淡水混浇配套井有 3300 多处，可灌溉面积达 7.3 万 hm^2，年均可节约深层地下淡水 6000 万 m^3，单次灌溉成本下降 150 ~225 元/hm^2。

3. 雨洪水集蓄利用状况

京津冀三地对于雨洪资源利用有较高的积极性，通过工程措施和科学调度，近年来雨洪水资源化取得一定成效，既增加了供水，又在一定程度上改善了河道生态环境。京津冀地区西北高、东南低，山区、山前平原、滨海平原依次分布，各区域因地制宜的雨洪资源集蓄利用方式主要有山区集雨工程、水库、平原河道-坑塘联合调蓄等。

山区集雨工程主要包括水窖、水池和小型塘坝。京津冀地区建有山区集雨工程约 50 万处，年利用量为 1.84 亿 m^3。河北省是山区集雨工程的主要地区，共修建集雨工程 35.1 万处，其中水窖 30.3 万个、水池 1.4 万个、塘坝 0.5 万座。集雨工程蓄水能力达 8000 万 m^3，支撑农业灌溉面积 12.89 万 hm^2。

太行山、燕山山前大型水库的汛期调度是提高雨洪水资源集蓄的重要措施，将黄壁庄水库汛限水位提高 1 m，可增加蓄水 4000 万 m^3；将东武仕水库汛限水位提高 2m，可增加蓄水 2000 万 m^3。河北省将汛期分为主汛期（7 月 10 日 ~8 月 10 日）、过渡期（8 月 10 ~20 日）和后汛期（8 月 21 日至 8 月底）3 个时段，在后汛期，水库开始执行后汛期调度水位，与主汛期的汛限水位相比，全省大中型水库可增加蓄水能力约 15 亿 m^3，显著提高了后汛期山区雨洪水的资源转化能力。2019 年河北省大中型水库蓄水量比常年同期多蓄水 6.45 亿 m^3。北京市 2019 年通过对 8 月 9 ~10 日的强降雨过程进行精准调度，密云水库增加蓄水量 3430 万 m^3。

平原区主要利用河渠、坑塘联合调度集蓄雨洪资源。北京市在潮白河上建设了 9 个梯级拦河闸，总蓄水容量为 2000 万 m^3；天津市把北三河雨洪水引到静海区、津南区等地，同时利用一二级河道、中小水库和深渠、坑塘为农业蓄水。河北省沧州市地处滨海平原，在海河南系上游来水减少、水资源短缺的情况下，充分利用坑塘、河渠的雨洪集蓄潜力。2009 年以来，沧州市对 590 条河渠、4010 个坑塘和 3 个洼淀进行联合调度，实现雨洪水集蓄能力约 3.5 亿 m^3，2018 年之后，继续对全市农村 1 万余座坑塘进行全面整治，雨洪水集蓄能力得到进一步提升。

8.2 咸水/微咸水资源的农业安全利用技术

合理开发利用咸水/微咸水资源进行安全灌溉对京津冀地区农业生产和水资源可持续

利用具有重要意义。首先，充分利用咸水进行合理灌溉，每年可以节约大量的淡水资源，减少地下淡水开采。其次，通过开采咸水，调节地下水位，减少潜水蒸发，抑制地下水盐分上升，达到改良盐碱地的目的。另外，大量开采咸水，可以腾出地下库容，通过降雨入渗补给淡水，增加浅层地质空间的调蓄能力，又增强防涝能力。

近年来咸水/微咸水灌溉技术研究得到较快发展，微咸水直接灌溉、咸淡水混合后灌溉、咸淡水轮流灌溉等系列灌溉制度的研究，覆膜地上滴灌、地下滴灌等新技术、新理论的开发应用等都取得了丰富成果。近年来，河北省利用深层淡水和浅层微咸水混合后降低微咸水矿化度的方法进行大田作物地面灌，控制混合水含盐量在 2 g/L 左右，与淡水灌溉比较，小麦、玉米和棉花等作物的产量和品质及土壤含盐量都没有明显变化。喷灌节水省工，可以实现水肥一体及智能控制，是大田作物实现高效节水灌溉的主要工程技术手段。但利用微咸水进行喷灌，作物不仅受到来自土壤盐分的胁迫，作物叶片还会吸收灌溉盐分而受到损伤，从而影响作物产量。本研究开展了微咸水喷灌适应性研究及应用，建立喷灌条件下微咸水矿化度阈值，以及相应的水肥盐一体化调控制度。

8.2.1 冬小麦-夏玉米咸淡混合喷灌试验研究

1. 试验区概况与田间试验设计

2017～2019 年微咸水喷灌大田试验在中国农业大学曲周实验站进行。该站位于 36°40′N、114°55′E，海拔为 39 m。属于暖温带半湿润半干旱大陆性季风气候，多年平均气温为 13.2 ℃，多年平均日照时数为 2454.4 h，多年平均无霜期为 206.6 天，多年平均降水量为 518.5 mm（焦艳平等，2013）。该站地下水埋深 15 m，浅层咸水含盐量约为 5.6 g/L，深层水含盐量约为 1.04 g/L，1 m 土层田间持水量（重量含水量）为 21.9%，土壤干容重为 1.46 g/cm^3，土壤质地为潮土类砂壤土。

1）试验小区和试验材料

试验区种植制度为冬小麦-夏玉米一年两熟制，冬小麦品种为‘龙堂 1 号’，播种量为 187.5 kg/hm^2，行距为 15 cm，10 月上旬播种，6 月上旬收获；夏玉米品种为‘郑单 958’，播种密度为 63 000 株/hm^2，6 月上旬播种，9 月下旬收获。微咸水喷灌试验采用大区试验，试验区总面积为 60 m×96 m，采用全移动管道式喷灌系统，支管和喷头间距均为 12 m，喷头正方形布置，喷头直径为 3.3/1.8 mm，流量为 0.9 m^3/h，射程为 12.3 m，每个小区 2 条支管，每条支管 5 个喷头，小区面积为 72 m×36 m。

2）试验设计

试验设计包括淡水喷灌（淡喷）、2 g/L 微咸水喷灌高氮（2 g/L 高氮）、2 g/L 微咸水喷灌中氮（2 g/L 中氮）、2 g/L 微咸水喷灌低氮（2 g/L 低氮）、3 g/L 微咸水喷灌（3 g/L 中氮）、小畦田淡水地面灌（畦灌）6 个处理，每个处理设 3 个重复。利用地下蓄水池配置不同矿化度的混合水，然后通过潜水泵加压进行喷灌和地面灌水试验。

灌溉计划根据田间土壤墒情监测站监测数据，0 ~ 40 cm 的平均土壤含水量达到田间持水量的 60% ~ 70% 开始灌溉，3 月上旬和 5 月上旬分别为春一水和春二水，7 月中旬为夏一水，两种作物喷灌和地面灌的灌水定额均为 675 m^3/hm^2。

对于冬小麦畦灌和喷灌试验，将全部的磷、钾肥和 40% 的氮肥作基肥底施，其余 60% 的氮肥随春一水和春二水施入。对于夏玉米畦灌和喷灌试验，均将全部的磷、钾肥和 50% 的氮肥作基肥，其余 50% 的氮肥随生育期夏一水追施。冬小麦期的总施肥量 N：P_2O_5：K_2O = 225：150：75kg/hm^2，夏玉米总施肥量 N：P_2O_5：K_2O = 270：60：180kg/hm^2。4 个处理播种前一天须灌足底墒淡水，其他田间管理措施一致。

2. 不同矿化度微咸水喷灌对土壤盐分分布和累积的影响

河北低平原区属典型季风气候区，小麦拔节期、收获期以及玉米收获期正值干燥多风、高温少雨和雨季结束后土壤盐分累积的波峰时段。根系密集层（0 ~ 40 cm）盐分对作物生长具有较大的影响，0 ~ 100 cm 土层是地面灌溉对土壤盐分运移影响的活跃深度（焦艳平等，2012）。研究作物生育期典型时段主要土层的盐分分布和累积对阐明盐分和作物生长的关系具有重要意义。

2018 年 3 月 12 日进行春一水喷灌处理后，各处理的盐分分布差异比较显著，由图 8-1 可见，3 月 20 日返青期，盐分随着土层深度的增加而提高，集中在深层（40 ~ 100 cm），较根系密集层（0 ~ 40 cm）平均高出 2.0 倍；3 g/L 矿化度喷灌处理的各土层盐分含量较 2 g/L 处理平均提高了 39.7%。6 月 4 日收获期与 3 月 20 日的各处理盐分分布趋势一致，收获期 3 g/L 矿化度喷灌处理的深层（40 ~ 100 cm）盐分含量显著高于其他处理，平均高出 61.4%，而畦灌表层（0 ~ 20 cm）的盐分含量显著高于其他处理，平均高出 61.7%。

图 8-2 为 2018 年不同矿化度微咸水喷灌下的夏玉米苗期和收获后土壤盐分剖面分布图。3 g/L 矿化度喷灌处理的土层盐分含量均高于其他处理，尤其在夏玉米收获后（10 月 30 日），平均高出其他处理 46.3%，淡水喷灌处理的各土层盐分含量在收获后均低于其他处理，比畦灌降低了 11.4%，比微咸水喷灌两个处理平均降低了 34.6%。盐分随着土层深度的增加而提高，集中在深层（40 ~ 100 cm）。

表 8-1 为曲周试验站冬小麦和夏玉米轮作农田连续 2 年不同矿化度微咸水喷灌后的土壤剖面盐分累积情况。连续 2 年灌溉，麦收后 2 g/L 和 3 g/L 矿化度喷灌处理的根层（0 ~ 40 cm）土体含盐量 2 年平均分别比淡水喷灌增加 17.8% 和 42.7%，0 ~ 100 cm 土体含盐量 2 年平均分别比淡水喷灌增加 32.9% 和 74.3%；玉米收获后 2 g/L 和 3 g/L 矿化度喷灌

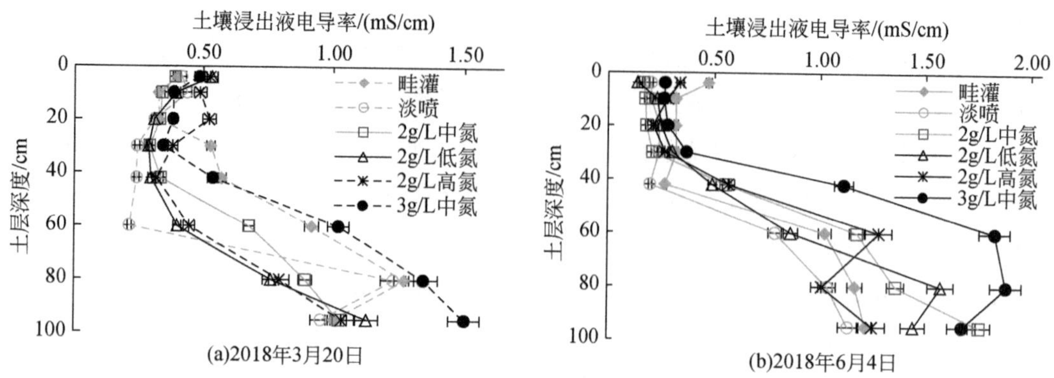

图 8-1　2018 年冬小麦不同生育期土壤剖面盐分分布

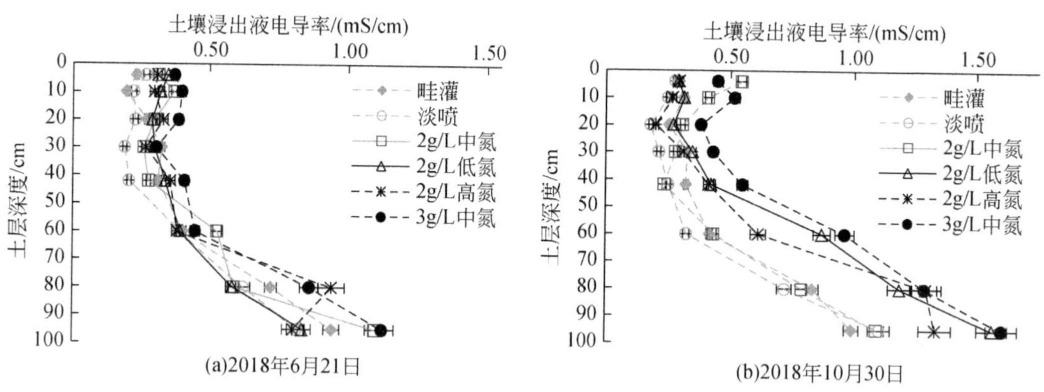

图 8-2　2018 年夏玉米不同生育期土壤剖面盐分分布

处理的根层土体含盐量 2 年平均分别比淡水喷灌增加 40.3% 和 86.9%，0 ~ 100 cm 土体含盐量 2 年平均分别比淡水喷灌增加 39.0% 和 88.9%。说明 2 g/L 和 3 g/L 矿化度喷灌均显著提高了主根层（0 ~ 40 cm）和 0 ~ 100 cm 土体的含盐量。根据换算公式 $EC_e = 1.33 + 5.88EC_{1:5}$（辛景峰等，1986），2 年后小麦收获期 2 g/L 和 3 g/L 矿化度喷灌的主根层含盐量 EC_e 分别为 4.2 mS/cm 和 4.7 mS/cm，0 ~ 100 cm 土体含盐量 EC_e 分别为 5.9 mS/cm 和 6.8 mS/cm，与小麦耐盐阈值 6.0 mS/cm 相比较，2 g/L 矿化度喷灌处理的盐分累积程度均小于影响小麦生长的盐分阈值，但 3 g/L 矿化度喷灌处理的盐分累积已超出小麦生长的盐分阈值，会对小麦生长产生不利影响。2 年后玉米收获期 2 g/L 和 3 g/L 矿化度喷灌的主根层含盐量 EC_e 分别为 3.3 mS/cm 和 3.8 mS/cm，0 ~ 100 cm 土体含盐量 EC_e 分别为 5.2 mS/cm 和 6.7 mS/cm，均超出夏玉米耐盐阈值 1.7 mS/cm，但由于玉米生长季节降雨频繁，土壤墒情良好，会一定程度减缓土壤盐分对作物的胁迫影响。

表 8-1　不同矿化度微咸水灌溉不同深度土体盐分累积

年份	土深(cm)	拔节灌溉前/(mS/cm)			小麦收获后/(mS/cm)			玉米收获后/(mS/cm)		
		淡喷	2g/L	3g/L	淡喷	2g/L	3g/L	淡喷	2g/L	3g/L
2018	0～40	0.23±0.02[a]	0.25±0.02[a]	0.26±0.03[a]	0.22±0.02[b]	0.23±0.03[b]	0.29±0.02[a]	0.23±0.02[c]	0.32±0.04[b]	0.44±0.04[a]
2018	0～100	0.62±0.06[b]	0.61±0.07[b]	0.75±0.05[a]	0.51±0.06[c]	0.67±0.08[b]	0.96±0.10[a]	0.41±0.03[c]	0.59±0.05[b]	0.77±0.05[a]
2019	0～40	0.38±0.03[a]	0.33±0.02[a]	0.37±0.04[a]	0.38±0.04[b]	0.48±0.07[b]	0.57±0.07[a]	0.24±0.03[c]	0.33±0.04[b]	0.42±0.05[a]
2019	0～100	0.48±0.07[b]	0.55±0.06[b]	0.75±0.08[a]	0.58±0.06[c]	0.78±0.05[b]	0.94±0.07[a]	0.48±0.05[c]	0.65±0.06[b]	0.91±0.08[a]

注：数据为平均值±标准差；各处理中的不同小写字母表示在 $P<0.05$ 水平差异显著。

资料来源：焦艳平等，2021

3. 不同氮肥水平和矿化度微咸水喷灌对冬小麦叶片光合特性的影响

微咸水喷灌直接喷洒在作物叶片上，会诱导叶片细胞膨压改变，导致气孔导度、蒸腾作用和光合特性等一系列生理指标的调节与适应，同时农田土壤含盐量增加势必会影响土壤溶液的渗透势，从而改变土壤水分的有效性，引发土壤-植物根系-植物叶片水势梯度的变化，从而对光合产物积累及其在根、茎、叶和籽粒间的分配产生影响（Ben-Asher et al., 2006；康绍忠等，2007）。

实验结果（表 8-2）表明，3 g/L 矿化度微咸水喷灌处理的叶片 P_n、G_s、C_i和 T_r均呈现显著降低的趋势（$P<0.05$，下同），较其他 5 个处理分别平均降低了 20.0%、43.8%、10.9%和 50.1%，LWUE 和 L_s均显著高于其他 5 个处理，分别平均增加了 65.1%和 34.6%。2 g/L 矿化度高氮和 2 g/L 矿化度微咸水中氮处理的叶片 P_n、G_s、LUE 与淡水喷灌中氮处理无显著差异，2 g/L 矿化度高氮处理的叶片 P_n还略高于淡水喷灌中氮处理 5.0%，两者 T_r均显著高于淡水喷灌中氮处理（平均高出 24.3%），且 2 g/L 矿化度高氮处理的 C_i、LWUE 和 L_s与淡水喷灌中氮处理也无显著差异；2 g/L 矿化度低氮处理除了叶片 P_n低于淡水喷灌处理 14.1%，其他光合参数和淡水喷灌处理也无显著差异。淡水畦灌处理的叶片 C_i和 T_r显著高于其他 5 个处理，分别平均增加了 15.2%和 55.7%，而 LWUE 为最低，低于其他 5 个处理，平均降低了 44.3%。

开花期不同处理的叶片光合特征参数（表 8-3），3 g/L 矿化度微咸水中氮处理的 P_n、G_s、C_i和 T_r均显著低于 2 g/L 矿化度喷灌的 3 个处理，分别平均降低了 34.7%、54.3%、20.9%和 43.5%；3 g/L 矿化度喷灌中氮处理的 LWUE 显著高于 2 g/L 高氮和中氮处理，平均高出 37.0%，显著低于淡喷处理 20.4%；3 g/L 中氮处理的叶片 L_s 显著高于 2 g/L 和淡水喷灌 4 个处理的 L_s，平均高出 38.0%。2 g/L 微咸水喷灌高氮和中氮处理的叶片 P_n、G_s、C_i、T_r和 L_s 与淡喷处理的差异不显著，而 2 g/L 高氮和中氮处理的 LWUE 和 LUE 显著低于淡喷处理，分别平均降低了 41.9% 和 20.2%；2 g/L 高氮处理的 L_s 高于 2 g/L 中氮和低氮处理，而且 2 g/L 高氮处理的 P_n高于 2 g/L 中氮和低氮处理，分析这 3 个处理的叶片 C_i可知，高氮处理的 C_i为 272.01 μmol/mol，低于中氮和低氮处理的 299.91 μmol/mol 和 293.22 μmol/mol，说明开花期之后，高氮处理 P_n的提高主要不是因为减少了气孔因素对光合作用的限制，而是提高了胞间 CO_2 的利用率，使胞间 CO_2 摩尔分数降低，从而减少了非气孔因素对光合作用的限制，提高了 P_n。畦灌处理叶片 P_n、G_s、T_r、LWUE 与 2 g/L 微咸水低氮和 3 g/L 微咸水中氮处理的差异不显著。

表 8-2 不同矿化度微咸水灌溉和施氮量水平下的冬小麦拔节期叶片光合特征参数

处理	净光合速率 P_n /[mol /(m² · s)]	气孔导度 G_s /[mol /(m² · s)]	胞间 CO_2 浓度 C_i /(μmol/mol)	蒸腾速率 T_r /[mmol /(m² · s)]	叶片水分利用效率 LWUE /(μmol/mmol)	光能利用率 LUE /(μmol/μmol)	气孔限制值 L_s /%
畦灌	20.26±3.69^{ab}	0.42±0.10^{a}	332.13±13.20^{a}	3.24±0.65^{a}	6.29±0.46^{d}	0.014±0.002^{bc}	0.21±0.03^{c}
淡喷	23.80±3.41^{a}	0.34±0.06^{ab}	284.99±15.78^{b}	2.04±0.37^{c}	12.03±2.75^{b}	0.016±0.002^{ab}	0.30±0.03^{b}
2g/L 中氮	22.25±4.54^{ab}	0.41±0.03^{a}	314.19±19.41^{a}	2.56±0.30^{b}	8.62±1.09^{c}	0.015±0.003^{ab}	0.23±0.04^{c}
2g/L 低氮	20.86±2.11^{b}	0.32±0.02^{b}	283.60±15.60^{b}	2.06±0.21^{c}	10.13±0.77^{b}	0.014±0.001^{bc}	0.28±0.02^{b}
2g/L 高氮	25.00±1.52^{a}	0.39±0.06^{a}	290.66±8.43^{b}	2.51±0.33^{b}	10.10±1.16^{b}	0.017±0.001^{a}	0.28±0.03^{b}
3g/L 中氮	17.94±3.32^{c}	0.21±0.05^{c}	268.28±12.05^{c}	1.24±0.38^{d}	15.57±3.81^{a}	0.012±0.002^{c}	0.35±0.03^{a}

注：同列不同小写字母表示处理间差异显著（$P<0.05$）。

资料来源：王罕博等，2022

表 8-3 不同矿化度微咸水灌溉和施氮量水平下的冬小麦开花期叶片光合特征参数

处理	净光合速率 P_n /[mol /(m² · s)]	气孔导度 G_s /[mol /(m² · s)]	胞间 CO_2 浓度 C_i /(μmol/mol)	蒸腾速率 T_r /[mmol /(m² · s)]	叶片水分利用效率 LWUE /(μmol/mmol)	光能利用率 LUE /(μmol/μmol)	气孔限制值 L_s /%
畦灌	10.12±3.85^{bc}	0.09±0.03^{bc}	240.19±27.02^{bc}	1.90±0.73^{bc}	5.41±0.47^{b}	0.007±0.003^{b}	0.47±0.06^{a}
淡喷	16.18±1.84^{a}	0.17±0.05^{a}	288.97±41.59^{a}	2.21±0.64^{b}	7.83±1.87^{a}	0.011±0.001^{a}	0.38±0.09^{b}
2g/L 中氮	12.71±3.76^{ab}	0.16±0.06^{a}	299.91±22.62^{a}	2.90±1.00^{ab}	4.58±0.66^{c}	0.008±0.003^{b}	0.33±0.05^{b}
2g/L 低氮	10.87±2.42^{bc}	0.11±0.03^{b}	293.22±18.77^{a}	1.98±0.52^{bc}	5.55±0.30^{b}	0.007±0.002^{b}	0.36±0.03^{b}
2g/L 高氮	13.11±3.38^{ab}	0.14±0.04^{ab}	272.01±42.93^{ab}	2.98±0.73^{a}	4.52±0.90^{c}	0.009±0.002^{ab}	0.39±0.09^{b}
3g/L 中氮	9.15±2.89^{c}	0.07±0.03^{c}	226.88±34.04^{c}	1.52±0.58^{c}	6.23±0.87^{ab}	0.006±0.002^{b}	0.50±0.08^{a}

资料来源：王罕博等，2022

通过对不同生育期的不同处理叶片光合特征参数比较分析发现，3 g/L 矿化度微咸水灌溉引起了叶片大部分气孔关闭，对作物的光合作用起到明显的抑制作用，最终会影响到作物的生物量和产量。2 g/L 矿化度微咸水灌溉也引起了叶片小部分气孔关闭，但各项光合参数并没有大幅度降低，尤其是高氮处理，在拔节期的叶片净光合速率、气孔导度、蒸腾速率略高于淡喷处理，这是因为充足的氮肥提供了作物叶片生长所必需的氮元素，作物各生长阶段也早于其他处理。氮肥可一定程度地调节和改善非气孔因素，使得 2 g/L 矿化度微咸水灌溉没有显著降低冬小麦叶片净光合速率。

4. 不同氮肥水平和不同矿化度微咸水喷灌对作物生长和产量的影响

叶面积指数（LAI）和株高可用来反映作物的生长状况。如图 8-3 所示，冬小麦拔节期，2 g/L 矿化度喷灌高氮处理的冬小麦叶面积指数均高于其他处理（平均高出 8.4%），表明充足的氮肥促进了作物叶片生长和光合作用，作物提前进入拔节期，也验证了前面的结论，高氮处理拔节期的叶片净光合速率、气孔导度、蒸腾速率略高于淡喷处理。随后，两个处理的冬小麦叶面积指数差异逐渐减小，生育后期没有显著差异。全生育期，2 g/L

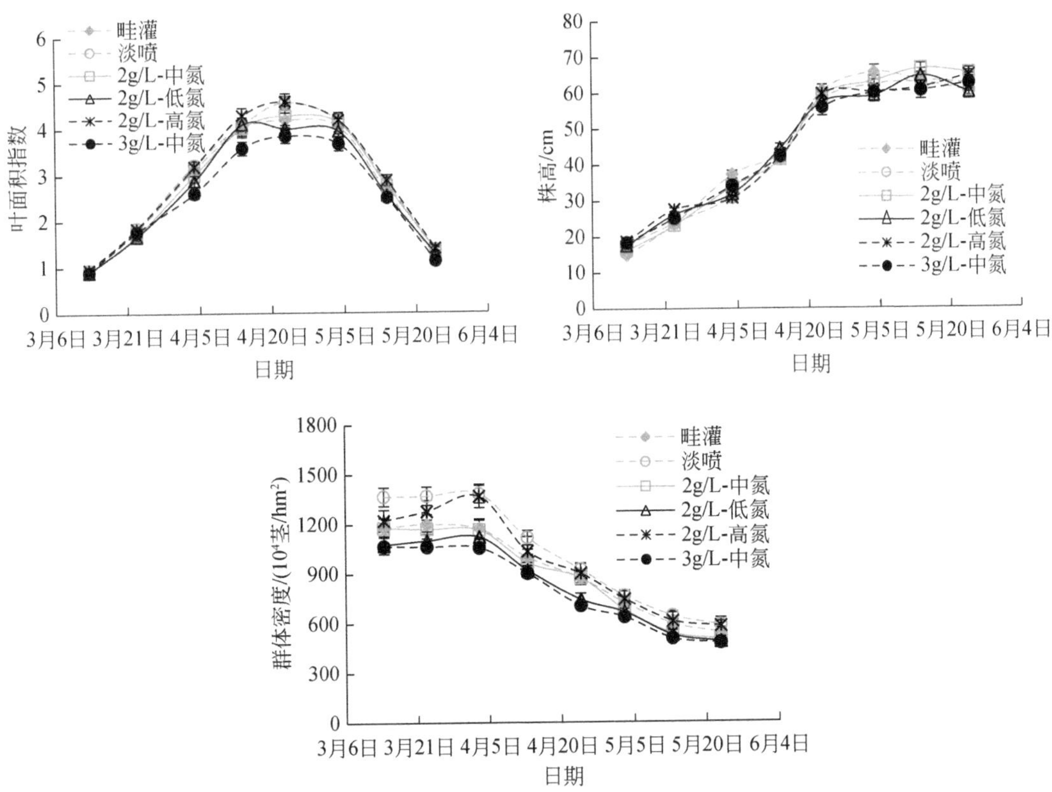

图 8-3　不同处理冬小麦叶面积指数、株高和群体密度的动态

资料来源：王罕博等，2022

矿化度喷灌的 3 个处理冬小麦叶面积指数平均值与淡喷处理差异不显著，3 g/L 矿化度喷灌中氮处理的冬小麦叶面积指数平均值显著低于其他处理，平均降低了 10.7%。全生育期不同处理间的冬小麦株高平均值没有显著差异。淡水喷灌处理的各生育期分蘖数最高（平均高出其他处理 5.4%~27.3%），其次是 2 g/L 矿化度喷灌高氮处理（较 2 g/L 矿化度喷灌中氮和低氮处理分别平均高出 9.4% 和 16.6%），3 g/L 矿化度喷灌中氮处理为最小。上述实验结果说明，2 g/L 矿化度喷灌对作物的叶面积指数、株高和群体密度影响不大，3 g/L矿化度喷灌对作物的叶面积指数和群体密度产生不利的影响，高氮处理的作物生长发育良好，对绿叶面积和群体密度有明显促进作用。

图 8-4 为不同处理冬小麦产量及构成因素。淡喷处理的产量最高，2 g/L 矿化度喷灌高氮处理次之（比淡喷低 5.2%，差异不显著），其余几个处理依次是 2 g/L 中氮、畦灌、2 g/L 低氮、3 g/L 中氮，3 g/L 中氮比淡喷处理的产量降低了 25.0%（差异显著）。2 g/L 矿化度 3 个处理的平均产量较淡喷处理降低了 9.8%（差异不显著），较 3 g/L 中氮处理显著提高了 20.3%。不同处理间群体密度与产量的差异变化趋势基本一致，淡喷的群体密度为最高，其次是 2 g/L 矿化度喷灌高氮处理，最小的是 3 g/L 中氮处理，其中 2 g/L 矿化度喷灌 3 个处理的平均群体密度低于淡喷处理（差异不显著），平均降低了 18.9%，3 g/L 矿化度喷灌的群体密度较淡喷处理降低了 31.6%（差异显著），表明 2 g/L 矿化度微咸水喷灌对作物的群体密度和产量影响不大，3 g/L 矿化度喷灌对作物产量和群体密度造成不利影响。

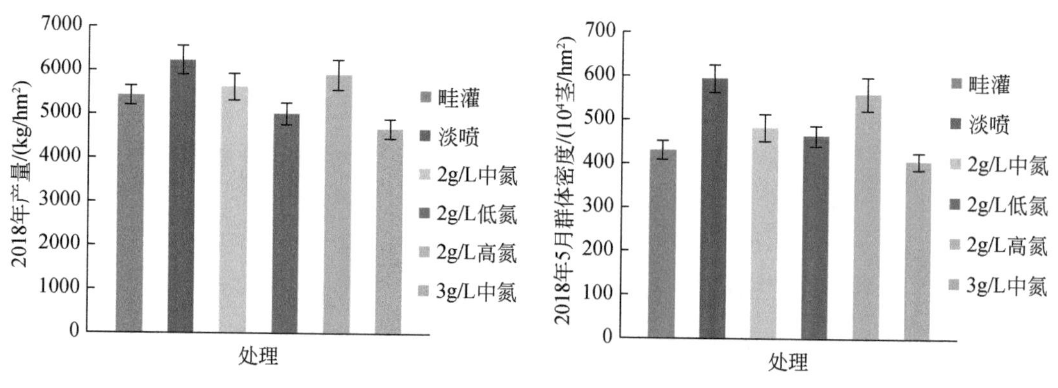

图 8-4　不同处理冬小麦产量及构成因素

图 8-5 为不同处理夏玉米产量及构成因素。淡喷处理的夏玉米产量最高，2 g/L 矿化度喷灌高氮处理次之，其余依次是 2 g/L 中氮、畦灌、2 g/L 低氮、3 g/L 中氮，3 g/L 中氮比淡喷处理的产量显著降低了 14.7%~15.3%。2 g/L 矿化度 3 个处理的平均产量较淡喷处理降低了 6.6%~10.5%，较 3 g/L 中氮处理提高了 5.8%~9.5%。淡喷处理的单株穗粒重为最高，其次是 2 g/L 矿化度喷灌高氮处理，最小的是 3 g/L 中氮处理，其中 2 g/L

矿化度喷灌 3 个处理的平均单株穗粒重低于淡喷处理，降低了 5.1%~10.4%，3 g/L 矿化度喷灌的单株穗粒重较淡喷处理降低了 18.2%~25.9%，表明 2 g/L 矿化度微咸水喷灌对夏玉米的单株穗粒重和产量影响不大，3 g/L 矿化度喷灌对作物产量、百粒重和单株穗粒重造成不利影响。此外，畦灌处理的冬小麦和夏玉米产量均低于淡喷处理，平均分别降低了 10.8% 和 6.5%，表明在同一灌水定额下，淡喷效果要优于畦灌。

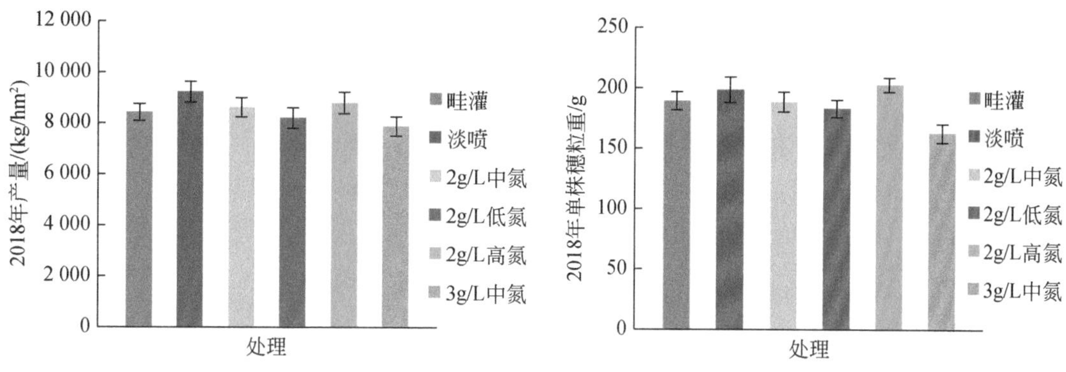

图 8-5　不同处理夏玉米产量及构成因素

综上所述，无论是淡水灌溉还是咸淡水混合喷灌，各层土壤水分的变化规律基本一致。咸淡混合水 2 g/L 和 3 g/L 矿化度喷灌均显著提高了主根层（0~40 cm）和 0~100 cm 土体的含盐量。与小麦耐盐阈值相比较，0~100 cm 土体 2 g/L 矿化度喷灌处理的盐分累积程度均小于影响小麦生长的盐分阈值，但 3 g/L 矿化度喷灌处理的盐分累积已超出小麦生长的盐分阈值，对小麦生长产生不利影响。

微咸水 2 g/L 喷灌高氮和中氮处理的叶片光合速率、气孔导度、光能利用效率与淡水喷灌处理无显著差异，且仅有拔节期微咸水 2 g/L 高氮处理的叶片光合速率高于淡水中氮喷灌处理 5.1%（差异不显著），抽穗期和开花期均低于淡水喷灌处理（差异不显著），补氮肥可能会促进拔节期作物叶片生长和光合作用，还有待进一步补充试验。微咸水 3 g/L 喷灌处理的叶片光合速率、气孔导度、胞间 CO_2 浓度和蒸腾速率均显著低于其他处理，叶片水分利用效率高于其他处理。3 g/L 矿化度微咸水喷灌显著抑制作物叶片的光合作用。

2g/L 微咸水喷灌对冬小麦的叶面积指数、株高、群体密度和产量无显著影响，3 g/L 微咸水对冬小麦的叶面积指数、群体密度和产量造成显著不利影响，产量显著降低了 25.0%~25.9%。因此，为保障河北低平原区咸水安全利用，在控制咸淡混合水矿化度不大于 2 g/L 的前提下，可采用喷灌技术，添加氮肥提高冬小麦的光合作用，保证作物产量。在同一灌水定额下，淡水喷灌效果要优于畦灌。

8.2.2 冬小麦-夏玉米地表水和微咸水混合灌溉技术

1. 技术目标

针对京津冀地区地下淡水资源短缺、微咸水利用率低、传统咸淡水混合灌溉设备混合水水质不稳定、缺少微咸水利用灌溉制度等一系列问题，研发集成地表水和微咸水混合灌溉技术模式，实现安全利用浅层微咸水灌溉，同时置换和压减深层淡水开采量，促进京津冀地区生态环境改善和农业生产的提质增效。本技术适用于京津冀平原地下水超采或限采、地表水保证率不高、浅层微咸水矿化度不超过5g/L的小麦-玉米种植区。

2. 关键技术要点

1）智能测控系统

传统的咸淡水混合灌溉设备，仅能将咸淡水按照预定比例进行调节混合，由于咸淡水水质的不确定性，混合水水质很难达到预期的精度。本智能水源首部测控系统，在浅层微咸水和地表淡水输水管道连接处的压力罐内安装压力变送器和电导率变送器，压力变送器和电极电导率变送器监测出水的矿化度和压力，压力不够会通过淡水测量抽取结构加大对淡水供给，矿化度不够会通过咸水测量抽取结构加大对咸水的供给，咸淡水在压力罐内靠流速自动混合，解决了传统咸淡水混合灌溉设备混合水水质不稳定的问题。

2）田间工程模式

管道输水地面灌工程模式：建议采用DN125 mm干管和DN110 mm支管，支管间距48 m，给水栓间距36～48 m，给水栓采用防盗防老化玻璃钢360°旋转自由伸缩给水栓。喷灌工程模式：采用干支管公称压力0.63 MPa和DN75～DN125 mm的全固定PVC地埋管或者移动式PE管，喷头采用正方形组合形式，设计喷头组合间距取$a=b=12\sim18$ m，喷头立杆高度1.2 m即可，喷头建议采用ZY-2喷头。

3）地表水和微咸水混合水矿化度

浅层微咸水矿化度≤5 g/L，地表水和微咸水地面灌混合水矿化度≤3 g/L，地表水和微咸水喷灌混合水矿化度≤2 g/L。

4）地表水和微咸水混合灌溉计划

地表水和微咸水混合地面灌单次灌水量采用55 m^3/亩，地表水和微咸水混合喷灌单次灌水量采用45 m^3/亩，不同水文年灌溉计划见表8-4。

表 8-4　小麦–玉米连作全生长期咸淡水混灌灌溉计划

水文年	作物	灌水次数	灌水关键期	喷灌总灌水量 /(m^3/亩)	地面灌总灌水量 /(m^3/亩)
偏丰年	小麦	2	拔节孕穗	90	110
	玉米	1	底墒	45	55
平水年	小麦	3	底墒、拔节、孕穗	135	165
	玉米	1	底墒	45	55
偏旱年	小麦	4	底墒（或起身）、拔节、孕穗、灌浆	180	220
	玉米	2	苗期、拔节	90	110

3. 微咸水灌溉技术应用

从 2005 年开始，河北省大力推广咸淡混合灌溉技术，制定发布《咸淡水混合灌溉工程技术规范（DB13/T 928—2008)》。咸淡混合灌溉技术，就是在深机井附近打 1 ~2 眼浅井（咸水井)，让深井中的淡水与浅井的咸水按适当比例混合输入管道，用于农业灌溉。利用深浅机井配合，根据单井出水量和水质条件，采取“1+1”（1 眼深井配 1 眼浅井）或“1+2”（1 眼深井配 2 眼浅井）模式，混合后灌溉水的矿化度以≤2 g/L 为标准，进行安全灌溉，并对推广区的土壤、作物进行监测。截至 2013 年，河北省发展咸淡混合灌溉机组达 5700 套，控制面积 144. 4 万亩，年节约深层淡水 0. 946 亿 m^3。从 2014 年开始，河北省开始全面实施地下水超采综合治理，大力发展咸水利用，在地表水灌溉区域，根据微咸水分布情况，实施微咸水与地表水轮流灌溉或混合灌溉，增加微咸水利用量。截至 2020 年底，累计发展咸水利用工程面积达 17 万亩，增加地下水压采能力 1000 万 m^3。

8. 3　设施农业雨水收集与利用技术

8. 3. 1　设施蔬菜集雨试验研究

1. 试验设计

本试验选择在武清区天津市现代农业科技创新基地内的设施农业小区。试验地点多年平均降水量为 567. 7 mm，降水日数为 63 ~70 天，6 ~8 月降水量占全年降水量的 65% ~85% 。日照时数为 2752 h。2018 ~2020 年，武清区降水量分别为 577. 40 mm、399. 3 mm、497. 6 mm，6 ~8 月降水量分别占全年降水量的 82% 、68% 、73% 。

试验区位于基地内东南部，是一处相对独立的设施农业小区，总面积约 100 亩。试验区中部被道路分割为两部分：西部为日光温室区，日光温室 13 座，温室长 65 m、宽10 m，温室净面积为 8450 m^2；东部为智能温室区，智能温室区长 132 m、宽 128 m，总面积为 16 896 m^2。试验区分为透水区域和不透水区域，不透水区域有大棚区、智能温室区、渠道、道路，面积合计 3. 708 万 m^2，不透水面所占面积比例为 56%。试验区主要雨水集蓄工程如下。

（1）每栋温室下设预制混凝土板集雨毛沟 1 条，毛沟为梯形，长 65 m，毛沟上口 50 cm，深 25 cm，底宽 20 cm。两排日光温室之间修建集雨斗沟 1 条，长 150 m，梯形，预制混凝土板结构，上口 100 cm，深 60 cm，底宽 40 cm，斗沟进入沉淀池前设有拦污栅。沟上铺设防渗塑料膜。

（2）沉淀池与集雨池：位于日光温室区北侧，砖混结构，容积为 12 m^3，内设潜水泵 1 台，流量为 15 m^3/h，液位自动控制水泵启停，池子上设盖，防止杂物或人跌落。池子上设溢流口，当雨量超过池子容积时，雨水排入旁边的渠道内。

（3）调蓄池：位于日光温室区东北侧空地处，是半地下半封闭式矩形池，有效容积为 200 m^3，划分为配水池和储水池。集雨池内的雨水经砂石过滤器后进入配水池，配水池容积为 60 m^3。配水池雨水通过过滤设施后经管道送入温室。当雨水不足时，可向配水池补充地下水、地表水；当雨水超过配水池容积时，将雨水存储在外侧储水池内，需要时再调入配水池。

（4）集雨面：集雨面为温室的塑料棚面和透水面，集雨面为 7 个温室棚面（阳面宽 8 m），总面积为 3640 m^2。试验期间共收集到 11 场有效降雨的实测收集降水量数据。雨水收集过程：当出现降雨时，雨水落到温室塑料薄膜上，然后流入集雨毛沟，集雨毛沟的水再汇入集雨斗沟，集雨斗沟经过拦污栅拦截柴草树枝后，流入沉淀池与集雨池。当达到控制液位，池内潜水泵自动启动，水表开始计量，直至降低到最低水位，水泵停止。降雨期间，水泵重复上述过程。雨水进入调蓄池前进行初期过滤，去除泥沙等杂质。灌溉时，通过水泵加压和二级过滤，进入温室利用滴灌系统进行灌溉。

2. 产流耦合模型构建与参数确定

本研究建立了基于 Green-Ampt 模型和 HYDRUS 模型的地表水–土壤水耦合模型（简称 GA-HYDRUS 模型），利用该模型计算并分析了研究区的地表产流量。模型主要包括地表产流、土壤水分运动与地下水垂直补给三部分。透水面采用超渗产流模型，将空间分布的下渗曲线与超渗产流进行垂向耦合。降雨扣除蒸散发后的净雨量到达地面后，首先通过空间分布的下渗曲线，判断是否发生超渗产流，采用具有空间分布的变雨强 Green-Ampt 下渗曲线计算超渗产流和下渗量，以超渗产流的下渗量作为土壤水模型的输入量。采用基于 Richards 方程的 HYDRUS-1D 模型模拟土壤水分变化过程并计算地下水垂直补给量，并得到该时刻末的土壤含水量作为下一时刻的初始含水量驱动地表产流模型的运行。

降雨主要分配过程涉及填洼、蒸发、入渗及径流等，降雨期间蒸发不显著，可忽略不计，因此入渗过程中涉及变量的水量平衡方程为

$$P = P(t) = F(t) + G(t) + R(t) = F + G + R \tag{8-1}$$

式中，P 为累积降水量，mm；t 为降雨时间，h；F 为累积入渗量，mm；G 为地表积水量，mm；R 为累积径流量，mm。

将地表产流模型与地下水模型耦合的关键在于两个模型使用参数的一致性，地表产流模型计算的下渗量作为 HYDRUS-1D 模型的输入条件，由此得到对应时刻的土壤含水量，并驱动下一时刻地表产流模型的运行。

GA-HYDRUS 耦合模型的参数率定采用 SCE-UA 算法和降雨观测数据进行。参数率定过程中以土壤含水量平均误差作为评价指标，同时依据研究区的气候特征、产流情况，考虑透水面产流系数的合理性，提高模型的模拟精度和适用性。利用研究区 2019～2020 年 11 场实测降雨数据及土壤含水量数据进行模型的率定和验证，其中 2019 年 5 场降雨用于参数率定，2020 年 6 场降雨用于验证，最终确定模型参数（表 8-5）。

表 8-5　GA-HYDRUS 耦合模型参数含义及率定结果

土壤种类	参数	单位	含义	数值
壤土	θ_s	—	土壤饱和含水量	0.44
	θ_r	—	土壤残余含水量	0.075
	α	mm^{-1}	进气吸力值	0.0013
	n	—	孔径分布指数	1.5
	K_s	mm/h	饱和土壤导水率	7.95
	l	—	孔隙连通性参数	0.5
	a	—	修正系数	0.35
	B	—	下渗能力分配曲线指数	0.65
	IMP	—	不透水面比例	0.41
	β	—	不透水面产流系数	0.9

研究区透水面产流系数范围为 0.17～0.81，平均值为 0.57。率定期 2019 年 5 场降雨透水面产流系数范围为 0.17～0.71，平均值为 0.48；验证期 2020 年 6 场降雨透水面产流系数范围为 0.55～0.81，平均值为 0.65，地表径流模拟结果符合半湿润半干旱地区的特征，各评价指标值均在合理范围内。

3. 降雨径流及集雨情况分析

地表径流由改进的 GA 地表产流模型计算得到，主要由透水面（旱地、绿化等）和设施农业不透水面（大棚、道路、房屋等）产生的径流组成。

逐时降雨与透水面地表径流、不透水面地表径流和研究区平均地表径流及逐时入渗量之间的关系表明，降雨强度大、降雨历时短，降雨集中，更有利于地表产流。某一时刻降雨强度越高，透水面、不透水面、农业小区平均地表径流量相差越小，这是因为透水面和不透水面产流量主要取决于各自的产流系数，而强降雨导致透水面产流系数较高，更接近不透水面产流系数，这一现象符合超渗产流的特点，即产流量主要取决于降雨强度与下渗率之间的关系。农业设施的建造、不透水面比例的增加意味着降雨期间产流量的增加，尤其在降水量中等、降雨强度较小的降雨事件期间，这种增加更为明显，产流系数显著增大。

4. 设施棚面雨水集蓄量

研究区利用集雨槽收集大棚棚面汇集的雨水和地表径流，集雨槽修建在大棚阳面，紧贴侧壁，与排水沟渠相连。研究区内雨水集蓄利用工程集雨率为72%，与理想集雨率相比稍低，主要原因包括：①雨滴降落到棚面时存在一定的溅落现象，导致部分棚面产流无法进入集雨沟渠中；②集雨设施渠道线路长，渠道存在渗漏现象，无法使流入渠道中的地表径流全部汇流入蓄水池。

集水效率与降水量关系密切，且降雨强度增大，集水效率提高（图 8-6）。在实际降雨过程中，除极少的棚面挂雨外，降水量都转变为了棚面产流量。因此，在评价集水效率时，常用棚面产流量代替降水量，以减少单位换算过程。降水量越大，集雨量越大，这是因为降水量越大，去除棚面挂雨和沟渠填洼后可汇流入蓄水池的雨量越多，沿程损失相对越小。

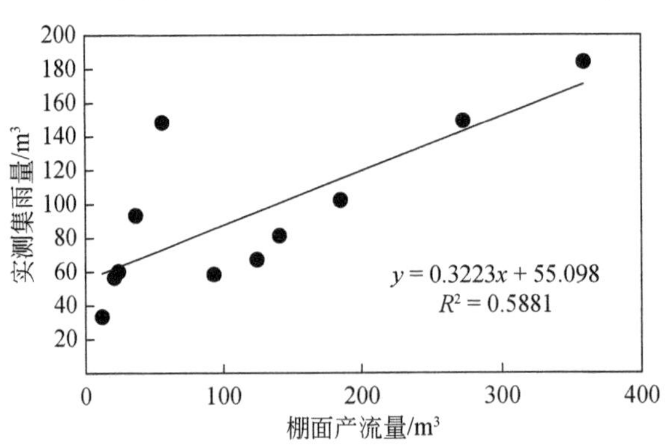

图 8-6　设施棚面产流量与集雨量关系

8.3.2 设施农业雨水收集利用技术

1. 雨水收集存蓄利用技术集成

1）技术构成

设施蔬菜雨水集蓄利用技术是指以设施温室大棚的塑料膜不透水面为主要集雨面，通过收集、存蓄设施调节，配套高效节水的灌溉技术，实现雨水效益最大化的一种技术集成。它包括集雨技术、净化技术、蓄存技术和节水灌溉技术。

（1）集雨技术。能够收集雨水的日光温室塑料薄膜、智能温室屋顶、土地或混凝土路面等材质均可作为雨水的收集面，其收集效率在 10%～80%，相差甚远。对于平原区来说，自然土壤入渗率较高，集水效率低。塑料薄膜、温室屋顶等不透水材质的集水面集水效率较高，所以温室大棚不透水膜面是主要的集雨面。集雨技术包括集流面、汇流沟和输水渠道。对于设施农业来说，集流面就是温室膜面，要求温室大棚骨架完好，无断裂、缺损，塑料薄膜全覆盖，棚面完整、平坦，无破损、老化、搭接部位不漏水，具有一定坡度和强度，以保证雨水收集。输水渠道一般为二级，包括集雨毛沟和集雨斗沟，其形状可为梯形渠道或 U 形渠道，材质包括预制混凝土、半圆形 PE 管、块石衬砌、土渠加塑料薄膜等多种材料，其断面应根据地区降水量、温室大小综合确定，并有一定的纵坡，坡度一般为 3/10 000～5/10 000。同时，设施农业膜面与集雨毛沟搭接，搭接长度为 10～15 cm，以减少渗漏损失。

（2）净化技术。净化技术是为保证雨水质量而设置的，　般位丁蓄水工程的进水口，主要包括拦污栅、沉淀池，并根据雨水质量确定是否设置初期雨水排除设施。拦污栅采用钢筋、钢丝制成，间距为 3～10 cm，主要拦截渠道中的杂草、树叶、树枝等漂浮物。沉淀池为混凝土结构、砖混结构，池深 2 m 左右，池中放入 2～5 cm 碎石，滞留雨水中的泥沙，依据雨水水质确定是否保留，它具有沉淀池和短时间调节雨水的作用，可与集雨池兼用。

（3）蓄存技术。由集流面经净化系统处理后，雨水汇入集雨池和调蓄池，池子大小、结构形式根据需水和供水，并考虑经济、场地等情况综合确定，主要形式包括渠道、硬化水池、坑塘及软体水窖等形式，材质为混凝土、砖混、浆砌石结构均可，同时做好防渗处理。为保持好水质，减少维护成本，最好建成封闭式的。在平原区，如果温室区具备地势低洼的条件，可只开挖集雨池，当条件不具备时，还需修建调蓄池，通过水泵把雨水从集雨池提入调蓄池进行储存，同时进水管道上增加砂石过滤器，进一步提高雨水水质。

（4）节水灌溉技术。节水灌溉技术综合考虑作物种类、灌溉水源条件、地形条件工程投资、技术先进性、实施难度等因素，选择适宜的高效节水灌溉技术。目前，设施农业主要采用滴灌、微喷、膜下灌、水肥一体化灌溉等高效节水灌溉技术。滴灌系统一般由水泵、过滤系统、输水管道和温室内滴灌系统构成，过滤系统一般包括碟片式过滤器和网式过滤器，输水管道采用 PE、UPVC 管，管径大小由水力计算确定。滴灌系统一般由 Φ40 mm PE滴灌支管和 Φ16 mm PE 滴灌管或滴灌带构成。水肥一体化灌溉技术需要增设混肥池，然后再由滴灌系统实施。

2）技术的影响因素

雨水集蓄利用的影响因素主要包括降雨、径流、地形、土壤、植被、人为因素和雨水利用方式，其中影响最大的是降雨因素。能否收集到雨水，与降雨的时空分布关系密切，主要包括降雨时期、降水量、降雨强度、降雨次数等。根据作者的观测，2019 年 6 月 6 日，降雨 4.9 mm，降雨历时近 7 h，无有效集雨量；2020 年 7 月 9 日，降雨 4.1 mm，降雨历时近 6 h，也无有效集雨量；因此，在京津冀地区，小于 4.9 mm 的降雨，温室棚面应该无法收集到雨水。能否收集到雨水，与降水量、降雨强度、降雨历时、气温、风速直接相关。当降雨强度较小时，即使日降水量较大，也不一定能有效收集雨水。其次是土地政策因素。按照自然资源部门的现行规定，耕地内大于 2 m 的沟渠不再是耕地，将会改变耕地属性。再次是投资。建设雨水集蓄利用工程需要一定投资，在缺水不明显地区，投入产出效益不明显，也会限制工程的推广应用。

2. 集成技术的工程模式

按照应用规模不同，可分为分布式雨水集蓄利用工程模式和集中雨水集蓄利用工程模式。

1）分布式雨水集蓄利用工程模式

（1）适用范围。适用于水资源紧缺，年降水量在 400 mm 以上，棚间空间基本闲置，一般要求棚间距离在 7 m 以上的设施农业种植区。尤其是在地下水超采严重，浅层地下水和地表水矿化度较高的设施农业种植区需求更大。

（2）工程构成。一般由设施农业集雨膜面、软体集雨窖和水肥一体化滴灌系统三部分构成。设施农业集雨膜面与软体集雨窖集雨面对接，集雨面软体材料压在棚膜下，重叠 5 ~ 10 cm即可，共同构成雨水集流面。雨水经膜面、软体集雨窖顶面汇流后经软体集雨窖顶部的过滤进水口流入软体集雨窖，把雨水储存起来。如图 8-7、图 8-8 所示，雨水回用温室有两种方式：其一，软体集雨窖底部有 Φ50 mm PVC 出水管，出水管道由地下进入温室，温室内修建 1 座小型泵池，泵池内管道依次安装逆止阀、水泵，分别向混肥池和温室输水。灌溉时，水流依次经过温室输水管道上的 Φ50 mm 球阀、网式过滤器，经变径后流入滴灌系统。滴灌系统一般由 Φ40 mm PE 滴灌支管和 Φ16 mm PE 滴灌管或滴灌带构成。

施肥时，打开混肥管路上的球阀，按照开度大小，把肥液从混肥池抽回到水泵前端，实现按比例注肥，为防止混肥池中肥液意外倒流入管道中，在吸肥管道前段安装逆止阀。其二，软体集雨窖四角顶部预留有 Φ300 mm 放泵孔口，可把水泵放入软体水窖内，水泵出水管由孔口出露地表，再进入温室，与滴灌系统连接，实现灌溉功能。

图 8-7　分布式雨水集蓄利用工程模式图

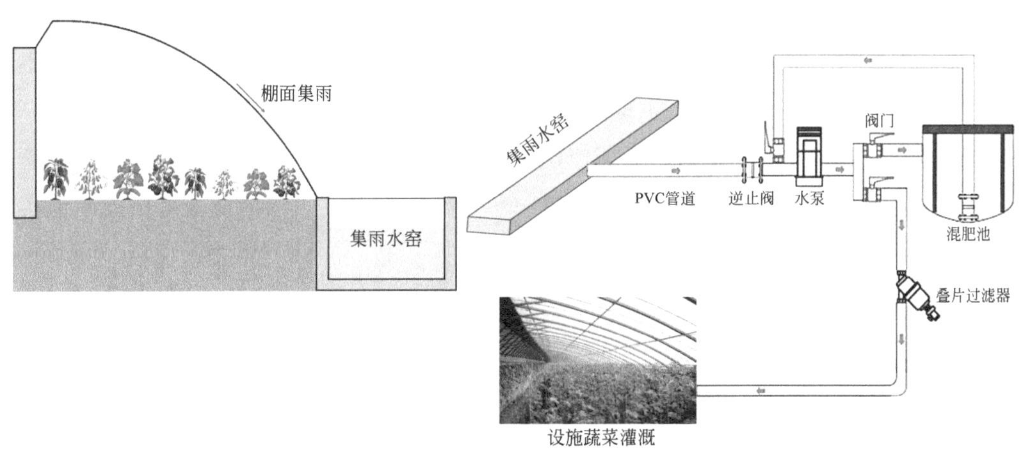

图 8-8　分布式雨水集蓄利用工程安装示意图

（3）工程管理。设施膜面软体集雨窖要发挥好作用，必须做好工程维护和后期工程管理。主要包括软体集雨窖管理、水窖水位自动监测管理、集雨窖集雨面与棚膜结合管理、潜水泵及配套设施管理等方面。软体集雨窖管理：软体集雨窖为环保的高分子 EPVC 织物涂层材料，强度高，耐高温抗低温，抗老化。为延长使用寿命，严禁 5 人以上同时站立在窖体上，严禁尖锐的物体破坏，每次降雨前后清理过滤进水口附近的杂物，定期清理窖体内的淤积沉淀物。水窖水位自动监测管理：由于水窖集雨面不透明，水窖水位无法目视，为防止水泵低水位空转烧坏，应在水窖里配套自动水位浮球阀，当低水位时水泵自动停止运行，以保证水泵安全。集雨窖集雨面与棚膜结合管理：在夏季，设施温室棚膜会不定期、不同程度打开下风口，因此应在降雨时及时关闭下风口，并做好集雨窖集雨面与棚膜无缝衔接，最大限度发挥棚膜集雨面的功能。配套设施管理：温室内配套 3 ~4 m^3混肥池，在冬季灌溉前将集雨窖低温水提前 3 天抽到混肥池中，可有效解决冬季集雨窖水低温问题，提升灌溉水温，保证灌溉水达到棚内作物生长适宜温度的问题。过滤系统需要经常性地检查是否堵塞，及时清洗。检查滴灌管道出水是否均匀，出水不均匀的滴灌管道应及时更换。检查连接的管件是否漏水，查明原因后及时处理。

2）集中雨水集蓄利用工程模式

（1）适用条件。温室或大棚之间土地种植农作物，温室区周边有闲置土地可以修建蓄水池，或者有坑塘、渠道。本模式在地下水超采严重的华北平原区尤为适用。

（2）工程构成。由设施农业集雨膜面、输水渠道、净化设施、调蓄设施和滴灌系统五部分构成（图 8-9）。设施农业集雨膜面与集雨毛沟搭接，搭接长度为 5 ~10 cm。输水渠道一般为二级，包括集雨毛沟和集雨斗沟，其形状可为梯形渠道或 U 形渠道，材质包括预制混凝土、半圆形 PE 管、土渠加塑料薄膜等多种材料，其大小可根据地区降水量和温室大小经计算确定。净化设施一般包括拦污栅、沉淀池，拦污栅主要拦截渠道中的杂草、树叶、树枝等漂浮物，沉淀池主要解决雨水中的泥沙。调蓄设施包括集雨池和调蓄池，集雨池具有沉淀池和短时间调节雨水的作用。在平原区，如果温室区具备地势低洼的条件，可只开挖集雨池，当条件不具备时，还需修建调蓄池，通过水泵把雨水从集雨池提入调蓄池进行储存，同时管道上增加砂石过滤器，进一步提高雨水水质。调蓄设施可根据当地实际

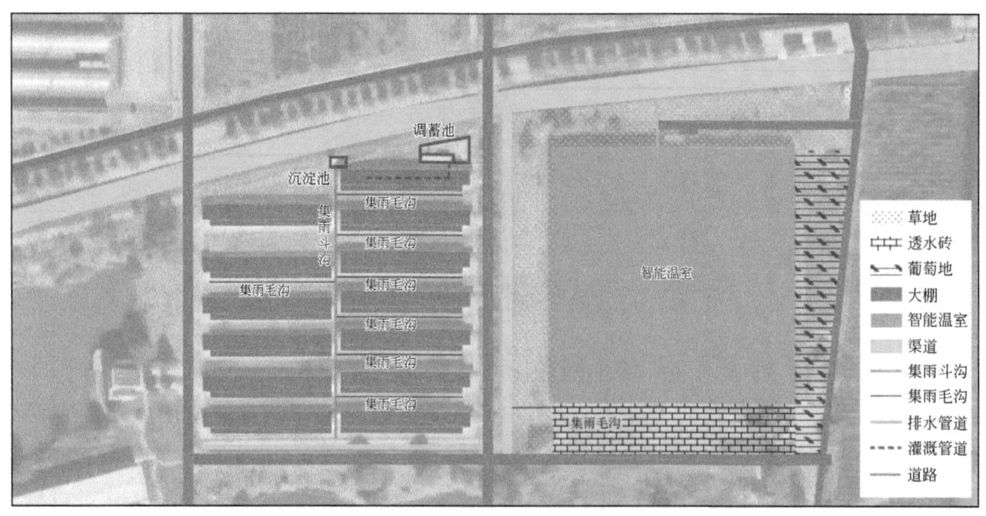

图 8-9　集中雨水集蓄利用工程模式图

情况，采用混凝土、砖混、浆砌石结构均可。滴灌系统由水泵、过滤系统、输水管道和温室内滴灌系统构成，过滤系统一般包括碟片式过滤器和网式过滤器，输水管道采用 PE、UPVC 管，管径大小由水力计算确定。滴灌系统一般由 Φ40 mm PE 滴灌支管和 Φ16 mm PE 滴灌管或滴灌带构成。一般情况下，只有膜面为集雨面，当降雨强度超过土壤入渗强度，土壤含水量饱和后，棚间土地也会形成地表径流，但这时的雨水会混入大量土壤颗粒，导致水体浑浊，输水渠道和调蓄设施容易淤积。

（3）工程管理。工程管理主要包括输水渠道管理、水位自动监测管理、净水设施和蓄水设施管理、滴灌系统管理等方面。输水渠道管理：输水渠道为明渠，裸露在地表，在秋季庄稼收割后，树叶、树枝等杂物很容易把渠道填满、堵塞，所以在第二年春季首次使用时，必须把渠道全部清理干净，减少过滤系统负担。在雨季，也要经常性地巡视，及时把渠道内的杂物清理掉。经常性地检查渠道是否有破损现象，并及时修理，防止破损范围扩大影响集雨效率。水位自动监测管理：集雨池有沉淀作用，在池中水位较低时，定期清理掉池底淤泥。为减少淤泥对水泵和滴灌系统的影响，水泵应安装在距离池底 50 cm 以上的位置，为淤积留有余量，减轻对滴灌系统堵塞的压力。应在集雨池和调蓄池里都安装自动水位浮球阀，实现低水位水泵自动停止，保证水泵安全。净水设施和蓄水设施管理：降雨前，清除拦污栅前的杂物，疏通进水管道，防止堵塞通道，影响蓄水能力。要经常观测蓄水池水位变化情况，当发现水位非正常下降时，要及时查明原因并立即采取处理措施。经常检查池壁有无裂缝漏水现象、水泵出水量是否减少等问题。定期清淤，当淤积厚度超过 20 cm 时，在蓄水池排空后立即清淤，清淤方式可采用人工清理，也可以加水稀释排泥。滴灌系统管理：配套的过滤设施需经常性地检查是否堵塞，及时清洗。检查滴灌管道出水是否均匀，出水不均匀的滴灌管道应及时更换。检查连接的管件是否漏水，查明原因后及时处理。

8.3.3 设施农业雨水集蓄利用技术应用效果

天津中南部浅层地下水和地表水矿化度较高，难以满足蔬菜种植的水质要求，而深层地下水又限采。通过创新设施蔬菜软体集雨节水技术，集成棚窖一体化集雨、新型软体窖储水和水肥一体化节水技术，以蓄集雨水替代地下水，用活天上水，少抽地下水，部分甚至全面替代地下水，实现设施蔬菜雨养或半雨养，探索天津地区设施蔬菜产业的发展，为农民增产增效提供样板工程。通过有效集雨、高效节水灌溉、水肥一体化技术集成，该技术具有节水、节肥、省工、改善水质、增产、增效的效果，主要表现在以下方面。

（1）替代地下水效果突出。基质栽培每棚用水 160 m^3（折合 200 m^3/亩），可满足基质栽培的 100% 用水量，可全部替代深层地下水；土壤栽培每棚用水 320 m^3（折合

400 m^3/亩)，可满足土壤栽培的60%用水量，可部分替代深层地下水。

(2) 改善灌溉水质。集蓄工程可为温室蔬菜生产提供优质雨水水源，解决了温室冬季生产用水与夏季集中降雨时间上的不匹配。经化验，相比浅层地下水或河沟地表水，雨水含盐量明显较低、呈中性或弱酸性。软体集雨窖存储雨水相对封闭，无绿苔，无异味，水质安全。通过棚窖收集的雨水，很少有杂质进入，含盐量低，EC 值不到 200 μS/cm，水质明显优于浅层地下水，甚至优于深层地下水和地表河水，适合微灌水肥一体化利用，有助于提高蔬菜产量和品质。

(3) 增产效果明显。雨水土壤栽培草莓亩产 1500 kg，河水土壤栽培亩产 850 kg，浅井水土壤栽培亩产 1100 kg，雨水灌溉比河水灌溉、浅井水灌溉的草莓分别增产 76.5% 和 36.4%。而且雨水栽培草莓的可溶性总糖、可溶性固形物等含量更高，果实品质更好。

8.4 东部低平原区雨洪水坑塘集蓄与利用技术

京津冀地区是人口和环境双重压力下的资源性缺水地区，河北省是我国 13 个粮食主产省之一，承担了重要的农业生产任务，人均、亩均水资源量分别仅为全国的 1/7、1/9，且时空分布极不均匀，70%~80% 的降雨集中在汛期 7 ~9 月，大量水资源以雨洪水形式出现。2014 年以来，河北省实施了地下水超采综合治理工程，平原粮食主产区和地下水压采区范围高度重合。除了实行计划用水、全面节流、多方补源、优化配置和南水北调等措施外，科学调蓄、充分利用降雨和洪水资源，既能降低农业生产对地下水的消耗强度，又能稳定粮食生产能力，进一步支撑区域农业稳定生产的水资源需求与高效利用。

东部低平原区地处河北的“九河下梢”，汛期的沥水、客水资源丰富。通过各类水利工程联合调度，充分挖掘区内坑塘洼淀的蓄水能力，利用汛期的雨洪水资源，科学调控和拦蓄过境洪水，同时加快坑塘雨洪水资源的转化、提高坑塘雨洪水蓄积能力，构建基于不同灌溉措施的雨洪水资源高效利用技术，对稳定区域农业生产规模、提高雨洪水资源高效利用具有重要意义。

8.4.1 低平原区坑塘分布与水资源存蓄潜力

1. 低平原区坑塘分布及蓄水潜力的遥感调查

本研究利用 TM、ETM 的 30 m 分辨率遥感影像，以沧州市为例对河北低平原地区不同丰枯年型的坑塘分布及蓄水能力进行了研究。提取出不同时段、季节的蓄水坑塘分布，依据实地调查和南皮县水利部门提供的坑塘面积、蓄水量构建了研究区的坑塘蓄水方程，计算了区域坑塘蓄水能力，并对坑塘集蓄雨洪水资源的灌溉利用潜力进行了评估。

1）数据来源及遥感图像的选取

本研究通过遥感影像识别研究区内有水坑塘，并提取坑塘水面面积信息，因此遥感影像的分辨率不宜过粗，过粗无法识别研究区内的较小坑塘；而分辨率过高的影像不仅会成倍地增加数据处理量，影像的购买成本也过高。通过对比，本研究选择了 30 m 分辨率的 TM 影像。根据 Landsat 系列卫星影像的更新情况，使用了研究区范围 2000 年和 2007 年时段 Landsat 4-5 TM 影像和 2014 年时段 Landsat 8 OLI_TIRS 影像。

遥感影像的选取。根据坑塘分布及蓄水特征遥感提取工作的实际需求，本研究选取河北省低平原区的沧州市 2000 年、2007 年、2014 年春夏两季的遥感卫星影像。春季影像选择 3 月，主要是考虑 3 月为冬小麦返青后生长时期，是冬小麦灌溉需水量较大、灌溉需求较集中的时期，对 3 月研究区内有水坑塘的分布及蓄水量的提取有助于判断坑塘对春季灌溉的支撑能力；夏季影像选择 8 月，主要考虑到研究区内雨季集中于 7～8 月的情况，通过 8 月的有水坑塘分布及蓄水情况，判断雨季内坑塘集水能力，可为制定相应的“夏水春用”方案提供支撑。

2）坑塘水体的遥感提取方法

目前利用遥感技术提取水面的方法，主要有 3 种：一是单波段阈值法或多波段组合的方法，利用单波段图像阈值分割提取或者通过不同波段的优势组合有效地抑制其他地物信息，从而增强水体信息；二是构建不同的水体指数方法，常见的水体指数有归一化差异水体指数（NDWI）、改进归一化差异水体指数（MNDWI）等；三是从统计学或信号分析角度出发，对水体光谱曲线进行不同的数学处理，以增强水体信息特征。

本研究采用改进归一化差异水体指数（MNDWI）法（徐涵秋，2005）提取坑塘水体信息。改进归一化差异水体指数公式为

$$\mathrm{MNDWI}=\frac{(\mathrm{Green}-\mathrm{MIR})}{(\mathrm{Green}+\mathrm{MIR})} \tag{8-2}$$

式中，Green 为绿波段，在 Landsat 4-5 TM 影像中为第 2 波段，在 Landsat 8 OLI_ TIRS 影像中为第 3 波段；MIR 为中红外波段，在 Landsat 4-5 TM 影像中为第 5 波段，在 Landsat 8 OLI_ TIRS 影像中为第 6 波段。

本研究中，坑塘水体信息提取流程为：①选取研究时段内春夏两季的遥感影像，计算 MNDWI；②判定水体和非水体的影像阈值，对数据结果进行二值化，将水体赋值为 0，将非水体赋值为–1；③人工去除云、河道和大型水库（大浪淀）以及海岸滩涂和盐田等非坑塘水体，得到研究区域各时段和季节的坑塘分布结果。

3）坑塘蓄水库容曲线的确定方法

坑塘蓄水库容曲线的确定。渤海粮仓地区坑塘主要分布于沧州地区，本研究以南皮县为例，通过地方水利部门，获取了该县域内 200 余个坑塘的水面面积和蓄水量数据，并据

此得到了低平原地区坑塘蓄水能力的库容曲线方程：

$$y=0.2686x+0.1783 \tag{8-3}$$

式中，x 为坑塘水面面积，亩；y 为坑塘蓄水量，万 m^3。

2. 沧州坑塘分布及蓄水能力评估

沧州位于河北省东部，濒临渤海湾，区内地势低平，为海河流域多条河流的下游。与河北平原其他地区相比，沧州地区浅层地下水埋深较浅，区内河道、沟渠、坑塘分布密集，传统上农业生产即有抽取坑塘水补充灌溉的习惯。坑塘分布的遥感提取结果见图 8-10。研究区范围内，坑塘的分布为东多西少，且以滨海平原区的黄骅、海兴、盐山、沧县坑塘分布最为密集，这与本地区东低西高的总体地势和东部濒临渤海的格局基本一致；此外，坑塘水体的空间格局受到浅层地下水位的影响，其主要分布在浅层地下水位较浅的区域，而地下水埋深较大的地区坑塘较少。受邻近白洋淀的影响，沧州西北部白洋淀周边地区坑塘数量也较多，且蓄水能力较强。

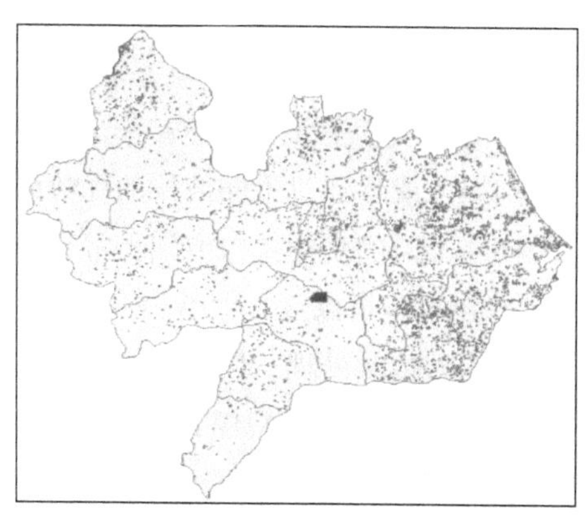

图 8-10 沧州 2014 年夏季坑塘分布图

沧州 2000 年、2007 年、2014 年的坑塘数量与坑塘水面面积的统计结果见表 8-6，该结果剔除了白洋淀和大浪淀的影响，并根据库容曲线方程计算了相应的蓄水能力。夏季坑塘水体受到雨季降雨强度的影响，能够更好地反映丰枯年型的差异，对于丰水年的 2000 年，坑塘数量多，分布广，说明大量的低洼地和土坑在丰水年份能够蓄水；而对于枯水的 2007 年，蓄水坑塘数量明显减少。以上结果揭示了低平原地区雨季坑塘蓄水的两个特征：①区内有大量的低洼地和土坑分布，可认为是坑塘的潜在资源；②丰枯年型不同条件下，实际蓄水坑塘数量差异极大，且地区分布更为不均，是制约本地区坑塘灌溉利用的重要因素。

由表 8-6 可见，沧州雨季蓄水坑塘数量存在明显的年际波动，2000 年丰水年坑塘数量达到 17 513 个，较枯水的 2007 年高出 1 倍以上；相应的蓄水能力也达到 54 772. 82 万 m^3。综合考虑坑塘灌溉供水的稳定性，可认为偏枯的 2007 年雨季和平水的 2014 年雨季坑塘数量和蓄水能力可代表沧州地区坑塘灌溉利用的基本状况，坑塘数量为 7473 ~ 11 865 个，蓄水能力为 26 168. 37 万 ~ 44 077. 60 万 m^3，这个结果略高于沧州水务部门统计得到的全区坑塘数量（7674 个）（李少华等，2010）。

表 8-6　沧州夏季（雨季）坑塘数量及蓄水能力汇总

项目	2000 年	2007 年	2014 年
坑塘个数/个	17 513	7 473	11 865
坑塘水面面积/hm^2	13 594. 60	6 494. 97	11 166. 08
蓄水能力/万 m^3	54 772. 82	26 168. 37	44 077. 60

表 8-7 列出了 2014 年雨季沧州各县（市、区）坑塘数量及蓄水能力计算结果。黄骅市、盐山县、海兴县、沧县、任丘市坑塘数量较多，分别占到沧州市坑塘总数量的 26. 93%、14. 45%、11. 08%、7. 75% 和 7. 23%，其中滨海的黄骅市、盐山县、海兴县数量占全市总坑塘数量的 52. 46%，总蓄水能力占 49. 30%。沧州东部低平原地区集中了大部分坑塘和蓄水能力，而这一地区坑塘分布在滩涂、湿地等非农田区域的比例较高，在缺少配套渠系工程的情况下，坑塘集蓄的雨洪水难以进行灌溉利用。

表 8-7　沧州各县（市、区）坑塘蓄水能力统计

地区	坑塘数量/个	坑塘水面面积/hm^2	蓄水能力/万 m^3
泊头市	288	197. 98	797. 84
任丘市	858	2 270. 37	7 205. 50
河间市	488	300. 02	1 208. 94
肃宁县	135	79. 5	320. 49
献县	486	308. 73	1 244. 03
青县	661	861. 92	3 472. 84
沧州市市辖区	242	269. 85	1 087. 40
沧县	920	690. 07	2 780. 29
黄骅市	3 195	3 067. 04	13 386. 28
海兴县	1 315	951. 43	3 833. 48
孟村回族自治县	430	257. 56	1 037. 88
南皮县	560	414. 4	1 669. 79
盐山县	1 714	1 119. 96	4 512. 51
东光县	431	297. 77	1 199. 91
吴桥县	142	79. 48	320. 42
合计	11 865	11 166. 08	44 077. 60

3. 典型县域坑塘、地表河渠分布及蓄水能力评估

以沧州市南皮县为例，评估了低平原区典型县域坑塘及地表河渠蓄水能力。南皮县地处沧州市南部，位于 37°50′N ~ 38°11′N、116°32′E ~ 117°02′E，西邻泊头市，北接沧县，东连孟村回族自治县和盐山县，东南隔漳卫新河与山东省宁津县相望，南与东光县相交。南皮县域海拔多在 20 m 以下，土壤属潮土、盐土两类，分褐化潮土、普通潮土、盐化潮土、草甸盐土 4 个亚类。普通潮土占总面积的 76%。盐化潮土近 1 万 hm^2。全县耕地面积为 5.3 万 hm^2，主要的农作物有小麦、玉米、棉花等。有效灌溉面积占耕地总面积的 62.3%，旱涝保收面积占耕地总面积的 32.3%。全县水资源总量为 7287.3 万 m^3，可利用微咸水资源量为 2020.3 万 m^3。近年来，南皮县降水量和汛期降水量较多年平均值分别减少 56.4 mm 和 60.7 mm，自产径流量减少 31.4 万 m^3，水资源短缺问题进一步加剧。农业生产部门是南皮县最大的耗水部门，且长期以来以地下水灌溉为主，是影响南皮县地下水资源可持续的最主要因素，随着河北省地下水开采综合治理政策的落实，深层地下水压采措施将严格限制南皮县农业生产对地下水的利用规模。准确掌握区域内坑塘、渠系的分布及蓄水能力是评估坑塘的雨洪水集蓄量和灌溉保障能力、构建配套工程措施和研发高效的地表水资源集蓄、调度技术的基础。

1）县域坑塘及渠系信息提取

利用本研究确定的坑塘水体遥感提取方法，可实现地表水体的信息提取，但由于河道、渠系为线状水体，30 m 分辨率的遥感影像对提取河道、渠系信息存在较大的不确定性，通常将此类线状水体提取为单一像元的交错连接体，经过地表水系的矢量化操作，一部分河道、渠系信息易被判定为噪声除去，而残存的河道、渠系信息也呈现破碎化状态。因此，本研究在开展包括坑塘和渠系在内的南皮县域地表水体遥感调查中，针对遥感提取河道、渠系存在的问题，采取了分类、分步提取的方法，将坑塘和河道、渠系分开提取。在运用 MNDWI 法提取坑塘水体信息并除去噪声后，采用人工目视解译的办法，提取南皮县域内的河道、渠系信息，并分开统计。大浪淀水库是南皮县最大的水体，其主要功能是向沧州市区供水，其库内蓄水不用于农业灌溉，因此在提取南皮县域水体信息后，删去了大浪淀水库。

2）县域坑塘数量及蓄水能力分析

根据坑塘水面面积大小，将南皮县域内的坑塘分为三个等级，分别为小于 1 hm^2、1 ~ 10 hm^2、大于 10 hm^2。2000 年、2007 年和 2014 年夏季南皮县域坑塘分布特征见图 8-11。以平水的 2014 年雨季蓄水坑塘数量为基准，南皮县域内坑塘数量为 560 个，该数据与南皮县水利部门统计的全县约 600 个坑塘的结果基本一致。

南皮县坑塘分布具有一定的空间聚集特征。主要分布在宣惠河以北的鲍官屯镇、王寺

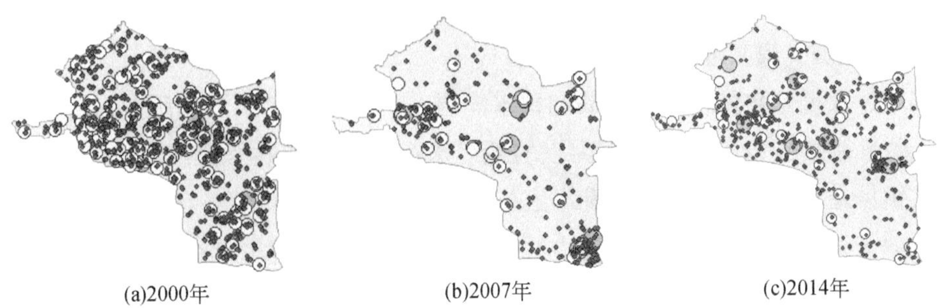

图 8-11　南皮县 2000 年、2007 年和 2014 年夏季有水坑塘分布图

镇、刘八里乡、乌马营镇、冯家口镇、大浪淀镇和南皮镇，王寺镇和宣惠河以南的寨子镇、潞灌乡两地坑塘较少。

根据基于南皮县境内 200 个坑塘统计结果求算的库容曲线［式（8-3）］，由坑塘水面面积进一步计算出坑塘蓄水能力，并将各年份坑塘数量、水面面积、蓄水能力进行了汇总（表 8-8）。

表 8-8　南皮县域内坑塘数量及蓄水量汇总

项目	2000 年 8 月	2007 年 8 月	2014 年 8 月
坑塘数量	1179	323	560
坑塘水面面积/hm^2	513.16	184.88	414.40
蓄水能力/万 m^3	2067.70	745.07	1669.79

以 2014 年平水年型计算，南皮县域坑塘蓄水能力为 1669.79 万 m^3，不同丰枯年型下，坑塘蓄水能力在 745.07 万 ~ 2067.70 万 m^3。

3）县域河道、渠系分布及蓄水能力分析

对于地处海河流域滨海平原、河流下游的南皮县而言，过境河道及灌排渠系不仅有引排径流的作用，通过控制闸、扬水站等控制设施，短期在河道、渠系中蓄水可作为重要的农田灌溉水源利用。南皮县域内及沿境河流主要有南运河、宣惠河、漳卫新河，灌溉及排水沟渠有肖圈干渠、一号干沟、二号干沟、三号干沟、四号干沟、四港新河等。南皮县水利部门统计，全县年均引水 1150 万 m^3左右，以引黄（黄河）、引卫（漳卫新河）为主。

本研究通过遥感影像目视解译，并利用南皮县政区图进行核对，提取了南皮县境内主要河道和灌排渠系的空间分布，并按照普通干渠过水断面，计算了南皮县域内河道、渠系的蓄水能力。结果表明，南皮县域内主要河道、渠系共 21 条，总长度为 290.25 km，蓄水能力为 1306.14 万 m^3，该结果与南皮县水利部门计算的县域内渠系静态蓄水量（约 1000 万 m^3）较一致。从空间分布看，南皮县境内灌排渠系集中于宣惠河以北地区，宣惠河以南漳卫新河以北的寨子镇、潞灌镇较少，与坑塘的分布格局基本一致。

4）县域坑塘、渠系灌溉保障能力分析

根据坑塘及渠系数量、分布格局和蓄水能力，对其雨洪水灌溉利用能力进行了分析。从空间上看，南皮县以坑塘、渠系为主的地表水源主要分布在宣惠河以北地区，刘八里乡、南皮镇、乌马营镇、大浪淀乡和冯家口镇坑塘、渠系集中分布，耕地灌溉保障能力较强。从坑塘、渠系蓄水的灌溉保障能力看，平水年坑塘静态蓄水量在1600万m^3左右，渠系静态蓄水量在1300万m^3左右，耕地灌溉集中于春季，在实际的水资源调度运用上，渠系水体可实现两次更新；坑塘则受到与渠系连通条件的制约，难以实现普遍的水体更新，春季灌溉消耗后，主要依赖雨季的降水补给。据此估算南皮县域坑塘、渠系的年度可用水资源总量约为5000万m^3，其中渠系供水2600万m^3（更新率为2.0），坑塘供水2400万m^3（更新率为1.5）；按照实际灌溉利用率80%计算，则可用于农田灌溉的坑塘、渠系水资源总量为4000万m^3，可保障1.3万~1.8万hm^2耕地灌溉需求。目前南皮县耕地面积为5.3万hm^2，其中有效灌溉面积为3.3万hm^2，因此，通过充分挖掘坑塘和渠系对雨洪水的集蓄和灌溉利用潜力，可满足南皮全县约1/3的耕地灌溉需求。

8.4.2 坑塘水集蓄利用现状调查

本研究开展了低平原地区坑塘分布及利用现状的野外调查，调查范围涉及南皮县、盐山县、东光县。通过野外调查，了解了滨海低平原地区坑塘分布特征，雨洪水集蓄与灌溉利用现状，对坑塘类型和集水、引水、蓄水、用水功能实现的保障条件及工程治理措施进行了分析。

1）主要坑塘类型

坑塘水灌溉是农村雨洪利用的主要类型。坑塘最主要的特征是没有地面入水口，其是依靠天然地下水源、自然降雨或人工的方法引入，是一个相对封闭的系统。坑塘主要分布于城镇和农村的边缘，其成因主要有3种，即废弃窑坑、废弃鱼塘、建设取土。

废弃窑坑。在过去几十年，由于农村人口的增长和农村生活质量改善的需求，农村的房屋经历了由土木结构、土木砖混结构到砖混结构的变化，其中砖的烧制起到了非常重要的作用。在这个过程中，砖的烧制需要大量取土。烧砖取土形成的坑塘，特点是面积大、深度大、蓄水量大、常年有水，具有较强的调蓄能力。

废弃鱼塘。在20世纪50~70年代，由于水资源较为丰沛，在许多地区开挖鱼塘进行水产养殖。近年来由于水源不足，部分鱼塘废弃，形成了一些坑塘。其特点是单个面积不大，通常多个连片，深度一般为3 m左右，周边环境较好。

建设取土。农村的房屋和院落建设需要取土，这些土主要取自村落内外的撂荒荒地，是村落内部及周边坑塘形成的主要原因。公路、铁路等大规模交通工程的建设，需要集中取土，进而形成了坑塘，这些坑塘的特点是面积较大，深度较深，一般分布在离村庄较远的地方。

2）坑塘雨洪集蓄与灌溉利用的制约因素

目前，沧州地区坑塘的灌溉利用比例仍较低，在实地调查的坑塘中（图 8-12），与河道渠系相连通的坑塘占比为 42.9%，建设有固定排灌设施的坑塘占比为 28.5%，经过正规工程整治的坑塘占比为 21.4%，大部分坑塘集蓄的雨洪水的灌溉利用都是采用柴油机驱动水泵的方式进行，效率低且只能灌溉坑塘邻近地块。

图 8-12　坑塘野外调查照片

坑塘集水、引水、灌溉用水功能受到诸多制约因素的影响。空间位置：①坑塘与需灌溉农田的位置关系；②与引水沟渠的位置和连通关系；③与农村居民地（硬化地面区域）的位置关系；④与邻近坑塘的位置和连通关系。储水能力及水质影响：①坑塘面积、深度等影响坑塘总体蓄水能力的要素；②与地下水位的关系，决定了坑塘与浅层地下水的交换特征，影响其含盐量高低；③坑塘基底的入渗-地下水交换特征，影响了坑塘集蓄的雨水/客水的渗漏强度。坑塘蓄水量的年度变化动态：①雨水集蓄为主的坑塘的年度水量、水质的变化特征及其对灌溉的影响；②引水为主的坑塘的年度水量、水质的变化特征及其对灌溉的影响；③治理及工程措施、村落排水工程对坑塘年度水量、水质变化的影响。以上制约因素决定了不同坑塘的治理方式及灌溉用水模式的差异，需根据坑塘的特点设计不同的治理及用水方案。

8.4.3 坑塘整治与灌溉利用技术

构建因地制宜的坑塘整治技术，提高雨洪水的集蓄能力，是实现雨洪资源灌溉利用的基础。坑塘整治技术一方面要依托体系化的规范治理技术，完善坑塘建设与管理体制；另一方面要不断完善水系网络调控机制，联网调蓄利用雨洪资源，保障坑塘的高效和可持续利用。在农业灌溉方面，应该根据不同坑塘的水量、水质在年内的变化情况及作物的需水、耐盐情况，然后结合不同灌溉方式如喷灌、畦灌等不同的地面灌溉方式对作物进行灌溉。

1）坑塘雨洪集蓄工程整治原则

一是依托地形地貌改造坑塘。对原有村庄旧坑塘、区域内关闭废弃的砖瓦厂洼地和自然存在的洼地及湿地等进行扩挖改造。不破坏当地的供排水系统、水生态环境和自然景观，而且避免了坑塘建设的盲目性，节约了坑塘建设成本。二是选择邻近有排水沟、输水渠和雨洪收集条件较好的位置建设坑塘，有水源保障，旱季保证有水可蓄，雨季保证涝水可排。三是考虑坑塘水体的综合利用，优先考虑具有中水回用、节水灌溉、绿化用水、种植水生经济作物、养殖鱼类、环境景观等功能较多、较全，且能与产业进行互动的村庄。四是选择工程地质条件、自然防渗效果较好，具有交通便利、施工方便、工程投资效益比大、日常管理维护方便的位置。五是结合项目开展坑塘建设。依托土地整理项目、新民居建设、城镇建设以及大的基础建设项目，对坑塘建设进行统一规划。

坑塘治理的通用工程包括：引水渠系连通工程，邻近引水渠系的坑塘，建设引水渠系连通工程，实现坑塘对雨洪水的集蓄利用。坑塘边坡整治工程，提升坑塘的蓄水、防渗能力，预防灌溉用水过程中水位快速下降可能导致的边坡塌方等危害。农田灌溉渠系工程，针对坑塘可灌溉范围，建设标准化的农田灌溉渠系工程。坑塘供电及提水设备保障工程，对可实现灌溉用途的坑塘，实现通电，并建设适宜的提灌泵房或提灌设备安装平台。坑塘群联合调度工程，针对部分村落内部及周边坑塘较多的特点，通过连通引水渠系和多个坑塘，实现对坑塘水的联合调度，扩大坑塘的灌溉保障面积。

2）坑塘分类治理技术体系

坑塘治理工程应根据地形地貌、水网格局、坑塘位置及灌溉保障范围进行分类规划、分类治理。

村落中的坑塘，通过与农村排水/生活污水治理工程结合，实现对农村硬化地面的集水。根据街道和民房布局，建设村落排水（坑塘集水）管网，将雨水集中到坑塘中，对坑塘边坡进行规范化整治减少渗漏，建设相应的提水设施和引水渠（引水管），将村中坑塘的水输出到村外坑塘或者直接用于村外耕地的灌溉。

村边坑塘，配合农村排水/生活污水治理工程，建设村落排水（坑塘集水）管网，实现集水；建设泵房或者用于安装提灌设备的平台，实现就近灌溉农田的功能。

砖厂取土坑，根据砖厂取土坑一般邻近农田的特点，对该类型坑塘进行边坡规范化整治，建设配套的提灌设施及农田灌溉渠系。

农田区域内小型坑塘，此类坑塘与水源没有连通，且受限于周边耕地，无法实现大量集雨，且此类坑塘蓄水量小，难以满足常规灌溉需求。此类坑塘可开发两种功能：①应急供水，在特殊情况下满足应急灌溉所需；②浅井灌溉的中间调蓄池，由于浅井出水量小，单井的灌溉效率低，影响农户的灌溉利用，可将浅井水抽提到此类坑塘中作为中间调蓄池，在灌溉农田时，使用大功率水泵，从坑塘中提水，以保证灌溉效率。

3）低平原区雨洪水资源联合调蓄技术体系

建立河道、坑塘、洼淀网络调控机制，联合调度与拦蓄雨洪资源。将河道、坑塘、洼淀等与沟渠、引河等连通，形成水系调控网络。雨洪水到来后，先从上游提闸或开泵蓄水，当坑塘、洼淀及支河、引河蓄满之后，关闭闸门或停泵，逐级向下游顺序蓄水。通过统一调控，拦蓄雨洪水资源（李少华等，2010）。近年来，沧州市在全区域范围内的多条行洪河系之间、行洪排沥河系之间、排沥河系之间、河系与水库之间、河系与洼淀之间建立了网络连接工程。增加部分调控工程，形成水系网络，建立起联合调控机制，由沧州市防汛指挥机构下达指令，各级防汛指挥机构按照雨洪调蓄规划方案和权限统一指挥调度，利用河系网络调蓄雨洪资源。

2018 年以来，沧州市按照因地制宜、全面规划、系统治理、生态良好的原则，对全市农村万余座坑塘进行全面整治提升。综合考虑坑塘位置、功能、水源条件等因素，开展分类治理，形成来水能引、降水能蓄、沥水能排、灌溉能用、人水和谐与以河渠为线、坑塘为面、线面相连的农村生态水网。通过坑塘建设工程，提升了蓄水排沥能力，减少了地下水开采，降低了农民灌溉成本，改善了生态环境。对以灌溉功能为主的坑塘，重点实施清淤疏浚，疏挖引排水沟渠，疏通水系，恢复坑塘灌排功能，建设配套田间工程。以东光县为例，东光县通过推行“一村一坑塘”工程，全县 447 个村整理出具有一定规模且具备蓄水灌溉功能的坑塘 398 座，面积达 657 hm^2。这些坑塘可“留住地表水，蓄住天上水”，雨季时收集雨洪水，一次蓄水能力近 3000 万 m^3，控制灌溉面积达 4 万 hm^2，占东光县全县农业耕地面积的 80% 以上，为保障县域灌溉需求，实现农业稳产和地下水压采的双重目标提供了重要支撑。

|第 9 章| 农业耗水管理的理论框架与实践

耗水管理是在供水管理、需水管理的基础上增加水资源消耗控制指标和调控手段，以流域水平衡为目标的可持续水资源管理。以灌溉为主的农业生产消耗了京津冀地区的大部分水资源，是造成区域地下水持续超采的主要原因。农业耗水管理对实现区域水资源的可持续利用，调整农业水资源管理模式，构建与耗水管理相匹配的农业水资源管理制度具有重要意义。本章重点介绍农业耗水管理的基本原理、蒸散发定量监测的技术体系，以及京津冀地区农业水权与水价综合改革实践等内容。

9.1 农业耗水管理的基本原理

9.1.1 农业水资源管理的主要阶段

1. 水资源与水资源管理

水资源是指地球上具有一定数量和可用质量，并能从自然界获得补充并可资利用的水。作为一种资源，水资源的储存形式和运动过程受自然因素和人类活动的共同影响，足够的数量、合适的质量以及在一定的时空范围内可用于满足社会及生态环境需求的能力，使其区别于自然存在的水（World Meteorological Organization，2012）。一般意义上的水资源是指流域水循环中能够为生态环境和人类社会所利用的淡水，其补给来源主要为大气降水，赋存形式为地表水、地下水和土壤水，可通过水循环在年际尺度上得到更新（刘昌明等，2001）。王浩等（2002）将水资源定义为所有为经济社会和生态系统利用的大气降水，既包括地表水和地下水，又包括植被、作物等生态系统利用的土壤水以及冠层与地表的降水截留，但不包括未被生态系统利用的沙漠、裸地、裸露岩石等下垫面上蒸发的水。

水资源是在水循环中形成的一种动态资源，具有循环性和可更新性。水循环系统是一个庞大的自然水资源系统，水资源利用后，可通过大气降水予以补给，处在不断地开采、补给和消耗、恢复的循环之中，可持续供给人类利用和满足生态环境的需要。淡水资源仅占全球总水量的2.5%，大部分淡水资源都以固态形式存在于极地冰帽和高海拔地区的冰川中，可被人类直接利用的淡水资源仅占全球总水量的 0.796%。从这一点看，水资源又具有显著的有限性特征。此外，时空分布不均匀也是水资源的重要特性之一，流域或区域内一定时期内的水资源消耗量超过该时段的水资源补给量或可利用量，将会破坏水平衡，对流域或区域社会经济及生态环境造成不利影响。

中国水资源总量居世界第 6 位，水资源人均占有量为 2200 m^3，约为世界人均的1/4，排在世界第 110 位，是 13 个贫水国家之一。水资源年内、年际分配不均，旱涝灾害频繁，对于年际最大和最小径流的比值，长江以南中等河流在 5 以下，北方地区多在 10 以上，径流量的年际变化存在明显的连续丰水年和连续枯水年；年内分布则是夏秋季水多，冬春季水少，大部分地区年内 6 ~9 月降水量占全年的 70% 以上，汛期径流过于集中，易造成洪水灾害。

地区分布不均，水土资源不相匹配。淮河以北地区的耕地面积占全国耕地面积的 65%，人口占全国总人口的 47%，其水资源量仅占全国水资源总量的 19%。全国人均水量不足 1000 m^3的 10 个省区中，北方占了 8 个，主要在华北。全国每公顷耕地径流水资源量平均为 2.87 万 m^3，而黄淮流域为全国平均值的 20%，辽河流域为全国平均值的 29.8%，京津冀地区所在的海滦河流域仅为全国平均值的 13.4%（刘昌明和赵彦琦，2012）。水资源空间上分布不平衡性与全国人口、耕地和资源分布的差异性，构成了我国水资源与人口、耕地资源不匹配的特点，包括京津冀在内的华北地区人均、亩均水资源量甚至低于西北干旱地区。

水资源管理，就是为了满足人类水资源需求及维护良好的生态环境所采取的一系列措施的总和，包括运用行政、法律、经济、技术和教育等手段，对水资源、开发、利用保护进行调节的各种行为，水资源管理的目的是提高水资源利用率和利用效率，使其发挥最大的社会经济和生态环境效益（姜文来，2002；姜文来等，2005）。20 世纪中晚期以来，世界范围内以水资源量衰减和水环境污染、水质下降为特征的“水危机”事件频频发生，推动了水资源管理由效率目标管理向可持续管理的转变。1996 年，联合国教育、科学及文化组织（UNESCO）国际水文计划工作组提出了“可持续水资源管理”概念，认为水资源可持续利用就是“支撑从现在到未来社会及其福利要求，而不破坏他们赖以生存的水文循环及生态系统完整性的水的管理和使用”。水资源可持续管理要求在水资源规划、开发和管理中，寻求经济发展、环境保护和人类社会福利之间的最佳联系与协调。与传统的水资源管理相比，可持续水资源管理强调了未来变化、社会福利、水文循环、生态系统保护这样完整性的水的管理。

2. 水资源管理的阶段性发展特征

水资源管理的重点是通过规范和指导水资源的开发利用过程，解决水资源供需矛盾。

社会经济发展的不同阶段，水资源开发利用方式、规模及供需状况均有明显不同，相应的水资源管理措施和政策体系也不断发展完善。水资源管理可划分为四个阶段，即简单管理、供水管理、需水管理和耗水管理（王浩，2011；左其亭等，2014）。

1）简单管理阶段

自公元前3000年左右，苏美尔人在幼发拉底河岸边建立起人类历史上第一套农田灌溉系统以来，人类对水资源的利用进入了主动管理的阶段（Christian et al.，2014）。在整个农耕时代，灌溉利用是人类社会最主要的水资源利用方式，一直持续到20世纪初人类社会进入现代化早期。在这一漫长的阶段中，引水、蓄水工程调控能力弱，供水工程数量少、保障能力差，水资源利用受到径流和降水的季节与年际波动约束，用水呈现不稳定状态。这一阶段的水资源管理主要是用水者自发的低效率管理，管理的规模也多限于灌区和井渠-田块尺度，无法对流域尺度的水资源实现有效的调蓄利用。例如，河北省太行山山前平原浅层地下水储藏条件较好的区域具有长期的井灌历史，但直到民国时期，灌溉井仍以传统人工开凿的浅井为主，且多数需人工提水，受取水量和成本的影响，民国时期的井灌区农田灌溉仍以“抗旱应灾”为主，无法保障农作物生产的常规灌溉需求。

2）供水管理阶段

供水管理就是通过增加供水来满足需水的增长（钱正英等，2009），供水管理阶段的显著特征是水利工程的快速发展和供用水规模的持续扩大。通过水资源的供给侧管理，以梯级水库、大型灌区、广泛的城乡集中供水体系的建设为主，不断提高水资源的调蓄和供应能力，以尽可能满足经济社会各部门对水资源量、质和稳定供应的需求。供水管理的出发点是根据经济社会的用水需求确定水资源开发和供给的水平，客观上通过快速提升各用水部门对水资源的获取能力推动了社会经济的快速发展。但是供水管理也存在一系列问题：首先，是对水资源的有限性重视不足，供水管理基于一种需求驱动下的无约束用水理念和以需定供的水资源开发利用模式，导致用水需求不断增长，并可能在某一时期突破水资源可供给量，使水资源开发利用难以持续；其次，用水量的增加，导致了供水成本的持续上升和污水排放量增加，造成了经济和生态负荷加重。供水管理阶段对水资源粗放的大规模开发利用加剧了水资源的供需矛盾，使生态环境用水量被大量占用，导致了一系列生态环境问题，无法适应水资源可持续发展和我国实行最严格水资源管理制度的要求（王建华和王浩，2009；王浩，2011）。

3）需水管理阶段

需水管理是面向包括人类与自然在内的所有用水户，在水资源供需平衡上全面而有序的管理，目的是通过控制需水，避免水循环再生性或可更新性遭受破坏及水资源系统的衰退，以确保水资源的持续利用（刘昌明，2009；刘昌明和赵彦琦，2010，2012）。水资源管理由供水管理向需水管理的转变，是为了解决供水管理导致的水资源利用的低效率、高浪费和边际成本不断增高的问题，是基于可持续发展理论的以资源集约利用和有效保护为基本特征的需水管理模式成为水资源管理发展进程的必然选择。水资源是有限性可再生资源，即使在水资源丰富的地区，水资源可利用量也存在一定限度；而在资源性缺水地区，无法通过不断增加供水来满足经济社会快速发展的水资源需求，水资源管理重点必然向用水过程的调控转移，通过采取综合节水措施提升水资源利用效率，以有限的水资源保障社会经济的可持续发展。因此，需水管理的目的是提高用水的效率和效益（钱正英等，2009）。需水管理可概括为考虑水资源承载能力，综合运用行政、法律和经济手段规范水资源开发利用行为，以调整和控制水需求过度增长为主要手段，以促进水资源的合理配置和高效利用为主要目标的水资源管理模式（王建华和王浩，2009）。刘昌明（2009）将水循环理论作为需水管理的基本依据，对于自然水循环，需水管理主要是维持自然水循环的可更新性或可再生性，包括水资源的持续可用量和良好水质，使经济社会用水量不超过水资源的承载能力；对于社会水循环，主要是追踪经济社会用水过程中的供、用、耗、排、蓄，进行节水与高效利用和无效耗水的调控。最后把社会水循环与自然水循环加以综合集成并制定需水管理的指标体系，对需水量进行统筹和系统的管理。

与以开源为主的供水管理相比较，需水管理阶段的特征是以用水部门的需水量为主要管理对象，以水资源可供给量为约束条件确定各用水部门的用水规模和用水方式，综合调控生产、生活、生态“三生用水”，实现社会经济与生态环境的可持续水资源管理。需水管理的节流增效是水资源管理的一次显著进步，但单纯依靠需水管理仍难以根本解决水资源短缺和生态环境破坏等问题。首先，需水管理依赖于对需水量的可靠预测。现有基于用水增长趋势或定额变化趋势的预测方法存在明显的局限性，预测结果往往显著偏大。以我国的需水预测为例，1986 年水利电力部水利水电规划总院《中国水资源利用》报告，预测全国 2000 年需水总量为 7096 亿 m^3；1994 年的《中国 21 世纪人口、环境与发展白皮书》和 1998 年水利部计划司编制的《全国水中长期供求计划》，均预测 2010 年需水总量为 7200 亿 m^3（姚建文等，1999；刘昌明和何希吾，2000）。然而，2000 年和 2010 年的全国实际用水总量分别为 5498 亿 m^3 和 6022 亿 m^3，远低于预测值。对未来需求量预测结果偏大，使得基于该预测结果的水资源管理决策仍以提高供水能力为主要手段，持续提高水资源开发利用强度和生态环境影响没有得到有效管理。其次，需水管理通过改进生产工艺、减少浪费等各类节水措施，提高水资源利用效率，然而一些措施尽管取用水量减少，但资源消耗并没有减少，不能达到资源性节水目的。例如，我国西北干旱区的一些大型灌区，通过渠道砌衬减少输水环节渗漏损失，通过喷灌、滴灌等小定额灌溉技术，实现了单位面积农田上的灌溉节水，但往往同时扩大灌区实际灌溉面积，导致灌区尺度的用水总量没有实际减少，而灌溉对地下水或河道径流的回补受到显著削弱，反而加剧了地下水或流域水资源问题（Shen and Chen，2010）。

4）耗水管理阶段

基于水文循环的概念，陆地系统中水分的蒸发蒸腾（蒸散发）过程将水分以水汽的形式耗散到大气中，才会真正导致水资源量的减少。ET是蒸散发的简称，是evaporation（土壤蒸发）和transpiration（植被蒸腾）的总和，基于ET的水资源管理理念也称为耗水管理，基于ET的节水理念也称为“真实”节水。只有控制ET消耗的水资源管理，才能真正节约水资源，即耗水管理（王浩和杨贵羽，2010；马欢等，2019）。传统的水资源管理是以地表和地下水资源量为核心，围绕供水、用水过程和对象管理而进行的，而对于流域水循环而言，在不考虑外调水条件下，降水是流域的全部水资源来源，也被称为广义水资源，地表及地下水资源量仅占其中的一部分，因此基于ET的水资源管理是一种“大水资源”管理（马欢等，2019）。传统的供水管理和需水管理，关注系统中不同用水部门的水资源通量，而不是耗散量，从而导致采取不当节水措施进一步加剧流域水资源亏缺的问题。从需水管理到耗水管理，是水资源管理上的一次飞跃。耗水管理可以从根本上评估不同节水措施的有效性，在对取水量进行控制的同时也减少水资源的消耗，进而达到流域尺度的水资源平衡与可持续利用。

供水管理、需水管理、耗水管理既是水资源管理发展的不同阶段，也是有机联系的整体（任宪韶和吴炳方，2014）。供水管理在提升供水能力的同时，也强调节约用水和效率提升；需水管理则通过提高社会经济各部门的用水效率实现节流的同时，通过雨洪资源利用、跨流域引水等措施开源，以保障经济社会发展对水的需求。耗水管理则是在供水管理、需水管理的基础上增加水资源消耗控制指标和调控手段，以流域水平衡为目标，实现水资源的可持续管理。

3. 农业水资源管理

农业水资源管理是为农业生产和农业可持续发展提供关键投入的水资源的管理过程，涉及的内容主要包括灌溉排水、雨养农业水管理、水资源开发与保护、循环水再利用、农田和区域水管理等（许迪等，2010）。包含的主要对象和范围有复杂多变的农业气候条件以及为数众多的生产系统和水管理内容，横跨的主要政策范畴与水资源管理、农业、农村发展、环境等有关。此外，农业水资源管理还与其他用水部门、主导经济制度、宏观经济政策等密切关联（World Bank，2006）。农业是我国最主要的用水部门，农业用水量占全国用水总量的65%（刘昌明和赵彦琦，2010）。因此，农业水资源管理在水资源管理中非常关键，高效配置农业水资源关系到农业的正常生产和国家的粮食安全问题，同时对整体水资源的管理有着非常重要的意义和价值（李栗莹，2020）。

农业水资源管理中心任务是灌溉排水中的水管理。农业水资源管理包括引水、输水、配水、适时适量地供水和排除过剩的水，改造不适合农业使用的劣质水等，在与农业技术相结合的基础上，提高水资源综合利用效率和作物产量及经济效益，并维持良好的农田生态环境和农业水环境的过程。灌溉在粮食增产、维系农民生计等方面起着重要作用，全世界约 40% 的农产品毛产值来自占农田面积 20% 的灌溉农业，在多数发展中国家高达 60%（Turral et al., 2010）。有效的农业水管理对维持稳定的土壤生产力和农业可持续发展具有重要意义（康绍忠和蔡焕杰, 1996）。

20 世纪 60 年代以来，得益于绿色革命和生产技术进步，全球灌溉农业的用水规模和生产能力都得到了显著的提升，农业水管理所面临的问题和挑战也发生了显著的变化。随着人们对水资源匮乏越来越多的关注，有关水资源管理的全球性争论已聚焦于粮食安全（UNDP, 2006）。农业未来的水管理面临着两方面的压力。从需求角度来看，工业化、城市化以及饮食结构的改变将提高人们对粮食的需求，以及增加相应的用于生产粮食的水量。从供应角度来看，可用于灌溉的水资源十分有限。这种供求双方的不平衡加大了调整的压力。

当前发展农业水管理的目的是在水资源稀缺状况下，在满足全球不断增长的食物需求的同时，增加农民收入、发展农村经济、减少贫困、应对气候变化、保护生态环境等。为此，应从跨学科、跨部门的角度出发，审视和改善与农业水管理发展相关的策略与对策，其中包括加快发展节水农业、维系生态系统服务功能、加大灌溉投入、提升雨养农业占比、提高农业水分生产率、减轻或预防土地和水环境质量下降、降低废水灌溉风险、加强政策和制度建设等。改善农业水管理、增加农业生产力的各种努力取决于对上述发展策略与对策的合理选择及其彼此间的利益权衡。

京津冀地区是我国七大流域中人均水资源量和亩均水资源量最少的地区，农业用水规模大且严重依赖地下水开采，农业水管理面临资源不足、调控难度大、环境生态治理压力大、高耗水与低效益并存、区域发展不均衡等诸多问题。单纯依靠输配水管理、田间节水管理等传统水管理措施已经无法从根本上解决京津冀地区农业水管理面临的农业生产和水资源可持续利用的双重目标，区域农业水管理体系亟待全面转型。

9.1.2 农业综合节水体系

农业综合节水体系是一个包括宏观与微观以及自然、技术、经济及管理等多方面的综合体系（刘昌明等, 1989）。体系中的各种单项节水措施各有其功能，在一定条件下均可发挥其自身的节水作用；但其各自的节水效果与生产中的适用性常受多种自然与社会因素的限制而不能充分发挥。例如，喷灌技术可实现大田作物的小定额灌溉，相对于传统的漫灌方式，可明显减少灌溉用水量，但同时又造成蒸发损失增大的问题，不适于京津冀地区多风和蒸发强烈的春季灌溉。秸秆还田/覆盖、深耕等保墒措施可以提高耕层土壤储水能力。减少蒸发损失，但对于配套机械和田间作业技术有较高的要求。传统农业综合节水体系以农田为基本单元评价作物品种、灌溉技术与管理措施的节水效果，主要关注灌溉水的输配和利用效率，难以在区域水平衡的尺度对农业水循环过程进行全面评估和优化管理。

农业耗水管理是构建新型农业综合节水体系的关键理论基础。在田间到区域多尺度农业耗水定量评估的基础上，根据区域农业生产条件，组合运用各种节水制度、节水技术和管理措施，从作物和田块的微观尺度到区域水资源调度的宏观尺度形成综合节水体系，实现田间尺度的高效节水农业与区域尺度的优化适水农业的耦合，才能有效地提高包括自然降水和灌溉水在内的农业水资源利用效率，实现区域尺度的资源节水（图 9-1）。

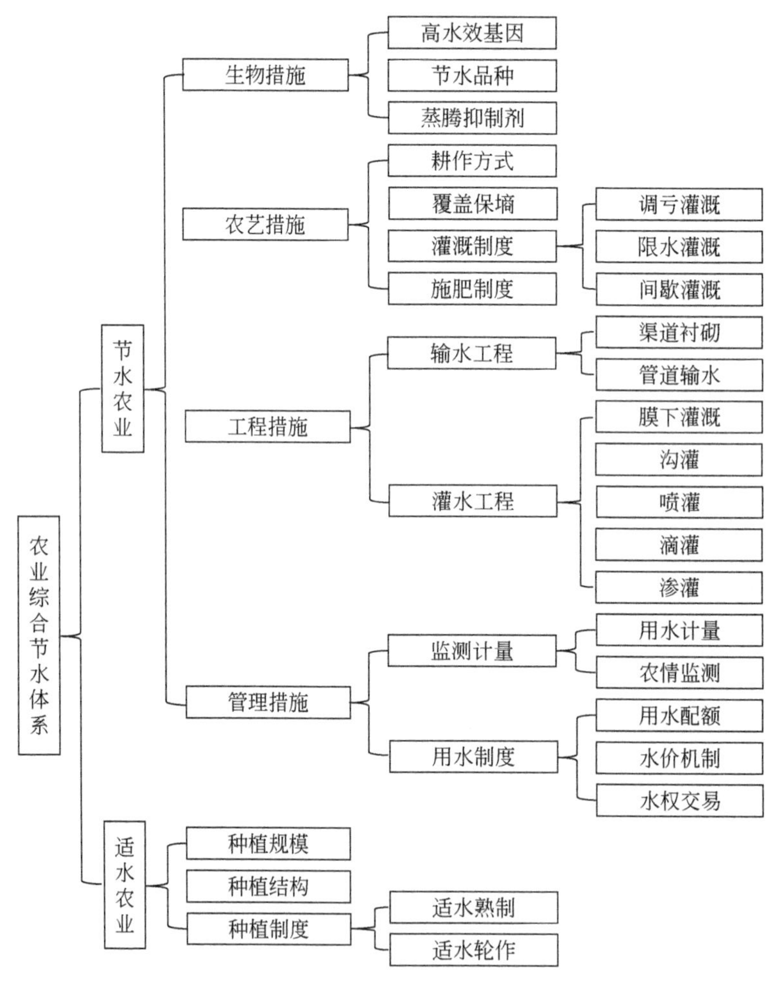

图 9-1　新型农业综合节水体系概念图

1. 节水农业与适水农业

不同的农业产业结构、不同的农作物布局与耕作制度有不同的用水需求。节水农业的实质是适水生产。对种植业来说，就是适水种植，通过构建适宜的作物轮作体系，充分利用当地的自然降水资源和灌溉水资源条件，实现有限水资源约束下的农业可持续生产。

京津冀地区种植结构以粮食作物为主，20 世纪 70 年代以来轮作类型由两年三熟发展为小麦-玉米一年两熟灌溉高产模式（Xiao and Tao，2014；Zhang et al.，2019），太行山山前平原区冬小麦-夏玉米一年两熟模式的粮食年产量可达到 15t/hm^2，其中冬小麦生育期内，平均降水量仅有 120mm 左右，难以满足其 350 ~ 400mm 的需水量，稳产高产主要依靠高强度灌溉保障（沈彦俊和刘昌明，2011）。河北省 1984 ~ 2008 年粮食生产的净地下水消耗引起中南部平原地区的地下水位平均下降 7.4 m，引发地下水位下降的贡献率达 80% 以上（Yuan and Shen，2013）。以小麦、玉米为主的粮食生产占农业耗水量的 75% 以上，其中以依赖灌溉维持高产的冬小麦耗水最为主要，不同地区小麦灌溉耗水占农业耗水总量的 50%~62%，以粮食生产为主的农业地下水消耗规模已经远远超出了区域地下水可开采规模，超用水程度在 110% 以上（Sun et al.，2010；张光辉等，2011）。可见，目前京津冀平原区农业种植结构是典型的高耗水高产型结构，这种结构是导致农业水资源问题的关键原因。此外，部分地区耕作制度与水资源条件不匹配问题也较为突出，黑龙港与运东平原部分县市复种指数过高，小麦播种面积明显高于当地耕地灌溉率，导致产量稳定性差，水资源效率偏低。平原北部唐山、秦皇岛部分地区的一年两熟制，往往热量条件不足，易受霜冻危害导致减产，也导致水资源利用效率降低。

建立节水农业必须综合考虑以下措施：①根据区域水资源禀赋和气候、耕作条件合理调整产业结构，适当压缩耗水多的农业比例，增加林业、草牧业的比例。②在耕作制度与作物布局方面，按照年际降水保障率，适当压缩耗水多的小麦比例，增加雨热同季作物的比例。考虑不同地区的水资源条件，制定合理的熟制，调整一年两熟为两年三熟。③在水资源条件差、地下水超采严重或者压采任务重的地区，应选择耐旱品种，进行雨养或者半雨养生产。④发展免耕、地表覆盖、深松等减蒸保墒耕作技术，提高种植业对自然降雨资源的利用率。

2. 节水技术

生物节水技术通过种植节水耐旱作物、调控作物耗水生理过程提高作物水分利用效率。生物节水途径包括遗传改良、生理调控（蒸腾抑制）等方面。其中，通过遗传改良培育抗旱节水新品种是生物节水关键。对于干旱半干旱地区，高水效品种应该与高产品种得到同等的重视，开展对比试验是确定不同作物品种水分利用效率的重要手段。张喜英

(2018) 的研究表明，华北平原冬小麦、夏玉米的水分利用效率 1980 ~ 2017 年来增幅为 42.9%~65.9%，冬小麦水分利用效率从 20 世纪 80 年代的平均 1.2 kg/m^3左右增加到 1.7 kg/m^3，增加 41.7%；夏玉米水分利用效率从 1.4 kg/m^3增加到 2.2 kg/m^3左右，增加 57.1%。随着品种更新，作物水分利用效率得到显著改善，实现在不增加或稍增加作物耗水情况下，大幅度提升作物产量。

工程节水技术通过灌溉输配水工程和灌溉设施实现节水灌溉。包括渠道防渗、管道输水、喷灌、滴灌等工程和设备实现减少灌溉过程中的渗漏浪费，缩短田块灌溉时间，提高灌溉效率，降低灌溉取水成本。喷灌与地面漫灌相比可省水 30% ~ 50%；微灌包括滴灌、微喷灌、涌流灌，基本上不产生深层渗漏，较地面漫灌省水 50% ~ 70%，可适用于山丘、坡地、平地等各种地形，相比漫灌有更大的灵活性。滴灌属于局部灌溉，可有效地减少地面蒸发损失，从而降低农田总蒸散量。工程节水技术基于农田水利的节水认知和技术措施体系，核心是提高灌溉工程配水效率、减少渠系和输送系统的损失。核心尺度是灌区，关注总灌溉用水量的节约和灌溉取水成本的综合控制。

农艺节水技术主要包括覆盖保墒、耕作保墒、水肥耦合、调亏灌溉与关键期灌溉等田间措施。保墒节水技术是根据作物在不同时期对水量的需求不同，提供适当的土壤水量，减少由输水过多或地表裸露等造成的无效蒸发；调亏灌溉与关键期灌溉等非充分灌溉技术则通过创造适度缺水的田间条件，激发作物自身抗旱生理机制，调控作物群体叶面积指数，提高光合效率，减少作物奢侈蒸腾，在关键需水期给作物施加适量的水分，达到增加物质累积并转化为经济产量的目的。农艺节水是基于农学观点的节水认知和措施体系，包括传统的农艺节水和生物节水，核心是提高作物的水分利用效率，减少土壤耕作层和作物根系层水分的无效损失。核心尺度是田块，关注对象是作物的水分需求与调控。

常规节水技术之外，利用非常规水进行农业灌溉，从而置换地下水和地表水资源，也是节水的重要措施。非常规水是指区别于一般意义上的地表水、地下水的水资源类型，包括污水处理后的再生水、微咸水、雨洪水等。非常规水的资源化处理与安全灌溉既是对常规水资源的重要补充，又是农业水资源开发利用先进水平的重要标志。非常规水资源开发利用已成为补充京津冀地区农业用水量不足和发展高效节水农业的重要领域。再生水和微咸水安全灌溉利用已经在京津冀地区有了较为成熟的利用方案和一定规模的生产应用（代志远和高宝珠，2014；牛君仿等，2016），加大非常规水资源的农业利用，对缓解水资源供需矛盾，提高京津冀地区水资源配置效率和利用效益等方面具有重要作用。

3. 节水管理

农业用水的管理在农业综合节水系统中发挥着统筹、统管的作用，把节水型的种植结构、作物布局及耕作制度与各种单项节水技术进行高效整合，通过对水资源的合理调度、联合利用，以有限的水资源维持适度的农业生产规模和最大的产出效益。节水农业的管理首先需要解决体制问题，不断完善节水相关的法律法规与地方管理政策体系，构建专业机构的管理体系，培养一定规模的专业管理人员和技术人员，以及成立基层用水者协会；充分利用市场机制，成立市场化运作的灌溉服务公司，推广节水技术与开展灌溉服务。其次是实施农业水权管理，在农业水权确权的基础上，建立水权交易制度，完善水权交易模式。合理划分水权归属，保障水权所有人的合法使用权、知情权、监督权和交易权。运用市场机制促使全社会节约用水，从节水中受益。促进水资源优化配置、高效利用、合理流转。

9.1.3 农业耗水管理理论

1. 农业耗水的基本概念

耗水管理，也称为“ET 管理”，就是以控制水分蒸散（ET）消耗为基础的水资源管理（王浩等，2002）。ET 是水资源的绝对消耗，控制 ET 是资源性缺水地区加强水资源管理，实现水资源可持续利用的根本措施。农业是人工管理的最大水资源消耗部门，农业耗水管理综合运用减少无效耗水量、控制耗水总量、提高水分生产率等手段，实现对农业 ET 的控制，达到真实节水的目标。

1）耗水的类型

所有类型的耗水过程都由能量驱动，包括太阳能耗水、矿物能耗水、生物能耗水、工农业产品中的水分以及排到其他流域或海水中不能返回本流域的所有水分损失（Berger et al.，2012）。太阳能耗水也就是 ET，是水分子受到太阳能驱动而产生的蒸散，包括几乎所有的水面蒸发和绝大部分陆面蒸散的总和，包括自然 ET 和人工 ET，是耗水中的最主要部分。基于可控性将耗水分成可控耗水与不可控耗水，由人类活动导致的 ET 称为可控 ET，包括太阳能 ET 的农业部分、矿物能耗水量和生物能耗水量的绝大部分（任宪韶和吴炳方，2014）；根据耗水的有效性，将蒸散分成有效耗水和无效耗水，例如灌溉农业系统中的作物蒸腾耗水是有效耗水，土壤蒸发则是无效耗水。

2）蒸散的基本概念

ET 是水分蒸腾（transpiration）与蒸发（evaporation）之和，称为蒸散（evapotranspiration），包括植被截流蒸发、植被蒸腾、土壤蒸发和水面蒸发，是水分从地球表面以气态形式向大气耗散的过程，是自然界水循环的组成部分，涉及水循环过程、能量流动过程和物质循环过程。影响蒸散的因素包括太阳辐射、空气温度、湿度、风速等气候条件以及土壤、植物种类等。植物冠层截留蒸发是降水被植被冠层截获不能到达土壤而直接蒸发的部分，是降水的一种损失；植被蒸腾指的是水分从叶面和枝干以气态向大气散发的过程，它是通过根系从土壤中吸收水分，然后通过气孔扩散到大气中受植物生理调节的物理过程，是植被生存和生长的必要过程；植被棵间蒸发是植株间土壤水分受到太阳辐射驱动而产生的蒸发；地表截留蒸发是指降水落到地表未下渗而生成的洼地或不透水层储水所形成的蒸发，该蒸发减少了降水与土壤和地下水的交换；土壤水蒸发是指土壤中的水分通过上升和气化从土壤表面进入大气的过程，土壤水蒸发影响土壤含水量的变化，是水文循环中的一个重要环节；水面蒸发是水面的水分从液态转化为气态逸出水面并交换到大气中的过程。蒸散是水资源最主要的消耗方式，是开展不同时空尺度水平衡分析、流域水资源监测与评价的关键要素。

3）作物蒸散量

作物实际蒸散量 ET_a除与气象和作物因素有关外，还与土壤水分状况有关，反映土壤实际供水条件对作物蒸散量的影响。作物潜在（最大）蒸散量 ET_c是指作物在土壤水分和养分适宜、生长充分条件下的蒸散量（作物需水量），它除与气象因素有关外，还与作物特性有关，反映不同作物需水量的差别。参考作物蒸散量 ET_0，以理想条件下表面开阔、高度一致、生长旺盛、完全遮盖地面而不缺水的绿色草地为参考作物的蒸散发速率，其条件设定为：作物高度为 0.12m，叶面阻力固定为 70s/m，反射率为 0.23。参考作物蒸散量 ET_0只与气象因素有关，反映大气蒸发能力对作物需水量的影响，一般用联合国粮食及农业组织推荐的 Penman-Monteith 方法计算（Allen et al., 1998）。

4）耗水的可控性

可控耗水量是指因人类活动新增的耗水量，包括人类管理的景观水面及绿地产生的蒸散、各种生活和工业耗水产生的耗水量、农业生产耗水产生的蒸散等。耕地的灌溉耗水量可通过供水进行控制，作物的蒸腾可通过作物结构调整或休耕进行调节，属于可控 ET；耕地休耕时，天然降雨引起的蒸散为不可控 ET。灌溉耕地是 ET 调控的重点，由于作物产量受水分生产函数的影响，在维持一定产量水平的前提下，可通过提高单位耗水的产出，即通过提高作物的水分利用效率来减少 ET，具体措施包括精准的小定额灌溉技术、秸秆覆盖等地面减蒸技术、科学施肥及选用耐旱作物品种等。

5）耗水的有效性

有效耗水是指按某一目的产生蒸发或蒸腾，如灌溉农业产生的蒸腾；无效耗水是指非按计划产生的蒸发或蒸腾，如水面蒸发（Perry, 2007）。有效耗水和无效耗水可以根据耗水发生的过程及产生的效益来确定，也可分成对经济和对环境的有效性。农田的土壤蒸发（棵间蒸发）和叶片截留蒸发对作物生产无直接贡献，一般认为是无效耗水（Perry, 2011）；农田的降水和灌溉水被作物吸收后以蒸腾的形式排到空气中，该部分耗水是作物形成产量的基础，是有效耗水。

2. 农业耗水管理的理论体系

1）灌溉效率与真实节水问题

长期以来，农业水资源管理都是基于水利工程管理体系开展的，并形成了基于工程效率概念的农业水资源效率评价体系。“灌溉效率”概念形成于 20 世纪 50 年代，定义为灌溉农田系统中作物消耗的灌溉水量占河流和其他水源输送到农田、渠道或渠系水量的比例。因此，在传统农业灌溉活动中，不能到达田块内或未被作物吸收的水均被视为水资源的损失，包括渠道输水损失、田间渗漏损失等。损失越多则灌溉效率越低；损失越少则灌溉效率越高。根据灌溉效率提升计算得到的节水量往往被用于进一步扩大灌溉规模或分配到城乡居民和工业用水，进而导致在区域和流域尺度上“越节水越缺水”的问题日益突出。因此，基于水利工程效率的“损失”和“节水”概念得到了越来越多的质疑（Jensen，2007；吴炳方等，2017），因为提高的灌溉效率可能导致更高比例和更多的水消耗，从而加剧可利用水资源量减少的问题。在传统灌溉效率评估中损失的部分往往转化为土壤水或渗漏补给到地表径流和地下水，并非真正的耗水。因此，通过减少损失的方式获得的节水量是不确定的。从流域水文整体分析和质量守恒角度考虑，只有蒸散消耗掉的水才是真正损失掉的水，只有减少耗水量，才是真实的节水；而传统的以提升输水效率为依据的节水则可能造成水越节越少的悖论。

为了能够可靠地在区域或流域尺度上评估灌溉活动的真实节水情况，在众多研究的基础上，国际灌溉排水委员会对农业水资源利用的术语与概念进行了系统性的梳理（Perry et al.，2009），明确了取用水、耗水和非耗水项等概念。耗水是用水过程中不能被再次利用的水，即蒸散。通过判断耗水是否与用水的特定目标相符合，耗水可进一步分为有效耗水与无效耗水。符合特定目的的耗水是有效耗水，如农业用水中的灌溉作物蒸腾耗水；与特定目的相悖的耗水是无效耗水，如农田中的棵间土壤蒸发耗水。非耗水项包含可恢复水与不可恢复水。可恢复耗水指可被重复利用的水，如作物灌溉产生的深层渗漏；不可恢复水指不可再取用的水，如汇入海洋或深层蓄水层，开采成本过高的水量。通过相关概念体系的不断补充与完善，灌溉活动的“真实节水”概念也得到了明确，只有那些可以减少真正的损失（无效耗水和不可重复利用水）的灌溉管理和节水措施，才具有真实节水能力。

2）基于水平衡的耗水管理理论基础

耗水管理是传统水资源管理的延续和升级，是对供水管理和需水管理的补充和完善，在强调节约用水的基础上，耗水管理进一步强调减少耗水，通过各项控制 ET 的真实性节水措施，达到水资源的高效和可持续利用。流域或区域尺度上的水资源可持续利用建立在水资源进出平衡的基础上，必须保证水消耗小于或等于当地降水量与其他进出水量之和，在不考虑年际储水变化的情况下，封闭流域的水资源可持续利用应满足式（9-1）：

$$\mathrm{ET} \leqslant P-R \tag{9-1}$$

式中，ET 为耗水量，包括蒸散量、矿物能耗水量和生物能耗水量；P 为降水量；R 为入海水量或出境水量。为保障干旱半干旱地区年际稳定供水，可通过大型水库调蓄和开采地下水进行多年调节，以丰补缺；也可以通过增加域外调水以满足用水需求，相应的公式为

$$\mathrm{ET} \leqslant P-R+W \tag{9-2}$$

式中，W 为外流域调水或入境水量。

区域或流域尺度的多年平均降水量 P 是确定的；为维持河口和海洋生态稳定，入海水量也需保持稳定；在一定社会经济、技术条件下，区域或流域尺度的水资源可调出、调入量也相对稳定。因此，只有控制耗水量，特别是蒸散量，才能使式（9-2）成立，才能实现区域或流域尺度的水资源可持续利用。

我国现行的水资源管理制度是总量控制、定额管理。总量指的是取水总量或用水总量，定额管理同样指的是取用水定额，均未包括水资源消耗指标。耗水管理要在满足总量控制指标，降低用水定额，满足用水效率控制指标的基础上，进一步控制总消耗量，实现流域总耗水量满足水资源可持续利用要求。

耗水管理是建立在区域水资源的供给和消耗的基础上，即以人类可持续耗水量为限制条件进行水资源管理。理想状态下的流域耗水管理，要在不超采地下水的情况下，使人类实际耗水量和人类可持续耗水量达到平衡，同时实现人类社会和生态环境的可持续发展。相应的水资源管理对策、城乡和各行业节水措施、农业灌溉的减蒸降耗措施等，均围绕可持续的耗水管理目标确定。耗水管理不仅要求在流域或区域尺度上达到总的耗水平衡，也需要各行业和各区域之间的耗水量协调，在内部达到平衡，特别是流域内上下游的协调。例如，新疆绿洲农业规模的快速扩大，减少了下游区域水资源量，导致了下游河道径流衰减和生态系统退化。

耗水管理不仅重视水资源消耗的量，更重视水资源消耗的效用，关注并采取措施调控水循环中各环节产生的耗水量，尽量使水向高效消耗转移，减少低效消耗，避免无效消耗。地表水尽量“本地水本地用”，减少输水过程中的无效蒸发损失；地下水尽量做到少开采或不开采，尽量减少无效损失。

3）耗水管理的特点

耗水管理以减少耗水为核心，通过控制区域或流域的耗水量来实现可持续的水资源管理目标。其包括两层含义：①控制耗水总量，确保流域总耗水量不超过可消耗 ET，实现水资源的可持续利用；②提高水利用效率，在流域总体耗水目标前提下，从区域或局部对用水效率进行调整，提高水分生产力水平，促进可持续发展。

基于 ET 等耗水数据监测和核算结果的耗水管理与传统水资源管理存在明显差异，主要体现在耗水管理依据区域自身的可耗水量确定目标 ET，通过必要措施提高水效率、减

少耗水量，从而将总耗水量控制在目标 ET 以内；传统的水资源管理以满足水资源需求为目标，通过不断提高供水效率和水资源配置效率，实现社会经济各部门对水资源的充分利用。传统水资源管理的供需平衡分析中，供水量、用水量属于监测量，水资源量、可利用量、地下水开采量属于不可监测量，水资源消耗量、排放量依赖大量的参数或系数求算，结果不确定性很大。耗水平衡分析是考虑降水、入渗、径流入海、区域交换和蒸发的较大尺度的水平衡，即包含蒸发要素的完整的水平衡，较传统水资源管理的水平衡分析有明显进步。蒸散是最大的水资源消耗项，只有考虑蒸散的水平衡分析才是完整的。通过耗水平衡分析可得到人类可持续耗水量的阈值，可据此作为用水效率提升的目标。蒸散可通过地面监测和遥感监测模型得到，虽然仍存在一定的不确定性，但相比传统的核算结果则更加全面。

传统水资源管理以供用水过程为核心，其决策依据是对未来需水量的预测。为降低预测结果的不确定性可能导致的供水不足风险，往往在参数设定时选择高需水条件，使得需水量预测结果长期以来过度超前。这会导致在供水过程中调配高于实际需求的水量，造成供水工程投资和水资源的浪费。而耗水管理则是以人类可持续耗水量为约束，针对不同行业用水和耗水特点，采取措施提高水资源利用效率，其管理和调控目标是将人类耗水量约束在区域红线以内。

传统水资源管理的节水理念体现为节约用水，通过工程措施和非工程措施提高水的利用率而产生节水的效果，从而减少取水量。例如，在缺水地区发展节水农业，减少农业灌溉取水量，使有限的水资源更多地用于作物生产并提高产量。但问题是取水量和耗水量并不相同，农灌回归水减少会削弱地下水与地表水的联系，如果将减少的取水量用于扩大灌溉面积，实际上反而增加了耗水量，很多国家和地区由此加剧了地下水的开采和水位下降（Ward and Pulido-Velazquez，2008）。只有采取耗水管理策略，通过地面监测获得典型农业生产类型的耗水强度，结合遥感监测模型估算得到区域或流域尺度的蒸散时空格局和总量，结合农业取水量计算出回归水量，才能真正对农业生产的适宜规模和适宜灌溉强度进行区域或流域尺度的全面评估。

9.1.4 农业耗水管理的实现途径

实施耗水管理既要有完善的理论体系的支撑，更需要高效、适用的技术体系和政策措施保障其具体实施。农业耗水管理的目标是控制水资源的过度开发，减少地下水开采量并逐步达到采补平衡，其核心是以流域水资源条件为基础，以生态环境良性循环为约束，在保证农业生产规模相对稳定和区域粮食安全的前提下，优化农业结构，推广高效综合节水措施降低无效 ET，提高有效 ET 的经济产出，减少流域综合蒸散。农业耗水管理的保障体系由综合节水技术措施、水资源管理与农业产业政策措施构成综合支撑。

1. ET 监测与减蒸降耗等技术措施

可靠的 ET 监测技术是实施耗水管理的前提。各类 ET 监测技术为从田间到流域尺度的灌溉效率评价与区域 ET 管理优化提供了高效手段。田间尺度的 ET 监测，选择农田中的固定地点，测量多个层位土壤含水量变化，得出各类作物不同生育阶段的 ET 及农田周年的 ET 量，并据此调整作物灌溉制度、升级灌溉技术、优化作物类型和熟制配置。相对于田间监测，基于气象数据和作物系数的 ET 计算方法更为简便高效，其中 20 世纪 60 年代以来不断发展的彭曼方法在联合国粮食及农业组织的推荐下，得到了最为广泛的应用（Allen et al., 1998），成为农作物 ET 计算的参考标准，在作物灌溉定额、灌区规划设计、农业水资源配置等领域发挥了重要作用。我国于 1950 年初在全国建立灌溉试验站体系，在多个气候区选择典型站点进行作物蒸散量研究，基于水分平衡法测定蒸发，为我国农作物耗水研究奠定了基础。20 世纪八九十年代，刘昌明等在华北平原多个地区建设了大型蒸渗仪，根据潜在蒸散和土壤供水参数得到典型农田系统的日蒸散量（刘昌明等，1988）；并使用波文比系统对麦田的能量平衡和蒸散量进行了监测（沈彦俊等，1997）。20 世纪 70 年代以来，计算机技术、地理信息系统技术和遥感技术的兴起，为区域尺度上蒸散量的研究带来希望和新的思路。与过去气象学和水文学估算蒸散量方法相比，遥感估算蒸散量使蒸散量研究由点到面成为可能。Brown 和 Rosenberg（1973）将土壤和植被看作一个整体，建立了作物阻抗-蒸散模型；Shuttleworth 等（1985）区分了土壤层和植被层能量和水分过程的差异，提出了双层蒸散量模型，通常称为双源模型。近年来利用卫星遥感数据结合蒸散发模型估算区域 ET 的方法得到快速发展。Bastiaanssen 等（1998）基于能量平衡公式构建了 SEBAL 模型。吴炳方等（2011）利用地面测定的实际蒸散量对 SEBAL 模型进行了验证与参数修正，开发了 ET Watch 系统，并实现了对全球主要农业区作物蒸散量的定期业务化监测。基于遥感技术的 ET 监测可以获取流域尺度上不同时段、不同土地利用和作物类型 ET 量的时空分布格局，通过比较降水量、灌溉量和 ET 量，对区域地下水管理、灌溉决策提供支持，为大尺度的 ET 管理提供了高效、及时的技术手段。

总的来说，基于水平衡和能量平衡理论的小尺度 ET 监测和计算方法主要用于典型农田的蒸散耗水和水平衡规律研究，监测精度和时间分辨率高，研究结果受到灌溉模式、作物类型和土壤条件差异的影响。基于遥感数据的作物蒸散模型，可对地面蒸散的时空格局进行研究，通过典型地面监测数据的校验，遥感模型得到的蒸散结果也可具有较高的精度，可对不同区域、不同管理水平和作物类型的农田蒸散强度进行对比分析。

减蒸与降耗是基于耗水管理的农业综合节水技术的两方面。“减蒸”是减少无效蒸腾的技术，包括传统的灌区改造、渠系改造等工程节水技术，微灌、滴灌的节水灌溉技术，以及秸秆覆盖、地膜覆盖等土壤保墒技术和免耕、深松等保护性耕作技术；“降耗”是指提高农作物的水分利用效率，即在维持经济产量的同时降低有效耗水的技术，既包括亏缺灌溉、关键期灌溉等提高作物耐旱能力和水分利用效率的灌溉技术，又包括用耐旱品种替换传统品种，低耗水作物替换高耗水作物等生物节水技术。

2. 管理与政策措施

构建高效的水资源管理政策是实现农业耗水总量控制的重要保障。2011 年中央一号文件《中共中央 国务院关于加快水利改革发展的决定》明确实施最严格的水资源管理制度，确立了水资源开发利用的“三条红线”，提出了对农业水资源实行总量控制的原则，并逐步开展农业水权改革，运用市场机制对水资源进行优化配置，促进水资源合理高效利用。2014 年以来，选择宁夏、甘肃等地开展水权登记试点，并进行水权流转与交易，进一步完善了水权的初始分配政策（胡佳妮等，2020）；选择河北等地开展农业水价和水资源税综合改革试点，建立了以水权、灌溉定额等为基准的农业用水强度控制体系，以水权为是否收取水费的依据，以灌溉定额为是否征收水资源税的依据，划分不同用水等级，实行分级收费（周飞等，2019）。尽管目前实施的农业用水总量确定与分配方案并非以流域可持续 ET 为约束条件制定，但相关农业用水总量管理与价格调控政策，对区域水资源优化配置和地下水超采治理起到了积极的作用，也推进了区域尺度 ET 管理理念在具体水资源政策领域的落实。

通过农业产业政策引导，实施种植结构调整和休耕轮作，是转变农业高耗水局面的重要措施。以京津冀平原区为例，典型的小麦–玉米一年两熟模式的粮食年产量可达到 15 t/hm^2，ET 耗水量在 750 mm 左右，远超当地年均 500 mm 左右的降水量，是区域地下水超采的主要原因（沈彦俊和刘昌明，2011；Yuan and Shen，2013）。Yang 等（2015a，2015b）比较了两年三熟、三年四熟和四年五熟粮棉薯多种轮作模式与传统小麦–玉米两熟模式产量、灌溉量、水分利用效率差异，发现不同轮作系统的年均耗水量差异明显，两年三熟等低强度轮作模式的蒸散量显著低于小麦–玉米两熟模式。不同小麦–玉米轮作模式的中长期耗水特征研究表明，在太行山山前平原区，冬小麦–夏玉米–春玉米的两年三熟模式在适度灌溉的情况下多年平均 ET 接近当地自然降雨条件下的地下水采补平衡点（Xiao et al.，2017）；京津冀平原区不同熟制小麦–玉米轮作模式下粮食产量和区域耗水的平衡关系的研究也表明，通过减少轮作体系中高耗水的冬小麦比例，优化区域种植结构，可以显著减少作物生产的 ET 强度（Luo et al.，2018）。2016 年中央一号文件提出“启动实施种植业结构调整规划”，“建立作物生育阶段与天然降水相匹配的农业种植结构与种植制度”，相应政策的实施为资源性缺水地区根据区域水资源条件及其承载能力，建立与之相匹配的种植结构和灌溉规模，优化农业产业结构和布局，进一步实施 ET 管理提供了重要保障条件。

9.2 京津冀地区农业水权与水价改革

9.2.1 农业水权的概念

1. 水权制度与交易体系

水权一般是指对水资源的权利集合，其基本权利是水资源的所有权，以及占有、使用、收益和处置等衍生权（姜文来，2000）。水资源是一种具有自然属性的公共资源，其本身并不具有商品性质，也无法参照传统商品的交易及占有规则对其所有权进行规定。水权概念的提出来源于用水者对有限的水资源在特定时空范围内的竞争性使用以及由此引发的所有权划分问题，是产权理论渗透到水资源领域的产物。因其公共属性，政府在水权分配和交易规则的制定过程中，具有主导地位和较大的管理权限。美国、澳大利亚等国家在水权制度构建与水权交易方面具有较长的历史和相对完善的体系。

由于历史和政体差异，不同国家的水资源所有权体系各具特色。美国、澳大利亚受英国普通法的影响，物权制度源自过去的土地制度，注重私权和占有的先后顺序，水权与地权关联紧密，如河岸权（毗邻河岸的土地优先拥有取水权）和优先占有权（谁发现谁拥有，谁先使用谁拥有）（农业农村部软科学课题组，2018）。由于干旱区资源性缺水或流域用水量持续增加导致的缺水日益严重，在水权实践中，美国、澳大利亚等国家逐步将水权与地权分离，以国家公权力的影响构建了公共水权，对公共事业、军事、生态环境保护等水权进行分配。大陆法系国家对水资源所有权的分配则更重视政府作为公共资源管理的权利，强调水资源的公有性和国有性，例如中国和墨西哥，水资源所有权为国有，通过取水许可制度进行管理，由政府负责协调和管理水资源。

水权的初始分配是实施水权管理的前提。美国、澳大利亚等国家将历史形成的沿岸权（或称河岸权）和优先占用权等私有制分配方式与政府的许可方式相结合进行管理。澳大利亚仅保留家庭用水和土地灌溉用水的沿岸权，其他取水都需申请取水许可证。墨西哥由国家水委员会向各级用水者协会发放取水许可证，由用水者协会根据其内部达成的共识原则实行分配。日本的水资源较为丰富，其水权分配以流域为单元，依据每条河流自身流域的水资源基础条件和开发计划，决定本流域内水资源使用权的分配，并对水权的使用目的进行划分。

各国的水权交易流转是水权管理体系的重要部分，体现了水权商品性的特点。美国东部实行沿岸权制度的州，水权交易程序与不动产交易类似，由水资源行政部门或法院批准并公告；西部实行优先占用权制度的州，水权交易主要通过市场手段开展，可以通过水权转换、用水置换、水银行、干旱年份特权与优先权放弃协议等方式进行水权交易，甚至可作为向银行进行抵押贷款的金融工具。澳大利亚的水权交易由州水源公司进行。不同州水权交易体系也有所不同，如水股票制度、永久水权交易和临时水权交易等，交易的价格会随年际水量的丰枯而变化。墨西哥的水权交易对象为取水许可证。交易水权不改变许可条款且不影响第三方利益时，不需要水资源管理部门批准；向灌区外转让水权需得到用水者协会和国家水委员会的批准。加拿大的水权交易也是取水许可证交易，但交易双方仅限于不同的许可证持有者之间，不能用来建立新的用水户。日本的水权转让和交易更严格，需对取水量、可操作性、第三方权益的保护、河流环境的影响等进行审查，获得许可后才能在同一用水目的内部进行水权转让；若进行不同用水目的之间的水权转让，需办理新水权许可证。

2. 农业水权

农业水权是相关权利主体依法对农业水资源采取占有、使用和收益等方式，排除他人非法干涉的权利，狭义上就是用水主体享有的农业水资源所有权和使用权。农业水权制度是界定、配置、调整、保护和行使农业水权，明确政府部门之间、政府与用水户之间以及用水户之间的权、责、利关系的一系列制度的总称（徐梓曜等，2017）。农业水权制度的建立主要有两个目的：一是规范有限水资源的取得和使用秩序，防止流域上下游之间、农业和其他用水部门之间的水资源冲突，提高取水效率；二是实现农业节水，干旱半干旱区的农业水权定额通常无法满足充分灌溉的需求，这就要求农户要么采取节水措施将灌溉量控制在水权额度之内，要么就通过水权交易为更多的灌溉用水付出较高经济成本。

农业是最主要的用水部门，具有取水总量大、取用水分散和计量困难等特点。农业水权分配一般与农耕地面积相关联，在遵循公平原则的同时依据流域或行政区域内可分配农业水资源总量和农户用水历史习惯进行分配。初始农业水权分配完成后，需要对农户进行水权登记，并依据登记信息进行取用水量监管和水权交易。

9.2.2 我国农业水权与水价改革概况

1. 我国农业水权制度的主要特点

我国的水权制度建设是“节水优先、空间均衡、系统治理、两手发力”治水方针的创新实践，是生态文明建设的重要组成，是建设节水型社会的重要途径。农业生产是我国最主要的用水部门，农业用水具有区域差异大、用水范围广、用水户及用水活动分散、计量困难、损耗突出的特点，因此农业水权制度体系的建设是我国水权制度建设的重点和难点。

农业水权制度建设是农业水价综合改革基础，也是在全社会各部门有效实行水权和水价改革的重要前提。实施农业水权有助于进一步提高农业水资源利用效率，推进农业生产者自主开展节水；有助于协调农业生产和其他用水部门对水资源的竞争性使用；有助于在缺水地区进行用水指标的流转，促进经济发展；有助于在法律和制度体系层面保障生态用水需求；有助于提高政府的水资源分配和管理效率；有助于提高社会公众的节水意识，落实节水行为（崔旭光和刘彬，2020）。

我国的水资源为国家所有，我国农业水权也具有鲜明的中国特色。我国的农业水权包括水资源的所有权和使用权：①农业水权主要指农村集体和个体农户灌溉使用水资源的权利；②农业水权的上位概念是水资源国家所有权，水资源所有权的唯一行使主体是国家；③农村集体享有灌溉取水权和相应的用水管理权；④个体农户对灌溉用水享有使用权（陈龙，2018）。水权交易是指在合理界定和分配水资源使用权基础上，通过市场机制实现水资源使用权在地区间、流域间、流域上下游、行业间、用水户间流转的行为。交易形式分为区域水权交易、取水权交易和灌溉用水户水权交易。

2. 我国农业水权与水价改革的政策体系

我国水权制度的建设始于21世纪初（谷树忠等，2018）。2000年，浙江省义乌市和东阳市进行可我国第一宗水权交易，东阳市将境内横锦水库5000万m^3水的永久使用权转让给下游义乌市。2002年，甘肃省临泽县梨园河灌区和民乐县洪水河灌区以农户水票的形式开展了农业水权交易的尝试。2015年开始，水利部选择内蒙古等7个省级区域开展水权确权和交易试点工作。

随着各级水权改革试点工作的推进，相关政策体系不断完善。2005年，国务院《深化经济体制改革的意见》提出建立初始水权分配制度，开展水权交易，建立健全水权制度；水利部《关于水权转让的若干意见》《关于印发水权制度建设框架的通知》设计了水权制度的框架及其具体内容，并对转让水权的基本原则、限制范围、转让费用、转让年限等做出了规定。2012年，《国家农业节水纲要（2012—2020年）》提出在有条件的地区，要逐步建立节约水量交易机制，构建交易平台，保障农民在水权转让中的合法权益。2014年，《水利部关于深化水利改革的指导意见》进一步强调建立健全水权交易制度，开展水权交易试点，鼓励和引导地区间、用水户间的水权交易，探索多种形式的水权流转方式。

2016年，《国务院办公厅关于推进农业水价综合改革的意见》明确提出建立农业水权制度：以县级行政区域用水总量控制指标为基础，按照灌溉用水定额，逐步把指标细化分解到农村集体经济组织、农民用水合作组织、农户等用水主体，落实到具体水源，明确水权，实行总量控制。2017 年，国家发展和改革委员会、水利部发布《关于开展大中型灌区农业节水综合示范工作的指导意见》，提出健全农业水权分配制度：全面落实灌区取水许可制度，以用水总量控制和定额管理指标为基础，按照适度从紧的原则，由有关地方人民政府或者其授权的水行政主管部门通过颁发水权证等形式将灌区农业用水权益明确到用水主体，实行丰增枯减、年度调整；根据灌区实际，合理确定农业水权确权层级，既可以确权到灌区或片区，又可以确权到农村集体经济组织、用水户协会或村民小组、用水户。2018 年，水利部、国家发展和改革委员会、财政部印发《关于水资源有偿使用制度改革的意见》，要求各地充分借鉴水权试点取得的经验做法，结合本地实际积极稳妥探索推进水权确权工作。在区域层面，通过分解区域用水总量控制指标明确区域取用水权益。在取用水户层面，科学核定许可水量，明确水资源具体用途，发放取水许可证明确取水权。对灌区内农业用水户，由地方政府或授权有关部门根据用水总量控制指标和灌溉用水定额，发放水权权属凭证，因地制宜将水权明确到农村集体经济组织、农民用水合作组织、农户等。

确权是农业水权制度建设的关键。2014 年以来，水利部在宁夏、江西、湖北开展水权确权登记试点，河北结合地下水超采综合治理工作，开展了水权确权试点。2016 年以来，参与水权和水价改革试点的各省级政府也陆续明确了水权确权实施方案，出台了配套的水权确权登记办法等政策。一般先由省级行政部门依据本省各地区、县域水资源供用状况进行调查确认；在核定水资源总量的基础上，由各县域对核定后的水资源在各行业之间进行配置，确定县域范围内的农业水资源总量；然后根据各县域灌溉耕地面积、主要农作物灌溉定额等指标，确定亩均水权量，依据公开、公平、公正的原则与村集体、农户或基层用水者协会签订确权协议，并颁发水权证；确权后，由县级政府对水权证的审核等事项实行动态管理。

3. 我国农业水权交易与水价改革实践

我国农业水权交易按照交易双方的属性可分为两大类：一类是农业水权内部交易，例如灌区间、农村集体经济组织之间或农户之间，水资源依然用于农业灌溉；另一类是农业水权外部交易，也称为取水权交易，是指在取水许可有效期和取水限额内向符合条件的其他单位或者个人有偿转让相应取水权的水权交易，例如农业节余的水资源跨行业出让给工业、生活或生态用水（周超，2017；崔旭光和刘彬，2020）。2016 年水利部印发《水权交易管理暂行办法》，对各类水权交易均有具体的规定。

农业水权的内部交易由县级以上地方人民政府或者其授权的水行政主管部门通过水权证等形式将用水权益明确到灌溉用水户或者用水组织之后方可进行。若灌溉用水户水权交易期限不超过一年，不需审批，由转让方与受让方平等协商，自主开展；若交易期限超过一年，事前报灌区管理单位或者县级以上地方人民政府水行政主管部门备案；县级以上地方人民政府或其授权的水行政主管部门、灌区管理单位可以回购灌溉用水户或者用水组织水权，回购的水权可以用于灌区水权的重新配置，也可以用于水权交易。2016 年以来，通过中国水权交易所和相关省级公共资源交易平台，河北、内蒙古、河南、甘肃、广东、山东、新疆等地开展了农业水权交易、政府回购等活动，包括河北成安县农户节余水权政府回购、山西运城槐泉灌区与企业间的取水交易、内蒙古河套灌区节余水资源向工业企业的有偿流转、宁夏惠农渠灌区农民用水者协会间水权交易、新疆呼图壁县村集体间水权交易等成功案例。

农业水权交易作为推动农业水价综合改革的重要措施。一方面坚持水资源有偿使用理念，以水定需，促进各地区、各灌区做好节水挖潜工作；另一方面在农业用水总量控制指标逐级分解完成和定额不断修订的基础上，通过水权确权和交易，盘活农业水资源存量，引导水资源向高效益、高效率地区和产业配置，综合提高用水效率，加快从粗放用水向高效用水转变，从过度使用向主动节约转变。

水价政策作为水资源管理的重要手段，在调节农业用水需求、促进农业节水、缓解水资源供需矛盾方面具有重要作用。2007 年，水利部选择 14 个大型灌区开展农业水价综合改革试点，2014 年国务院印发《关于印发深化农业水价综合改革试点方案的通知》将试点范围扩大到 27 个省的 80 个县（陈菁等，2016）。2016 年，国务院办公厅印发《关于推进农业水价综合改革的意见》，决定在全国范围内稳步推进农业水价综合改革，以促进节水和农业可持续发展。

农业水价综合改革按照大中型灌区、小型灌区和井灌区分类开展。大中型灌区通过配套完善量测水设施，实现农业供水计量；明确灌区农业用水控制总量，开展灌区水量确权分配，结合灌区的农业生产规模调整供水价格；建立灌区工程运行维护的精准补贴制度，确保各级供水工程良性运行。小型灌区根据工程权属分类加强用水管理；因地制宜地开展工程产权制度改革，明确小型灌溉工程所有权和使用权，落实工程管护主体和管护责任；在政府指导下协商水费价格；采取以奖代补方式对工程管护主体给予适当补贴。井灌区通过机井量测水设施或明确以电折水标准，实现灌溉用水的计量，据此对用水户按水量收费；以亩均水权、灌溉定额等指标实施水量分配和用水总量控制，用水者按规定办理机井取水许可；建立节水激励机制，地下水资源紧缺地区对限额内节水的用水户以节水量为依据进行奖励或采取政府回购水权的方式对节水行为给予补偿，对超限额用水实施累进加价。

9.2.3 京津冀农业水权与水价改革

1. 北京市农业水权与水价改革

2014 年，北京市出台了《关于调结构转方式发展高效节水农业的意见》，把农业水价改革作为一项重要任务进行推动。2015 年，房山区被列入全国农业水价综合改革试点，2016 年后，房山模式在北京市涉农区全面推行。2017 年，出台了《北京市推进“两田一园”高效节水工作方案》，统筹推动农业水价综合改革工作；北京市水务局、发展和改革委员会等五部门联合印发《北京市农业水价综合改革实施方案》。北京市农业水价综合改革工作，在划定全市农业生产的空间的基础上，建立了农业水权制度，确定了“细定地、严管井、上设施、增农艺、统收费、节有奖”新模式。

细定地，即落实“以水定地”的要求，全市划定了新的农业生产空间，粮田 80 万亩、菜田 70 万亩（包括设施菜、露地蔬菜各约 35 万亩）、鲜果果园 100 万亩，即“两田一园”；确定了全市农业灌溉用水总量，按照设施作物每年每亩用水量 500 m^3、粮食等大田作物 200 m^3、果树 100 m^3的用水限额标准确定水权，并落实到每一地块；各区将用水指标下达到乡镇、村，利用农业用水村级管理平台，根据用户种植作物及面积，将农业用水指标分配到户并发放农业灌溉机井取水许可证。严管井，即对农业灌溉机井实施“四严”管理：严格用途管控，农业灌溉机井取水只能用于农业灌溉；严控机井数量，若通过论证确需更新农业灌溉机井，要保证封填一眼、更新一眼；严格水量管理，实施农业灌溉机井取水总量控制；严格计量管理，农业灌溉机井全部安装计量设备，截至 2019 年 11 月底，全市“两田一园”范围内已累计安装农业灌溉智能计量设施 1.7 万套。上设施，即按照结构调整布局，对籽种、蔬菜、果树配套建设高效节水灌溉设施，不同种植结构采用不同设施。增农艺，即采取农田集雨保墒、蓄水保墒等技术，充分利用雨水资源。统收费，即根据各区实际情况确定农业水价，充分发挥经济杠杆的作用。节有奖，即根据考核结果给各区发放节水奖励资金，各区统筹考虑用水户节水工作开展情况及节水数量，发放节水奖励资金。

北京市农业水价形成机制。市级明确水价由动力费、人工费、折旧费、维修费（含日常维修费和大修费）、管理费、水资源费构成。计价原则是水权限额内用水收取动力费、日常维修费，超限额用水可加价并加征水资源费；人工费、折旧费、大修费、管理费暂不收取，由市区两级通过基本建设投资、农民用水协会和管水员改革、田间精准补贴、大修补助资金等渠道统筹解决。各区政府出台农业水价的政府指导价，执行超限额累进加价制度，村集体组织村民代表通过“一事一议”确定本村农业水价，全市已经完成水价综合改革的村庄限额内指导价为0.25～1元/m^3，超限额加收水资源费，主要用于节水设施的运维。为保障农业水价改革的稳定推进，北京市制定了相应的补贴和奖励政策，对灌溉计量和节水设施建设、灌溉节水工程维护给予补贴。

北京市的农业水权与水价改革具有推进快、计量设施安装率高、政府奖补措施到位的特点，这与北京市财政条件优越，农业总体规模较小，农村社会经济发展程度高的区域特点密不可分。

2. 天津市农业水权与水价改革

天津市武清区是2015年水利部确定的80个农业水价综合改革试点县区之一。与北京相比，天津市的农村、农业发展水平相对落后；农业生产仍在农户生计中占有较大比例，其中大田作物生产的规模显著高于北京，水产养殖规模较大；天津市地处海河下游，域内水资源条件相对较好，但各区县条件差异明显。因此，天津市的农业水权与水价改革，采取了因地制宜、稳步推进的策略。

天津市农业水权确权采取总量控制，定额确权的原则。由于水资源相对丰富，因此在农业水权总量的确定上，用确权前三年各类水源实际用水总量的平均值为基础量，对各类型种植养殖单位用水量超出《天津市农业用水定额》（DB12/T 159—2003）规定的水资源限额的部分予以核减。基于以上原则，天津市的农业水权确权过程，基本保证了现有农业规模、现有种养殖结构和现有用水需求不变的特点，主要对超限额的高强度用水进行了约束。受各区县种植结构影响，实际的灌溉耕地农业水权略有不同，如北辰区为245 m^3/亩，武清区为280 m^3/亩。

供水计量设施建设采取稳步推进的方式进行，计划到2025年实现机井和小型扬水站点的计量设施全覆盖。在计量设施完善之前，地表水灌区采取“以时折水、以亩折水”，农用机井供水实行“以电控水，水电双控”的计量方式，逐步推行按户或地块计量用水。区别粮食作物、经济作物、林果业、水产养殖等用水类型，在终端用水环节实行分类水价。推行定额累进加价制度，以农业水权定额内用水量作为基准，按照“多用水多付费”的原则，确定阶梯和加价幅度。

3. 河北省农业水权与水价改革

河北省是京津冀地区农业生产的主体区域，也是水资源短缺情况最严重的地区。2018年河北省农业用水121.1亿m^3，占京津冀地区农业总用水量的89.5%。2014年以来，河北省结合地下水超采综合治理开展了农业水权制度和水价改革，到2018年，河北省共计163个县完成了农业水权确权，累计发放水权证1400余万套。基本建立了规范的县域农业水权确权方法体系，形成了以邯郸成安县为代表的“超用加价”，以衡水市桃城区为代表的“一提一补”和以石津灌区为代表的“终端水价”三种水价改革模式。

1）河北省农业水权确权方法

河北省出台了《河北省水权确权登记办法》，结合地下水超采综合治理工作，以地下水可开采量为基础，按照“政府主导、公平公开，可以持续、留有余量，生活优先、注重生态”的原则，对农业用水户实施水权证管理，建立了“按地配水、分水到户、水随地走”的农业水权确权制度。农业水权确权以县域为单位进行，首先以县域可持续利用的常规水资源量作为可分配水量。县域内可分配水量包括多年平均浅层地下水可开采量、近 3 年当地地表水年可利用量、域外调入的其他水量、南水北调中线工程分配水量。县域可分配水量不高于最严格水资源管理制度确定的“三条红线”控制指标。水资源配置的原则是优先利用地表水和非常规水、用足用好外来水、控制开采地下水，将县域可分配水量扣除合理的生活用水、非农生产用水、生态用水以及预留水量后的剩余水量即为农业可分配水量。

农业可分配水量根据各县域实际情况，以一定的原则进行平均分配，由县政府颁发水权证，并实施动态管理，确权流程见图 9-2。以沽源县为代表的坝上高原干旱农牧交错区，按县域内灌溉耕地面积平均分配，确定亩均水权量，畜牧业生产用水计入“非农业生产用水”；平原农区一般以全部耕地面积作为底数进行平均分配，如临西县；井陉等山区县则对地表水灌区和井灌区耕地分别按照可分配水资源量和灌溉耕地面积确权；冀东沿海县区考虑渔业用水的实际需求，将农业可分配水资源量划分为渔业用水和耕地灌溉用水两部分，分别按照鱼塘和耕地面积平均分配水权。

2）井灌区以电折水计量方法

河北省平原农区现有灌溉机井 90 余万眼，如参照北京市和天津市的做法为全部机井安装农业灌溉智能计量设施，设备采购安装成本和后期维护费用对河北省来讲是难以承担的。因此，除成安等少数试点县之外，全省绝大部分地区的灌溉机井的水量核算采取以电折水的方法。以电折水的水电转换系数测算，就是在典型农用机井出水口位置安装用水计量装置，对用水量与用电量进行实地测量，从而建立单位用电量与抽水量的关系。只要掌握了某个典型农用机井在某一时段的电量消耗，就可以将它作为估算用水量的依据。2017 年出台《河北省农业用水以电折水计量实施细则（试行）》，在全省井灌区开展灌溉用水的以电折水计量。以电折水的计量方法解决了河北省井灌区机井数量多、计量设施投资大、维护成本高的问题，为实现灌溉计量收费提供了重要手段。

3）“超用加价”的分级水价改革模式

2014 年以来，经过试点县的反复验证修正，各级政府、专家及用水者代表的协商研讨，最终形成了符合河北特点的水价综合改革集成模式“水权确权+超水权加价+精准奖补+计量设施+三级用水合作组织”简称“超用加价”模式：①水权确权+超水权加价，解

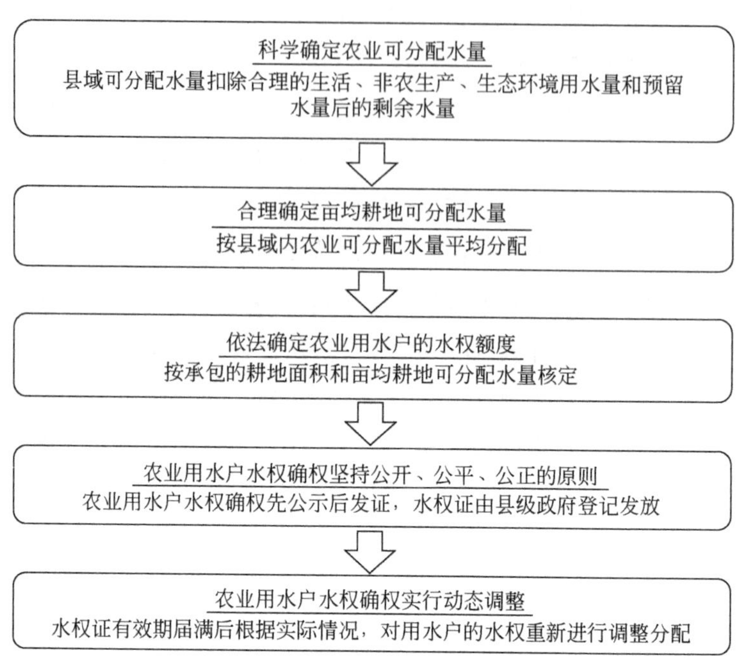

图 9-2　河北省县域农业水权确权流程

决了随意开采的问题。以水权量控总量，明确告诉用水户，水资源属于国家所有，不能随意开采，超量开采要加价，倒逼用水户节水。②实施精准奖补，解决了加价可能增加农民负担的问题。③安装计量设施，解决了现状灌溉机井计量设施不健全，难实现了计量收费问题。④建立三级用水合作组织，解决了水价改革基层实施主体的问题。

超用加价模式采取水权额度内用水按现行农业水价计收，超过水权额度的用水，在现行农业水价基础上平均加价 20% 以上，超用水限额在加价基础上加征水资源税（图 9-3）。为减少水价改革可能增加的农民负担，河北省以超用加价模式确定的阶梯水价为参考依据，利用加价和减负平衡理论，从促进节约用水、减轻农民负担、保障粮食安全的角度出发，提出“两线三档”的精准补贴模式（图 9-3）。

水费收缴依托各级用水协会，根据灌溉工程管理权限，分别由县、乡、村农民用水户合作组织（水管员或承包人）负责收缴，并使用统一票据；加价部分上交县农民用水合作组织，纳入节水奖补资金。以电折水计量的灌溉机井产生的水费由农民用水合作组织或机井管理员按电量收取。奖补资金的发放，对于使用智能计量设备的用水户，奖补资金直接从银行打入用水户的个人账户；其他类型用水者的奖补资金由机井管理者或用水者协会代发。

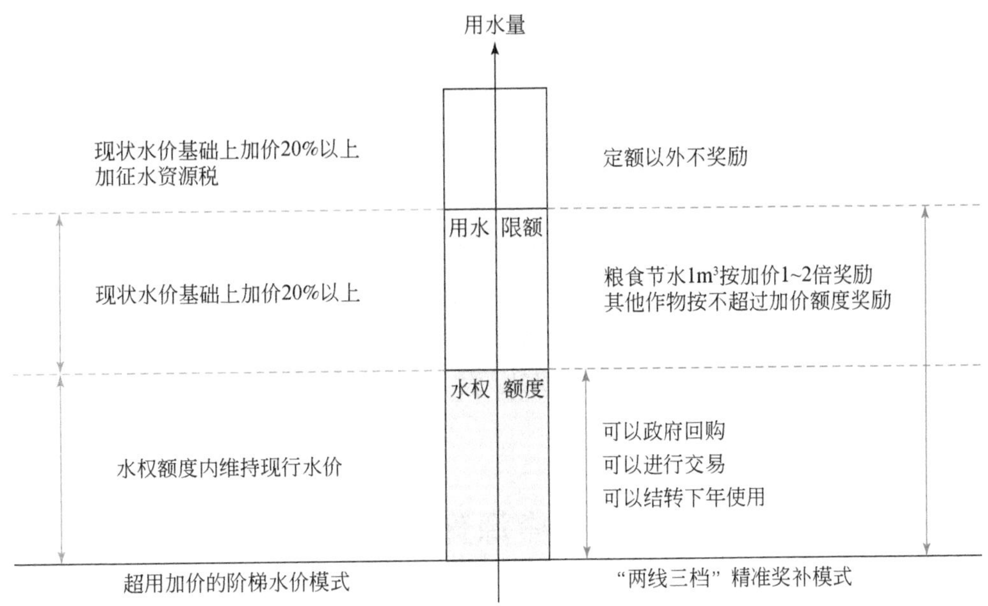

图 9-3　河北省农业水价与奖补模式示意图

4. 农业水权制度与耗水管理的联系

耗水管理是建立在流域可持续水平衡的基础上，将各部门耗水量控制在目标 ET 以内的水资源管理。耗水管理是对水循环中水资源消耗过程的一种管理，是对供水管理、需水管理理念的延伸和发展，对传统的水资源管理模式的提升。京津冀地区水权制度的建设以及初始水权分配方法的制定，总体上是基于县域可持续利用的常规水资源量作为可分配水量，并充分考虑生态用水的基础上对各部门水权进行分配。农业水权确权过程中，相当于对区域内的农业灌溉耕地面积和单位面积上的灌溉用水强度进行了规定；通过进一步制定阶梯水价制度，增加经济手段来约束用水行为，控制实际用水量，提高水资源利用效率。因此，初始水权的制定原则与耗水管理的原则高度一致：①控制总量，实现水资源的可持续利用；②提高水利用效率，提高水分生产水平，促进社会经济持续发展。作为最大的耗水部门，农业生产中水权制度和相应水价改革体系的建立，为耗水管理理论在区域上实施提供给了以水资源为调控对象，以控制消耗总量提高利用效率为目标的技术途径。灌溉计量体系及配套田间节水灌溉设施作为具体的定量控水措施，进一步加强了农业耗水管理实施的技术保障条件。

现行的农业水权制度对水资源的管理和计量考核仍以取水量为依据，其节水能力的判断仍基于取水量的减少而非 ET 的控制。农业生产中相同的灌溉取用水量，不同的灌溉形式 ET 不同，对地下水的补给也不同。若采取渠道衬砌、管道输水等节水措施，灌溉水利用系数会明显提高，对地下水的补给相应减少；如采用喷灌、滴灌等只湿润作物根系活动层的小定额灌溉方式，对地下水补给量为零，则灌水全部形成 ET。而传统漫灌的渠道渗漏、田间渗漏会补给地下水，灌溉水没有被全部消耗。因此，在基于农业水权的节水效应评估中，应引入区域 ET 监测方法，对不同灌溉管理和作物生产类型的真实耗水量进行量化，并逐步建立起以 ET 为指标的水权制度，将农业节水的判定依据由“少用水”提升为“少耗水”；通过在现有农业水资源管理制度上增加控制指标，以目标 ET 核定取水量，进而实现水资源可持续利用。

9.3 京津冀地区农业耗水管理策略与实践

9.3.1 京津冀典型县域农业水资源管理现状

本研究开展了京津冀平原区典型县域农业水资源管理现状调研。调研县域包括：馆陶、成安、平乡、清河、深州、南皮、大城、雄县、元氏；重点调研村为：栾城张村，元氏北岩村、纸坊村。调查内容包括：山前平原东南部和黑龙港南部传统高产农作、经作县，地方水权管理、灌溉计量体系建设与县域农业水资源分配与调度；中部平原区传统农业水管理习惯、经验及其对压采的响应，新型农业水资源管理技术；东部低平原中低产地区传统低效农业转型中效益提升对水资源的需求及非常规水资源利用；平原北部经济发达地区农业发展转型（都市农业）耗水转变及农业经济构成转型对耗水量及水管理的影响。

县级水务部门、农业部门座谈。了解县级农业水资源管理历史、现状以及压采配套措施、相关休耕、节水技术实施情况、补贴额度和规模以及总体实施效果，地方部门对压采及相关政策长期执行措施和效果的想法。收集各级部门农业水管理方式方法、考核手段、考核指标等基础信息，了解不同部门的耗水管理需求。了解压采、水资源税、休耕、用水定额等新政策的具体落实情况和配套方案，实施中存在的主要问题和因地制宜的解决办法。

规模经营者调研。通过管理部门推荐选择代表性规模经营户（合作社），了解其对水资源管理的看法，节水措施与节水效果，压采、水资源税等对其生产的影响和应对措施。了解其生产方式、生产规模、土地流转或其他集中经营模式及成本/效益，节水技术选择的主要依据，节水技术/设施投资（相关设施设备购买及维护成本）及补贴，作物结构配置特点及相应的耗水变化。

典型村、典型户调研。了解基层的水资源管理方法、效果以及不同生产者对压采、水权定额、耗水管理等方面的认识，对压采政策相关补贴办法的意见，分析基层管理者和用水者的决策差异；调查典型户生产模式，投入产出和灌溉方案/技术及耗水情况，对比不同类型用水户的决策偏好。

调研结果表明：不同县区水资源总量和灌溉耕地面积不同，水权定额有差别；县域水权管理和计量可作为县域耗水管理的重要抓手。典型村、规模户生产实践总结的“井长”（以机井及其灌溉耕地范围为单位进行种植决策和灌溉管理）模式可作为田间尺度耗水管理的重要切入点。以合作社和土地流转户为主的规模经营者耗水管理水平提升明显，通过田间灌溉管道体系的建设和更新，规模户次灌溉耗水量平均在 32（喷灌或无垄沟小畦灌）~43 m^3/亩（管灌），较传统漫灌节水效果显著。

县域农业水资源管理与水权改革的“成安经验”。①水权定量：以县域水资源总量/农业规模确定单位面积水权，不区分不同生产模式的耗水（需水）差异，不区分不同地块的灌溉配套条件，以农田面积为单一指标，确定水权。②实现扁平化管理，县级水权水价管理平台实时监控机井用水状况和用水者信息；取水单独计量，通过节水灌溉智能控制/管理系统实现水、电的实时计量；对用水户实施一户一卡，水权到卡。③双向水权交易：多用加价，对超过水权额的用水量征收水费和水资源税，落实了灌溉用水的价格调控政策；节水回购，对于农户年度节余未用的水权内水资源量，通过村级用水协会统计并公示进行认定，在水权交易平台上实现政府的有偿回购。④配合压采、节水工程项目和区域农业产业规划，有针对性地进行补贴，引导种植结构/农业产业转型，协同实现农业产业升级、种植结构优化和灌溉耗水降低。成安县在省内率先完成了水权确权登记工作，界定了初始水权，实现了农业水权确权管理的全面覆盖，为水资源与水权管理奠定了良好的基础。在不增加农民负担的前提下，水权额度内用水执行现行水价，超水权部分的用水量每立方米加收 0.1 元水费，额度内节水奖励为 0.2 元/m^3，节余的水权由政府回购（崔新玲等，2019），形成了“节水奖励，超用加价”的配额管理经济杠杆调节模式。水权改革促进了取水许可管理办法、水权交易实施办法、用水总量控制管理办法、水权面积核定、水权分配、水资源使用权确权登记、农业用水水资源使用权证颁发、工业和生活用水取水许可证换发、水权交易、水市场监管体系等一系列相关水资源管理与水权制度体系的建设，发挥水价的调节功能和经济杠杆作用，提升了用水户的节水观念，倒逼用水单位和个人引进节水项目、采纳节水技术，形成节水组织（吕海涛和张凡，2018），规范了水资源管理制度，完善了水权制度体系。

“成安经验”在耗水管理方面的主要问题：①当前对水权分配和计量实行无差别管理模式，对农业转型和先进节水灌溉技术应用的政策引导性不强，可尝试通过农业 ET 估算结果修正水权限额，提高水权确定的科学性，并应差异化水权定额引导农业生产结构调整。②尽管有具体的节奖超罚政策和水权回购方案，但《成安县农业水权交易实施细则》和《成安县农业水权交易试点工作方案》并没有明确规定在水权交易过程中政府、市场承担的责任和义务（崔新玲等，2019），且水权回购价格的激励水平偏低，部分农户参与水权回购交易的积极性差，应在进一步测算县域灌溉成本与灌溉增产收益的基础上，提高节水回购价格，促进用水者主动节水。

9.3.2 县域农业耗水管理理论框架

1. 京津冀地区农业生产与灌溉用水的阶段性特征演变

京津冀是我国人类活动和农业开发历史最悠久的地区之一，随着耕地开垦和作物种植规模的不断扩大，京津冀地区的农田灌溉体系也得到了快速发展。本研究梳理了京津冀地区农业生产与灌溉用水的阶段性特征演变过程及其主要特征。历史时期：民国时期京津冀地区小麦、玉米、棉花种植规模得到快速发展，商品化程度提高；地表水的季节性灌溉，主要分布在滏阳河、大清河、桑干河–洋河等引水便利的地区；井灌区主要分布在太行山山前平原浅层地下水储藏条件较好的区域，传统浅井多数需人工提水。受取水量和成本的影响，民国时期井灌以“抗旱应灾”为主，用于棉花、烟草等经济作物以及小麦灌溉。从中华人民共和国成立到20世纪70年代：农业生产规模稳定，产量显著提升；人口快速增加，农产品仍不能满足消费需求，小麦、玉米等口粮作物种植面积和产量不断提高，传统旱作杂粮仍有重要地位；农业生产以粮为纲是解决温饱的核心措施；农田耕作条件和灌溉条件得到改善；主要地表水灌区农田水利条件得到系统性治理；机电井开始逐渐替代传统浅井；灌溉活动由“抗旱”转变为作物生产的“常规”保障条件。20世纪70年代到21世纪前10年：化肥、农药、良种等农资的广泛使用，促进了农业生产能力的进一步提高；小麦–玉米占绝对优势的粮食作物结构形成；农业生产“温饱”向“小康”转型，增产仍是农业的主要任务；以井灌为主的灌溉体系基本覆盖平原农区；依靠地下水大规模高强度灌溉实现粮食和蔬果等经济作物高产，地下水持续超采，“以水换粮”“以水换钱”的局面形成。地下水超采的负面生态效应持续加剧。21世纪第二个10年以来：河北平原农业生产和灌溉条件都达到了国内先进水平；水资源利用效率和灌溉节水比例均高于全国；地下水超采的累积效应凸显，年度用水总体下降，但总规模仍超出水资源可持续利用的承载力。温饱问题全面解决，农业生产的重要性和紧迫性降低，结构性问题和生态问题亟待解决；区域农业进入种植结构优化、节水压采、绿色转型的阶段，高效的优化途径和支撑体系仍须进一步完善。

2. 农业耗水管理的目标与调控主体研究

完善水资源管理体系，通过查明主要农业生产模式（种植结构）在特定生产目标下的耗水特征，优化农业耗水结构，提升水资源利用效率，依托技术节水实现资源节水，推动区域农业生产在水资源利用方面的转型升级，扭转持续超采局面，实现水资源可持续利用。耗水管理是“自然–社会”二元水循环体系下的理念。ET 管理是建立在耗水过程（ET）定量认知基础上的水资源管理手段，其核心途径是水资源的定量、高效管理，需要重点解决水资源调度问题，包括水资源分配策略、计量手段和用水部门资源利用效率、生产目标协同等问题。

农业耗水管理与传统节水体系既有联系，又有显著不同。农业耗水效率的提升包括 3 个主要的调控主体。科技支撑主体，通过监测各类典型农田的 ET 及其结构，定量不同作物类型、轮作模式和目标产量水平下的农田实际耗水过程和强度，对不同灌溉节水、工程节水和结构节水技术的真实节水能力进行定量评估，是实现耗水管理的基础。农户主体（用水者主体），通过农艺/灌溉/工程技术的具体应用，提高灌溉效率，在满足水权管理要求的前提下，减少无效取水，进而控制无效灌溉耗水。政府主体（水资源管理主体），通过制定县域水资源配置与种植结构优化政策，综合运用水权水价、政策调控和市场调控手段，实现农户（田块）技术节水和县域资源节水的耦合。

3. 县域农业耗水管理的层级结构

构建县域尺度的农业耗水管理模式，主要包括：①县域尺度，制定本县具体的水资源管理政策，确定总水资源量，确定农业水资源量，确定水权，并根据省政府确定的水资源限额和水资源税定价，确定三段计费办法；统筹全县压采、节水工程项目的落实；补贴的直接发放。②乡村尺度，执行县级管理部门分配的指标，负责域内相关工程项目的实施和日常管理；成立村用水协会，负责本村各户（各地块）水权落实情况汇总与公开核查；压采、节水工程项目的日常审核与公示。③农户尺度，落实节水技术，优化田间管理，提升灌溉水利用效率。

4. 县域农业耗水管理方案构建

农业生产的田间尺度耗水管理主要通过优化轮作模式、农艺和工程节水技术、生产管理优化技术等“自下而上”地减少农业耗水强度、提高水资源利用效率，以构建新型的具有水资源可持续利用的“适水”轮作体系为抓手，推进县域农业耗水管理效率的提高。通过总量控制+结构优化+效率提升等措施，一方面降低轮作强度，构建以县域可更新农业水资源量为约束条件的适水轮作模式和粮经饲作物配置体系；另一方面利用亏缺灌溉、关键期灌溉等限水灌溉技术以及旱作/半旱作技术，转变现有灌溉农业的高耗水高产量模式，在合理产量目标下构建高效节水、高效用水的田间灌溉管理体系（图 9-4）。

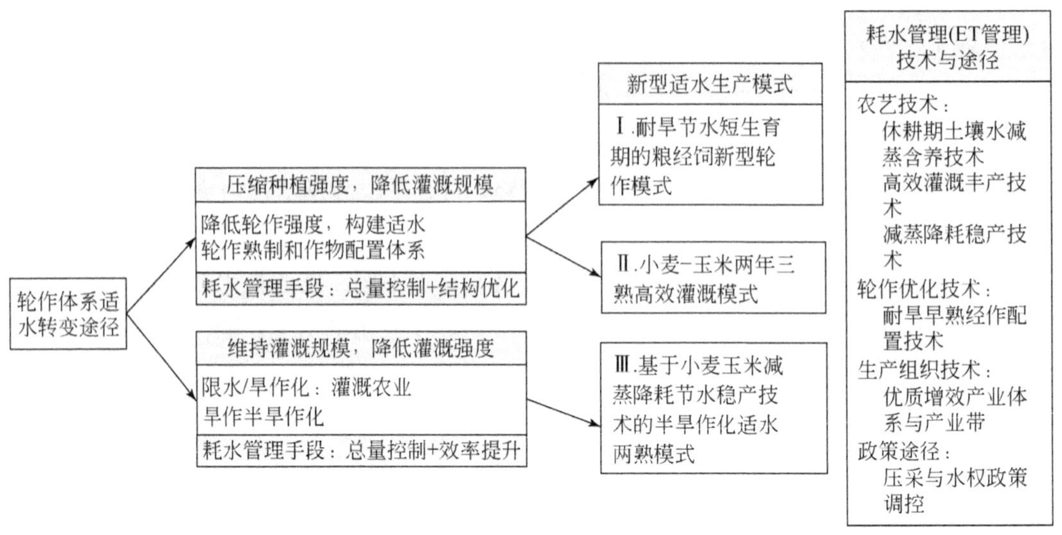

图 9-4　田间尺度耗水管理优化目标与技术体系

本研究综合县域尺度“自上而下”和田间尺度“自下而上”的耗水管理措施，构建了县域农业耗水管理的优化体系（图 9-5）。

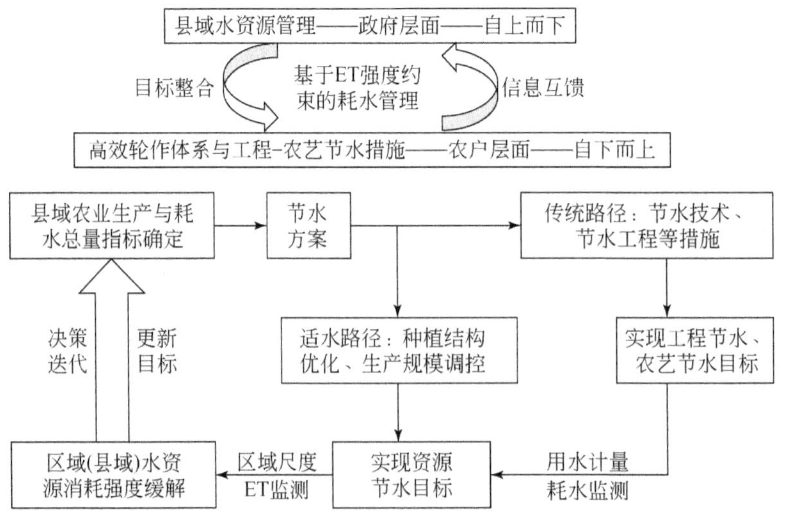

图 9-5　京津冀地区县域农业耗水管理优化体系

在河北平原井灌区，政府的传统角色是提供并不断完善田间供水条件以支撑农业生产，对水资源并无约束性管理。这一点与地表水灌区定时、定量供水、各灌区必须提前制定分水方案的情况不同，井灌区政府的管水措施较为缺乏，难以满足新形势下的管水需求。水资源是河北平原井灌区农业稳产的基本支撑条件，因此耗水管理不仅仅涉及水资源问题，还是对区域农业生产全方位的调控，包括作物种植结构、种植规模、田间节水措施和工程节水措施，并给农业生产能力带来显著影响。因此，县域耗水管理需协调政策和技术两个层面：①依据县域可分配水资源量的平衡点，计算农业亩均水资源量（水权）；②依据作物结构和熟制类型，计算农作物亩均耗水强度控制线（ET 上限）；③依据县域农业生产现状，提出满足水资源可持续的耗水管理措施，包括水资源管理与计量核算措施、灌溉/雨养条件下的节水稳产技术措施、县域熟制与作物结构调整政策等。

9.3.3 县域农业耗水管理体系

县域农业耗水管理的技术体系构建，依赖于县域农业水资源总量和亩均耗水强度控制线的确定，在此基础上通过低成本、高效率的农户灌溉用水量的动态监控，来实现灌溉耗水管理和资源节水。

1. 县域农业耗水强度控制线的确定方法

本研究根据水量平衡原理，建立了河北省县域农业水资源和农田耗水强度控制线的计算方法。以县域可分配水资源量（包括南水北调水资源量）为县域用水量的约束条件；根据现有各部门用水（水资源配置）总量，核算盈亏关系；对于总用水量超过可分配水资源量的县域，将全部的亏缺量都计入农业用水调减额度。计算得到修正后的县域农业可分配水资源总量后，平均分配至灌溉耕地，并据此得到调整后的亩均水权。根据现行的以取水为核算依据的农业灌溉用水计量原则，以调整后的农业水权值作为灌溉用水限额。然后，根据河北省农业地理分区，确定各区域降雨入渗系数和灌溉入渗系数；根据降雨入渗系数和灌溉入渗系数求算农田 ET，作为单位面积农作物田间耗水强度的控制线。

$$\mathrm{ET}_{\max} = P - a_p P + I - a_i I \tag{9-3}$$

式中，P 为降水量；I 为灌溉量；a_p 为降雨入渗系数；a_i 为灌溉入渗系数。

本研究不考虑耕地田块的径流影响；以井灌用水模式为主，不考虑地表水灌溉与井灌的渗漏系数差异。依据《海河流域水资源评价》（任宪韶，2007）给出的不同水文地质条件的入渗补给系数，分别确定了河北省平原农业区降雨入渗补给系数和灌溉入渗补给系数。

2. 县域农业水资源总量

本研究以县域可更新水资源总量为各部门用水总量的上限，对各县域农业用水总量进行了调整，得到农业水资源总量上限。相比较现行农业水权，冀东燕山丘陵平原区各县域、黑龙港流域和山前平原区农业用水红线下调的县域占比超过 50%，与河北平原地下水超采格局基本吻合。

各农业区调整后的亩均水权均有一定程度的减少，且存在明显的区域差异（图 9-6）。对于传统平原农区，山前平原区各县域平均农业水权由 141.2 m^3/亩降为135.0 m^3/亩，减少了 4.4%；黑龙港地区各县域平均农业水权由 105.0 m^3/亩降为 100.8 m^3/亩，减少了 4.0%；冀东燕山区各县域平均农业水权由 169.3 m^3/亩降为159.7 m^3/亩，减少了 5.7%。冀西北区和太行山区农业用水上限变化不大。

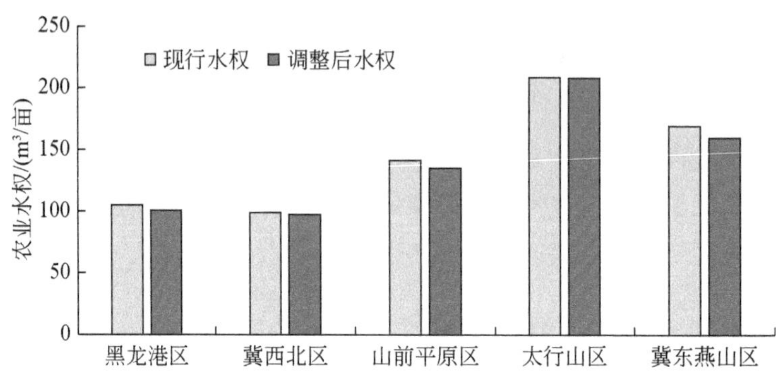

图 9-6 主要农业区县域亩均水权比较

县域农业水资源差异表明，平原传统农区长期高强度农业生产与水资源不足相耦合，造成农业用水问题依然严重；太行山、燕山等非传统农区受地形、热量等因素制约，农业生产条件不足，农业生产和灌溉规模较小。

3. 农田耗水强度控制线

降水资源与灌溉用水是平原区耕地的水分输入项，在不考虑径流汇入和产出的情况下，农田耗水的上限，可通过降水量与灌溉量之和减去降雨入渗量和灌溉入渗量求得［式(9-3)］。本研究依据《海河流域水资源评价》（任宪韶，2007）给出的不同水文地质条件的入渗补给系数，计算了各县域降水渗漏和灌溉渗漏，得到田间耗水强度控制线(ET_{max})，河北省主要农业区田间耗水强度控制线修正前后的比较见图 9-7。

小麦-玉米一年两熟灌溉模式年度耗水总量为 700 mm 左右，明显超过了山前平原区和黑龙港区农田耗水强度控制线，表明平原传统农区目前占主导的小麦-玉米一年两熟模式的耗水强度过高，必须通过调整轮作模式，采用更有效的灌溉制度和节水措施，并在县域和区域尺度上对种植结构和规模进行调整，才能达到县域和区域水资源可持续利用的目标。

其中，采取适水轮作模式、高效灌溉制度，并对农户的灌溉用水活动进行实时监控和定量化管理，是实现自下而上的农业高效节水、用水和管水的关键措施。以山前平原区典

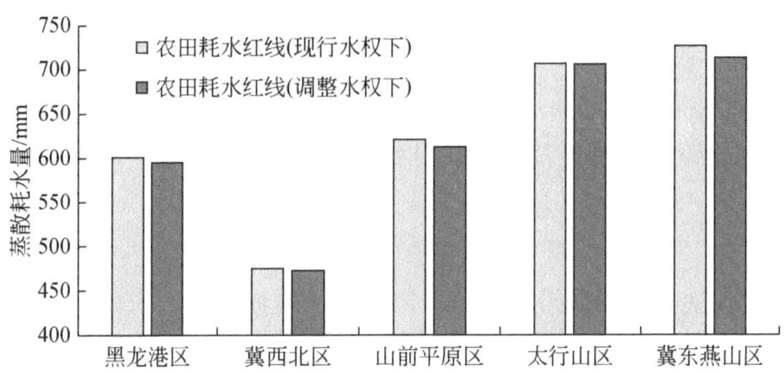

图 9-7　主要农业区田间耗水强度红线比较

型高产区的栾城为例，根据县域农业水资源量和田间蒸散耗水控制线的计算结果，栾城县域内农田耗水强度控制线为 682 mm。因此，基于现有灌溉效率和生产条件，可采取适当减少一年两熟轮作模式规模，相应增加两年三熟等轮作模式的适水种植模式，也可以采用关键期灌溉等高效减蒸降耗灌溉措施实现一年两熟模式下的适水种植。

9.3.4　灌溉用水的以电折水计量

1. 以电折水计量方法的实施情况

长期以来，农业灌溉用水的计量缺少低成本、高效率的手段，往往通过县域不同农作物灌溉定额和播种面积，结合降水年型丰枯类型进行估算。随着京津冀地区地下水超采综合治理和农业水权政策的逐步落实，北京市已经逐步建立起了相对完善的农灌机井水表计量体系，天津市也计划在 2025 年之前建立市级农业灌溉用水计量体系。河北省平原农区现有灌溉机井 90 余万眼，如参照北京市和天津市的做法为全部机井安装农业灌溉智能计量设施，设备采购安装成本和维护费难以承担。

2007 年开始，国网河北电力公司开始推进“井井通电、户户持卡”工程，完成农网投资 21.98 亿元，河北省南部地区“井井通电”目标基本实现。随后，国网河北电力开展新农村电气化建设等工程，持续补强农网，加大农业灌溉用电保障投入。2020 年实施的新一轮农网改造，完成了 30.2 万眼机井的改造任务和 17 万余只新型农用排/灌电表的安装。覆盖河北省南部地区 3600 万亩灌溉农田的 72 万眼农业灌溉机井全部实施了电气化改造，并具备了分户的用电计量、交费、控制等功能。

农业灌溉机井电气化改造工程的实施，为河北平原井灌区采取以电折水的方法进行灌溉用水计量提供了基础。以电折水的水电转换系数测算，就是在典型农用机井出水口位置安装用水计量装置，对用水量与用电量进行实地测量，从而建立单位用电量与抽水量的关系。只要掌握了某个典型农用机井在某一时段的电量消耗，就可以将它作为估算用水量的依据。2017 年出台《河北省农业用水以电折水计量实施细则（试行)》，给出了各县域的以电折水系数，在河北省井灌区开展灌溉用水的以电折水计量。

2. 以电折水的主要问题

“以电折水”是通过分析用水量与用电量之间的转换关系，以电量计算用水量，从而计收水费。水电转换系数与水泵的提水量和耗电量相关，而提水量与水流流量及提水效率等因素有关。水泵的工作扬程和水泵电源的供电效率、水泵的使用效率是影响机井水电转换系数的主要原因。水泵的工作扬程主要是由抽水降深、水泵的局部和沿程水头损失以及地下水位埋深等因素决定的。水泵电源的供电效率主要包括供电电源的稳定性以及水泵是否使用变频控制两个因素；而水泵自身的参数、连接方式、实际扬程等将对水泵的使用效率也有影响。

李飞等（2022）基于栾城站机井的灌溉用水、用电记录，对不同机井和灌溉技术条件下的以电折水系数进行了测算（表 9-1）。结果表明，单次灌溉的以电折水系数在 1.44 ~ 2.61 m^3/(kW · h)，同一机井不同次灌溉之间的以电折水系数存在一定的波动，不同机井之间差异显著，其中 5 号井为喷灌井，以电折水系数最低，为1.46 m^3/(kW · h)；4 号井最高，为 2.35 m^3/(kW · h)，较 5 号井取水效率高 61.0%。

表 9-1　栾城站机井以电折水系数测算结果

机井	用电量/(kW · h)	取水量/m^3	以电折水系数/[m^3/(kW · h)]
1 号	1 182	2 347	1.99
2 号	843	1 444	1.71
3 号	1 341	3 097	2.31
4 号	981	2 303	2.35
5 号	768	1 124	1.46
6 号	759	1 421	1.87
7 号	2 706	4 131	1.53
8 号	1 362	2 502	1.84
平均	9 942	18 369	1.85

资料来源：李飞等，2022

分析栾城站机井灌溉耗电量与取水量关系（图 9-8），表明在较小的区域内，地下水位、含水层水文地质条件、成井条件均相对一致，不同机井的灌溉耗电量与取水量关系较为稳定，以电折水系数较一致，水泵参数差异是主要影响因素。相对于低压管灌，5 号井为喷灌，存在除沙、加压等额外的用电，因此其以电折水系数明显低于其他机井。而目前河北省给出的各县域以电折水系数的测算结果是基于抽水实验的结果，未考虑喷灌、滴灌等存在水泵取水之外用电的情景。

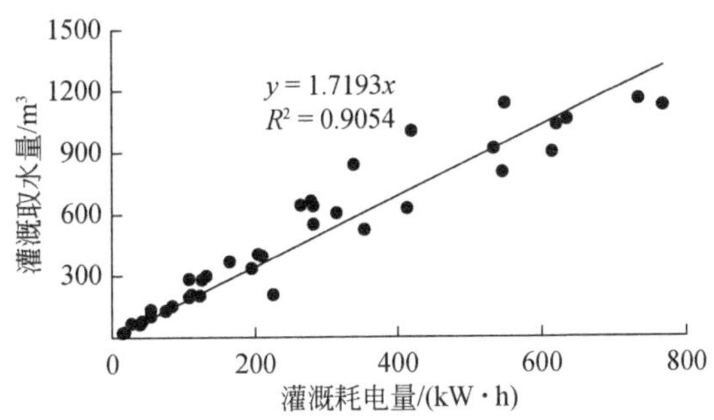

图 9-8　栾城站机井灌溉耗电量与取水量关系

资料来源：李飞等，2022

与栾城站机井以电折水系数相比较，栾城县域浅层地下水以电折水系数取值为 3.89 m^3/(kW·h)，明显高于栾城站机井以电折水系数平均值 1.85 m^3/(kW·h)。梁雪丽等(2020) 在邢台南和区开展的实验研究表明，在灌溉水源、电力、机电设备条件基本一致的情况下，不同灌溉方式的以电折水系数的大小差异显著，喷灌系数最小，管灌次之，土垄沟灌溉最大，分别为 1.5 m^3/(kW·h)、2.5 m^3/(kW·h)、4.0 m^3/(kW·h) 左右。实验地点地下水静水位为 45 m，与栾城站 46 m 左右的地下水埋深基本一致，两地喷灌、管灌的以电折水系数也较为接近。因此，从县域尺度看，《河北省农业用水以电折水计量实施细则（试行）》给出的各县域以电折水系数与实际灌溉存在较大差异，需进一步完善以电折水系数测定方法，提高以电折水系数的准确性。

9.3.5　县域农业目标 ET 调控

1. 京津冀区域典型农田耗水地面监测系统建设

本研究选择具有代表性的规模化经营农田布设监测设备，开展作物长势与土壤墒情的实时监测。监测项目包括：20 cm、40 cm、60 cm 土壤含水量及温度、电导率；空气温湿度、风速、作物冠层影像。在京津冀典型农区一共部署了 22 套基于物联网技术的农情自动监测站，为区域尺度的农田耗水模型提供地面验证数据。选择曲周为典型区，对小麦苗情好、中、差 3 个类型进行拍照取样，然后与遥感图的 NDVI 进行对照，经比较发现遥感反演的小麦苗情与地面较为一致（图 9-9）。

图 9-9　农情自动监控设施与小麦苗情地面验证

2. 京津冀地区小麦、玉米耗水的遥感监测

在利用遥感技术提取京津冀地区小麦、玉米空间分布的基础上，通过对 METRIC（mapping evapotranspiration with internalized calibration）模型的修改，使其适合在京津冀平原区进行蒸散的业务化运行。本研究采用植被指数-地表温度三角特征空间法计算干旱指数 TVDI（Li et al., 2010）。农田墒情遥感监测模型利用 METRIC 模型的中间产品进行计算。基于地表温度随纬度的变化特征，以气象站点所在地为参考点进行了空间校正，利用校正后的地面温度来计算 TVDI，使得该方法能够应用于较大的监测区域。本研究利用 METRIC 模型分析了冬小麦、夏玉米及全年的日蒸散量（图 9-10）。农田、果园、城镇、水体、滨海湿地等不同生态系统的蒸散强度不同，且具有明显的季节性差异。

3. 县域农业目标 ET 调控方案

依据遥感监测获得的河北省农业耗水数据，提取了河北省县域尺度的冬小麦、夏玉米耗水量数据，在县域尺度上对农业耗水强度进行了分析。结果发现，小麦耗水总量较大的县主要分布于山前平原区和中部平原区，而黑龙港地区及东部滨海平原区小麦县域总耗水量较低，这与区域农业灌溉格局基本一致。夏玉米生育期为雨季，受灌溉的影响较少，县域耗水总量主要受各县耕地面积多少影响。

结合河北省县域农业可分配水资源量，分析了京津冀中南部平原区县域尺度冬小麦、夏玉米耗水与可分配水资源量盈亏状况。冬小麦、夏玉米灌溉水消耗量（IWC）占可分配水资源量比例>70% 的县域为 32 个；>100% 的县域有 14 个。水资源严重不匹配的县域集中在邢台、邯郸东部、衡水等农业生产强度大，水资源相对匮乏的黑龙港地区。针对不同县域农业生产规模、水资源条件与当前的超量耗水情况，提出了以“减+控”为主的县域自上而下的耗水管理措施：对于 IWC>100% 的县域，压缩种植规模、调减粮食生产的目标

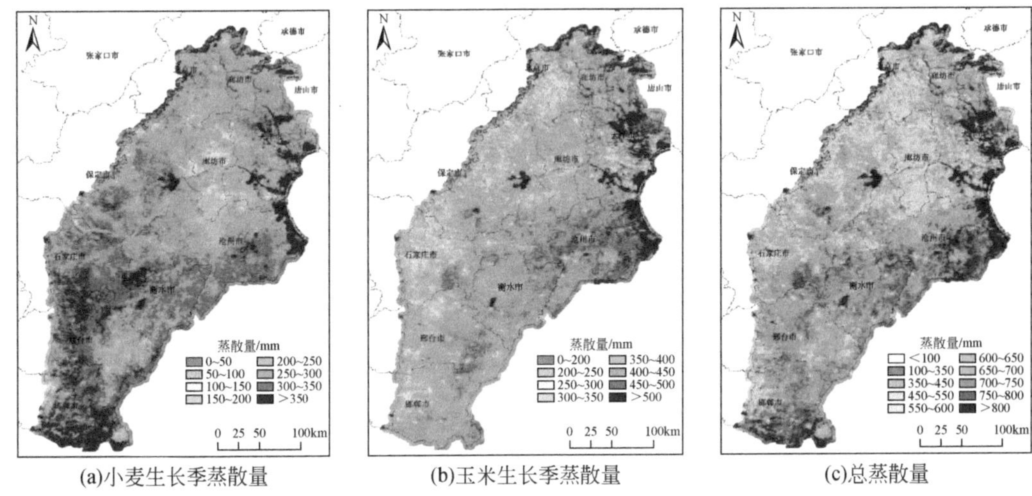

(a)小麦生长季蒸散量　(b)玉米生长季蒸散量　(c)总蒸散量

图 9-10　京津冀中南部平原 2018 年小麦-玉米蒸散量空间格局

产量水平，从而降低县域农业生产的目标 ET 是县域耗水管理的主要措施；对于 IWC 在 70%~100% 的县域，稳定种植规模、优化种植结构是县域耗水管理的主要措施。

9.4　区域农业耗水管理与综合节水对策建议

9.4.1　规模-结构协同调整的适水种植结构优化方案的水资源效应

本书 4.3 节建立了京津冀地区规模-结构协同调整的适水种植结构优化模型，利用多目标优化方法对存在地下水严重超采问题的京津冀平原区进行作物种植结构优化求解，以作物的种植规模为自变量，包括冬小麦、夏玉米、蔬菜、水果、稻谷、谷子、大豆、花生、薯类和棉花的种植规模；目标函数包括用水最少、经济效益最大和生态效益最大 3 个目标函数；约束条件包括面积约束、用水约束和食品供需约束、口粮约束和用水的经济价值等。模型共设置了 4 个情景：现状发展趋势情景（S1）、农产品自给情景（S2）、水资源约束下粮食最大产出情景（S3）、水粮经兼顾情景（S4）。本研究基于该模型的模拟结果，就不同情景对区域农业生产和水资源利用、地下水开采的综合影响进行分析。

1. 种植结构优化对农业用地的影响

“藏粮于地”是我国重要的农业发展战略之一。在地下水漏斗区和生态严重退化区，适当进行土地休耕，可以使耕地休养生息、提高生产能力，对农业的可持续发展具有重大意义。2016 年，农业部等十部门联合发布的《探索实行耕地轮作休耕制度试点方案》中，把河北省黑龙港地下水漏斗区作为试点区域实施休耕制度，建议冬小麦休耕，种植雨热同季的春玉米、马铃薯和耐旱耐瘠薄的杂粮杂豆，减少对地下水的消耗。本研究中，在种植结构调整的不同情景下，主要农作物种植面积将减少 24 万 ~ 282 万 hm^2，减少率在 2%~28%（表 9-2）。其中小麦规模减小 8%~41%。主要农作物的总种植规模与小麦的种植规模均减少，这不仅有利于农业用地和水资源的可持续发展，也符合国家休耕养地的发展战略。

按照农作物种植结构的现状发展趋势，到 2030 年，作物总种植面积减少 2%，高耗水作物小麦种植规模减小，蔬菜种植规模增加，高耗水作物种植面积和农作物总种植面积变化较小，对休耕养地的意义不大；在农产品自给情景下，农作物总种植面积减少 26%，小麦种植面积减少 21%，蔬菜和水果种植面积大幅减少，玉米和耐旱杂粮作物种植面积增加，该情景是一种比较适宜的休耕养地的种植结构优化情景；在区域水资源约束下粮食最大产出情景，农作物总种植面积减少 28%，小麦种植面积减少 41%，蔬菜和水果种植面积大幅下降，该情景下作物可休耕规模最大；在水粮经兼顾情景下，农作物总种植面积减少 6%，小麦种植面积基本不变，蔬菜和水果种植面积降低，基本无法起到休耕养地的作用。总体来看，在农产品自给情景（S2）与水资源约束下粮食最大产出情景（S3）下，农作物总量与高耗水作物种植面积缩减较大，有利于休耕养地、实现“藏粮于地”的目标，也有利于耕地的可持续利用。

2. 种植结构优化对粮食供给的影响

要实现大规模的农业节水往往伴随着一定程度的粮食产量损失。在不同的种植结构调整情景下，粮食总量的变化不大，对粮食供给的影响较小，但对小麦的供给有一定影响，小麦的种植规模在现状规模的 59%~92% 变化。除了以区域水资源量对小麦生产规模进行约束的情景（S3）下小麦自给率为 74% 外，其他情景都可以实现小麦自给。总体来看，在不同的种植结构情景下，要维持区内小麦的口粮需求，小麦的种植面积至少为现状面积的 79%；而要维持小麦和稻谷口粮总量的需求（稻谷不足部分以小麦折算），则小麦要维持在现状种植面积的 92% 左右。在这两种情景下，小麦的种植面积均超过了区域水资源所能维持的小麦最高种植面积（为现状种植面积的 59%），因此，京津冀现状水资源条件下，要保障区内小麦的口粮需求，必须利用一定的外部水源才能维持地下水的采补平衡。从粮食的供给情况看，在不同情景下，粮食总产量的变化范围在-14%~6%（表 9-2），粮食总量的变化不大，对区内粮食供给的影响较小。

表 9-2 京津冀地区种植结构优化情景相对于当前种植结构的效益变化

情景	面积变化		用水变化		粮食产量变化		经济效益变化		生态效益变化	
	万 hm^2	比例/%	亿 m^3	比例/%	万 t	比例/%	亿元	比例/%	亿元	比例/%
S1	-24	-2	-10	-8	1665	6	-8	0	474	145
S2	-269	-26	-56	-46	-3758	-11	-1212	-51	1142	349
S3	-282	-28	-67	-54	-4743	-14	-1222	-51	1610	492
S4	-62	-6	-18	-15	405	1	-261	-11	545	166

3. 种植结构优化对生态与经济效益的影响

降低高耗水作物的种植规模，有利于提高区域生态环境质量，虽然会造成种植业直接经济产值的减少，但其潜在经济效益较大。一方面，减少种植业对地下水的超采量能够促进水资源的可持续利用，减少对生态环境的不利影响。虽然本研究没有对减轻地下水超采强度的生态环境效应进行全面的定量化评估，但这一过程是有利于生态环境朝良性方向发展的，农田生态产值在不同种植结构优化情景下将提高 1 ~5 倍（表 9-2）。另一方面，农业系统的节水量如果用于生产生活的其他部门，可以获得更大的经济产值。Zhang 和 Guo（2016）研究表明，如果将农业节水量转为第二产业和第三产业用水，则每方水可增加经济效益 90. 2 ~93. 1 元，以此计算，本研究中节水量为 10 亿 ~67 亿 m^3，可增加经济效益 992. 2 亿 ~6237. 7 亿元，相当于现状种植业经济总产值的 0. 38 ~2. 6 倍。此外，国家对小麦休耕给予每亩 500 元的补贴，小麦休耕并不会造成农民收益明显下降。因此，通过种植结构调整进行农业节水，虽然种植业直接经济产值有所减少（减少 0%~51%，表 9-2），但一定程度上农民的收益可以得到保障，所节约的水量及其产生的生态效应具有较大的潜在经济效益。

4. 种植结构优化对地下水可持续性的影响

不同的种植结构调整情景下，地下水超采的形势均会有所缓解，但要实现区域地下水的采补平衡，仍需依赖外部水源。如果能够充分利用南水北调来水，则除了同时需要满足口粮自给与果蔬维持现状时难以实现地下水的采补平衡外，四种种植结构优化情景均可以实现地下水的采补平衡。按照种植结构的现状发展趋势，到 2030 年，在现有水资源条件下，地下水超采问题并不能得到很好的缓解。但如果全部的南水北调中线来水（57 亿 m^3）都可以置换为农业用水，则有望通过农业结构自发性的转变（S1），实现地下水的采补平衡；在主要农产品自给情景（S2）下，节水量为 56 亿 m^3，是兼顾食品消费需求时的最大节水量，能够实现农业用水的采补平衡，但尚需 11 亿 m^3的外部来水（相当于南水北调来水量的 16%）才能实现区域全部用水的采补平衡；在水粮经兼顾情景（S4）下，至少需要49亿 m^3 的外部来水（相对于南水北调中线来水量的86%）才能实现地下水的采补平衡。总体来看，如果南水北调来水能够充分置换为农业用水，则不同的种植结构优化情景均可以实现地下水的采补平衡。

总体来看，按照种植结构的现状发展趋势情景（S1），节水量非常低，从长远来看，不足以给地下水超采持续恶化的趋势带来明显的影响，对区域水资源的调控没有决定性的意义。因此，必须通过政策调控措施来优化种植结构，才有望实现地下水的采补平衡。水粮经兼顾情景（S4）虽然兼顾了粮食生产与经济产值，但对外部来水依赖性非常大，考虑到将80%以上的南水北调中线来水量置换为农业用水的难度较大，因此并不是理想的种植结构优化方案。在农产品自给情景（S2）与水资源约束下粮食最大产出情景（S3）下，用水、用地和生态效益较大，农业水资源的可持续性较高，是可供参考的种植结构优化方案。不同的种植结构优化情景提供了农作物生产与水资源可持续利用相互关系的临界值，为农业与水资源管理提供了参考依据，在实际中可以根据南水北调来水在农业上的可置换用水量及农作物的产量目标与产值目标来确定种植结构优化调整的具体方案。

9.4.2 区域农业耗水管理与资源节水的综合对策

1. 加强减蒸降耗等资源节水技术研发与推广应用

粮食作物减蒸降耗技术、果蔬的水肥一体化高效灌溉技术以及微咸水、再生水安全利用、雨水集蓄利用等技术，可提高作物的水分利用效率，降低田间蒸散发耗水，实现从技术节水到资源节水的提升，是实施农业耗水管理的重要支撑。

本研究围绕京津冀地下水严重超采区主要灌溉作物冬小麦和夏玉米，从适水种植、节水高产品种优选、优化灌溉制度和灌溉技术、栽培种植配套三方面解决提高水分利用效率、降低农田耗水量及提升蒸腾效率的关键技术问题。在京津冀种植制度调整中，需要扭转冬小麦必须多灌水的传统观念，恢复小麦抗旱耐盐、兼具生态作物和口粮作物的功能，由高产灌溉理念转为调亏灌溉理念，大力推广冬小麦春季一水灌溉制度，通过农田减蒸降耗技术实施，提升限水灌溉作物产量，降低地下水压采对区域粮食生产的影响。作物蒸腾效率的提高与品种改良带来的产量提高显著相关，从20世纪80年代到现在，品种改良平均带来1%的年产量增加和0.5%的年均水分利用效率的提高，现代品种间产量和水分利用效率差异高达10%~30%，与品种生理生态性状如开花日期、收获指数（HI）密切相关。高水分利用效率品种鉴选指标可通过产量、籽粒和 ^{13}C 同位素、冠层温度和开花日期等指标作为高水分利用效率品种的筛选指标。选用适宜品种可充分发挥作物生物节水潜力。冬小麦“前控、中促和后保”的生育前期调亏灌溉技术，通过降低春季无效分蘖生长、塑造高效群体结构、促进生育进程、延长灌浆期，更有利于花后干物质积累和向籽粒产量的转移，最终提高作物收获指数。冬小麦实施调亏灌溉比当地普遍使用的灌溉制度可减少生育期灌溉 1 ~2 水，产量提高 5%~8%，农田耗水量减少20 ~40 mm，水分利用效率提高 8%~10%。冬小麦生育期在限水灌溉下可以取得稳定产量和较高的水分利用效率，并显著降低生育期耗水。在冬小麦限水灌溉条件下，通过采用降低土壤蒸发的减蒸技术和优化种植密度的降耗技术，实现玉米稳产和水分生产力的提升。通过冬小麦、夏玉米限水灌溉下生物-农艺-工程节水技术的耦合，降低生产过程中的土壤耗水和作物低效蒸腾，提升单位耗水产出，通过水分生产力的提升，弥补地下水压采措施带来的灌水量减少对粮食生产的影响，促进区域可持续灌溉农业发展，保证区域粮食安全。

提升果蔬生产中水肥一体化技术的应用水平。水肥一体化技术适用于果蔬等高价值农产品生产，具有节水节肥、提质增效的作用。针对京津冀大面积种植并消耗较多灌溉水的大田蔬菜和设施蔬菜生产，研发集成水肥一体化的节水高效灌溉技术和配套栽培种植技术，构建“适期、适位、适量”供水供肥技术模式，协同提高水分和养分利用率，减少灌溉水的消耗，提升蔬菜生产的综合效益。针对主要果树类型的水肥利用规律，研发水肥一体化的节水高效灌溉技术、养分管理技术和配套栽培种植技术，建立果树灌溉施肥性能和增产增质评价指标，提出不同果树适宜的节水灌溉方式和水肥耦合管理模式，集成节水高效的果树水肥综合管理模式，提升综合效益。

种植结构优化。种植结构优化主要是通过对作物种植类型与种植规模的调整，减少耗水总量，进行结构优化的方式。河北平原种植结构单一，以小麦-玉米、水果和蔬菜为主的种植结构耗水量大。结合区域现有种植结构与作物耗水特征，压缩高耗水作物规模，适当发展耐旱作物及雨热同季作物，对种植结构进行合理优化，是实现区域快速、高效节约地下水的有效途径。

2. 完善从田块到区域尺度的 ET 监测体系

明确适宜的目标 ET，是实现耗水管理的前提。构建并持续完善从田块尺度到区域尺度，基于田间水平衡要素监测、水热通量监测和区域蒸散发遥感的跨尺度的集成化 ET 监测体系，是制定合理的目标 ET、实现耗水监测和耗水管理的重要基础。现有的区域尺度蒸散发遥感监测的模型精度，可以满足区域尺度的耗水格局调查和水资源管理的基本需求。然而，要实现基于遥感 ET 监测的县域内部农业水资源管理与灌溉指导，则需要更为精细精准的 ET 监测结果，需要构建天地协同的田间到区域的 ET 监测体系，提供不同尺度的高精度 ET 监测数据，满足水资源管理对多尺度信息的需求。建设天地协同的跨尺度 ET 监测体系，需要完善农田墒情地面监测网络和地表水热通量监测网络，尽可能覆盖不同农作物类型和不同灌溉管理技术类型，与现有水文气象、地下水观测网络形成水资源要素地面观测网络，实现区域水循环要素的实时监测。利用典型农田系统的地面监测数据，完善区域 ET 的遥感监测模型，优化模型参数，构建天地协同的 ET 监测体系，为京津冀地区农业生产和生态系统耗水监测、区域水资源管理提供不同尺度信息，为水资源管理和农业生产决策提供支持。

3. 建立基于目标 ET 的农业水权制度和水资源管理政策体系

建立以 ET 为中心的农业水权制度，既是现行水权制度的进一步完善，又是实现京津冀地区农业水资源管理由需水管理向耗水管理转变的重要手段。ET 不是水资源管理中直接操作的指标，而是一个控制目标。实施 ET 管理，并不能代替现行的水资源管理制度和配套的输配水体系、节水技术体系。事实上，要实现有效 ET 管理，现有的水资源管理制度和节水技术体系需要进一步强化。京津冀地区农业 ET 的缩减目标要通过进一步完善水权制度来实现。农业用水管理需要在现有水权管理制度上增加控制性指标，以目标 ET 核定取水量，以实现水资源可持续利用。建立起基于 ET 的水权体系，可通过区域 ET 的遥感监测结果核查耗水量数据，结合农业灌溉用电量数据，通过以电折水法获得相应的灌溉取水量，进一步评估不同灌溉技术的取水量与蒸散耗水效率。在建立基于目标 ET 的农业水权制度同时，配套实施相应的节水激励政策，当用水户采取了先进的节水措施或通过种植结构调整与季节性休耕等措施确实减少了 ET 的消耗，应通过相应的激励政策对其进行经济奖励。

完善水资源政策体系。要实现京津冀地区水资源的可持续利用，需要从水资源保护、监测、评估、管理、考核、激励等多方面入手，建立一套能够保障水资源可持续利用的完整的制度体系。在明确区域农业定位与生产目标的基础上，确定适宜的阶段性耗水目标，通过对灌溉取用水过程的监测和区域农田 ET 的遥感评估，因地制宜地进行政策指导与管理，以高效、系统的制度体系为保障，通过定量考核、市场引导与政策激励等多种方式，逐步建立长效稳定的资源节水机制，促进节水政策、制度与节水机制协同体系的形成。逐步实现将各级行政区耗水总量与单位面积农田耗水强度等 ET 管理指标落实为具体的政策考核指标。

加强立法，提供法律支撑。加强立法，健全我国水资源政策与法律体系，保障水资源合理开发利用。除了水法、水污染防治法、水土保持法、取水许可管理办法、水权交易实施办法等之外，还应将水资源论证管理办法、用水总量控制办法、用水计划、用水定额、水资源规划、水环境保护条例以及其他具有法律、行政效力的规定纳入法律法规体系，规范水资源开发利用的各个环节，协调统一现有各项法律法规，建立并完善水资源法律体系，为水资源开发利用提供法律依据。

加强宣传与公众参与。对于基层水资源管理、农田水利技术人员和用水农户而言，耗水管理概念的建立需要一个不断深化的过程，需要多方面的共同努力才能真正实现。水资源管理部门要充分意识到耗水管理是现行水资源管理政策的有益补充，在此基础上加强宣传、教育。地方行政部门要加强相关法规的制定，从理念、道德和法律层面对水资源进行管理。由于耗水管理对于用水者及社会公众而言是一个全新的概念，政府及水资源管理机构的宣传对于提高公众对耗水管理的认识水平是必要的，采取公众参与的方式，对耗水管理理念和政策进行传播，使公众逐步接受并自觉实践耗水管理。

参 考 文 献

安会静，刘鑫杨，胡浩 . 2020. 华北地区地下水超采综合治理措施与成效浅析 . 海河水利，(6)：4-5，8.

曹燕丽，卢琦，林光辉 . 2002. 氢稳定性同位素确定植物水源的应用与前景 . 生态学报，22（1）：111-117.

曹寅白，韩瑞光 . 2015. 京津冀协同发展中的水安全保障 . 中国水利，(1)：5-6.

陈碧华，郜庆炉，孙丽 . 2009. 番茄日光温室膜下滴灌水肥耦合效应研究 . 核农学报，23（6）：1082-1086.

陈建耀，刘昌明 . 1998. 城市节水潜力估算与用水管理水平评定 . 地理学报，53（2）：47-54.

陈菁，李建国，张建，等 . 2016. 农业水价综合改革项目实施效果评价模型构建及应用 . 三峡大学学报（自然科学版），38（5）：1-6.

陈龙 . 2018. 集体产权视域下我国农业水权制度研究 . 西安：陕西师范大学博士学位论文 .

陈卫平 . 2011. 美国加州再生水利用经验剖析及对我国的启示 . 环境工程学报，5（5）：961-966.

崔丙健，高峰，胡超，等 . 2019. 非常规水资源农业利用现状及研究进展 . 灌溉排水学报，38（7）：60-68.

崔瑞敏，田海燕，刘素恩，等 . 2016. 河北省棉花生产的历史回顾 . 中国棉花，8（8）：10-15.

崔新玲，张春玲，付意成 . 2019. 农业水价综合改革试点背景下成安县农业水权交易初探 . 中国水利，(8)：11-13，62.

崔旭光，刘彬 . 2020. 农业水权确权及交易模式研究 . 水利发展研究，20（7）：4-7.

代志远，高宝珠 . 2014. 再生水灌溉研究进展 . 水资源保护，30（1）：8-13.

党平，李进凯，陈金明 . 2018. 农业水价综合改革稳步推进 . 水利发展研究，18（7）：1-3，10.

邓利强 . 2024. 基于 Budyko 理论框架的永定河上游径流变化及归因分析 . 北京：中国科学院大学博士学位论文.

董彩霞，姜海波，赵静文，等 . 2012. 我国主要梨园施肥现状分析 . 土壤，44（5）：754-761.

董晓霞，胡冰川，钟钰 . 2008. 中国城镇居民在外用餐消费的地区差异分析——基于省际面板数据的研究. 中国食物与营养，(12)：37-39.

杜连凤，赵同科，张成军，等 . 2009. 京郊地区 3 种典型农田系统硝酸盐污染现状调查 . 中国农业科学，42（8）：2837-2843.

段爱旺，信乃诠，王立祥 . 2002. 节水潜力的定义和确定方法 . 灌溉排水，21（2）：25-28，35.

段华平，卞新民，谢小立，等 . 2003. 农田水循环：地表-大气界面水分传输研究进展 . 中国农业气象，24（1）：36-40.

段顺远 . 2019. 不同施肥处理对河北黄冠梨梨园土壤与叶果氮磷钾养分及产量与品质的影响 . 重庆：西南大学硕士学位论文 .

冯献，李瑾，郭美荣 . 2017. 基于节水的北京设施蔬菜生产效率及其对策研究 . 中国蔬菜，2017（1）：55-60.

高传昌，类维蒙 . 2009. 灌溉农业节水潜力计算分析——以 2001 ~ 2003 年中牟县杨桥灌区为例 . 安徽农业科学，37（18）：8619-8620.

高凯，朱铁霞，胡自治，等 . 2008. 北京地区三种冷季型草坪草蒸散量研究 . 中国草地学报，30（1）：93-96.

高丽娜，陈素英，张喜英，等 . 2009. 华北平原冬小麦麦田覆盖对土壤温度和生育进程的影响 . 干旱地区农业研究，27（1）：107-113.

郜洪强，费宇红，雒国忠，等 . 2010. 河北平原地下咸水资源利用的效应分析 . 南水北调与水利科技，8（2）：53-56.

耿琳，王甫，崔宁博，等 . 2014. 温室苦瓜耗水规律及作物系数研究 . 西北农业学报，23（12）：154-160.

宫秀杰，钱春荣，于洋，等 . 2009. 深松免耕技术对土壤物理性状及玉米产量的影响 . 玉米科学，17（5）：134-137.

谷树忠，李维明，李晶 . 2018. 我国水权改革进展与对策建议 . 发展研究，（6）：4-8.

郭复兴，常天然，林瑒焱，等 . 2019. 陕西不同区域苹果林土壤水分动态和水分生产力模拟 . 应用生态学报，30（2）：379-390.

郭金玉，张忠彬，孙庆云 . 2008. 层次分析法的研究与应用 . 中国安全科学学报，18（1）：148-153.

郭熙盛，朱宏斌，王文军，等 . 2004. 不同氮钾水平对结球甘蓝产量和品质的影响 . 植物营养与肥料学报，10（2）：161-166.

郭元章，霍艳爽 . 2013. 河北省油料产业的发展现状、问题与对策 . 河北农业科学，17（3）：81-85.

韩建国，潘全山，王培 . 2001. 不同草种草坪蒸散量及各草种抗旱性的研究 . 草业学报，10（1）：56-63.

韩洋，齐学斌，李平，等 . 2018. 再生水和清水不同灌水水平对土壤理化性质及病原菌分布的影响 . 灌溉排水学报，37（8）：32-38.

郝福玲，王巧巧，袁玲玲，等 . 2018. 不同氮形态对草莓植株生长和果实品质的影响 . 安徽农业大学学报，45（4）：762-767.

郝然，王卫，郝静 . 2017. 京津冀地区气候类型划分及其动态变化 . 安徽农业大学学报，44（4）：670-676.

河北省地方志编纂委员会 . 1995. 河北省志 第 16 卷 · 农业志 . 北京：中国农业出版社 .

胡佳妮，张兴旭，范玉兵 . 2020. 我国农业水资源管理政策和制度的演进 . 人民黄河，42（S2）：87-89.

胡锦娟，裴宏伟，王飞枭，等 . 2019. 城市绿地耗水研究进展 . 科技创新与生产力，（10）：37-39，44.

胡丽琴，吴蓉璋，方宗义 . 2003. 大口径闪烁仪及其在地表能量平衡监测中的应用 . 应用气象学报，14（2）：197-204.

胡乔利，齐永青，胡引翠，等 . 2011. 京津冀地区土地利用/覆被与景观格局变化及驱动力分析 . 中国生态农业学报，19（5）：1182-1189.

胡笑涛 . 2012. 温室番茄局部控制灌溉节水调控机制与水分亏缺诊断 . 杨凌：西北农林科技大学博士学位论文 .

胡越 . 2014. 设施黄瓜耗水规律及节水灌溉制度研究 . 哈尔滨：东北农业大学硕士学位论文 .

胡舟 . 2016. 我国城乡居民在外饮食行为研究 . 南京：南京财经大学硕士学位论文 .

惠富平，阚国坤 . 2009. 民国时期华北小麦生产与农民生活考察 . 中国农史，（2）：101-111.

姜文来，雷波，唐曲 . 2005. 水资源管理学及其研究进展 . 资源科学，27（1）：153-157.

姜文来 . 2000. 水权及其作用探讨 . 中国水利，（12）：13-14.

姜文来 . 2002. 水资源管理趋势探讨 . 国土资源，（7）：20-21.

焦艳平，高巍，潘增辉，等 . 2013. 微咸水灌溉对河北低平原土壤盐分动态和小麦、玉米产量的影响 . 干旱地区农业研究，31（2）：134-140.

焦艳平，潘增辉，张艳红，等 . 2012. 微咸水灌溉对河北低平原区土壤盐分及棉花的影响 . 灌溉排水学报，31（5）：31-34，39.

焦艳平，张栓堂，王罕博，等 . 2021. 咸淡混合水喷灌对土壤水盐运移及小麦、玉米产量的影响 . 干旱地区农业研究，2021，39（6）：87-94.

金松 . 2014. 园林绿化规划中的节水问题 . 现代园艺，（18）：102-103.

康绍忠，蔡焕杰 . 1996. 农业水管理学 . 北京：中国农业出版社 .

康绍忠，杜太生，孙景生，等 . 2007. 基于生命需水信息的作物高效节水调控理论与技术 . 水利学报，（6）：661-667.

康绍忠 . 2014. 水安全与粮食安全 . 中国生态农业学报，22（8）：880-885.

孔清华，李光永，王永红，等 . 2010. 不同施肥条件和滴灌方式对青椒生长的影响 . 农业工程学报，26（7）：21-25.

孔祥智，程泽南 . 2017. 京津冀农业差异性特征及协同发展路径研究 . 河北学刊，37（1）：115-121.

赖娜娜，蔺燕，郄怡彬 . 2010. 北京公园复合型绿地耗水研究 . 建设科技，（19）：34-37.

雷友，曹国鑫，牛新胜，等 . 2011. 土壤深耕对冬小麦根系在土壤剖面分布的影响 . 现代农业科技，（8）：272-273.

李长生 . 2015. 生物地球化学：科学基础与模型方法 . 北京：清华大学出版社 .

李潮海，李胜利，王群，等 . 2005. 下层土壤容重对玉米根系生长及吸收活力的影响 . 中国农业科学，（8）：1706-1711.

李飞，陶鹏，齐永青，等 . 2022. 河北平原农业灌溉以电折水系数影响因素研究. 中国生态农业学报（中英文），30（12）：1993-2001.

李国祥 . 2005. 我国城镇居民在外用餐中粮食消费量的估计 . 中国农村观察，（1）：27-33.

李慧 . 2014. 京津冀水资源环境严重超负荷水利一体化亟待破冰 . http://politics. people. com. cn/n/2014/0921/c70731-25700930. html. [2021-05-23].

李嘉仝 . 2018. 北京城市绿地节水灌溉制度研究 . 北京：北京林业大学硕士学位论文 .

李建明，潘铜华，王玲慧，等 . 2014. 水肥耦合对番茄光合、产量及水分利用效率的影响 . 农业工程学报，30（10）：82-90.

李静，常改，潘怡，等 . 2016. 天津市居民膳食能量与膳食构成现状及变化的研究 . 中华疾病控制杂志，20（1）：38-41.

李昆，魏源送，王健行，等 . 2014. 再生水回用的标准比较与技术经济分析 . 环境科学学报，34（7）：1635-1653.

李黎明 . 2020. 北京城区绿地灌溉用水量分析与评价 . 北京：北京林业大学硕士学位论文 .

李栗莹 . 2020. 农业水资源管理机制探究 . 南方农业, 14（27）: 196-197.

李若楠, 武雪萍, 张彦才, 等 . 2016. 节水减氮对温室土壤硝态氮与氮素平衡的影响 . 中国农业科学, 49（4）: 695-704.

李少华, 李岩, 郭玉起, 等 . 2010. 沧州区域雨洪资源拦蓄能力分析 . 水资源保护, 26（5）: 91-94.

李少宁, 鲁绍伟, 赵云阁, 等 . 2019. 北京典型天气下的 4 种阔叶树种液流特征及其影响因素 . 生态与农村环境学报, 35（2）189-196.

李银坤, 武雪萍, 武其甫, 等 . 2010. 不同水氮处理对温室黄瓜产量、品质及水分利用效率的影响 . 中国土壤与肥料, （3）: 21-30.

李友丽, 赵倩, 代艳侠, 等 . 2018. 水肥一体化自动管理对叶用莴苣生长及灌溉水生产效率的影响 . 中国蔬菜, （8）: 44-50.

李子忠, 吕国华, 赵炳祥, 等 . 2009. 颐和园园林绿地复合系统耗水规律初步研究 . 北京林业大学学报, 31（1）: 66-72.

梁浩, 胡克林, 孙媛, 等 . 2020. 设施菜地 WHCNS_Veg 水氮管理模型 . 农业工程学报, 36（5）: 96-105.

梁雪丽, 吕旺, 兰凤 . 2020. 以电折水系数影响因素探析——以不同灌溉方式为例 . 海河水利, （1）: 68-70.

刘昌明, 陈志恺 . 2001. 中国水资源现状评价和供需发展趋势分析 . 北京: 中国水利水电出版社 .

刘昌明, 窦清晨 . 1992. 土壤–植物–大气连续体模型中的蒸散发计算 . 水科学进展, 3（4）: 256-263.

刘昌明, 何希吾 . 2000. 我国 21 世纪上半叶水资源需求分析 . 中国水利, 2000（1）: 19-20.

刘昌明, 洪嘉琏, 金淮 . 1988. 农田蒸散量计算 // 刘昌明, 任鸿遵 . 水量转换——实验与计算分析 . 北京: 科学出版社: 116-128.

刘昌明, 孙睿 . 1999. 水循环的生态学方面: 土壤–植被–大气系统水分能量平衡研究进展 . 水科学进展, 10（3）: 251-259.

刘昌明, 魏忠义, 等 . 1989. 华北平原农业水文及水资源 . 北京: 科学出版社

刘昌明, 于沪宁 . 1997. 土壤–作物–大气系统水分运动实验研究 . 北京: 气象出版社 .

刘昌明, 赵彦琦 . 2010. 由供水管理转需水管理 实现我国需水的零增长 . 科学对社会的影响, （2）: 18-24.

刘昌明, 赵彦琦 . 2012. 中国实现水需求零增长的可能性探讨 . 中国科学院院刊, 27（4）: 439-446.

刘昌明 . 1997. 土壤–植物–大气系统水分运行的界面过程研究 . 地理学报, 52（4）: 80-87.

刘昌明 . 2007. 建设节水型社会, 缓解地下水危机 . 水资源管理, （15）: 10-13.

刘昌明 . 2009. 水资源科学评价与合理利用若干问题的商榷 . 中国水利, （5）: 34-38.

刘登伟 . 2010. 京津冀大都市圈水资源短缺风险评价 . 水利发展研究, 10（1）: 20-24.

刘登伟, 封志明, 方玉东 . 2007. 京津冀都市规划圈考虑作物需水成本的农业结构调整研究 . 农业工程学报, 23（7）: 68-73, 301.

刘继培, 赵同科, 安志装, 等 . 2008. 水氮交互作用对甘蓝产量和硝酸盐吸收累积的影响 . 华北农学报, 23（5）: 208-213.

刘坤雨, 蒙美莲, 陈有君, 等 . 2019. 水肥一体化模式对马铃薯干物质积累及水分利用效率的影响 . 灌溉

排水学报, 38 (S1): 6-12.

刘孟雨, 王新元. 1992. 河北省黑龙港地区节水种植的改制分析//许越先. 节水农业研究. 北京: 科学出版社.

刘亚南, 白美健, 李益农, 等. 2020. 黄金梨产量及水肥生产率对水氮耦合的响应. 灌溉排水学报, 39 (11): 68-75

刘亚南, 白美健, 李益农, 等. 2023. 黄金梨树氮素营养状况对不同水氮用量的响应. 灌溉排水学报, 42 (1): 8-15.

刘钰, 汪林, 倪广恒, 等. 2009. 中国主要作物灌溉需水量空间分布特征. 农业工程学报, 25 (12): 6-12.

龙怀玉, 雷秋良. 2017. 中国土系志·河北卷. 北京: 科学出版社.

卢俐, 刘绍民, 孙敏章, 等. 2005. 大孔径闪烁仪研究区域地表通量的进展. 地球科学进展, 20 (9): 932-938.

罗建美. 2019. 京津冀平原农业种植结构优化及其节水效应研究. 北京: 中国科学院大学博士学位论文.

吕海涛, 张凡. 2018. 水权配置视角下新型农业节水机制和路径研究. 水利经济, 36 (4): 19-22.

马冠生, 胡小琪, 栾德春, 等. 2005. 中国居民的就餐行为. 营养学报, 27 (4): 272-275.

马冠生, 崔朝辉, 胡小琪, 等. 2006. 中国居民食物消费和就餐行为分析. 中国食物与营养, (12): 4-8.

马欢, 高建文, 宋秋波, 等. 2019. 近 15 年海河流域水资源变化及基于耗水理念的流域节水管理建议. 中国水利, (7): 21-25.

马小川, 卢晓鹏, 潘斌, 等. 2018. 果树水肥一体化技术研究进展. 中国南方果树, 47 (5): 158-163.

毛慧慧, 李木山. 2009. 海河流域的雨洪资源利用. 海河水利, 28 (6): 7-9.

梅四卫, 朱涵珍, 王术, 等. 2020. 不同覆盖方式对土壤水肥热状况以及玉米产量影响. 灌溉排水学报, 39 (4): 68-74.

莫兴国, 刘苏峡, 于沪宁, 等. 1997. 冬小麦能量平衡及蒸散分配的季节变化分析. 地理学报, 52 (6): 536-542.

莫兴国, 薛玲, 林忠辉. 2005. 华北平原 1981–2001 年作物蒸散量的时空分异特征. 自然资源学报, 20 (2): 181-187, 317.

倪庆剑, 邢汉承, 张志政, 等. 2007. 粒子群优化算法研究进展. 模式识别与人工智能, 20 (3): 349-357.

牛君仿, 冯俊霞, 路杨, 等. 2016. 咸水安全利用农田调控技术措施研究进展. 中国生态农业学报, 24 (8): 1005-1015.

农业农村部软科学课题组. 2018. 美澳日水权制度与水权交易的经验启示. 农村工作通讯, (7): 59-62.

欧玉民, 许萍, 廖日红, 等. 2021. 城市绿地灌溉水量及其节水潜力探讨. 节水灌溉, (5): 71-78.

潘明涛. 2014. 海河平原水环境与水利研究 (1360—1945). 天津: 南开大学博士学位论文.

潘兴瑶, 吴文勇, 杨胜利, 等. 2012. 北京市再生水灌区规划研究. 灌溉排水学报, 31 (4): 115-119.

裴宏伟. 2016. 华北平原灌溉农业对地下水资源的影响及其可持续性研究. 北京: 中国科学院大学博士学位论文.

齐永青, 罗建美, 高雅, 等. 2022. 京津冀地区农业生产与水资源利用: 历史与适水转型. 中国生态农业学报 (中英文), 30 (5): 713-722.

钱正英，陈家琦，冯杰 . 2009. 从供水管理到需水管理 . 中国水利，(5)：20-23.

曲桂敏，束怀瑞，王炳硕，等 . 2000. 苹果树盘内埋罐节水渗灌的效应 . 山东农业大学学报（自然科学版），31（2）：120-124.

任丹丹 . 2020. 虚拟水视角下京津冀土地-水资源-粮食互馈机制与调控 . 北京：中国科学院大学博士学位论文 .

任国玉，初子莹，周雅清，等 . 2005. 中国气温变化研究最新进展 . 气候与环境研究 . 10（4）：701-716.

任国玉，王涛，郭军，等 . 2015. 海河流域近现代降水量变化若干特征 . 水利水电科技进展，35（5）：103-111.

任宪韶 . 2007. 海河流域水资源评价 . 北京：中国水利水电出版社 .

任宪韶，吴炳方 . 2014. 流域耗水管理方法与实践 . 北京：科学出版社 .

山仑 . 1991. 节水农业及其生理生态基础 . 应用生态学报，2（1）：70-76.

邵立威，罗建美，尹工超，等 . 2016. 河北低平原区冬小麦夏玉米产量提升的理论与技术研究 . 中国生态农业学报，24（8）：1114-1122.

沈荣开，王康，张瑜芳，等 . 2001. 水肥耦合条件下作物产量、水分利用和根系吸氮的试验研究 . 农业工程学报，17（5）：35-38.

沈彦俊，刘昌明 . 2011. 华北平原典型井灌区农田水循环过程研究回顾 . 中国生态农业学报，19（5）：1004-1010.

沈彦俊，刘昌明，莫兴国，等 . 1997. 麦田能量平衡及潜热分配特征分析 . 生态农业研究，5（1）：14-19.

水利部海河流域水利委员会 . 2019. 海河流域水资源公报 2018 年 . http：//www. hwcc. gov. cn/hwcc/static/szygb/gongbao2018/index. html.［2020-11-18］.

苏秋芳 . 2020. 水肥一体化技术在北京市设施农业中的应用与思考 . 农业工程，10（4）：96-100.

仝国栋，刘洪禄，李法虎，等 . 2016. 双作物系数法计算华北地区桃树蒸散量的可靠性评价 . 农业机械学报，47（6）：154-162.

王登月 . 2004. 实施首都水资源规划的进展与建议 . 河北水利水电技术，(4)：2-4.

王罕博，张栓堂，焦艳平，等 . 2022. 不同氮肥与矿化度水平微咸水喷灌对冬小麦光合特征及产量的影响. 农业资源与环境学报，2022，39（1）：99-106.

王浩 . 2011. 实行最严格水资源管理制度关键技术支撑探析 . 中国水利，(6)：28-29，32.

王浩，杨贵羽 . 2010. 二元水循环条件下水资源管理理念的初步探索 . 自然杂志，32（3）：130-133.

王浩，王建华，秦大庸，等 . 2002. 现代水资源评价及水资源学学科体系研究 . 地球科学进展，17（1）：12-17.

王红营 . 2016. 基于遥感的华北平原农业土地利用时空变化特征及驱动力分析 . 石家庄：河北师范大学硕士学位论文 .

王华，欧阳志云，郑华，等 . 2010. 北京绿化树种油松、雪松和刺槐树干液流的空间变异特征 . 植物生态学报，34（8）：924-937.

王华田 . 2003. 林木耗水性研究述评 . 世界林业研究，16（2）：23-27.

王慧军，张喜英 . 2020. 华北平原地下水压采区冬小麦种植综合效应探讨 . 中国生态农业学报，28（5）：

724-733.
王建华，王浩 . 2009. 从供水管理向需水管理转变及其对策初探 . 水利发展研究，9（8）：49-53.
王鹏 . 2010. 基于氢氧稳定同位素的农田 SPAC 系统水分运移规律研究——以山西省运城市董村农场为例. 北京：中国科学院大学博士学位论文 .
王全九，单鱼洋 . 2015. 微咸水灌溉与土壤水盐调控研究进展 . 农业机械学报，46（12）：117-126.
王卫，冯忠江，陈辉 . 2012. 中国省市区地理 · 河北地理 . 北京：北京师范大学出版社 .
王秀领，闫旭东，徐玉鹏，等 . 2016. 不同覆膜方式对旱地春玉米生长和产量的影响 . 天津农业科学，22（9）：126-128.
王学，李秀彬，辛良杰 . 2013. 河北平原冬小麦播种面积收缩及由此节省的水资源量估算 . 地理学报，68（5）：694-707.
王银堂，胡庆芳，张书函，等 . 2009. 流域雨洪资源利用评价及利用模式研究 . 中国水利，（15）：13-16.
王忠 . 2000. 植物生理学 . 北京：中国农业出版社 .
吴炳方，熊隽，闫娜娜 . 2011. ET Watch 的模型与方法 . 遥感学报，15（2）：224-239.
吴炳方，闫娜娜，曾红伟，等 . 2017. 节水灌溉农业的空间认知与建议 . 中国科学院院刊，32（1）：70-77.
吴喜芳 . 2015. 华北平原主要粮食作物蒸散量和水足迹估算研究 . 石家庄：河北师范大学硕士学位论文 .
吴现兵，白美健，李益农，等 . 2019a. 蔬菜水肥一体化研究进展分析 . 节水灌溉，（2）：121-124.
吴现兵，白美健，李益农，等 . 2019b. 水肥耦合对膜下滴灌甘蓝根系生长和土壤水氮分布的影响 . 农业工程学报，35（17）：110-119.
武兰芳，陈阜，欧阳竹 . 2022. 种植制度演变与研究进展 . 耕作与栽培，（3）：1-5.
夏军，刘孟雨，贾绍凤，等 . 2004. 华北地区水资源及水安全问题的思考与研究 . 自然资源学报，19（5）：550-560.
夏军，刘春蓁，任国玉 . 2011. 气候变化对我国水资源影响研究面临的机遇与挑战 . 地球科学进展，26（1）：1-12.
谢崇宝，张国华 . 2017. 灌溉现代化核心内涵及水管理关键技术 . 中国农村水利水电，（7）：28-32.
谢高地，肖玉，鲁春霞 . 2006. 生态系统服务研究：进展、局限和基本范式 . 植物生态学报，30（2）：191-1991.
谢高地，甄霖，鲁春霞，等 . 2008. 一个基于专家知识的生态系统服务价值化方法 . 自然资源学报，23（5）：911-919.
谢瑾博，曾毓金，张明华，等 . 2016. 气候变化和人类活动对中国东部季风区水循环影响的检测和归因 . 气候与环境研究，21（1）：87-98.
谢迎新，靳海洋，孟庆阳，等 . 2015. 深耕改善砂姜黑土理化性状提高小麦产量 . 农业工程学报，31（10）：167-173.
辛良杰，王佳月，王立新 . 2015. 基于居民膳食结构演变的中国粮食需求量研究 . 资源科学，37（7）：1347-1356.
邢英英，张富仓，张燕，等 . 2015. 滴灌施肥水肥耦合对温室番茄产量、品质和水氮利用的影响 . 中国农业科学，48（4）：713-726.

徐涵秋 . 2005. 利用改进的归一化差异水体指数（MNDWI）提取水体信息的研究 . 遥感学报, 9（5）: 589-595.

徐佳星, 封涌涛, 叶玉莲, 等 . 2020. 地膜覆盖条件下黄土高原玉米产量及水分利用效应分析 . 中国农业科学, 53（12）: 2349-2359.

徐秀丽 . 1995. 近代华北平原的农业耕作制度 . 近代史研究,（3）: 112-131.

徐梓曜, 王寅, 刘云杰, 等 . 2017. 农业水权市场综合框架体系及案例分析 . 水利经济, 35（4）: 38-45.

许迪, 龚时宏, 李益农, 等 . 2010. 农业水管理面临的问题及发展策略 . 农业工程学报, 26（11）: 1-7.

闫映宇 . 2016. 塔里木灌区膜下滴灌的棉花需水量及节水效益 . 水土保持研究, 23（1）: 123-127.

闫宗正, 陈素英, 张喜英, 等 . 2017. 秸秆覆盖时间和覆盖量对冬小麦田温度效应及地上地下生长的影响. 中国生态农业学报, 25（12）: 1779-1791.

闫宗正, 房琴, 路杨, 等 . 2018. 河北省地下水压采政策下水价机制调控冬小麦灌水量研究. 灌溉排水学报, 37（8）: 91-97.

杨丹丹, 王瑜, 陈恒庆 . 2012. 试论节水型城市园林绿地建设 . 北京农业,（36）: 43-44.

杨会峰, 孟瑞芳, 李文鹏, 等 . 2021. 海河流域地下水资源特征和开发利用潜力 . 中国地质, 48（4）: 1032-1051.

姚建文, 徐子恺, 王建生 . 1999. 21 世纪中叶中国需水展望 . 水科学进展, 10（2）: 190-194.

于贵瑞, 张雷明, 孙晓敏, 等 . 2004. 亚洲区域陆地生态系统碳通量观测研究进展 . 中国科学（D 辑: 地球科学）, 34（SII）: 15-29.

于贵瑞, 孙晓敏, 牛栋, 等 . 2006. 陆地生态系统通量观测的原理与方法 . 北京: 高等教育出版社 .

于会丽, 司鹏, 邵微, 等 . 2019. 海藻酸水溶肥对梨树生长与果实产量及品质的影响 . 果树学报, 36（5）: 603-611.

虞娜, 张玉龙, 黄毅, 等 . 2003. 温室滴灌施肥条件下水肥耦合对番茄产量影响的研究 . 土壤通报, 34（3）: 179-183.

袁宇霞, 张富仓, 张燕, 等 . 2013. 滴灌施肥灌水下限和施肥量对温室番茄生长、产量和生理特性的影响. 干旱地区农业研究, 31（1）: 76-83.

张芳园, 刘玉春, 郭彬, 等 . 2018. 节水减氮对日光温室番茄产量和水氮利用效率的影响 . 南水北调与水利科技, 16（4）: 176-183.

张光辉, 连英立, 刘春华, 等 . 2011. 华北平原水资源紧缺情势与因源 . 地球科学与环境学报, 33（2）: 172-176.

张光辉, 费宇红, 王金哲, 等 . 2012. 华北灌溉农业与地下水适应性研究 . 北京: 科学出版社 .

张怀志, 唐继伟, 袁硕, 等 . 2018. 津冀设施蔬菜施肥调查分析 . 中国土壤与肥料,（2）: 54-60.

张健康, 程彦培, 张发旺, 等 . 2012. 基于多时相遥感影像的作物种植信息提取 . 农业工程学报, 28（2）: 134-141.

张杰, 韩建, 孙卓玲, 等 . 2019. 滴灌施肥对红地球葡萄产量、品质及土体氮磷钾分布的影响 . 植物营养与肥料学报, 25（3）: 470-480.

张利茹, 贺永会, 唐跃平, 等 . 2017. 海河流域径流变化趋势及其归因分析 . 水利水运工程学报,（4）:

59-66.
张鹏，井彩巧，宋学栋，等 . 2014. 甘蓝不同节水灌溉模式下水氮利用及氮素运移研究 . 中国农学通报，30（31）：147-150.
张维理，田哲旭，张宁，等 . 1995. 我国北方农用氮肥造成地下水硝酸盐污染的调查 . 植物营养与肥料学报，1（2）：80-87.
张希涛 . 2012. 民国时期华北农家农业生产资料与生活消费研究 . 南京：南京师范大学硕士学位论文 .
张喜英 . 2013. 提高农田水分利用效率的调控机制 . 中国生态农业学报，21（1）：80-87.
张喜英 . 2018. 华北典型区域农田耗水与节水灌溉制度 . 中国生态农业学报，26（10）：1454-1464.
张喜英，裴冬，由懋正 . 2000. 几种作物的生理指标对土壤水分变动的阈值反应 . 植物生态学报，24（3）：280-283.
张喜英，陈素英，裴冬，等 . 2002. 秸秆覆盖下的夏玉米蒸散、水分利用效率和作物系数的变化 . 地理科学进展，21（6）：583-593.
张晓涛，康绍忠，王鹏新，等 . 2006. 估算区域蒸发蒸腾量的遥感模型对比分析 . 农业工程学报，22（7）：6-13.
张雅芳，郭英，沈彦俊，等 . 2020. 华北平原种植结构变化对农业需水的影响 . 中国生态农业学报，28（1）：8-16.
张艳妮，白清俊，马金宝，等 . 2007. 山东省灌溉农业节水潜力计算分析——以 02—04 年为例 . 山东农业大学学报（自然科学版），38（3）：427-431，436.
张永强，李聪聪 . 2020. 植被变化对中国北方水文过程影响的研究进展探讨 . 西北大学学报（自然科学版），50（3）：420-426.
张兆吉，费宇红，陈宗宇，等 . 2009. 华北平原地下水可持续利用调查评价 . 北京：中国地质出版社 .
张宗祜 . 2000. 华北平原地下水环境演化 . 北京：中国地质出版社 .
张宗祜，沈照理，薛禹群，等 . 2000. 华北平原地下水环境演化 . 北京：中国地质出版社 .
章光新，何岩，邓伟 . 2004. 同位素 D 与 ^{18}O 在水环境中的应用研究进展 . 干旱区研究，21（3）：225-229.
赵春彦，司建华，冯起，等 . 2015. 树干液流研究进展与展望 . 西北林学院学报，30（5）：98-105.
赵梦炯，吴文俊，马超，等 . 2020. 陇南地区土壤水分及气象因子对油橄榄树干液流的响应特征 . 西北林学院学报，35（5）：104-109.
赵亚丽，刘卫玲，程思贤，等 . 2018. 深松（耕）方式对砂姜黑土耕层特性、作物产量和水分利用效率的影响 . 中国农业科学，51（13）：2489-2503.
赵佐平，段敏，同延安 . 2016. 不同施肥技术对不同生态区苹果产量及品质的影响 . 干旱地区农业研究，34（5）：158-165.
周超 . 2017. 农业水权交易研究与实践评析 . 山东行政学院学报，（2）：98-102.
周飞，王晶，郭利君 . 2019. 关于农业生产用水限额制定的思考：以河北省为例 . 水利发展研究，19（2）：14-16.
周罕觅，张富仓，Roger Kjelgren，等 . 2015. 水肥耦合对苹果幼树产量、品质和水肥利用的效应 . 农业机械学报，46（12）：173-183.

周亚婷，张国斌，刘华，等. 2015. 不同水肥供应对结球甘蓝产量、品质及水肥利用效率的影响. 中国蔬菜，(4)：54-59.

朱治林，孙晓敏，温学发，等. 2006. 中国通量网夜间涡度相关通量数据处理方法研究. 中国科学（D 辑：地球科学），36（SI）：34-44.

左其亭，胡德胜，窦明，等. 2014. 基于人水和谐理念的最严格水资源管理制度研究框架及核心体系. 资源科学，36（5）：906-912.

Akhtar K，Wang W Y，Ren G X，et al. 2018. Changes in soil enzymes，soil properties，and maize crop productivity under wheat straw mulching in Guanzhong，China. Soil and Tillage Research，182：94-102.

Alderfasi A，Nielsen D. 2001. Use of crop water stress index for monitoring water status and scheduling irrigation in wheat. Agricultural Water Management，47：69-75.

Allen R，Pereira L，Raes D，et al. 1998. Crop Evapotranspiration：Guidelines for Computing Crop Water Requirements. FAO Irrigation and Drainage Paper 56. Roma：FAO.

An G. 2018. Study on spatio-temporal change of ecological land in yellow river delta based on RS and GIS. E3S Web of Conferences. EDP Sciences，38（14）：01008.

Aouade G，Ezzahar J，Amenzou N，et al. 2016. Combining stable isotopes，Eddy Covariance system and meteorological measurements for partitioning evapotranspiration，of winter wheat，into soil evaporation and plant transpiration in a semi-arid region. Agricultural Water Management，177：181-192.

Azad N，Behmanesh J，Rezaverdinejad V，et al. 2018. Developing an optimization model in drip fertigation management to consider environmental issues and supply plant requirements. Agricultural Water Management，208：344-356.

Balwinder S，Humphreys E，Eberbach P L，et al. 2011. Growth，yield and water productivity of zero till wheat as affected by rice straw mulch and irrigation schedule. Field Crops Research，121：209-225.

Bastiaanssen W G M，Menenti M，Feddes R A et al. 1998. A remote sensing surface energy balance algorithm for land（SEBAL）：1. Formulation. Journal of Hydrology，212（1-4）：198-212.

Beard J. 1988. Turf Grass：Science and Culture. New Jersey：Prentice Hall.

Becerra A T，Botta G F，Bravo X L，et al. 2010. Soil compaction distribution under tractor traffic in almond（*Prunus amigdalus* L.）orchard in Almeria Espana. Soil and Tillage Research，107：49-56.

Bengough，A J，Mckenzie B M，Hallett P D，et al. 2011. Root elongation，water stress，and mechanical impedance：a review of limiting stresses and beneficial root tip traits. Journal of Experimental Botany，62：59-68.

Ben-Asher J，Nobel P S，Yossov E，et al. 2006. Net CO_2 uptake rates for Hylocereus undatus and Selenicereus megalanthus under field conditions：Drought influence and a novel method for analyzing temperature dependence. Photosynthetica，44（2）：181-186.

Berger M，Warsen J，Krinke S，et al. 2012. Water footprint of european cars：potential impacts of water consumption along automobile life cycles. Environmental Science and Technology，46（7）：4091-4099.

Bowen I S. 1926. The ratio of heat losses by conduction and by evaporation from any water surface. Physical Review，

27 (6): 779.

Brown K W, Rosenberg N J. 1973. Resistance model to predict evapotranspiration and its application to a sugar-beet field. Agronomy Journal, 65 (3): 341-347.

Brown L R, Halweil B. 1998. China's water shortage could shake world food security. World Watch, 11 (4): 6-10.

Cai H G, Ma W, Zhang X Z, et al. 2014. Effect of subsoil tillage depth on nutrient accumulation, root distribution, and grain yield in spring maize. The Crop Journal, 2 (5): 297-307.

Cammalleri C, Rallo G, Agnese C, et al. 2013. Combined use of eddy covariance and sap flow techniques for partition of ET fluxes and water stress assessment in an irrigated olive orchard. Agricultural Water Management, 120: 89-97.

Chaudhuri A S, Singh P, Rai S C. 2018. Modelling LULC change dynamics and its impact on environment and water security: geospatial technology based assessment. Ecology, Environment and Conservation, 24: S292-S298.

Chen J Y, Tang C Y, Sakura Y, et al. 2005. Nitrate pollution from agriculture in different hydrogeological zones of the regional groundwater flow system in the North China Plain. Hydrogeology Journal, 13 (3): 481-492.

Chen S Y, Zhang X Y, Pei D, et al. 2007. Effects of straw mulching on soil temperature, evaporation and yield of winter wheat: field experiments on the North China Plain. Journal of Applied Biologist, 150: 261-268.

Chen Y L, Liu T, Tian X H, et al. 2015. Effects of plastic film combined with straw mulch on grain yield and water use efficiency of winter wheat in Loess Plateau. Field Crops Research, 172: 53-58.

Chen Z J, Sun S J, Zhu Z C, et al. 2019. Assessing the effects of plant density and plastic film mulch on maize evaporation and transpiration using dual crop coefficient approach. Agricultural Water Management, 225: 105765.

Christian D, Brown C, Benjamin C. 2014. Big History: Between Noting and Everything. New York: McGraw-Hill.

Condon A G, Richards R A, Farquhar G D. 1987. Carbon isotope discrimination is positively correlated with grain yield and dry matter production in field-grown wheat. Crop Science, 27: 996-1001.

Costanzo R, d'Arge R, de Groot R, et al. 1997. The value of the world's ecosystem services and nature. Nature, 387: 253-260.

Craig H, Gordon L. 1965. Isotopic oceanography: deuterium and oxygen 18 varitions in the ocean and the marine atmosphere//Tongiori E. Proceedings of the Conference on Stable Isotopes in Oceanographic Studies and Paleotemperatures. Pisa: Laboratory of Geology and Nuclear Science: 9-130.

Daryanto S, Wang L X, Jacinthe P A. 2017. Can ridge-furrow plastic mulching replace irrigation in dryland wheat and maize cropping systems? . Agricultural Water Management, 190: 1-5.

de Fraiture C, Giordano M, Liao Y. 2008. Biofuels and implications for agricultural water use: blue impacts of green energy. Water Policy, 10 (S1): 67-81.

Demmig-Adams B, Adams W Ⅲ. 1992. Photoprotection and other responses of plants to high light stress. Annual Review of Plant Biology, 43 (1): 599-626.

Ellsworth P Z, Williams D G. 2007. Hydrogen isotope fractionation during water uptake by woody xerophytes. Plant and Soil, 291 (1-2): 93-107.

Erdem T, Arin L, Erdem Y, et al. 2010. Yield and quality response of drip irrigated broccoli (*Brassica oleracea* L. var. italica) under different irrigation regimes, nitrogen applications and cultivation periods. Agricultural Water Management, 97: 681-688.

Everaarts A P, De Moel C P. 1998. The effect of nitrogen and the method of application on yield and quality of white cabbage. European Journal of Agronomy, 9: 203-211.

Fang Q, Zhang X Y, Chen S Y, et al. 2019. Selecting traits to reduce seasonal yield variation of summer maize in the North China Plain. Agronomy Journal, 111: 343-353.

Fang Q, Wang Y Z, Uwimpaye F, et al. 2021. Pre-sowing soil water conditions and water conservation measures affecting the yield and water productivity of summer maize. Agricultural Water Management, 245: 106628.

Feng Y P, Yang M, Shang M F, et al. 2018. Improving the annual yield of a wheat and maize system through irrigation at the maize sowing stage. Irrigation and Drainage, 67: 755-761.

Ferretti D F, Pendall E, Morgan J A, et al. 2003. Partitioning evapotranspiration fluxes from a Colorado grassland using stable isotopes: seasonal variations and ecosystem implications of elevated atmospheric CO_2. Plant and Soil, 254 (2): 291-303.

Gardner W R, Ehlig C F. 1963. The influence of soil water on transpiration by plants. Journal of Geophysical Research, 68 (20): 5719-5724.

Gewin V. 2010. Food: an underground revolution. Nature, 466: 552-553.

Gilhespy S L, Anthony S, Cardenas L, et al. 2014. First 20 years of DNDC (DeNitrification DeComposition): model evolution. Ecological Modelling, 292: 51-62.

Granier A. 1985. Une nouvelle méthode pour la mesure du flux de sève brute dans le tronc des arbres. Annales des Sciences Forestieres, 42 (2): 193-200.

Guo Y, Shen Y, 2015a. Quantifying water and energy budgets and the impacts of climatic and human factors in the Haihe River Basin, China: 1. Model and validation. Journal of Hydrology, 528: 206-216.

Guo Y, Shen Y, 2015b. Quantifying water and energy budgets and the impacts of climatic and human factors in the Haihe River Basin, China: 2. Trends and implications to water resources. Journal of Hydrology, 527: 251-261.

Ham J M, Heilman J, Lascano R. 1990. Determination of soil water evaporation and transpiration from energy balance and stem flow measurements. Agricultural and Forest Meteorology, 52 (3): 287-301.

Han J, Jia Z, Wu W, et al. 2014. Modeling impacts of film mulching on rainfed crop yield in Northern China with DNDC. Field Crops Research, 155: 202-212.

He X, Cao H, Li F. 2007. Econometric analysis of the determinants of adoption of rainwater harvesting and supplementary irrigation technology (RH- SIT) in the semiarid Loess Plateau of China. Agricultural Water Management, 89 (3): 243-250.

Hebbar S S, Ramachandrappa B K, Nanjappa H V, et al. 2004. Studies on NPK drip fertigation in field grown tomato (*Lycopersicon esculentum* Mill.). European Journal of Agronomy, 21 (1): 117-127.

Helms T C, Deckard E L, Gregoire P A. 1997. Corn, sunflower, and soybean emergence influenced by soil temperature and soil water content. Agronomy Journal, 89: 59-63.

Holzworth D P, Huth N I, deVoil P G, et al. 2014. APSIM - evolution towards a new generation of agricultural systems simulation. Environmental Modelling and Software, 62: 327-350.

Hu C S, Delgado J A, Zhang X Y. 2005. Assessment of groundwater use by wheat (*Triticum aestivum* L.) in the Luancheng Xian Region and potential implications for water conservation in the Northwestern NCP. Journal of Soil and Water Conservation, 60 (2): 80-88.

Jackson P C, Meinzer F C, Bustamante M, et al. 1999. Partitioning of soil water among tree species in a Brazilian Cerrado ecosystem. Tree Physiology, 19 (11): 717-724.

Jensen M E. 1968. Water consumption by agricultural plants//Kozlowski T T. Water Deficits and Plant Growth. vol 2. New York: Academic Press: 1-22.

Jensen M E. 2007. Beyond irrigation efficiency. Irrigation Science, 25 (3): 233-245.

Jiang J, Huo Z L, Feng S Y, et al. 2013. Effects of deficit irrigation with saline water on spring wheat growth and yield in arid Northwest China. Journal of Arid Land, 5 (2): 143-154.

José J S, Montes R, Nikonova N. 2007. Seasonal patterns of carbon dioxide, water vapour and energy fluxes in pineapple. Agricultural and Forest Meteorology, 147 (1-2): 16-34.

Kader M A, Senge M, Mojid M A, et al. 2017. Recent advances in mulching materials and methods for modifying soil environment. Soil and Tillage Research, 168: 155-166.

Keeling C D. 1961. The concentration and isotopic abundances of carbon dioxide in rural and marine air. Geochimica et Cosmochimica Acta, 24: 277-298.

Kiymaz S, Ertek A. 2015. Yield and quality of sugar beet (*Beta vulgaris* L.) at different water and nitrogen levels under the climatic conditions of Kirsehir, Turkey. Agricultural Water Management, 158: 156-165.

Li C, Frolking S, Frolking T A. 1992a. A model of nitrous oxide evolution from soil driven by rainfall events: 1. model structure and sensitivity. Journal of Geophysical Research, 97 (D9): 9759-9776.

Li C, Frolking S, Frolking T A. 1992b. A model of nitrous oxide evolution from soil driven by rainfall events: 2. model applications. Journal of Geophysical Research, 97 (D9): 9777-9783.

Li Q Q, Chen Y H, Liu M Y, et al. 2008. Effects of irrigation and straw mulching on microclimate characteristics and water use efficiency of winter wheat in North China. Plant Production Science, 11: 161-170.

Li H, Li C, Lin Y, et al. 2010. Surface temperature correction in TVDI to evaluate soil moisture over a large area. Journal of Food Agriculture and Environment, 8 (3): 1141-1145.

Li H, Wang L, Qiu J, et al. 2014. Calibration of DNDC model for nitrate leaching from an intensively cultivated region of Northern China. Geoderma, 223-225: 108-118.

Li H, Wang L, Li J, et al. 2017a. The development of China-DNDC and review of its applications for sustaining Chinese agriculture. Ecological Modelling, 348: 1-13.

Li Z, Yang J Y, Drury C F, et al. 2017b. Evaluation of the DNDC model for simulating soil temperature, moisture and respiration from monoculture and rotational corn, soybean and winter wheat in Canada. Ecological Modelling, 360: 230-243.

Li S Y, Li Y, Lin H X, et al. 2018. Effects of different mulching technologies on evapotranspiration and summer maize growth. Agricultural Water Management, 201: 309-318.

Li G H, Zhao B, Dong S T, et al. 2020. Controlled-release urea combining with optimal irrigation improved grain yield, nitrogen uptake, and growth of maize. Agricultural Water Management, 227: 105834.

Lin G, Sternberg L. 1994. Utilization of Surface Water by Red Mangrove (*Rhizophora Mangle* L.): an Isotopic Study. Bulletin of Marine Science, 54 (1): 94-102.

Lin G, Sternberg L, Ehleringer J, et al. 1993. Hydrogen Isotopic Fractionation by Plant Roots during Water Uptake in Coastal Wetland Plants. Stable Isotopes and Plant Carbon–water Relations. New York: Academic Press.

Linn D, Doran J. 1984. Effect of water-filled pore space on carbon dioxide and nitrous oxide production in tilled and nontilled soils. Soil Science Society of America Journal, 48 (6): 1267-1272.

Liu X H, Ren Y J, Gao C, et al. 2017. Compensation effect of winter wheat grain yield reduction under straw mulching in wide-precision planting in the North China Plain. Scientific Reports, 7: 213.

Liu Y N, Bai M J, Li Y N, et al. 2023. Evaluating the combined effects of water and fertilizer coupling schemes on pear vegetative growth and quality in North China. Agronomy, 13 (3): 867.

Lundy L, Revitt M, Ellis B. 2018. An impact assessment for urban stormwater use. Environmental Science and Pollution Research, 25 (20): 19259-19270.

Luo H, Zhang H, Han H, et al. 2014. Effects of water storage in deeper soil layers on growth, yield, and water productivity of cotton (*Gossypium hirsutum* L.) in arid areas of northwestern China. Irrigation and Drainage, 63 (1): 59-70.

Luo J M, Shen Y J, Qi Y Q, et al. 2018. Evaluating water conservation effects due to cropping system optimization on the Beijing-Tianjin-Hebei plain, China. Agricultural Systems, 159: 32-41.

Luo J M, Zhang H M, Qi Y Q, et al. 2022. Balancing water and food by optimizing the planting structure in the Beijing-Tianjin-Hebei region, China. Agricultural Water Management, 262: 107326.

McKeown A W, Westerveld S M, Bakker C J. 2010. Nitrogen and water requirements of fertigated cabbage in Ontario. Canadian Journal of Plant Science, 90: 101-109.

Midgley J, Scott D. 1994. Use of stable isotopes of water (D and 18O) in hydrological studies in the Jonkershoek valley. Water SA, 20: 151-154.

Min L L, Shen Y J, Pei H W, et al. 2018. Water movement and solute transport in deep vadose zone under four irrigated agricultural land-use types in the North China Plain. Journal of Hydrology, 559: 510-522.

Moiwo J P, Yang Y H, Li H L, et al. 2010. Impact of water resource exploitation on the hydrology and water storage in Baiyangdian Lake. Hydrological Processes, 24: 3026-3039.

Muhammad A, Zhang X Y, Andersen, M, et al. 2019. Can mulching of maize straw complement deficit irrigation to improve water use efficiency and productivity of winter wheat in North China Plain? . Agricultural Water Management, 213: 1-11.

Ng K T, Herrero P, Hatt B, et al. 2018. Biofilters for urban agriculture: metal uptake of vegetables irrigated with stormwater. Ecological Engineering, 122: 177-186.

Ngigi S N, Savenije H H G, Thome J N, et al. 2005. Agro-hydrological evaluation of on-farm rainwater storage systems for supplemental irrigation in Laikipia district, Kenya. Agricultural Water Management, 73 (1): 21-41.

Paolo E D, Rinaldi M. 2008. Yield response of corn to irrigation and nitrogen fertilization in a Mediterranean environment. Field Crops Research, 105: 202-210.

Parvizi H, Ali R S, Seyed H A, et al. 2014. Effect of drip irrigation and fertilizer regimes on fruit yields and water productivity of a pomegranate (*Punica granatum* (L.) cv. Rabab) orchard. Agricultural Water Management, 146: 45-56.

Passioura J B. 2006. Increasing Crop productivity when water is scarc e- from breeding to field manage ment. Agricultural Water Management, 80 (1): 176-196.

Perry C. 2007. Efficient irrigation; inefficient communication; flawed recommendations. Irrigation and Drainage, 56 (4): 367-378.

Perry C. 2011. Accounting for water use: terminology and implications for saving water and increasing production. Agricultural Water Management, 98 (2): 1840-1846.

Perry C, Steduto P, Allen R G, et al. 2009. Increasing productivity in irrigated agriculture: agronomic constraints and hydrological realities. Agricultural Water Management, 96 (11): 1517-1524.

Phillips D L, Newsome S D, Gregg J W. 2005. Combining sources in stable isotope mixing models: alternative methods. Oecologia, 144: 520-527.

Rothfuss Y, Biron P, Braud I, et al. 2010. Partitioning evapotranspiration fluxes into soil evaporation and plant transpiration using water stable isotopes under controlled conditions. Hydrological Processes, 24: 3177-3194.

Roupsard O, Bonnefond J M, Irvine M, et al. 2006. Partitioning energy and evapo-transpiration above and below a tropical palm canopy. Agricultural and Forest Meteorology, 139 (3-4): 252-268.

Sadok W, Sinclair T R. 2011. 7 Crops yield increase under water-limited conditions: review of recent physiological advances for soybean genetic improvement. Advances in Agronomy, 113: 313.

Sauer T P, Havlík U A, Schneider E, et al. 2010. Agriculture and resource availability in a changing world: the role of irrigation. Water Resources Research, 46: W06503.

Scott R L, Huxman T E, Cable W L, et al. 2006. Partitioning of evapotranspiration and its relation to carbon dioxide exchange in a Chihuahuan Desert shrubland. Hydrological Processes, 20 (15): 3227-3243.

Shen Y J, Chen Y N. 2010. Global perspective on hydrology, water balance, and water resources management in arid basins. Hydrological Processes, 24: 129-135.

Shen Y J, Kondoh A, Tang C Y, et al. 2002. Measurement and analysis of evapotranspiration and surface conductance of a wheat canopy. Hydrological Processes, 16 (11): 2173-2187.

Shen Y J, Zhang Y C, Scanlon B R, et al. 2013. Energy/water budgets and productivity of the typical croplands irrigated with groundwater and surface water in the North China Plain. Agricultural and Forest Meteorology, 181: 133-142.

Shuttleworth W J, Wallace J S. 1985. Evaporation from sparse crops: An energy combination theory. Quarterly

Journal of the Royal Meteorological Society, 111: 839-855.

Shuttleworth W J, Leuning R, Black T A, et al. 1989. Micrometeorology of temperate and tropical forest. Philosophical Transactions of the Royal Society of London Series B: Biological Sciences, 324: 299-334.

Stagnari F, Galieni A, Speca S, et al. 2014. Effects of straw mulch on growth and yield of durum wheat during transition to conservation agriculture in Mediterranean environment. Field Crops Research, 167: 51-63.

Sun H Y, Shen Y J, Yu Q, et al. 2010. Effect of precipitation change on water balance and WUE of the winter wheat-summer maize rotation in the North China Plain. Agricultural Water Management, 97: 1139-1145.

Sun H Y, Zhang X Y, Chen S Y, et al. 2014. Performance of a double cropping system under a continuous minimum irrigation strategy. Agronomy Journal, 106: 281-289.

Suyker A E, Verma S B, Burba G G, et al. 2004. Growing season carbon dioxide exchange in irrigated and rainfed maize. Agricultural and Forest Meteorology, 124 (1-2): 1-13.

Šimünek J, van Genuchten M T, Šejna M. 2012. HYDRUS: model use, calibration, and validation. Transactions of the ASABE, 55 (4): 1261-1274.

Šimünek J, van Genuchten M T. 1994. The CHAIN_ 2D code for simulating two-dimensional movement of water, heat, and multiple solutes in variably- saturated porous media. U. S. Department of Agriculture, Riverside, California: U. S. Salinity Laboratory Agricultural Research Service.

Šimünek J, Šejna M, van Genuchten M T. 2018. New features of version 3 of the HYDRUS (2D/3D) computer software package. Journal of Hydrology and Hydromechanics, 66 (2): 133-142.

Tolk J A, Howell T A, Evett S R. 1999. Effect of mulch, irrigation, and soil type on water use and yield of maize. Soil and Tillage Research, 50: 137-147.

Turral H, Svendsen M, Faures J M. 2010. Investing in irrigation: reviewing the past and looking to the future. Agricultural Water Management, 97 (4): 551-560.

UNDP. 2006. Human Development Report 2006. New York: Published for the United Nations Development Pro gram.

Van Oort P A J, Wang G, Vos J, et al. 2016. Towards groundwater neutral cropping systems in the Alluvial Fans of the North China plain. Agricultural Water Management, 165: 131-140.

Varis O, Vakkilainen P. 2001. China's 8 challenges to water resources management in the first quarter of the 21st Century. Geomorphology, 41 (2-3): 93-104.

Vaux H, Pruitt W. 1983. Crop-water production functions. Advances in Irrigation, 2: 61-97.

Wang H, Liu C, Zhang L. 2002. Water- saving agriculture in China: an overview. Advances in Agronomy, 75 (75): 135-171.

Wang Y M, Chen S Y, Sun H Y, et al. 2009. Effects of different cultivation practices on soil temperature and wheat spike differentiation. Cereal Research Communications, 37 (4): 575-584.

Wang L, Caylor K K, Villegas J C, et al. 2010a. Partitioning evapotranspiration across gradients of woody plant cover: assessment of a stable isotope technique. Geophysical Research Letters, 37: L09401.

Wang P, Song X, Han D, et al. 2010b. A study of root water uptake of crops indicated by hydrogen and oxygen stable isotopes: a case in Shanxi Province, China. Agricultural Water Management, 97 (3): 475-482.

Wang Y P, Zhang L S, Mu Y, et al. 2020. Effect of a root-zone injection irrigation method on water productivity and apple production in a semi-arid region in north-western China. Irrigation and Drainage, 69 (1): 74-85.

Ward F A, Pulido-Velazquez M. 2008. Water conservation in irrigation can increase water use. Proceedings of the National Academy of Sciences of the United States of America, 105 (47): 182215-18220.

World Bank. 2006. Reengaging in Agricultural Water Management: Challenges and Options. Washington D C: World Bank.

World Meteorological Organization. 2012. International Glossary of Hydrology. 3rd ed. Geneva: World Meteorological Organization.

Wright G C, Nageswara R C, Farquhar G D. 1994. Water use efficiency and carbon isotope discrimination in peanut under water deficit conditions. Crop Science, 34: 92-97.

Wu X, Dodgen L K, Conkle J L, et al. 2015. Plant uptake of pharmaceutical and personal care products from recycled water and biosolids: a review. Science of the Total Environment, 536: 655-666.

Wu X, Bai M, Li Y, et al. 2020. The effect of fertigation on cabbage (*Brassica oleracea* L. var. capitata) grown in a greenhouse. Water, 12 (4): 1076.

Xiao D P, Tao F L. 2014. Contributions of cultivars, management and climate change to winter wheat yield in the North China Plain in the past three decades. European Journal of Agronomy, 52: 112-122.

Xiao D P, Shen Y J, Qi Y Q, et al. 2017. Impact of alternative cropping systems on groundwater use and grain yields in the North China Plain Region. Agricultural Systems, 153: 109-117.

Yakir D, Sternberg L. 2000. The use of stable isotopes to study ecosystem gas exchange. Oecologia, 123 (3): 297-311.

Yan N, Wu B, Perry C, et al. 2015. Assessing potential water savings in agriculture on the Hai Basin plain, China. Agricultural Water Management, 154: 11-19.

Yang Y H, Watanabe M, Zhang X Y, et al. 2006. Optimizing irrigation management for wheat to reduce groundwater depletion in the piedmont region of the Taihang Mountains in the North China Plain. Agricultural Water Management, 82: 25-44.

Yang X L, Chen Y Q, Pacenka S et al. 2015a. Recharge and groundwater use in the North China Plain for six irrigated crops for an eleven period. PLoS One, 10 (1): e0115269.

Yang X L, Chen Y Q, Pacenka S, et al. 2015b. Effect of diversified crop rotations on groundwater levels and crop water productivity in the North China Plain. Journal of Hydrology, 522: 428-438.

Yang X L, Chen Y Q, Steenhuis T S, et al. 2017. Mitigating groundwater depletion in north china plain with cropping system that alternate deep and shallow rooted crops. Frontiers in Plant Science, 8: 980.

Yepez E A, Williams D G, Scott R L, et al. 2003. Partitioning overstory and understory evapotranspiration in a semiarid savanna woodland from the isotopic composition of water vapor. Agricultural and Forest Meteorology, 119: 53-68.

Yuan Z J, Shen Y J. 2013. Estimation of agricultural water consumption from meteorological and yield data: a case study of Hebei, North China. PLoS One, 8 (3): e58685.

Zapata N, Martinez-Cob A, 2002. Evaluation of the surface renewal method to estimate wheat evapotranspiration. Agricultural Water Management, 55: 141-157.

Zhang X Y, Pei D, Hu C S. 2003. Conserving groundwater for irrigation in the North China Plain. Irrigation Science, 21 (4): 159-166.

Zhang X Y, Pei D, Chen S Y. 2004. Root growth and soil water utilization of winter wheat in the North China Plain. Hydrological Processes, 18 (12): 2275-2287.

Zhang X Y, Chen S Y, Liu M Y, et al. 2005. Improved water use efficiency associated with cultivars and agronomic management in the North China Plain. Agronomy Journal, 97 (3): 783-790.

Zhang X Y, Pei D, Chen S Y, et al. 2006. Performance of double-cropped winter wheat-summer maize under minimum irrigation in the North China Plain. Agronomy Journal, 98: 1620-1626.

Zhang X Y, Chen S Y, Sun H Y, et al. 2008. Dry matter, harvest index, grain yield and water use efficiency as affected by water supply in winter wheat. Irrigation Science, 27 (1): 1-10.

Zhang X Y, Chen S Y, Sun H Y, et al. 2009. Root size, distribution and soil water depletion as affected by cultivars and environmental factors. Field Crops Research, 114 (1): 75-83.

Zhang X Y, Chen S Y, Sun H Y, et al. 2010. Water use efficiency and associated traits in winter wheat cultivars in the North China Plain. Agricultural Water Management, 97 (8): 1117-1125.

Zhang X Y, Chen S Y, Sun H Y, et al. 2011. Changes in evapotranspiration over irrigated winter wheat and maize in North China Plain over three decades. Agricultural Water Management, 98 (6): 1097-1104.

Zhang X Y, Wang S F, Sun H Y, et al. 2013a. Contribution of cultivar, fertilizer and weather to yield variation of winter wheat over three decades: a case study in the North China Plain. European Journal of Agronomy, 50: 52-59.

Zhang X Y, Wang Y Z, Sun H Y, et al. 2013b. Optimizing the yield of winter wheat by regulating water consumption during vegetative and reproductive stages under limited water supply. Irrigation Science, 31: 1103-1112.

Zhang Y, Wang H, Liu S, et al. 2015. Identifying critical nitrogen application rate for maize yield and nitrate leaching in a Haplic Luvisol soil using the DNDC model. Science of the Total Environment, 514: 388-398.

Zhang D M, Guo P. 2016. Integrated agriculture water management optimization model for water saving potential analysis. Agricultural Water Management, 170: 5-19.

Zhang S, Yang Y, McVicar T R, et al. 2018a. An analytical solution for the impact of vegetation changes on hydrological partitioning within the Budyko framework, 2018. Water Resources Research, 54 (1): 519-537.

Zhang Y, Liu J, Wang H, et al. 2018b. Suitability of the DNDC model to simulate yield production and nitrogen uptake for maize and soybean intercropping in the North China Plain. Journal of Integrative Agriculture, 17 (12): 2790-2801.

Zhang Y C, Qi Y Q, Shen Y J, et al. 2019. Mapping the agricultural land use of the North China Plain in 2002 and 2012. Journal of Geographical Sciences, 29 (6): 909-921.

Zhang X Y, Uwimpaye F, Yan Z Z, et al. 2021. Water productivity improvement in summer maize-A case study in the North China Plain from 1980-2019. Agricultural Water Management, 247: 106728.

Zheng J, Fan J L, Zou Y F, et al. 2019. Ridge-furrow plastic mulching with a suitable planting density enhances rainwater productivity, grain yield and economic benefit of rainfed maize. Journal of Arid Land, 12 (2): 181-198.

Zhong Y, Fei L, Li Y, et al. 2019. Response of fruit yield, fruit quality, and water use efficiency to water deficits for apple trees under surge-root irrigation in the Loess Plateau of China. Agricultural Water Management, 222: 221-230.

Zwart S J, Bastiaanssen W G. 2004. Review of measured crop water productivity values for irrigated wheat, rice, cotton and maize. Agricultural Water Management, 69 (2): 115-133.